ÁLGEBRA Y GEOMETRÍA

Prof. Dr. **SALVADOR GIGENA**
Prof. Ing. **FÉLIX MOLINA**
Prof. Dr. **DANIEL JOAQUÍN**
Prof. Lic. **OSCAR GÓMEZ**
Prof. Ing. **MANUEL MUÑOZ**

ÁLGEBRA Y GEOMETRÍA

TEORÍA PRÁCTICA Y APLICACIONES

UNIVERSITAS
CÓRDOBA

Pje España 1467. Te/Fax: 4680913. (5000) Córdoba. Argentina – editorialuniversitas@yahoo.com.ar

Diseño de Tapa: Ing. Jorge G. Sarmiento
Autoedición: Lic. Daniel Joaquín – Ing. Jorge G. Sarmiento - Ing. Felix Molina
Producción Gráfica: Universitas.

EMAIL: editorialuniversitas@yahoo.com.ar
WEB: eduniversitas.com.ar

ISBN: 978-987-1457-40-3

Hecho el depósito que marca la ley 11.723.

UNIVERSITAS
Editorial Científica Universitaria
CÓRDOBA

Índice

UNIVERSITAS
Editorial Científica Universitaria
CÓRDOBA

1

Introducción.

1.1. Los números naturales, enteros, racionales y reales.

Históricamente, la primera actividad matemática que realizó el hombre, fue la de contar objetos, dando lugar a la aparición del **conjunto de los números naturales**[1], $\mathbb{N} = \{1, 2, ..., n, ...\}$, también llamados "enteros positivos".

La búsqueda de solución para ecuaciones del tipo $x + a = b$, con $a, b \in \mathbb{N}$, y $b \leq a$ muestra la necesidad de ampliar el conjunto $\mathbb{N}$, con el agregado de los enteros negativos y el **cero** (0), obteniéndose el conjunto de los **números enteros**, $\mathbb{Z} = \{...., -2, -1, 0, 1, 2, ...\}$.

Para resolver ecuaciones de la forma $cx = d$, con $c, d \in \mathbb{Z} - \{0\}$, tuvo que agregarse un nuevo tipo de números (que posibilitan dividir la unidad en un número entero de partes iguales entre sí). Esto condujo al conjunto de los **números racionales**, $\mathbb{Q} = \left\{ \frac{p}{q} \mid p, q \in \mathbb{Z}, q \neq 0 \right\}$.

La medición de longitudes, implica la elección de un segmento **u**, que se toma como *unidad de medida*, lo que significa adoptar la longitud de **u** como 1.

A su vez, si n es un entero positivo, puede dividirse **u** en n partes iguales, cada una de las cuales se denomina "*parte alícuota*" de **u**, que tendrá una longitud $\frac{1}{n}$.

---

[1]. Actualmente, se tiende a aceptar la inclusión del cero dentro del conjunto de los números naturales.

Para expresar la longitud de un segundo segmento ℓ lo comparamos con **u**, en el sentido de analizar si alguna parte alícuota de **u**, cabe en ℓ un número entero de veces (Figura 1.1.)

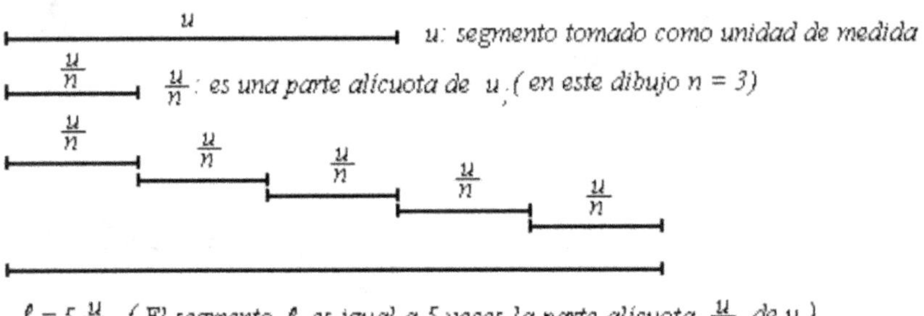

Figura 1.1

Si la respuesta es afirmativa, diremos por ejemplo, que la longitud de ℓ es m/n, lo cual significa que, en ℓ está contenida m veces la parte alícuota de **u**. Es evidente que, en este caso, la longitud de ℓ queda expresada por el número racional m/n.

Si esto no ocurre, se dice que los segmentos **u** y ℓ son *"inconmensurables"*.

Ya los griegos conocieron la existencia de tales segmentos, como el caso de un triángulo rectángulo con sus catetos iguales, tomados como unidad, cuya hipotenusa, tiene una longitud $\sqrt{2}$, que no es un número racional (Figura 1.2).

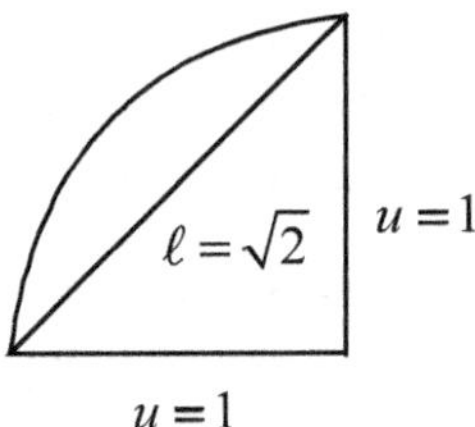

Figura 1.2

Para indicar las longitudes de estos segmentos, fue necesario considerar números que no se pueden expresar en la forma de los racionales, esto es, como cociente de dos enteros, y se denominan **irracionales.** Cuando al conjunto de los racionales, se agrega todos los números irracionales, se obtiene el conjunto $\mathbb{R}$ de **los números reales**.

1.2. Números Reales

1.2.1. Operaciones y Propiedades

En el conjunto de los números reales, se definen las operaciones de suma (+) y multiplicación (·) de forma tal que se cumplen los siguientes *axiomas algebraicos*.

En el caso de la suma:

Para todo $a,b \in \mathbb{R}$, $a+b \in \mathbb{R}$, verificándose

A₁. $a+(b+c)=(a+b)+c$, para todo $a,b,c \in \mathbb{R}$. **Asociatividad**

A₂. $a+b=b+a$, para todo $a,b \in \mathbb{R}$. **Conmutatividad**

A₃. Para todo $a \in \mathbb{R}$, existe un elemento (único) en $\mathbb{R}$, que denotamos 0 tal que $a+0=a$ **Existencia del neutro aditivo**

A₄. Para todo elemento $a \in \mathbb{R}$, existe un elemento en $\mathbb{R}$, que denotamos $-a$ u $\operatorname{op}(a)$ tal que $a+(-a)=0$ **Existencia del inverso aditivo**

En la multiplicación o producto, $ab \in \mathbb{R}$, para todo $a,b \in \mathbb{R}$, verificándose

M₁. $a(bc)=(ab)c$, para todo $a,b,c \in \mathbb{R}$. **Asociatividad**

M₂. $ab=ba$, para todo $a,b \in \mathbb{R}$. **Conmutatividad**

M₃. Existe en $\mathbb{R}$ un elemento (único), que denotamos 1, tal que $1 \neq 0$ y $1a=a$ para todo $a \in \mathbb{R}$. **Existencia de elemento neutro multiplicativo**

M₄. Para cada $a \in \mathbb{R}$ con $a \neq 0$, existe en $\mathbb{R}$ un elemento (único), que denotamos a^{-1} o $\frac{1}{a}$ o $\operatorname{inv}(a)$, llamado "inverso multiplicativo de a", tal que $aa^{-1}=0$.

Existencia de inverso para todo elemento no nulo

AM. $a(b+c) = ab + ac$, ara todo $a,b,c \in \mathbb{R}$.   **Distributividad**

1.3. Números Complejos

Para resolver ecuaciones de la forma $x^2 + 1 = 0$, (que no tiene solución en el conjunto $\mathbb{R}$) hubo que crear un elemento que denotamos i, denominado **unidad imaginaria**, tal que $i^2 + 1 = 0$ ó equivalentemente $i^2 = -1$.

Además, a fin de que las operaciones de suma y multiplicación definidas sobre $\mathbb{R}$, sigan siendo operaciones internas en el nuevo conjunto que resulta de agregar a los números reales la unidad imaginaria i, deben también pertenecer a éste, aquellos números de la forma bi y $a + bi$, con $a,b \in \mathbb{R}$.

Se ha obtenido así el conjunto $\mathbb{C} = \left\{ a + bi \mid a,b \in \mathbb{R},\ i^2 = -1 \right\}$ *de los números complejos.*

Observación. La notación $z = a + bi$ *constituye la llamada forma algebraica (o binomial) de expresar un número complejo* z *y es una expresión puramente formal, el signo* $+$ *que allí aparece no indica una operación.*

1.3.1. Definiciones

Sea $z = a + bi \in \mathbb{C}$, entonces

I.   La parte real y la parte imaginaria de z, que denotamos $\mathrm{Re}(z)$ e $\mathrm{Im}(z)$ respectivamente, están dadas por $\mathrm{Re}(z) = a$ e $\mathrm{Im}(z) = b$.

II.   El conjugado de z, que denotamos $\overline{z}$ o $\mathrm{conj}(z)$ o z^*, está dado por $\overline{z} = a - bi$.

III.   El módulo (o norma) de z, que denotamos $|z|$, está dado por

$$|z| = \sqrt{a^2 + b^2}$$

1.3.2. Suma y multiplicación de números complejos

Si $z_1 = a_1 + b_1 i$ y $z_2 = a_2 + b_2 i$, entonces la suma de z_1 y z_2, que denotamos $z_1 + z_2$ está dada por

$$z_1 + z_2 = (a_1 + b_1 i) + (a_2 + b_2 i) = (a_1 + a_2) + (b_1 + b_2) i$$

Ejemplo

$$(3 + 2i) + (4 - 5i) = (3 + 4) + (2 - 5)i = 7 - 3i$$

En particular: $z_1 + \overline{z}_1 = 2a_1$

Ejemplo

Si $z = 3 + 4i$, entonces: $z + \overline{z} = 2 + 3i + 2 - 3i = 4$

Si $z_1 = a_1 + b_1 i$ y $z_2 = a_2 + b_2 i$, entonces la multiplicación de z_1 y z_2, que denotamos $z_1 z_2$ está dada por

$$z_1 z_2 = (a_1 + b_1 i)(a_2 + b_2 i) = (a_1 a_2 - b_1 b_2) + (a_1 b_2 + a_2 b_1) i$$

Ejemplo

$$(3 + 2i).(4 - 5i) = (12 + 10) + (8 - 15)i = 22 - 7i$$

Como caso particular, la multiplicación de un número complejo z por su conjugado $\overline{z}$, da como resultado el *cuadrado de la norma de ese número complejo*. (Ejercicio).

1.3.3. Elementos neutros, opuestos e inversos

El ***elemento neutro*** para la suma es $0 + 0i$ que denotamos 0 y para la multiplicación es $1 + 0i$ que denotamos 1.

Sea $z = a + bi$. El ***opuesto (o inverso aditivo)*** de z es $-z = -a - bi$ y el ***nverso multiplicativo*** de z (si $z \neq 0$) es $z^{-1} = \dfrac{1}{z} = \dfrac{1}{z}\dfrac{\overline{z}}{\overline{z}} = \dfrac{\overline{z}}{|z|^2}$.

Ejemplo

Si $z = 3 - 2i$, entonces $-z = -3 + 2i$ y $z^{-1} = \dfrac{-3 - 2i}{9 + 4} = -\dfrac{3}{13} - \dfrac{2}{13}i$

1.3.4. Cociente de números complejos

Si $z_1 = a_1 + b_1 i$ y $z_2 = a_2 + b_2 i$, entonces $\dfrac{z_1}{z_2} = z_1 \dfrac{1}{z_2} = z_1 \dfrac{\overline{z_2}}{\left|z_2\right|^2} = \dfrac{1}{a_2^2 + b_2^2}\left(z_1 \overline{z_2}\right)$

Ejemplo

Si $z_1 = 3 + 2i$ y $z_2 = 4 - 5i$, entonces $\dfrac{z_1}{z_2} = \dfrac{2}{41} + \dfrac{23}{41}i$

1.3.5. Representación trigonométrica de un número complejo

Si se construye un sistema de coordenadas cartesianas ortogonales en el plano, es posible representar al número complejo $z = a + bi$ por el punto p de coordenadas (a, b), donde la primer componente del par, es la parte real del número complejo z, en tanto que la segunda componente, es la parte imaginaria del mismo.

Queda establecida entonces, una correspondencia biunívoca entre números complejos y pares ordenados de números reales, lo que justifica la expresión $z = (a, b)$.

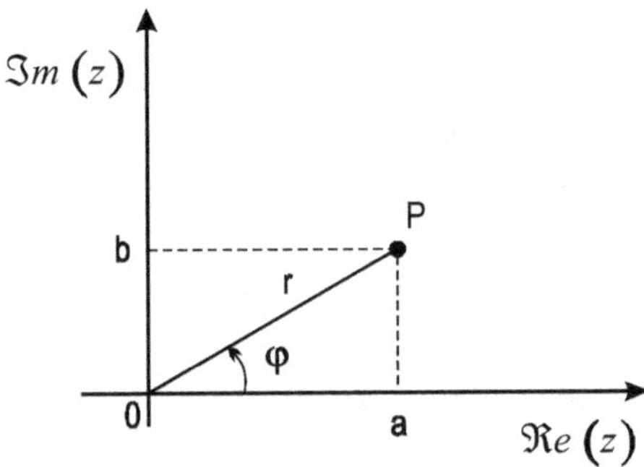

Figura 1.3

De la figura 1.3 resulta evidente que, si denotamos con r la distancia euclideana del punto p al origen del sistema, que podemos representar por la norma $\left|z\right|$, y φ al ángulo determinado por el eje positivo de las X y el segmento $\overrightarrow{OP}$, se tiene:

$$\begin{cases} r = d\big((0,0),(a,b)\big) = \sqrt{a^2 + b^2} = |z| & \text{(norma de } z) \\ \varphi = \text{ang}\big(\overrightarrow{(0,0)(1,0)}, \overrightarrow{(0,0)(a,b)}\big) = \arctan\left(\dfrac{b}{a}\right) & \text{(argumento de } z) \end{cases}, \, (a \neq 0)$$

o bien:

$$\begin{cases} a = r \cos \varphi \\ b = r \operatorname{sen} \varphi \end{cases}$$

Por lo tanto:

$$\boxed{\; a + bi = z = r\big(\cos \varphi + i \operatorname{sen} \varphi\big) \;}$$

La última expresión es la ***forma trigonométrica*** (o polar) del número complejo z.

Ejemplo. Expresar en forma trigonométrica el número complejo $z = 1 + \sqrt{3}\, i$

$$r = \sqrt{1^2 + \left(\sqrt{3}\right)^2} = 2$$

$$\operatorname{tg} \varphi = \frac{\sqrt{3}}{1} = \sqrt{3} \quad \Rightarrow \varphi = \frac{\pi}{3}$$

$$z = 2\left(\cos \frac{\pi}{3} + i \operatorname{sen} \frac{\pi}{3}\right)$$

1.3.6. Producto y cociente de números complejos en forma trigonométrica

Sean los números complejos $z_1 = r_1(\cos \varphi_1 + i \operatorname{sen} \varphi_1)$ y $z_2 = r_2(\cos \varphi_2 + i \operatorname{sen} \varphi_2)$, entonces

$$\begin{aligned} z_1 z_2 &= r_1(\cos(\varphi_1) + i \sin(\varphi_1)) r_2(\cos(\varphi_2) + i \sin(\varphi_2)) \\ &= r_1 r_2 \big[\cos(\varphi_1)\cos(\varphi_2) - \sin(\varphi_1)\sin(\varphi_2) + i\big(\cos(\varphi_1)\sin(\varphi_2) + \sin(\varphi_1)\cos(\varphi_2)\big)\big] \\ &= r_1 r_2 \big[\cos(\varphi_1 + \varphi_2) + i \sin(\varphi_1 + \varphi_2)\big] \end{aligned}$$

Si $z_2 \neq 0$, entonces

$$\frac{z_1}{z_2} = z_1\frac{1}{z_2} = z_1\frac{\overline{z}_2}{|z_2|^2} = \frac{1}{r_2^2}\left(z_1 \cdot \overline{z}_2\right).$$

Como $\overline{z}_2 = r_2(\cos\varphi_2 - i\operatorname{sen}\varphi_2)$ tenemos

$$\frac{z_1}{z_2} = \frac{r_1}{r_2}\left[\cos\left(\varphi_1 - \varphi_2\right) + i\operatorname{sen}\left(\varphi_1 - \varphi_2\right)\right]$$

1.3.7. Potencia de complejos en forma trigonométrica

Analizaremos el caso en que el número complejo esté expresado en forma trigonométrica, por la simplicidad que resulta en los cálculos involucrados.

Sea $z = r\left(\cos(\varphi) + i\sin(\varphi)\right)$ y n es un entero positivo, entonces, $z^n = \underbrace{zzz\cdots z}_{n\ \text{veces}}$. Luego, si $n = 2$ tenemos,

$$z^2 = zz = rr\left[\cos\left(\varphi + \varphi\right) + i\sin\left(\varphi + \varphi\right)\right]$$
$$= r^2\left(\cos\left(2\varphi\right) + i\sin\left(2\varphi\right)\right)$$

Para $n = 3$

$$z^3 = zz^2$$
$$= rr^2\left[\cos\left(\varphi + 2\varphi\right) + i\sin\left(\varphi + 2\varphi\right)\right]$$
$$= r^3\left[\cos\left(3\varphi\right) + i\sin\left(3\varphi\right)\right]$$

y en general, se puede ver, por inducción que

$$z^n = r^n\left[\cos\left(n\varphi\right) + i\sin\left(n\varphi\right)\right]$$

Esta última expresión se denomina ***Fórmula de De Moivre.***

1.3.8. Observación.

A raíz de la correspondencia entre números complejos y pares ordenados, es claro que dos números complejos son iguales si lo son sus partes reales e imaginarias respectivamente, esto es,

Si $z_1, z_2 \in \mathbb{C}$, entonces, $z_1 = z_2$ si y sólo si $\mathrm{Re}(z_1) = \mathrm{Re}(z_2)$ y $\mathrm{Im}(z_1) = \mathrm{Im}(z_2)$. Si $z_1 = r_1\left[\cos(\varphi_1) + i\sin(\varphi_1)\right]$ y $z_2 = r_2\left[\cos(\varphi_2) + i\sin(\varphi_2)\right]$, entonces $z_1 = z_2$ si y sólo si

$$\begin{cases} r_1 = r_2 \\ \varphi_1 - \varphi_2 = 2k\pi, \, k \in \mathbb{Z} \end{cases}$$

1.3.9. Raíces de números complejos

Definición

Sean $z, u \in \mathbb{C}$. Diremos que z es **raíz enésima** de u si y sólo si z es solución de la ecuación $x^n - u = 0$ o bien $z^n = u$.

$x^n - u = 0$ es una ecuación algebraica de grado n a coeficientes en $\mathbb{C}$. El número complejo u tiene n **raíces enésimas** distintas.

Consideremos $z = \rho\left[\cos(\varphi) + i\sin(\varphi)\right]$ y $u = r\left[\cos(\alpha) + i\sin(\alpha)\right]$, entonces, z es **raíz enésima** de u $\Leftrightarrow \rho^n\left[\cos(n\varphi) + i\sin(n\varphi)\right] = r\left[\cos(\alpha) + i\sin(\alpha)\right]$, de donde,

$$\begin{cases} \rho^n = r \\ n\varphi = \alpha + 2k\pi \end{cases}, \text{con } k \in \mathbb{Z}$$

por lo tanto

$$z = \sqrt[n]{r}\left[\cos\left(\frac{\alpha}{n} + \frac{2k\pi}{n}\right) + i\sin\left(\frac{\alpha}{n} + \frac{2k\pi}{n}\right)\right] \text{ para } k \in \mathbb{Z}$$

Cuando en esta última expresión se da a k los valores $0, 1, \ldots, n-1$, se obtienen n números complejos distintos, que son las n raíces enésimas de u.

Si a k le damos el valor n, obtenemos el mismo número complejo que para $k=0$, (a causa de la periodicidad de seno y coseno). Concluímos que el número complejo u tiene n raíces enésimas distintas.

Ejemplo. Calcular las raíces cuartas de: $u = 1 + \sqrt{3}\ i$

La forma trigonométrica de u es $u = 2\left[\cos\left(\frac{\pi}{3}\right) + i\sin\left(\frac{\pi}{3}\right)\right]$.

$$\text{Si }\ z = \rho\left[\cos\left(\varphi\right) + i\sin\left(\varphi\right)\right]$$

entonces $\rho^4\left[\cos\left(4\varphi\right) + i\sin\left(4\varphi\right)\right] = 2\left[\cos\left(\frac{\pi}{3}\right) + i\sin\left(\frac{\pi}{3}\right)\right]$, de donde $\rho = \sqrt[4]{2}$ y $\varphi = \frac{\pi}{12} + \frac{k\pi}{2}$, para $k = 0,1,2,3$. Las cuatro raíces son entonces,

$$z_0 = \sqrt[4]{2}\left[\cos\left(\frac{\pi}{12}\right) + i\sin\left(\frac{\pi}{12}\right)\right]$$

$$z_1 = \sqrt[4]{2}\left[\cos\left(\frac{7\pi}{12}\right) + i\sin\left(\frac{7\pi}{12}\right)\right]$$

$$z_2 = \sqrt[4]{2}\left[\cos\left(\frac{13\pi}{12}\right) + i\sin\left(\frac{13\pi}{12}\right)\right]$$

$$z_3 = \sqrt[4]{2}\left[\cos\left(\frac{19\pi}{12}\right) + i\sin\left(\frac{19\pi}{12}\right)\right]$$

Observar que las cuatro raíces tienen el mismo módulo.

Para representar gráficamente estas cuatro raíces, trazaremos a continuación, con centro en el origen, una circunferencia de radio $r = \sqrt[4]{2}$.

Sobre ella estarán situadas las cuatro raíces; identificándose con los vértices de un polígono regular de 4 lados (un cuadrado), inscripto en la circunferencia, como puede apreciarse en la Figura 1.4.

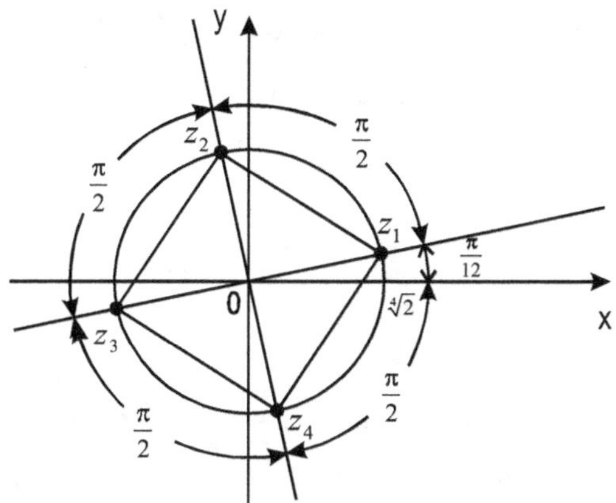

Figura 1.4

La raíz z_0, corresponde al punto de la circunferencia, que determina con el origen, un segmento que, con el eje positivo de las "x" forma un ángulo de $\frac{\pi}{12}$ radianes, es decir 15°.

A partir de esta raíz, obtenemos la segunda (z_1), desplazándonos sobre la circunferencia $\pi/2$ radianes, de modo que el segmento determinado por el punto correspondiente a z_1 y el origen del sistema, determina con el eje positivo de las "x" un ángulo de $\frac{7\pi}{12}$ radianes, o sea 105°.

En forma similar, se ubicará sobre la circunferencia los puntos correspondientes a (z_2) y (z_3) respectivamente.

El ejemplo ilustra que, en general, para representar gráficamente las n raíces enésimas de un número complejo $u = r\left[\cos(\alpha) + i\sin(\alpha)\right]$, se debe trazar una circunferencia de radio $\sqrt[n]{r}$, con centro en el origen.

Todas las raíces z_k, estarán ubicadas sobre esta circunferencia.

La primera de ellas, z_0, se obtiene girando, a partir del eje de las "x", un ángulo "$\frac{\alpha}{n}$" en sentido antihorario.

A partir de z_0, y moviéndose siempre sobre la circunferencia y en sentido antihorario, ángulos $\left(\dfrac{2\pi}{n}\right)k$ con $k = 1, 2, ..., n-1$, se obtienen las restantes raíces $z_1, z_2, ..., z_{n-1}$.

1.3.10. Representación exponencial de números complejos

Se justificará más adelante (en el estudio del Análisis Matemático) la expresión

$$e^{i\theta} = \cos(\theta) + i\sin(\theta)$$

que por ahora puede aceptarse como una definición convencional de potencia de base e y exponente imaginario puro.

A partir de esto es posible deducir fácilmente que, si $z = r\left(\cos(\theta) + i\,sen(\theta)\right)$, entonces se puede también escribir $z = re^{i\theta}$, que se denomina forma exponencial de z, resultando muy adecuada para formalizar y recordar fácilmente las reglas de multiplicación y radicación de un número complejo.

Ejemplo.

$$z = 1 + i \;\Rightarrow\; \begin{cases} r = \sqrt{2} \\ \theta = \arctan(1) = \frac{\pi}{4} \end{cases} \;\Rightarrow\; z = \sqrt{2}\left(cos\tfrac{\pi}{4} + i\,sen\tfrac{\pi}{4}\right) \;\Rightarrow\; z = \sqrt{2}\,e^{i\frac{\pi}{4}}$$

Observar que si $z = r\left(\cos(\theta) + i\,sen(\theta)\right)$, entonces

$$\overline{z} = re^{-i\theta} \quad \text{y} \quad \frac{1}{z} = \frac{1}{re^{i\theta}} = r^{-1}e^{-i\theta}$$

Sean $z_1 = r_1\left(\cos(\theta_1) + i\,sen(\theta_1)\right)$ y $z_2 = r_2\left(\cos(\theta_2) + i\,sen(\theta_2)\right)$,

entonces $z_1 z_2 = r_1 r_2 e^{i(\theta_1 + \theta_2)}$ y si $z = re^{i\theta}$, entonces $z^n = r^n e^{in\theta}$.

Ejercicios

Ejercicio 1

Dados los siguientes complejos $z_1 = 2+3i$, $z_2 = 5-2i$, $z_3 = -6+i$, calcular:

1. $z_1 + z_2$
2. $z_1 - z_2$
3. $z_1 . z_2$
4. $\dfrac{z_1}{z_2}$
5. z_2^3
6. z_3^2
7. $5z_1 + -4z_3$
8. $-7z_3 + 2z_2$
9. z_1^{-1}
10. $z_3^{-2} - z_3^2$
11. $z_2^{-1} . z_1^4$

Ejercicio 2

Computar los inversos de:

1. $z = 3+4i$
2. $z = 0+3i$
3. $z = 3+0i$
4. $z = a+bi$

Ejercicio 3

Resolver en $\mathbb{C}$ las ecuaciones:

1. $(2+3i)x - (1-i) = (2i)x + 4$
2. $(3-i)x + (2-4i) = (2-4i)x + 4$

Ejercicio 4

Representar gráficamente y expresar en forma trigonométrica normal:

1. $z = 1 + i$, $z = -2 + 2i$, $z = 2 - 2i$, $z = -1 - i$
2. $z = 2i$, $z = -3$, $z = 2$, $z = -3i$
3. $z = 1 + \sqrt{3}i$, $z = -\sqrt{3} + i$, $z = -2 - 2\sqrt{3}i$, $z = \sqrt{3} - i$

Ejercicio 5

Representar gráficamente y expresar en la forma $z = a + bi$:

1. $z = 2\left(\cos\frac{\pi}{2} + i\,sen\,\frac{\pi}{2}\right)$
2. $z = 3\left(\cos\frac{3\pi}{2} + i\,sen\,\frac{3\pi}{2}\right)$
3. $z = 5\left(\cos 2\pi + i\,sen\,2\pi\right)$
4. $z = 2\left(\cos 3\pi + i\,sen\,3\pi\right)$
5. $z = 1\left(\cos\frac{\pi}{4} + i\,sen\,\frac{\pi}{4}\right)$
6. $z = 2\left(\cos\frac{5\pi}{4} + i\,sen\,\frac{5\pi}{4}\right)$
7. $z = 4\left(\cos\frac{2\pi}{3} + i\,sen\,\frac{2\pi}{3}\right)$
8. $z = 1\left(\cos\frac{7\pi}{3} + i\,sen\,\frac{7\pi}{3}\right)$
9. $z = 1\left(\cos\frac{\pi}{6} + i\,sen\,\frac{\pi}{6}\right)$
10. $z = 2\left(\cos\frac{4\pi}{3} + i\,sen\,\frac{4\pi}{3}\right)$

Ejercicio 6

Calcular y graficar

1. Las raíces cúbicas de: $z = 1$, $z = -1$, $z = -i$
2. Las raíces cuartas de: $z = 2 - 2\sqrt{3}i$

Ejercicio 7

Determinar las siguientes raíces y expresar en forma trigonométrica normal:

1. Raíces quintas de: $z = -\sqrt{2} - \sqrt{2}i$
2. Raíces cúbicas de: $z = -27i$
3. Raíces cuartas de: $z = -1$

Ejercicio 8

Resolver en $\mathbb{C}$ las siguientes ecuaciones:

1. $x^3 - \left(-1+i\right) = 0$

2. $x^6 - \left(-1-\sqrt{3}i\right)x^2 = 0$

3. $\left(1+i\right)x^6 - \left(1-i\right)x^3 = 0$

4. $x^5 - \left(\sqrt{3}+i\right)x^2 = 0$

1.4. Producto Cartesiano

El producto cartesiano es una de las más importantes construcciones de la teoría de conjuntos: él nos permite expresar muchos conceptos en términos de conjuntos.

Para cada dos objetos a, b tenemos un nuevo objeto (a,b), llamado su par ordenado.

Los pares ordenados están sujetos a una sola condición: $(a,b) = (c,d)$ si y sólo si $a = c$ y $b = d$. El primer (segundo) elemento de un par ordenado es denominado su primera (segunda) coordenada o componente.

Definición. Sean A y B dos conjuntos, distintos o no. El producto cartesiano de A y B, que denotamos $A \times B$ está dado por

$$\left\{(a,b) \mid a \in A \text{ y } b \in B\right\}.$$

1.4.1. Ejemplo.

$$\text{Si } A = \{a,b\} \text{ y } B = \{1,2\}, \text{ entonces } A \times B = \{(a,1),(a,2),(b,1),(b,2)\}$$

1.4.2. Definición.

Como caso particular, si $A = B = \mathbb{R}$, entonces $\mathbb{R} \times \mathbb{R} = \mathbb{R}^2 = \{(x,y) \mid x,y \in \mathbb{R}\}$, que es el conjunto de todos los pares ordenados de números reales.

De manera similar, si A, B y C son conjuntos, es posible definir el triple producto cartesiano de ellos como:

$$A \times B \times C = \{(a,b,c) \mid a \in A,\ b \in B,\ c \in C\}.$$

En este caso al objeto (a,b,c), lo denominamos *terna ordenada*. Se dice que a es la primera coordenada (o componente), b la segunda coordenada (o componente) y c la tercer coordenada (o componente) de la terna.

También se define de manera análoga la igualdad de ternas ordenadas por

$$(a,b,c) = (d,e,f) \Leftrightarrow \begin{cases} a = d \\ b = e \\ c = f \end{cases}$$

De modo que dos ternas ordenadas son iguales, si y sólo si, son iguales sus coordenadas homólogas; justificándose nuevamente su denominación de "ternas **ordenadas**" por el hecho que, en general $(a,b,c) \neq (b,a,c)$

En particular, si $A = B = C = \mathbb{R}$, entonces: $\mathbb{R} \times \mathbb{R} \times \mathbb{R} = \mathbb{R}^3 = \{(x,y,z) \mid x,y,z \in \mathbb{R}\}$ que es el conjunto de todas las ternas ordenadas de números reales.

Es usual representar ternas mediante subíndices que indican las respectivas coordenadas, en la forma (x_1, x_2, x_3).

Finalmente

$$\underbrace{\mathbb{R}\times\mathbb{R}\times\ldots\times\mathbb{R}}_{n-veces}=\mathbb{R}^{n}=\left\{\left(x_{1},\ldots,x_{n}\right)\;\middle|\;x_{i}\in\mathbb{R},\text{ para }i=1,2,\ldots,n\right\}$$

Llamando *n-upla ordenada*, al objeto $\left(x_{1},x_{2},\ldots,x_{n}\right)$. Por supuesto que se cumple $\left(a_{1},a_{2},\ldots,a_{n}\right)=\left(b_{1},b_{2},\ldots,b_{n}\right)$ si y sólo si $a_{i}=b_{i}$ para $i=1,2,\ldots,n$.

1.5. Sistemas de coordenadas

1.5.1. Sistema de Coordenadas sobre una Recta

El lector sabe que, es posible establecer una correspondencia biunívoca entre los números reales y los puntos de una recta.

Para ello, se selecciona un punto de dicha recta como origen, al que se hace corresponder el número cero (0); la elección arbitraria de un segundo punto sobre la recta, al que se hace corresponder el número uno (1), define un sentido que se elige como **dirección positiva** y un segmento, denominado **segmento unidad**, que determina el "tamaño" de la escala a construir.

Figura 1.5

Estos elementos, determinan un **sistema de coordenadas** (o una "escala") sobre la recta, la cual, en estas condiciones, es denominada **recta real**, **eje numérico** o **eje coordenado**, y cada número asociado a un punto particular de la recta, se denomina **coordenada** o **abscisa** del punto, dando su ubicación sobre ella.

De este modo, en la Fig 1.5, si $a<b$, el punto de coordenada a se encuentra a la izquierda del asociado a b.

1.5.2. Sistema de Coordenadas en el Plano

Para construir un sistema de coordenadas sobre el plano, se necesita un par de rectas equipadas con sus escalas y construidas de manera tal que se corten. Las escalas de estas rectas se gradúan de forma que el 0 de ambas corresponda al punto de intersección, como se muestra en la Fig 1.6

La longitud del segmento determinado por los puntos asignados al 0 y al 1 respectivamente, define, según ya se hizo notar, el **tamaño de la escala**, que no necesariamente debe ser el mismo en ambos ejes coordenados.

Si el tamaño de las dos escalas es el mismo, se dice que el sistema es **cartesiano**.

Además, por comodidad, generalmente se dibujan los dos ejes perpendiculares, de manera que formen entre sí un ángulo recto, y en este caso se dice que el sistema es **ortogonal**.

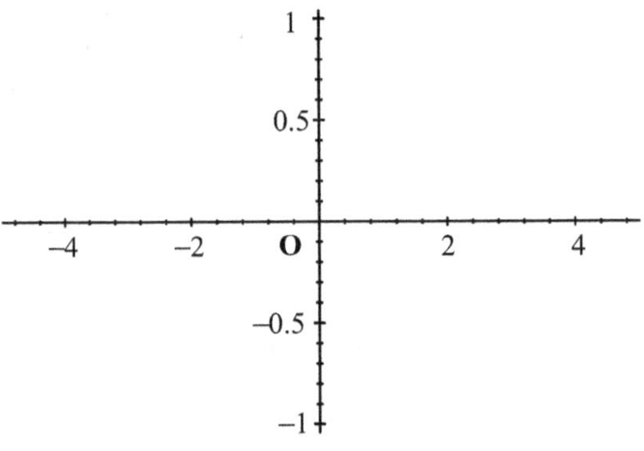

Figura 1.6

En estas condiciones, cada punto del plano, queda en correspondencia "uno a uno", o biunívoca, con un "par ordenado de números reales".

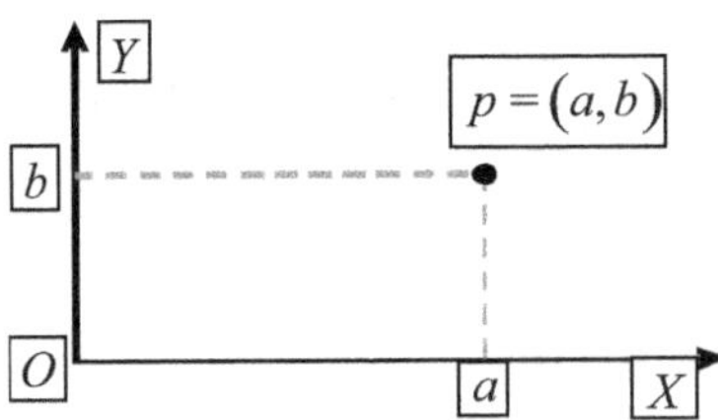

Figura 1.7

Trazando por el punto p paralelas a los ejes coordenados, donde éstas cortan a dichos ejes, se tienen puntos que están en correspondencia con dos números reales. En la figura, a y b respectivamente. Diremos que a es la **abscisa** del punto p, en tanto que b es la **ordenada** del mismo. Ha quedado definido un **par ordenado**, que lo denotamos (a,b) y lo identificamos con el punto p (Fig. 1.7). Trabajando en forma inversa, fijado un par ordenado (a,b), el punto de intersección de las rectas auxiliares, paralelas a los ejes, por los puntos de los mismos asociados respectivamente a la abscisa a y la ordenada b, es el punto p asociado con este par (Figura 1.8).

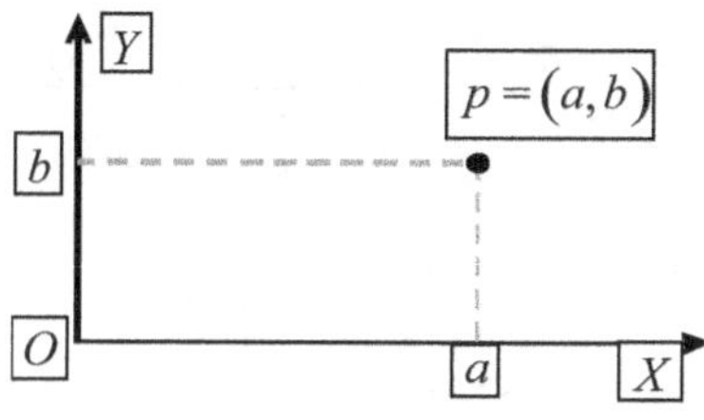

Figura 1.8

1.5.3. Sistema de coordenadas en el espacio

En el espacio, un par ordenado de números reales, determinaría la ubicación de un punto, situado sobre el plano que contiene a los ejes X e Y, pero resulta evidente la necesidad de un dato más que nos indique si dicho punto está efectivamente sobre ese plano (el tercer dato será un 0), o se encuentra un cierto número de unidades por debajo o por encima del mismo; el tercer dato, es por lo tanto, otro número real que, junto con los dos primeros, define una *terna ordenada* de números reales.

En la Fig.1.9, se muestran dos puntos, P y Q, que se identifican con las ternas ordenadas (p_1, p_2, p_3) y (q_1, q_2, q_3) respectivamente.

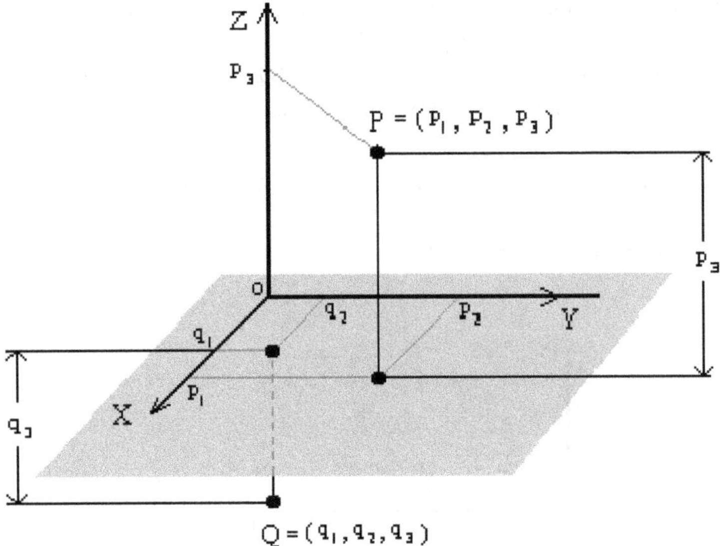

Figura 1.9

En ambos casos, las dos primeras coordenadas, nos determinan lo que podríamos pensar como "la sombra del punto" sobre el plano donde se encuentran los ejes X e Y, mientras que la tercera, nos dice cuántas unidades, por encima de este plano (en el caso de P), o por debajo (en el caso de Q), es necesario desplazarse en la dirección de una cierta recta, que no esté contenida en el plano y que usualmente y para mayor comodidad en el trabajo, la construímos perpendicular a ambos ejes.

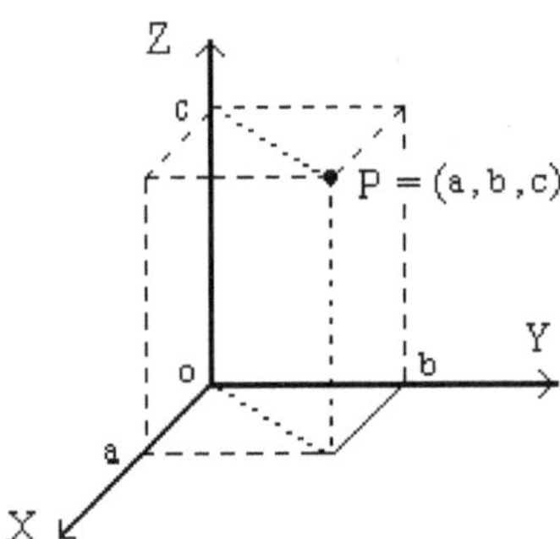

Figura 1.10

Para poder leer número de unidades sobre esta recta, es necesario equiparla, como a las dos primeras, con una escala, por lo que resulta ser un tercer eje de coordenadas, que en nuestro caso lo llamaremos eje Z .

Recíprocamente, un punto en el espacio, fijado un sistema de coordenadas $X - Y - Z$, define de manera unívoca, tres números reales.

De este modo, cada terna ordenada de números reales queda en correspondencia "uno a uno", con los puntos del espacio, y es por ese motivo que identificamos, por ejemplo al punto P , con la terna $\left(p_1, p_2, p_3 \right)$, escribiendo $P = \left(p_1, p_2, p_3 \right)$ (Fig. 1.10).

1.6. Generalización del concepto de operación y sus propiedades

El lector está familiarizado con las operaciones entre números.

A partir de ellas, generalizaremos el concepto de **operación** para aplicarlo a elementos de un conjunto cualquiera.

1.6.1. Definición.

Sea A un conjunto no vacío. Se dice que en A está definida una ley de composición interna, u operación binaria, si a cada par ordenado (a, b) de elementos de A se le asigna, mediante alguna regla, un único elemento de A . Se la llama interna, puesto que, para realizarla no es necesario considerar elementos fuera del conjunto y el resultado de la misma sigue siendo un elemento de dicho conjunto. Se dice binaria por estar definida para un par de elementos de A .

1.6.2. Observación.

El elemento asignado por la operación al par (a, b) , suele denotarse escribiendo los elementos del par, en su orden, separados por el símbolo característico de la operación.

Si, por ejemplo, el símbolo fuese $*$, entonces se tendrá:

$$* : A \times A \to A; \ (a, b) \mapsto a * b$$

La operación usual de **suma** definida en el conjunto de números enteros $\mathbb{Z}$, es una ley de composición interna en el "conjunto de los números pares" $\mathbb{P} = \{ 2k \ / \ k \in \mathbb{Z} \}$, que asigna a los elementos a y b, el número $a+b$. Sin embargo **no lo es** sobre el "conjunto de números impares" $\mathbb{I} = \{2k+1 \ / \ k \in \mathbb{Z}\}$. ¿Por qué?

La multiplicación de números es una operación interna sobre el conjunto $\mathbb{R}$ de los números reales.

La **potenciación** es una operación binaria en el conjunto de los números naturales $\mathbb{N} = \{0,1,2,...\}$ que asigna al par (a,b) el número natural a^b.

Si X es un conjunto, y denotamos con $P(X)$ al conjunto de las partes de X, esto es, al que tiene por elementos todos los subconjuntos de X, la **intersección**, **unión** y **diferencia**, son leyes de composición interna sobre $P(X)$.

Cuando se trabaja sobre un conjunto finito $\{a_1, a_2, ..., a_n\}$, suele resultar cómodo definir las operaciones binarias mediante tablas o cuadros de doble entrada, colocando en la intersección de la fila i con la columna j, el elemento $a_i * a_j$, donde "$*$" es el símbolo de la operación.

1.6.3. Ejemplo.

Si $A = \{0,1\}$, se puede definir las siguientes operaciones binarias en A:

$+$	0	1
0	0	1
1	1	0

$\bullet$	0	1
0	0	0
1	0	1

$*$	0	1
0	1	0
1	0	1

$\#$	0	1
0	0	1
1	0	1

Donde vemos que $1+1=0$, $1\bullet 1=1$, $0*1=0$, $0\#1=1$, etc.

Si $A = \{a,b,c\}$, podemos definir:

$*$	a	b	c
a	a	b	c
b	b	c	a
c	c	a	b

$\#$	a	b	c
a	a	a	a
b	b	b	b
c	c	c	c

De donde $c*b=a$, $b*b=c$, $c\#b=c$, $b\#b=b$, etc.

Un conjunto A no vacío, equipado con una operación $*$ definida sobre él, se denotará en adelante $(A,*)$.

1.6.4. Definición.

Sea $(A,*)$. Diremos que la operación $*$ es asociativa si $(a*b)*c=a*(b*c)$ para todo $a,b,c\in A$.

1.6.5. Ejemplo.

La suma de números naturales es asociativa.

1.6.6. Definición.

Sea $(A,*)$. Se dice que la operación $*$ es conmutativa si $a*b=b*a$ para todo $a,b\in A$.

1.6.7. Ejemplo.

El producto de números racionales es conmutativo.

1.6.8. Definición.

Sea $(A,*)$; $e\in A$ es elemento neutro de A respecto de $*$ si $a*e=e*a=a$ para todo $a\in A$.

1.6.9. Ejemplo.

Los números enteros con la operación de suma, $(\mathbb{Z},+)$, tiene como elemento neutro el 0. Por otra parte, $(\mathbb{Z},\cdot)$ tiene como neutro al 1.

La operación de potenciación sobre $\mathbb{N}$, ¿Tiene elemento neutro? Justifique la respuesta.

1.6.10. Proposición.

Si e y e' son elementos neutros de $(A,*)$, entonces $e=e'$.

Demostración. En efecto, de acuerdo con la definición tenemos $e'=e'*e=e*e'=e$.

Lo que esta proposición nos dice es que **si una operación binaria tiene elemento neutro, éste es único.**

1.6.11.Definición.

Sea $(A,*)$, con elemento neutro e y $a \in A$. Se dice que a es inversible si existe $a' \in A$ tal que $a*a' = e = a'*a$. Al elemento a' se lo denomina inverso de a.

Los elementos de A que admiten inverso respecto de $*$ se denominan **elementos inversibles.**

1.6.12. Observación.

En el caso particular de la operación de suma, el elemento inverso se denomina opuesto. Cuando la operación es de multiplicación, el inverso se denomina inverso multiplicativo o simplemente inverso cuando no hay lugar a confusión.

1.6.13. Ejemplo.

En $(\mathbb{Z},+)$ todos los elementos son inversibles. En $(\mathbb{Z},\cdot)$ sólo hay dos elementos inversibles. ¿Cuáles son?

1.6.14. Definición.

Sea $(A,*)$. Se dice que $a \in A$ es simplificable a izquierda o a derecha respecto de $*$ si $(a*b = a*c \implies b = c)$ o $(b*a = c*a \implies b = c)$.

1.6.15. Ejemplo.

- En $(\mathbb{Z},\cdot)$ el "0" no es simplificable pues $0x = 0y$ no implica necesariamente que $x = y$.

- Sea $X = \{1,2,3\}$ y $P(X)$ tal como se definió antes. En $(P(X),\cap)$ el elemento $\{1\}$ no es simplificable puesto que $\{1\} \cap \{1,3\} = \{1\} \cap \{1,2\}$, y evidentemente $\{1,2\} \neq \{1,3\}$.

Si se considera el caso de un conjunto A con dos leyes de composición interna "$*$" y "$\circ$" definidas sobre él, lo que denotaremos en la forma $(A,*,\circ)$, es posible analizar el comportamiento relativo de estas leyes para obtener elementos del tipo $(a*b)\circ c$, o bien $(a \circ b)*c$, con $a,b,c \in A$.

1.6.16. Definición.

Sea $(A, *, \circ)$. Diremos que "$\circ$" es distributiva a derecha respecto de "$*$" si $(a * b) \circ c = (a \circ c) * (b \circ c)$ para todo $a, b, c \in A$. Análogamente, diremos que "$\circ$" es distributiva a izquierda respecto de "$*$" si $a \circ (b * c) = (a \circ b) * (a \circ c)$ para todo $a, b, c \in A$. La operación "$\circ$" es distributiva con respecto a "$*$" si lo es a derecha e izquierda.

1.6.17. Ejemplo

- En el conjunto de los números reales, $(\mathbb{R}, +, \cdot)$, con la suma y multiplicación habituales, la multiplicación distribuye respecto de la suma. Sin embargo, es un hecho conocido que la suma no distribuye sobre el producto.

- En el conjunto de los números naturales, la "potenciación" no distribuye respecto de la suma, puesto que $(a + b)^n \neq a^n + b^n$, a menos que $n = 1$.

1.7. Estructuras Algebraicas

Un objeto matemático constituído por un conjunto no vacío y alguna ley de composición interna definida en él es, en su forma más simple, una estructura algebraica.

Según sean las propiedades que verifica la operación, se tendrán distintas **estructuras algebraicas**, que, en situaciones más complejas, podrán tener definidas, varias leyes de composición interna.

1.7.1. Definición.

Sea $M \neq \emptyset$. El par $(M, *)$ es un monoide si y sólo si "$*$" es una ley de composición interna en M.

1.7.2. Ejemplo.

Son monoides los pares siguientes: $(\mathbb{N}, +)$ y $(P(X), \cap)$.

1.7.3. Definición.

El monoide $(S, *)$ es un semigrupo si y sólo si "$*$" es asociativa. Esto es, un semigrupo es un monoide asociativo.

1.7.4. Ejemplo.

Son semigrupos los pares $(\mathbb{N},\cdot)$ y $(\mathbb{R},+)$.

1.7.5. Definición.

Sea $G \neq \varnothing$ y $*$ una ley de composición interna definida sobre G. El par $(G,*)$ es un *grupo*, si y sólo si, se cumple:

1. "$*$" es asociativa.

2. "$*$" tiene elemento neutro en G.

3. Todo $a \in G$ es inversible en G respecto de $*$.

1.7.6. Observación.

Si $(G,*)$ es un grupo y además, la operación "$*$" es conmutativa, entonces se dice que $(G,*)$ es un grupo conmutativo (*o abeliano*).

1.7.7. Ejemplo.

- Son grupos los siguientes pares: $(\mathbb{Z},+)$ y $(\mathbb{Q}-\{0\},\cdot)$.

- Verificar que $(A,*)$ es un grupo abeliano, siendo $A=\{0,1\}$ y la operación "$*$" definida por la tabla

$$
\begin{array}{c|cc}
* & 0 & 1 \\
\hline
0 & 1 & 0 \\
1 & 0 & 1
\end{array}
$$

Vamos a analizar a continuación, una estructura algebraica algo más complicada, ya que involucra un conjunto donde se definen dos leyes de composición interna que cumplen con determinadas propiedades, a saber:

1.7.8. Definición.

Sea $\mathbb{K}$ un conjunto con más de un elemento, sobre el que se han definido dos operaciones internas, "adición" (ó suma) denotada "$+$" y "multiplicación" denotada "$\cdot$" con las siguientes propiedades:

A_1 $a+b=b+a$ para todo $a,b\in\mathbb{K}$. (Conmutatividad).

A_2 $a+(b+c)=(a+b)+c$ para todo $a,b,c\in\mathbb{K}$. (Asociatividad).

A_3 Existe un elemento en $\mathbb{K}$ que denotaremos "0" tal que $a+0=a$ para todo $a\in\mathbb{K}$. (Existencia de elemento neutro aditivo).

A_4 Para cada $a\in\mathbb{K}$ existe un elemento en $\mathbb{K}$ que denotaremos $-a$ (u op(a)) tal que $a+(-a)=0$. (Existencia del opuesto aditivo).

M_1 $ab=ba$ para todo $a,b\in\mathbb{K}$. (Conmutatividad).

M_2 $a(bc)=(ab)c$ para todo $a,b,c\in\mathbb{K}$. (Asociatividad).

M_3 Existe un elemento en $\mathbb{K}$ que denotaremos "1" tal que $1a=a$ para todo $a\in\mathbb{K}$. (Existencia de elemento neutro multiplicativo).

M_4 Para cada $a\in\mathbb{K}-\{0\}$ existe un elemento en $\mathbb{K}$ que denotaremos a^{-1} (o inv(a)) tal que $aa^{-1}=1$. (Existencia del inverso multiplicativo).

D $a(b+c)=ab+ac$ para todo $a,b,c\in\mathbb{K}$. (Distributividad).

En estas condiciones se dice que $\mathbb{K}$ con las dos operaciones definidas en él, es un **cuerpo** que denotamos $(\mathbb{K},+,\cdot)$.

Nota. En la definición anterior hemos usado la convención usual de suprimir el símbolo que denota la multiplicación. Así, la expresión ab denota la multiplicación (o producto) de los elementos a y b. Seguiremos usando esta convención mientras no haya posibilidad de confusión.

Los elementos de un cuerpo reciben el nombre de **escalares** y no necesariamente deben ser números.

1.7.9. Ejemplo.

Verificar que:

♦   El conjunto $\mathbb{Q}$ de números racionales es un cuerpo.

♦   El conjunto $\mathbb{R}$ de números reales es un cuerpo.

♦   El conjunto $\mathbb{C}$ de números complejos es un cuerpo.

1.7.10. Definición.

Se define como subcuerpo $\mathbb{F}$ de un cuerpo $\mathbb{K}$, a un subconjunto $\mathbb{F} \subset \mathbb{K}$ que es un cuerpo, respecto de las mismas operaciones definidas en $\mathbb{K}$.

1.7.11. Ejemplos.

El conjunto de los números reales $\mathbb{R}$, con las operaciones usuales de suma y multiplicación, es un subcuerpo de $\mathbb{C}$.

OBSERVACION

En general, si K es un cuerpo, es posible sumar a sí mismo un número finito de veces el elemento neutro de la multiplicación (llamado usualmente **unidad**) y obtener el elemento neutro de la adición, esto es, $1 + 1 + \cdots + 1 = 0$.

El menor entero positivo n para el que la suma de n veces la unidad da como resultado 0 se denomina **característica** del cuerpo.

En el caso del cuerpo de los números complejos (y de cualquier subcuerpo suyo) la suma de n veces la unidad (con n entero positivo) es diferente de cero, por lo que se dice que éste es un cuerpo de **característica cero**.

Ejercicios

1. Analizar la distributividad a izquierda y a derecha en el caso del conjunto de los números naturales, con las operaciones de "potenciación" y "multiplicación".

2. Verificar si las siguientes reglas de asignación definen leyes de composición interna sobre el conjunto de los números naturales $\mathbb{N}$.

    i) $\qquad (a,b) \rightarrow ab$

    ii) $\qquad (a,b) \rightarrow a^{b}$

    iii) $\qquad (a,b) \rightarrow a - b$. (Como es usual, $a - b$ significa $a + (-b)$).

3. Verificar cuales de los siguientes pares constituyen una estructura de **grupo**.

$$(\mathbb{N},+),\ (\mathbb{Z},\cdot),\ (\mathbb{Q},+),\ (\mathbb{Q},\cdot),\ (\mathbb{R},+),\ (\mathbb{R},\cdot),\ (\mathbb{R}-\{0\},\cdot)$$

4. Sea $\mathbb{N} = \{0, 1, 2, ..., n, ...\}$ el conjunto de los números naturales, con las operaciones usuales de suma y producto. Especifique **todas** las razones por las cuales $\mathbb{N}$ no es un cuerpo.

5. Repetir el ejercicio 4 para el conjunto $\mathbb{Z} = \{..., -n, ..., -2, -1, 0, 1, 2, ..., n, ...\}$ de todos los números enteros.

6. Verifique que el conjunto de números racionales $\mathbb{Q} = \left\{ \dfrac{m}{n} \;\middle|\; m, n \in \mathbb{Z},\, n \neq 0 \right\}$ con las operaciones usuales de suma y multiplicación es un cuerpo.

7. Hacer lo mismo para el conjunto $\mathbb{Q}\left(\sqrt{2}\right) = \left\{ x + y\sqrt{2} \;\middle|\; x, y \in \mathbb{Q} \right\}$ con las operaciones de suma y multiplicación dadas por

$$(x + y\sqrt{2}) + (z + t\sqrt{2}) = (x + z) + (y + t)\sqrt{2}$$
$$(x + y\sqrt{2})(z + t\sqrt{2}) = (xz + 2yt) + (xt + yz)\sqrt{2}$$

8. Demuestre que $\mathbb{R}$ y $\mathbb{Q}$ son subcuerpos de $\mathbb{C}$.

9. Demuestre que si $\mathbb{F}$ es subcuerpo de $\mathbb{C}$, entonces necesariamente $\mathbb{Q} \subset \mathbb{F}$.

2

Sistemas de Ecuaciones Lineales

2.1. Sistemas de Ecuaciones Lineales

Se asume que el lector ha aprendido ya a resolver sistemas sencillos de ecuaciones, utilizando para ello diversas técnicas tales como sustitución, eliminación, etc.

Nos proponemos desarrollar un procedimiento que permitirá resolver cualquier sistema de m ecuaciones lineales con n incógnitas mediante un esquema computacional muy simple y apto tanto para el cálculo manual, como para el uso de ordenadores.

Para introducir la idea, resolveremos un sistema de dos ecuaciones con dos incógnitas mediante la técnica de eliminación que se fundamenta en los dos siguientes axiomas (**axioma**: verdad que se acepta sin demostración)

I.   Si se suma miembro a miembro dos igualdades, se obtiene una igualdad, esto es, si $A = B$ y $C = D$, entonces, $A + C = B + D$.

II.   Si se multiplica ambos miembros de una igualdad por el mismo factor no nulo, se obtiene una igualdad, esto es, si $A = B$ y k un escalar no nulo, entonces $kA = kB$.

Consideremos ahora el siguiente sistema:

I.
$$\begin{cases} 3x + y = -1 & (1) \\ x + 5y = 9 & (2) \end{cases}$$

Álgebra y Geometría

Sumando a la ecuación (1) la (2) multiplicada por -3 resulta:

II.
$$\begin{cases} 0x - 14y = -28 & (3) \\ x + 5y = 9 & (4) \end{cases}$$

Multiplicando (3) por $-\frac{1}{14}$, se tiene:

III.
$$\begin{cases} 0x + y = 2 & (5) \\ x + 5y = 9 & (6) \end{cases}$$

Sumando a la ecuación (6) la (5) multiplicada por -5, obtenemos:

IV.
$$\begin{cases} 0x + y = 2 & (7) \\ x + 0y = -1 & (8) \end{cases}$$

Finalmente y aunque no es necesario, por razones de presentación, es posible sin modificar las ecuaciones (igualdades), intercambiar su orden, resultando:

V.
$$\begin{cases} x + 0y = -1 & (9) \\ 0x + y = 2 & (10) \end{cases}$$

El sistema V se denomina *Sistema resolvente* (asociado a I)

Esto nos induce a pensar en la conveniencia de un proceso que permita pasar de un sistema original de ecuaciones lineales, a otro con las mismas soluciones, pero donde éstas estén en evidencia, es decir, a su sistema resolvente asociado.

En un diagrama en bloques la idea se podría representar así:

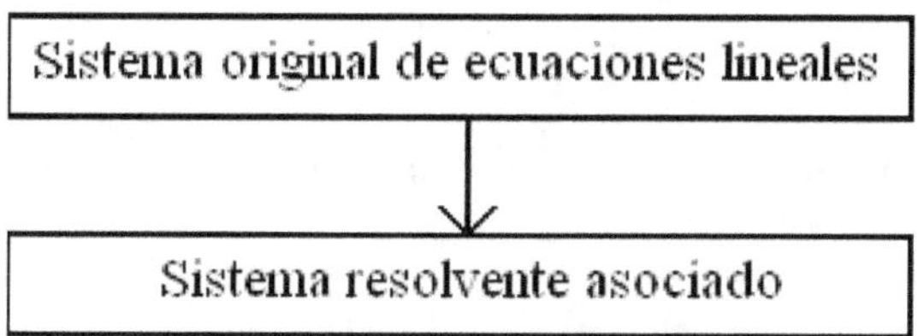

Por otra parte observemos que un sistema de ecuaciones lineales, en particular el sistema I, queda totalmente definido por un cuadro de números formado por los coeficientes de las incógnitas y los términos independientes (segundos miembros) que lo llamaremos *matriz asociada*, esto es,

$$\begin{cases} 3x + y = -1 \\ x + 5y = 9 \end{cases} \quad \mapsto \quad \begin{array}{cc|c} 3 & 1 & -1 \\ 1 & 5 & 9 \end{array}$$

Debe notarse que en la matriz asociada al sistema, cada fila está en correspondencia con una ecuación y cada columna con una incógnita; la última columna ha sido separada de las anteriores por una barra vertical, para evitar confusiones pues se trata de los términos independientes.

Nótese también que la correspondencia entre un sistema de ecuaciones y su matriz asociada es "uno a uno" o biunívoca.

Por ejemplo la matriz:

$$\begin{array}{cc|c} 0 & -14 & -28 \\ 1 & 5 & 9 \end{array}$$

Está asociada al sistema:

$$\begin{cases} 0x - 14y = -28 \\ x + 5y = 9 \end{cases}$$

Es decir,

$$\begin{array}{cc|c} 0 & -14 & -28 \\ 1 & 5 & 9 \end{array} \quad \mapsto \quad \begin{cases} 0x - 14y = -28 \\ x + 5y = 9 \end{cases}$$

Esto puede interpretarse como que, es posible recontruir un sistema de ecuaciones lineales, a partir del conocimiento de su matriz asociada.

Si escribimos los sistemas que fuimos obteniendo en el ejemplo en correspondencia con sus respectivas matrices asociadas, tendríamos:

$$
\begin{array}{ll}
\text{I} & \begin{cases} 3x+y=-1 \\ x+5y=9 \end{cases} \quad \leftrightarrow \quad \left[\begin{array}{cc|c} 3 & 1 & -1 \\ 1 & 5 & 9 \end{array}\right] \\[2em]
\text{II} & \begin{cases} 0x-14y=-28 \\ x+5y=9 \end{cases} \quad \leftrightarrow \quad \left[\begin{array}{cc|c} 0 & -14 & -28 \\ 1 & 5 & 9 \end{array}\right] \\[2em]
\text{III} & \begin{cases} 0x+y=2 \\ x+5y=9 \end{cases} \quad \leftrightarrow \quad \left[\begin{array}{cc|c} 0 & 1 & 2 \\ 1 & 5 & 9 \end{array}\right] \\[2em]
\text{IV} & \begin{cases} 0x+y=2 \\ x+0y=-1 \end{cases} \quad \leftrightarrow \quad \left[\begin{array}{cc|c} 0 & 1 & 2 \\ 1 & 0 & -1 \end{array}\right] \\[2em]
\text{V} & \begin{cases} x+0y=-1 \\ 0x+y=2 \end{cases} \quad \leftrightarrow \quad \left[\begin{array}{cc|c} 1 & 0 & -1 \\ 0 & 1 & 2 \end{array}\right]
\end{array}
$$

Un golpe de vista a este cuadro nos induce a pensar en la conveniencia de trabajar no sobre la columna de los sistemas de ecuaciones que se obtiene al ir produciendo modificaciones a partir del sistema original, como se hizo al comienzo, mediante operaciones realizadas sobre las ecuaciones, sino sobre la columna de sus matrices asociadas debido a la claridad, limpieza y simplificación producida en la notación y símbolos utilizados. Debe notarse que cada operación realizada sobre una ecuación de un sistema se traduce en una operación sobre la correspondiente fila de su matriz asociada, a la que llamaremos *operación de fila*.

El diagrama en bloques original toma ahora el aspecto:

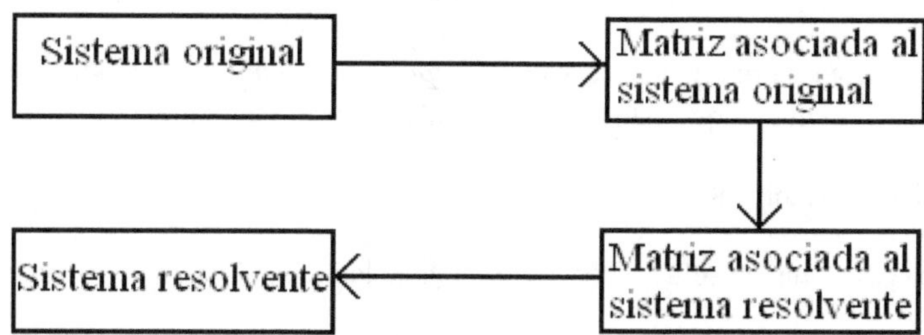

Por ejemplo, para pasar del sistema I al II, se sumó a la ecuación (1), la (2) multiplicada por -3. En la columna de matrices, para pasar de la primera a la segunda, se debe en la primer matriz, sumar a la primera fila, la segunda multiplicada por -3.

El desarrollo completo del ejemplo detallando las operaciones es:

$$\begin{array}{cc|c} 1 & 2 & 7 \\ 3 & 1 & 5 \end{array}$$ A la 1° fila sumar la 2° multiplicada por -3

$$\begin{array}{cc|c} 0 & -14 & -28 \\ 1 & 5 & 9 \end{array}$$ A la 1° fila multiplicarla por $-\frac{1}{14}$

$$\begin{array}{cc|c} 0 & 1 & 2 \\ 1 & 5 & 9 \end{array}$$ A la 2° fila sumar la 1° multiplicada por -5

$$\begin{array}{cc|c} 0 & 1 & 2 \\ 1 & 0 & -1 \end{array}$$ intercambiar 1° fila con la 2°

$$\begin{array}{cc|c} 1 & 0 & -1 \\ 0 & 1 & 2 \end{array}$$

Si cierta operación realizada sobre una de las ecuaciones de un sistema conduce a un nuevo sistema de ecuaciones, la correspondiente *operación de fila* lleva a una nueva matriz (asociada al nuevo sistema).

Para resolver un sistema de ecuaciones lineales, el procedimiento a seguir consistiría en transformar su matriz asociada, mediante "*operaciones de filas*" en la matriz del sistema resolvente:

i)   A partir del sistema de ecuaciones lineales original, escribir su matriz asociada.

ii)   Realizar a partir de esta matriz una sucesión de *operaciones de fila* de modo que la transformen en otra matriz que esté asociada a un sistema resolvente.

iii)   Escribir el sistema resolvente.

iv)   En el sistema resolvente la solución (o la carencia de la misma) estará a la vista.

Sin embargo debemos justificar rigurosamente el método propuesto.

Del procedimiento propuesto, surgen ciertos interrogantes que será necesario responder.

♦   En primer lugar ¿cuáles son las *operaciones de fila* que es lícito realizar?.

♦   Luego, ¿con qué criterio elegirlas?, o bien, ¿cómo saber que se debe detener el proceso por haber llegado a una matriz asociada a un sistema resolvente?.

♦ Finalmente es necesario garantizar que las operaciones realizadas sobre las matrices, son tales que las soluciones del sistema resolvente sean exactamente las mismas que las del sistema original.

Se hace notar que todo lo que se diga en adelante sobre sistemas de ecuaciones lineales, será válido bajo la hipótesis de que todos los coeficientes de las incógnitas y los términos independientes sean escalares, es decir elementos de un Cuerpo.

2.1.1 Matrices – Notaciones

Para responder a las preguntas planteadas, se hace necesario definir con mayor precisión el concepto de matriz.

Definición. Sea $\mathbb{K}$ un cuerpo, y sean m y n enteros positivos. Una matriz A de m filas y n columnas a elementos en el cuerpo $\mathbb{K}$, es una función $A:\{1,2,...,m\}\times\{1,2,...,n\}\to\mathbb{K}$.

Mas sencillamente, podemos aceptar que una matriz, es un arreglo rectangular de escalares dispuestos en filas y columnas.

Las matrices de m filas y n columnas, cuyos elementos son números reales, determinan un conjunto, que lo denotamos $\mathbb{R}^{m\times n}$.

Al elemento de la matriz A, que ocupa la fila i y columna j, lo denotamos a_{ij} (ó A_{ij}, ó $e_{ij}(A)$) y recibe el nombre de entrada ij de A.

Una matriz genérica $A\in\mathbb{R}^{m\times n}$, se escribe

$$A=\begin{bmatrix} a_{11} & a_{12} & \cdots & a_{1j} & \cdots & a_{1n} \\ a_{21} & a_{22} & \cdots & a_{2j} & \cdots & a_{2n} \\ \vdots & \vdots & \ddots & \vdots & \cdots & \vdots \\ a_{i1} & a_{i2} & \cdots & a_{ij} & \cdots & a_{in} \\ \vdots & \vdots & \cdots & \vdots & \ddots & \vdots \\ a_{m1} & a_{m2} & \cdots & a_{mj} & \cdots & a_{mn} \end{bmatrix}$$

Un modo abreviado de escribir esta matriz es:

$$A = \begin{bmatrix} a_{ij} \end{bmatrix} \qquad con \quad \begin{cases} i = 1, 2, \ldots, m \\ j = 1, 2, \ldots, n \end{cases}$$

Otras veces suele ser de interés destacar las filas (o las columnas) de la matriz (que también son matrices).

La $i-$ésima fila $\begin{bmatrix} a_{i1}, a_{i2}, \ldots, a_{in} \end{bmatrix}$ se denota A_i o $f_i(A)$ y la $j-$ésima columna $\begin{bmatrix} a_{1j} \\ a_{2j} \\ \vdots \\ a_{mj} \end{bmatrix}$

la denotaremos A^j o $c_j(A)$.

Luego, en general

$$A = \begin{bmatrix} a_{11} & a_{12} & \cdots & a_{1j} & \cdots & a_{1n} \\ a_{21} & a_{22} & \cdots & a_{2j} & \cdots & a_{2n} \\ \vdots & \vdots & \ddots & \vdots & \cdots & \vdots \\ a_{i1} & a_{i2} & \cdots & a_{ij} & \cdots & a_{in} \\ \vdots & \vdots & \cdots & \vdots & \ddots & \vdots \\ a_{m1} & a_{m2} & \cdots & a_{mj} & \cdots & a_{mn} \end{bmatrix} = \begin{bmatrix} a_{ij} \end{bmatrix} = \begin{bmatrix} A_1 \\ A_2 \\ \cdot \\ A_i \\ \cdot \\ A_m \end{bmatrix} = \begin{bmatrix} A^1 & A^2 & \cdot & A^j & \cdot & \cdot & A^n \end{bmatrix}$$

Se define como **matriz nula** aquella que tiene todos sus elementos iguales a cero y haciendo un abuso de notación la denotamos 0.

Ejemplo

$$0 = \begin{bmatrix} 0 & 0 & 0 \\ 0 & 0 & 0 \end{bmatrix} \in \mathbb{R}^{2 \times 3}$$

Se llama **matriz cuadrada** la que tiene igual número de filas que columnas.

Ejemplo

$$A = \begin{bmatrix} 3 & 4 \\ 2 & 5 \end{bmatrix}$$

Se suele decir que A es una matriz "de orden 2".

Se denomina ***matriz identidad*** (o matriz unidad) $n \times n$, a la matriz cuadrada I tal que

$$I_{ij} = \begin{cases} 1 & \text{si} & i = j \\ 0 & \text{si} & i \neq j \end{cases}$$

Ejemplo

$$I_3 = \begin{bmatrix} 1 & 0 & 0 \\ 0 & 1 & 0 \\ 0 & 0 & 1 \end{bmatrix}$$

con el subíndice "3" se indica que I es de orden 3.

Dos matrices son iguales, si tienen el mismo número de filas y columnas y todos sus elementos homólogos iguales. Esto es, si $A, B \in \mathbb{K}^{m \times n}$, entonces $A = B$ si $\forall i$ y $\forall j$: $a_{ij} = b_{ij}$.

2.1.2 Operaciones elementales de fila

Respondiendo al primer interrogante planteado al final del parágrafo **2.1**, y en base a la experiencia del ejemplo que se analizó, definimos las siguientes operaciones elementales de filas:

1) cF_i con $c \neq 0$, que significa multiplicar la fila i por el escalar no nulo c.

Otra notación usual es: $e_i(c)$.

Ejemplo

$$A = \begin{bmatrix} 1 & 0 & 2 \\ 2 & -1 & -3 \end{bmatrix} \xrightarrow{(-2)F_2} \begin{bmatrix} 1 & 0 & 2 \\ -4 & 2 & 6 \end{bmatrix} = B$$

Observar que

$$B = \begin{bmatrix} 1 & 0 & 2 \\ -4 & 2 & 6 \end{bmatrix} \xrightarrow{(\text{-}\frac{1}{2})\,F_2} \begin{bmatrix} 1 & 0 & 2 \\ 2 & -1 & -3 \end{bmatrix} = A$$

2) $F_i + cF_j$ con $i \neq j$. Reemplazar la fila i por la misma fila i a la cual se la suma la fila j multiplicada por el escalar c.

O bien: $e_{ij}(c)$.

Ejemplo

$$A = \begin{bmatrix} 1 & 0 & 2 \\ 2 & -1 & 3 \end{bmatrix} \xrightarrow{F_2 + 3\,F_1} \begin{bmatrix} 1 & 0 & 2 \\ 5 & -1 & 9 \end{bmatrix} = B$$

Observar que:

$$B = \begin{bmatrix} 1 & 0 & 2 \\ 5 & -1 & 9 \end{bmatrix} \xrightarrow{F_2 + (\text{-}3)F_1} \begin{bmatrix} 1 & 0 & 2 \\ 2 & -1 & 3 \end{bmatrix} = A$$

3) $F_i \leftrightarrow F_j$. Intercambiar las filas i y j. También lo denotamos por F_{ij}.

Ejemplo

$$A = \begin{bmatrix} 1 & 0 & 2 \\ 2 & -1 & 3 \end{bmatrix} \xrightarrow{F_1 \leftrightarrow F_2} \begin{bmatrix} 2 & -1 & 3 \\ 1 & 0 & 2 \end{bmatrix} = B$$

Observar nuevamente que:

$$B = \begin{bmatrix} 2 & -1 & 3 \\ 1 & 0 & 2 \end{bmatrix} \xrightarrow{F_2 \leftrightarrow F_1} \begin{bmatrix} 1 & 0 & 2 \\ 2 & -1 & 3 \end{bmatrix} = A$$

Los ejemplos ponen en evidencia que, si una matriz B se obtiene al aplicar una operación elemental de filas e sobre otra matriz A, existe una operación elemental del mismo tipo, que aplicada a B, da como resultado la matriz A. Esta segunda operación se denomina "inversa" de la primera, y la denotaremos e^{-1}.

En general:

$$Si : \quad A \xrightarrow{\;k\,F_i\;} B \quad entonces: \quad B \xrightarrow{\;\frac{1}{k}F_i\;} A$$

$$Si : \quad A \xrightarrow{\;F_i+k\,F_j\;} B \quad entonces: \quad B \xrightarrow{\;F_i+(-k)F_j\;} A$$

$$Si : \quad A \xrightarrow{\;F_i \leftrightarrow F_j\;} B \quad entonces: \quad B \xrightarrow{\;F_i \leftrightarrow F_j\;} A$$

Es común referirse a las operaciones de fila definidas, como operaciones elementales de filas tipo I, II y III, respectivamente.

2.1.3 Equivalencia por filas de matrices

Definición. Si la matriz B se obtiene de A, mediante una sucesión finita de operaciones elementales de filas, se dice que "*B es quivalente por filas a A*" y lo denotamos: $A \sim B$.

Como en toda relación de equivalencia, se cumplen las propiedades de

i) $A \sim A$ Reflexividad

ii)   Si $B \sim A$, entonces $A \sim B$.   Simetría

iii)   Si $A \sim B$ y $B \sim C$, entonces $A \sim C$.   Transitividad

Demostración de la propiedad ii)

Denotando en forma genérica la operación elemental de filas *i-ésima* por e_i :

$$B \sim A \;\Rightarrow\; A \xrightarrow{\;e_1\;} \cdots \xrightarrow{\;e_r\;} B$$

La existencia de las respectivas operaciones elementales de filas inversas e_i^{-1}, garantiza que

$$B \xrightarrow{\ e_r^{-1}\ } \cdots \xrightarrow{\ e_1^{-1}\ } A \text{, esto es, } A \sim B$$

Queda como ejercicio para el lector la demostración de las otras dos propiedades.

2.1.4 Matriz escalón reducida por filas

Si todos los elementos de una fila son ceros, diremos que es una "fila nula".

Se denomina "*elemento conductor*" de una fila no nula, al primer elemento distinto de cero que presenta esa fila al ser recorrida de izquierda a derecha.

Definición. Una matriz A es ***escalón reducida por filas***, si cumple con las siguientes condiciones:

1. Si A tiene filas nulas, éstas están situadas debajo de las no mulas.

2. Las filas no nulas están "en escalera", lo cual significa que cada fila no nula presenta a la izquierda de su elemento conductor, más ceros que el de la fila anterior.

3. En las columnas correspondientes a los elementos conductores, los restantes elementos son todos nulos.

4. Todos los elementos conductores son iguales a la unidad.

Son ejemplo de matrices *escalón reducidas por filas*, que en adelante llamaremos simplemente *reducidas por filas*:

$$A = \begin{bmatrix} 1 & 1 & 0 & 0 & 5 \\ 0 & 0 & 1 & 3 & 2 \\ 0 & 0 & 0 & 0 & 0 \end{bmatrix}; \quad B = \begin{bmatrix} 0 & 1 & 0 & 3 & 6 & 0 \\ 0 & 0 & 1 & 1 & 2 & 0 \\ 0 & 0 & 0 & 0 & 0 & 1 \end{bmatrix}$$

En tanto que:

$$C = \begin{bmatrix} 1 & 0 & 0 & 0 \\ 0 & 0 & 0 & 0 \\ 0 & 1 & 0 & 0 \end{bmatrix}; \quad D = \begin{bmatrix} 1 & 0 & 8 \\ 0 & 2 & 3 \end{bmatrix}; \quad F = \begin{bmatrix} 1 & 0 & 0 \\ 0 & 1 & 2 \\ 0 & 0 & 1 \end{bmatrix}$$

Se comprueba fácilmente que *no son reducidas por filas*. ¿Por qué?

Sin embargo, está a la vista, que es posible obtener una matriz reducida por filas, equivalente por filas a *C*, mediante un operación de filas de tipo III

$$C \xrightarrow{\ F_2 \leftrightarrow F_3\ } R_C$$

En forma análoga:

$$D \xrightarrow{\ \frac{1}{2}F_2\ } R_D \ ; \qquad F \xrightarrow{\ F_2 - 2F_3\ } R_F$$

Esto nos induce a pensar que, dada una matriz que no está reducida por filas, es posible, mediante una sucesión finita de operaciones elementales de filas, obtener una matriz equivalente por filas a la primera, que esté reducida por filas.

Ejemplo

$$\begin{bmatrix} 1 & 2 & 0 & 2 \\ 2 & 4 & -1 & 0 \\ 0 & 5 & 1 & -1 \end{bmatrix} \xrightarrow{\ F_2-2F_1\ } \begin{bmatrix} 1 & 2 & 0 & 2 \\ 0 & 0 & -1 & -4 \\ 0 & 5 & 1 & -1 \end{bmatrix} \xrightarrow{\ (-1)F_2\ } \begin{bmatrix} 1 & 2 & 0 & 2 \\ 0 & 0 & 1 & 4 \\ 0 & 5 & 1 & -1 \end{bmatrix}$$

$$\xrightarrow{\ F_3-F_2\ } \begin{bmatrix} 1 & 2 & 0 & 2 \\ 0 & 0 & 1 & 4 \\ 0 & 5 & 0 & -5 \end{bmatrix} \xrightarrow{\ \frac{1}{5}F_3\ } \begin{bmatrix} 1 & 2 & 0 & 2 \\ 0 & 0 & 1 & 4 \\ 0 & 1 & 0 & -1 \end{bmatrix} \xrightarrow{\ F_1-2F_3\ } \begin{bmatrix} 1 & 0 & 0 & 4 \\ 0 & 0 & 1 & 4 \\ 0 & 1 & 0 & -1 \end{bmatrix}$$

$$\xrightarrow{\ F_2 \leftrightarrow F_3\ } \begin{bmatrix} 1 & 0 & 0 & 4 \\ 0 & 1 & 0 & -1 \\ 0 & 0 & 1 & 4 \end{bmatrix}.$$

El procedimiento seguido consistió en usar operaciones de tipo I y II, para obtener una matriz que cumpla la tercera condición. Luego, con operaciones de tipo I, lograr el cumplimiento de la cuarta condición y finalmente con operaciones de tipo III se obtiene una matriz que cumple también los dos primeros requerimientos.

Enunciamos sin demostrar el siguiente

2.1.5 Teorema

Toda matriz sobre un cuerpo, es equivalente por filas a una única matriz escalón reducida por filas.

2.1.6 Rango de una matriz

Si A es una matriz y R_A su reducida por filas, se llama "rango de filas de A y se denota $r_f(A)$, al número de filas no nulas de R_A.

Si $A \in \mathbb{R}^{m \times n}$ y $r_f(A) = r$, entonces se verifica que $r \leq \min\{m, n\}$.

Representación matricial de sistemas de ecuaciones lineales

Dado un sistema genérico de m ecuaciones con n incógnitas:

$$\text{I.} \quad \begin{cases} a_{11}x_1 + a_{12}x_2 + \ldots + a_{1j}x_j + \ldots + a_{1n}x_n = h_1 \\ a_{21}x_1 + a_{22}x_2 + \ldots + a_{2j}x_j + \ldots + a_{2n}x_n = h_2 \\ \vdots \qquad \vdots \qquad \quad \vdots \qquad \qquad \vdots \quad \vdots \\ a_{i1}x_1 + a_{i2}x_2 + \ldots + a_{ij}x_j + \ldots + a_{in}x_n = h_i \\ \vdots \qquad \vdots \qquad \quad \vdots \qquad \qquad \vdots \quad \vdots \\ a_{m1}x_1 + a_{m2}x_2 + \ldots + a_{mj}x_j + \ldots + a_{mn}x_n = h_m \end{cases}$$

Donde todos los coeficientes a_{ij} con $i = 1, 2, \ldots m$ y $j = 1, 2, \ldots, n$ y los términos independientes h_i son escalares de un cuerpo $\mathbb{K}$, si $\alpha_1, \alpha_2, \ldots, \alpha_n$ son escalares del mismo cuerpo que verifican todas las ecuaciones del sistema I, se dice que la $n-$upla $(\alpha_1, \alpha_2, \ldots, \alpha_n)$ es una solución del sistema.

Un sistema se considera resuelto si se conocen todas sus soluciones y se dice que el sistema es compatible o consistente.

Si el sistema no tiene solución, diremos que el mismo es incompatible o inconsistente.

Por otra parte, si todos los términos independientes son nulos, esto es, $h_1 = h_2 = \ldots = h_m = 0$, se dice que el sistema es *"homogéneo"*, en tanto que si al menos uno de los $h_i \neq 0$ con $i = 1, 2, \ldots, m$, el sistema será *"no homogéneo"*.

Debe observarse que un sistema *"homogéneo"* es siempre compatible. En este caso la $n-$upla nula $(0, 0, \ldots, 0)$ verifica todas las ecuaciones y es llamada *"solución trivial"*.

A partir del sistema I, es posible construir las siguientes matrices:

$$A = \begin{bmatrix} a_{11} & a_{12} & \ldots & a_{1n} \\ a_{21} & a_{22} & \ldots & a_{2n} \\ \vdots & \vdots & \ldots & \vdots \\ a_{m1} & a_{m2} & \ldots & a_{mn} \end{bmatrix}$$ *"matriz de coeficientes"* del sistema.

$$X = \begin{bmatrix} x_1 \\ x_2 \\ \vdots \\ x_n \end{bmatrix}$$ *"matriz de incógnitas"* del sistema

$$H = \begin{bmatrix} h_1 \\ h_2 \\ \vdots \\ h_m \end{bmatrix}$$ "matriz segundo miembro" o de los términos independientes.

La notación abreviada $AX = H$ se denomina *"expresión matricial del sistema"*.

Si a la matriz A se le adjunta a la derecha la columna H, se obtiene la *"matriz ampliada del sistema"*: $[A \mid H] \in \mathbb{K}^{m \times (n+1)}$.

Con la intención de responder a la segunda cuestión, esto es, con qué criterio elegir las operaciones de fila a realizarse a partir de la matriz de coeficientes del sistema original, analizaremos algunos casos sencillos que pondrán en evidencia el vínculo existente entre *"matriz escalón reducida por filas"* y *"sistema resolvente"*.

$$1)\ \begin{cases} x_1 + 0x_2 + 0x_3 = 2 \\ 0x_1 + x_2 + 0x_3 = 3 \\ 0x_1 + 0x_2 + x_3 = 1 \end{cases}$$

$$A = \begin{bmatrix} 1 & 0 & 0 \\ 0 & 1 & 0 \\ 0 & 0 & 1 \end{bmatrix},\ H = \begin{bmatrix} 2 \\ 3 \\ 1 \end{bmatrix}\quad \text{se observa que}:\ r(A) = r(A|H) = r = n$$

La única solución que admite este sistema es

$$(x_1, x_2, x_3) = (2,3,1)$$

$$2)\ \begin{cases} x_1 & -3x_3 = 1 \\ & x_2 - 2x_3 = 4 \end{cases} \qquad\qquad (1)$$

$$A = \begin{bmatrix} 1 & 0 & -3 \\ 0 & 1 & -2 \end{bmatrix},\ H = \begin{bmatrix} 1 \\ 4 \end{bmatrix}\quad \text{donde}:\ r(A) = r\left(A|H\right) = r = 2 < n = 3$$

El sistema planteado puede re-escribirse en la forma

$$\begin{cases} x_1 = 1 + 3x_3 \\ x_2 = 4 + 2x_3 \end{cases} \qquad\qquad (2)$$

Haciendo $x_3 = k$, para que se verifique la primera ecuación del sistema (2), o equivalentemente la primer ecuación del sistema (1), x_1 debe tomar el valor "$1+3k$" ; análogamente, para que se cumpla la segunda ecuación de (2) o de (1), debe ser x_2 igual a "$4+2k$". En consecuencia, serán soluciones del sistema (2) o (1), las ternas de la forma:

$$(x_1, x_2, x_3) = \left(1 + 3k, 4 + 2k, k\right)$$

Expresión que se denomina "***solución general del sistema***".

A medida que a k se le asignen distintos valores numéricos, se obtendrán las distintas **"soluciones particulares"** del sistema:

Por ejemplo:

$$\text{para}\ :\quad k=0\ \mapsto\ (1,4,0)$$
$$k=1\ \mapsto\ (4,6,1)$$

$$3)\ \begin{cases} x_1 + 0x_2 + x_3 = -3 \\ 0x_1 + x_2 - x_3 = 1 \\ 0x_1 + 0x_2 + 0x_3 = 2 \end{cases}$$

$$A = \begin{bmatrix} 1 & 0 & 1 \\ 0 & 1 & -1 \\ 0 & 0 & 0 \end{bmatrix} ;\quad H = \begin{bmatrix} -3 \\ 1 \\ 2 \end{bmatrix} ;\quad r(A) = 2 \neq 3 = r\left(A|H\right)$$

El sistema es inconsistente (o incompatible) por no tener solución la 3° ecuación.

En cada ejemplo, la solución única, el conjunto de soluciones y la incompatibilidad del sistema están a la vista, por lo que diremos se trata de *sistemas resolventes*.

Es sugestivo el hecho de que, en cada caso, la matriz A de los coeficientes asociada al sistema resolvente, es *reducida por filas*.

Esta observación responde a la cuestión planteada: ¿Qué operaciones de fila elegir? o bien ¿Cuándo detener el proceso?

Finalmente ¿Qué garantía se tiene de que las operaciones realizadas sobre la matriz A, para transformarla en R_A son tales que las soluciones del sistema resolvente sean exactamente las mismas que las del sistema original?

La respuesta nos la da el siguiente:

2.1.8 Teorema

Sean $A, A' \in \mathbb{K}^{m \times n}$ y $H, H' \in \mathbb{K}^{m \times 1}$. Si la matriz $\left[A' \mid H' \right]$ se obtiene de $\left[A \mid H \right]$ mediante una operación elemental de filas, entonces los sistemas $AX = H$ y $A'X = H'$ tienen exactamente las mismas soluciones.

La demostración consta de tres partes, una para cada tipo de operación elemental de filas.

Haremos la demostración de una de ellas, quedando las otras dos como ejercicio teórico para el lector.

Supondremos el caso:

$$\frac{A \quad \mid \quad H}{A' \quad \mid \quad H'} \downarrow F_r + kF_i$$

Los sistemas de ecuaciones correspondientes son:

$$\text{I.} \quad \begin{cases} a_{11}x_1 + a_{12}x_2 + \ldots + a_{1j}x_j + \ldots + a_{1n}x_n = h_1 \\ \quad \vdots \qquad \vdots \qquad\qquad \vdots \qquad\qquad \vdots \qquad \vdots \\ a_{i1}x_1 + a_{i2}x_2 + \ldots + a_{ij}x_j + \ldots + a_{in}x_n = h_i \\ \quad \vdots \qquad \vdots \qquad\qquad \vdots \qquad\qquad \vdots \qquad \vdots \\ a_{r1}x_1 + a_{r2}x_2 + \ldots + a_{rj}x_j + \ldots + a_{rn}x_n = h_r \\ \quad \vdots \qquad \vdots \qquad\qquad \vdots \qquad\qquad \vdots \qquad \vdots \\ a_{m1}x_1 + a_{m2}x_2 + \ldots + a_{mj}x_j + \ldots + a_{mn}x_n = h_m \end{cases}$$

$$\text{II.} \quad \begin{cases} a_{11}x_1 + a_{12}x_2 + \ldots + a_{1j}x_j + \ldots + a_{1n}x_n = h_1 \\ \quad \vdots \qquad \vdots \qquad\qquad \vdots \qquad\qquad \vdots \qquad \vdots \\ a_{i1}x_1 + a_{i2}x_2 + \ldots + a_{ij}x_j + \ldots + a_{in}x_n = h_i \\ \quad \vdots \qquad \vdots \qquad\qquad \vdots \qquad\qquad \vdots \qquad \vdots \\ \left(a_{r1} + ka_{i1}\right)x_1 + \left(a_{r2} + ka_{i2}\right)x_2 + \ldots + \left(a_{rj} + ka_{ij}\right)x_j + \ldots + \left(a_{rn} + ka_{in}\right)x_n = h_r + kh_i \\ \quad \vdots \qquad \vdots \qquad\qquad \vdots \qquad\qquad \vdots \qquad \vdots \\ a_{m1}x_1 + a_{m2}x_2 + \ldots + a_{mj}x_j + \ldots + a_{mn}x_n = h_m \end{cases}$$

Ambos sistemas tienen las mismas ecuaciones con excepción de la *r-ésima*.

Observamos que en el sistema II, la *r-ésima* ecuación puede escribirse en la forma:

$$\left(a_{r1}x_1 + a_{r2}x_2 + \ldots + a_{rj}x_j + \ldots + a_{rn}x_n\right) + k\left(a_{i1}x_1 + a_{i2}x_2 + \ldots + a_{ij}x_j + \ldots + a_{in}x_n\right) = h_r + kh_i$$

Denotando S_I y S_{II} a los respectivos conjuntos de soluciones de ambos sistemas, es necesario demostrar que $S_I = S_{II}$.

Si $(\alpha_1, \alpha_2, \ldots, \alpha_n) \in S_I$, entonces al reemplazar en el sistema I cada incógnita x_i por el escalar α_i, se verifican las *m* ecuaciones, en particular

$$a_{i1}\alpha_1 + a_{i2}\alpha_2 + \ldots + a_{ij}\alpha_j + \ldots + a_{in}\alpha_n = h_i \quad \text{y} \quad a_{r1}\alpha_1 + a_{r2}\alpha_2 + \ldots + a_{rj}\alpha_j + \ldots + a_{rn}\alpha_n = h_r$$

En el sistema II, la n-upla $(\alpha_1, \alpha_2, \ldots, \alpha_n)$ satisface obviamente todas las ecuaciones debiendo sólo verificarse la ecuación *r-ésima*:

$$\underbrace{\left(a_{r1}\alpha_1 + a_{r2}\alpha_2 + \ldots + a_{rj}\alpha_j + \ldots + a_{rn}\alpha_n\right)}_{h_r} + k\underbrace{\left(a_{i1}\alpha_1 + a_{i2}\alpha_2 + \ldots + a_{ij}\alpha_j + \ldots + a_{in}\alpha_n\right)}_{h_i} = h_r + kh_i$$

Luego $(\alpha_1, \alpha_2, \ldots, \alpha_n) \in S_{II}$ y, en consecuencia:

$$\boxed{S_I \subset S_{II}} \qquad (1)$$

Si $(\beta_1, \beta_2, \ldots, \beta_n) \in S_{II}$, entonces al reemplazar en el sistema I cada incógnita x_i por el escalar β_i, se verifican las *m* ecuaciones.

La *i-ésima* ecuación del sistema II queda:

$$a_{i1}\beta_1 + a_{i2}\beta_2 + \ldots + a_{ij}\beta_j + \ldots + a_{in}\beta_n = h_i$$

Considerando este último resultado en la *r-ésima* ecuación del sistema II:

$$\left(a_{r1}\beta_1 + a_{r2}\beta_2 + \ldots + a_{rj}\beta_j + \ldots + a_{rn}\beta_n\right) + \cancel{kh_i} = h_r + \cancel{kh_i}$$

Lo que pone en evidencia que la n-upla $\left(\beta_1, \beta_2, \ldots, \beta_n\right)$ verifica la ecuación *r-ésima* del sistema I (la única en que difiere del sistema II), luego $\left(\beta_1, \beta_2, \ldots, \beta_n\right) \in S_I$ y por lo tanto:

$$\boxed{S_{II} \subset S_I} \qquad (2)$$

De (1) y (2) resulta: $S_I = S_{II}$ con lo que concluye la demostración.

Corolario 1:

Si las matrices $\left[A \mid H\right]$ y $\left[A' \mid H'\right]$ son equivalentes por filas, entonces los sistemas $AX = H$ y $A'X = H'$ tienen las mismas soluciones.

Definición

Dos sistemas de ecuaciones lineales $AX = H$ y $BX = H'$, son "equivalentes", si tienen el mismo conjunto de soluciones.

Para completar las ideas involucradas en el procedimiento que se ha descripto, se hace necesario rersponder a los siguientes interrogantes:

I) Dado un sistema de ecuaciones lineales $AX = H$, ¿Existe algún indicador que permita – aún sin llegar al sistema resolvente – determinar si el mismo es, o no, compatible?

II) En caso de que el sistema sea compatible, ¿se dispone de algún recurso que nos informe si la solución es única, o bien, hay más de una solución?

III) Cuando el sistema tiene más de una solución, ¿Cuál es la forma genérica para expresar la solución general?

La respuesta la encontramos en el siguiente:

Teorema de Rouché-Frobenius

Un sistema de ecuaciones lineales tiene solución, si y solo si, el rango de la matriz de coeficientes es igual al rango de la matriz aumentada.

Demostración. Sea el sistema $AX = H$ con $A \in \mathbb{K}^{m \times n}$ y $H \in \mathbb{K}^{m \times 1}$. Sea $r = r_{\mathrm{f}}(A)$ y R la matriz escalón reducida por filas equivalente por filas a A, entonces el sistema resolvente $RX = H'$ tiene exactamente las mismas soluciones que $AX = H$. Como las últimas $m - r$ filas de R son nulas, el sistema tiene solución, si y sólo si $h'_{r+1} = h'_{r+2} = \cdots = h'_m = 0$, y esto ocurre, si y sólo si $r_{\mathrm{f}}(A \mid H) = r$.

Resolución de sistemas lineales no homogéneos:

Seguiremos el siguiente procedimiento:

Dado un sistema de ecuaciones lineales $AX = H$:

1°)   Escribir la matriz ampliada del sistema $[A \mid H]$.

2°)   Mediante una sucesión de operaciones elementales de filas adecuada, transformar (si fuera necesario) la matriz $[A \mid H]$ en $[R_A \mid H']$, donde R_A es la matriz reducida por filas equivalente por filas a la matriz A.

3°)   Si $r(A) < r(A \mid H)$ el sistema no tiene solución, es decir, es incompatible o inconsistente. Si $r(A) = r(A \mid H)$ seguir con el paso 4.

4°)   Escribir el sistema resolvente $R_A X = H'$ asociado a la matriz $[R_A \mid H']$. Continuar con pasos 5°) o 6°) según corresponda.

5°)   Si $r(A) = n$, todas las incógnitas son principales y la única solución está a la vista. Se dice que el sistema es "***compatible determinado***" Continuar con el paso 7°).

6°)   Si $r(A) < n$, el sistema tiene infinitas soluciones; se dice que el mismo es "***compatible indeterminado***". Escribir las r incógnitas principales en función de las $n - r$ incógnitas no principales.

7°)   Escribir el conjunto solución como un conjunto de $n-$uplas. Esta expresión se denomina "***solución general***" del sistema.

8°)   Para obtener *"soluciones particulares"* – si fuera el caso – asignar a las incógnitas no principales, escalares arbitrarios del cuerpo $\mathbb{K}$.

Ejemplo 1

Dado el sistema de ecuaciones lineales:

$$\begin{cases} x_1 + x_2 + x_3 = 6 \\ x_1 - x_2 - x_3 = -4 \\ x_1 + x_2 - x_3 = 0 \end{cases}$$

1°) Matriz ampliada:

$$[A \mid H] = \begin{bmatrix} 1 & 1 & 1 & 6 \\ 1 & -1 & -1 & -4 \\ 1 & 1 & -1 & 0 \end{bmatrix}$$

2°) Obtener la matriz reducida por filas de A, para llegar a $\left[R_A \mid H'\right]$

$$[R_A \mid H'] = \begin{bmatrix} 1 & 0 & 0 & 1 \\ 0 & 1 & 0 & 2 \\ 0 & 0 & 1 & 3 \end{bmatrix}$$

3°) $r(A) = r(A \mid H) = 3$. El sitema es compatible.

4°) Sistema resolvente

$$\begin{cases} x_1 = 1 \\ x_2 = 2 \\ x_3 = 3 \end{cases}$$

5°) Como $r(A) = 3$ el sistema tiene solución única.

7°) Solución

$$\left(x_1, x_2, x_3 \right) = \left(1, 2, 3 \right)$$

Ejemplo 2

Resolver el siguiente sistema:

$$\begin{cases} x_1 + x_2 - x_3 = 3 \\ 3x_1 - 2x_2 + 4x_3 = 1 \\ 2x_1 - 3x_2 + 5x_3 = -2 \end{cases}$$

1°) Matriz ampliada:

$$[A \mid H] = \begin{bmatrix} 1 & 1 & -1 & 3 \\ 3 & -2 & 4 & 1 \\ 2 & -3 & 5 & -2 \end{bmatrix}$$

2°) Obtener la matriz reducida por filas de A, para llegar a $\left[R_A \mid H' \right]$

$$[R_A \mid H'] = \begin{bmatrix} 1 & 0 & \frac{2}{5} & \frac{7}{5} \\ 0 & 1 & -\frac{7}{5} & \frac{8}{5} \\ 0 & 0 & 0 & 0 \end{bmatrix}$$

3°) $r(A) = r(A \mid H) = 2$. El sitema es compatible.

4°) Sistema resolvente

$$\begin{cases} x_1 + \frac{2}{5} x_3 = \frac{7}{5} \\ x_2 - \frac{7}{5} x_3 = \frac{8}{5} \end{cases}$$

6°) Como $r(A) = 2 < 3 = n$ el sistema tiene infinitas soluciones.

$$\begin{cases} x_1 = \tfrac{7}{5} - \tfrac{2}{5}\,x_3 \\ x_2 = \tfrac{8}{5} + \tfrac{7}{5}\,x_3 \end{cases}$$

7°) Solución general

$$\left(x_1, x_2, x_3\right) = \left(\tfrac{7}{5} - \tfrac{2}{5}\,x_3, \tfrac{8}{5} + \tfrac{7}{5}\,x_3, x_3\right)$$

8°) Soluciones particulares

Dos soluciones particulares del sistema son

$$\text{Para } x_3 = 0 \mapsto \left(x_1, x_2, x_3\right) = \left(\tfrac{7}{5} - \tfrac{2}{5}, \tfrac{8}{5} + \tfrac{7}{5}, 0\right)$$
$$\text{Para } x_3 = 1 \mapsto \left(x_1, x_2, x_3\right) = \left(1, 3, 1\right)$$

Ejemplo 3

Resolver el sistema de ecuaciones lineales:

$$\begin{cases} x_1 + x_2 + x_3 + x_4 = 3 \\ x_1 - x_2 + 2x_3 - x_4 = 0 \\ 2x_1 \qquad + 3x_3 = 5 \\ 2x_2 - x_3 + 2x_4 = 3 \end{cases}$$

1°) Matriz ampliada:

$$[A \mid H] = \begin{bmatrix} 1 & 1 & 1 & 1 & 3 \\ 1 & -1 & 2 & -1 & 0 \\ 2 & 0 & 3 & 0 & 5 \\ 0 & 2 & -1 & 2 & 3 \end{bmatrix}$$

2°) Obtener la matriz reducida por filas de A, para llegar a $\left[R_A \mid H'\right]$

$$\left[R_A \mid H'\right] = \begin{bmatrix} 1 & 0 & \tfrac{3}{2} & 0 & \tfrac{3}{2} \\ 0 & 1 & -\tfrac{1}{2} & 1 & \tfrac{3}{2} \\ 0 & 0 & 0 & 0 & 2 \\ 0 & 0 & 0 & 0 & 0 \end{bmatrix}$$

3°) $r(A) = 2 \neq r(A \mid H) = 3$. El sitema es incompatible.

Ejemplo 4

Dado el sistema de ecuaciones lineales:

$$\begin{cases} x_1 + x_2 + 5x_3 - x_4 = 0 \\ 2x_1 + x_2 + 7x_3 - 3x_4 = 0 \end{cases}$$

1°) Matriz ampliada:

$$[A] = \begin{bmatrix} 1 & 1 & 5 & -1 \\ 2 & 1 & 7 & -3 \end{bmatrix}$$

Debe notarse que, cuando el sistema es homgéneo, la columna de los términos independientes es $H = O$; motivo por el cual no es necesario escribirla.

2°) Obtener la matriz reducida por filas de A, para obtener $\left[R_A \mid H'\right]$. En este caso, al operar sobre la columna H, se arrastran los ceros iniciales hasta llegar a $H' = O$, columna que se puede obviar.

$$[R_A] = \begin{bmatrix} 1 & 0 & 2 & -2 \\ 0 & 1 & 3 & 1 \end{bmatrix}$$

3°) En el caso de sistemas homogéneos, siempre se verifica: $r(A) = r(A \mid O)$.

4°) Sistema resolvente

$$\begin{cases} x_1 + 2x_3 - 2x_4 = 0 \\ x_2 + 3x_3 + x_4 = 0 \end{cases}$$

6°) Como $r(A) = 2 < 4 = n$ el sistema es indeterminado.

$$\begin{cases} x_1 = -2x_3 + 2x_4 \\ x_2 = -3x_3 - x_4 \end{cases}$$

7°) Solución general

$$\left(x_1, x_2, x_3, x_4 \right) = \left(-2x_3 + 2x_4, -3x_3 - x_4, x_3, x_4 \right)$$

8°) Soluciones particulares

Dos soluciones particulares del sistema son

$$\text{Para } x_3 = 0, \ y \ x_4 = 1 \mapsto \left(x_1, x_2, x_3, x_4 \right) = \left(2, -1, 0, 1 \right)$$
$$\text{Para } x_3 = 1, \ y \ x_4 = 0 \mapsto \left(x_1, x_2, x_3, x_4 \right) = \left(-2, -3, 1, 0 \right)$$

Ejemplo 5

Dado el sistema de ecuaciones lineales:

$$\begin{cases} x_1 + x_2 = 0 \\ x_1 - x_2 = 0 \end{cases}$$

1°) Matriz de coeficientes:

$$[A] = \begin{bmatrix} 1 & 1 \\ 1 & -1 \end{bmatrix}$$

2°) Obtener la matriz reducida por filas de A

$$[R_A] = \begin{bmatrix} 1 & 0 \\ 0 & 1 \end{bmatrix}$$

3°) $r(A) = r(A \mid O) = 2$. El sitema es compatible.

4°) Sistema resolvente

$$\begin{cases} x_1 = 0 \\ x_2 = 0 \end{cases}$$

5°) Como $r(A) = 2$ el sistema tiene solución única, la trivial.

7°) Solución

$$(x_1, x_2) = (0,0)$$

Como aplicación del Teorema de Rouché-Frobenius, resolveremos a continuación un tipo de problema que se presenta frecuentemente.

Dadas las matrices:

$$A = \begin{bmatrix} 1 & 1 & -2 \\ -2 & 0 & 1 \\ -1 & 1 & -1 \end{bmatrix} \quad \text{y} \quad H = \begin{bmatrix} y_1 \\ y_2 \\ y_3 \end{bmatrix}$$

¿Qué condición o condiciones deben cumplir los términos independientes y_1, y_2, y_3, para que el sistema $AX = H$ tenga solución?

1°) Matriz ampliada:

$$[A \mid H] = \begin{bmatrix} 1 & 1 & -2 & y_1 \\ -2 & 0 & 1 & y_2 \\ -1 & 1 & -1 & y_3 \end{bmatrix}$$

2°) Obtener la matriz reducida por filas de A, para llegar a $[R_A \mid H']$

$$[R_A \mid H'] = \begin{bmatrix} 1 & 0 & -\frac{1}{2} & \frac{1}{2}y_1 - \frac{1}{2}y_2 \\ 0 & 1 & -\frac{3}{2} & y_1 + \frac{1}{2}y_2 \\ 0 & 0 & 0 & -y_1 - y_2 + y_3 \end{bmatrix}$$

Observamos que $r(A) = 2$, en tanto que $r([A \mid H])$ depende del valor de los términos independientes y_1, y_2, y_3. En el caso especial que los mismos cumplan con la condición: $-y_1 - y_2 + y_3 = 0$, entonces $r([A \mid H]) = 2 = r(A)$ y el sistema tiene solución.

Debe notarse que los términos independientes deben cumplir tantas condiciones, como filas se anulan en R_A; si no se anula ninguna fila, no hay condición que cumplir y cualquier juego de escalares que se asigne a dichos términos independientes, conduce a un sistema compatible.

Para el caso de sistemas lineales homogéneos, se tiene:

Teorema

Un sistema de ecuaciones lineales homogéneas tiene soluciones distintas de la trivial, si y sólo si, el rango de la matriz de coeficientes es menor que el número de incógnitas.

Sea el sistema: $AX = O$ con $A \in \mathbb{K}^{m \times n}$ y $r(A) = r$

$\Downarrow$ $AX = O$ admite soluciones distintas de la trivial.

Según sabemos $(r \leq mín\{m, n\})$, luego $r \leq n$.

Si $r = n$ todas las incógnitas son principales y el sistema es determinado, con solución única, la trivial. Luego debe cumplirse: $r < n$.

⇑ Si $r < n$ entonces $n - r \geq 0$ y existen $n - r$ incógnitas no principales.

El sistema se verifica para:

$$x_{p_i} = -\sum_{j > p_i} R_{ij} t_j \quad \text{para } i = 1, 2, ..., r \text{ donde los } t_j \text{ son escalares arbitrarios de } \mathbb{K}.$$

Eligiendo a estos escalares no todos nulos, la solución particular obtenida es distinta de la solución trivial.

Corolario

Un sistema de ecuaciones lineales homogéneas con más incógnitas que ecuaciones, admite soluciones distintas de la trivial.

Sea el sistema $AX = O$ con $A \in \mathbb{K}^{m \times n}$ y $n > m$

Siendo $m < n$ y $r(A) \leq mín\{m, n\}$, resulta $r < n$ y por el teorema anterior, el sistema $AX = O$ tiene soluciones distintas de la trivial.

Ejercicios

Ejercicio 1

---

1. Para los sistemas de ecuaciones a y d del ejercicio 4 de la sección 1.2, escriba las matrices de coeficientes, de incógnitas, segundo miembro y aumentada.

Ejercicio 2

Demuestre que para las operaciones elementales de filas $e_1 = cF_i$ con $c \neq 0$ y $e_2 = F_i \leftrightarrow F_j$, existen operaciones elementales de filas inversas del mismo tipo.

Ejercicio 3

Demuestre que al aplicar a una matriz A, operaciones de tipo I y II, se obtienen matrices B y C, respectivamente, cuyas filas son combinaciones lineales de las filas de la matriz A.

Ejercicio 4

Dada la matriz $A = \begin{bmatrix} 1 & 2 & 1 \\ -1 & 2 & 1 \\ 0 & 2 & 5 \end{bmatrix}$, obtener una matriz B con filas $\beta_1, \beta_2, \beta_3$ tales que cada una de ellas es combinación lineal de las filas de la matriz A según los escalares $\{2,1,1\}$, $\{1,-1,2\}$ y $\{3,2,0\}$ respectivamente.

Ejercicio 5

Demuestre que la relación de equivalencia por filas cumple con las propiedades de reflexividad, simetría y transitividad.

Ejercicio 6

Establecer si las siguientes relaciones son relaciones de equivalencia.

a) $R = \{(\ell_1, \ell_2) \mid \ell_1 \text{ y } \ell_2 \text{ son rectas del plano con } \ell_1 \perp \ell_2\}$.

b)
$R = \{(a_1, a_2) \mid a_1 \text{ y } a_2 \text{ son automóviles, } a_1 \text{ es de igual marca y modelo que } a_2\}$

Ejercicio 7

a) Establecer cuáles de las siguientes matrices sobre $\mathbb{C}$ son reducidas por filas. ↓En cada caso señale los elementos conductores y las columnas principales.

b) En caso de que una matriz no sea reducida por filas indique qué condición no cumple.

c) Reduzca por filas las matrices que no sean reducidas por filas.

i)
$$\begin{bmatrix} 0 & 1 & 2 & 0 & -3 \\ 1 & 0 & 1 & 2 & -1 \\ 0 & 0 & 0 & 1 & 0 \end{bmatrix}$$

ii)
$$\begin{bmatrix} 0 & -1 & 0 & 0 \\ 1 & 0 & 0 & 0 \\ 0 & 0 & 0 & 0 \\ 0 & 0 & 1 & 0 \\ 0 & 0 & 0 & 1 \end{bmatrix}$$

iii)
$$\begin{bmatrix} 2 & 0 & 1 & 0 \\ 0 & 1 & 0 & 0 \\ 0 & 0 & 0 & 1 \end{bmatrix}$$

iv)
$$\begin{bmatrix} 0 & 1 & 0 \\ 1 & 0 & 0 \\ 0 & 0 & i \end{bmatrix}$$

v)
$$\begin{bmatrix} 0 & 1 & 0 & 2 & 0 \\ 1 & 0 & 0 & 0 & 0 \\ 0 & 0 & 0 & 0 & 1 \end{bmatrix}$$

vi)
$$\begin{bmatrix} 1 & 0 & 2+i & 1 \\ 0 & 1 & 0 & 1 \\ 0 & 1 & 0 & 1 \end{bmatrix}$$

Ejercicio 8

Reduzca por filas las siguientes matrices sobre el cuerpo $\mathbb{C}$ e indique el rango de fila de cada una.

a) $\begin{bmatrix} 2 & 1 & 6 & -2 & 1 \\ -3 & 1 & 0 & 2 & -2 \\ 1 & 3 & -4 & 1 & 2 \\ -2 & 4 & 2 & 1 & 0 \\ 2 & 1 & -2 & 4 & 1 \end{bmatrix}$

b) $\begin{bmatrix} -1 & 2 & 0 & 6 & 2 \\ 2 & -3 & 4 & 2 & 1 \\ 0 & 2 & -4 & 5 & 1 \end{bmatrix}$

c) $\begin{bmatrix} 2 & 1 & -5 & -i \\ 2 & 4 & -4 & 1 \\ 3 & 1 & 2 & 5 \end{bmatrix}$

d) $\begin{bmatrix} 2 & 0 & 1 \\ 5-i & 3 & 4 \\ 2 & 1 & 0 \\ 3 & -2 & -4 \end{bmatrix}$

e) $\begin{bmatrix} 2 & -5 & 2 & -1 & 3 & 2 \\ 2 & -2 & 4 & 1 & -3 & 2 \\ -1 & 2 & -1 & 2 & 3 & 0 \end{bmatrix}$

f) $\begin{bmatrix} -2 & 1 & 0 & -3 & 1 \\ 3 & 5 & 2 & -1 & 3 \\ -1 & 2 & -4 & 3 & 5 \end{bmatrix}$

Ejercicio 9

Para cada una de las matrices del ejercicio 9 reconstruya y resuelva el sistema de ecuaciones (dar la solución general y dos particulares) suponiendo que:

a)   Cada matriz es la matriz ampliada del mismo.

b)   Cada matriz es la matriz de coeficientes de un sistema homogéneo.

Ejercicio 10

Determine las condiciones que deben cumplir y_1, y_2 e y_3 para que los siguientes sistemas tengan solución.

$$\begin{cases} x_1 + 2x_3 = y_1 \\ x_2 + 3x_3 + x_4 = y_2 \\ 2x_1 + x_2 + 7x_3 + x_4 = y_3 \end{cases} \qquad \begin{cases} x_1 - x_2 + x_4 = y_1 \\ x_2 + 2x_3 + x_4 = y_2 \\ 2x_1 - x_2 + 2x_3 = y_3 \end{cases}$$

Ejercicio 11

Establecer los valores de a y de b para que el siguiente sistema sobre $\mathbb{R}$ tenga solución única.

$$\begin{cases} x_1 - ax_2 + x_3 = 1 \\ x_1 + x_2 = 1 \\ x_1 + x_3 = b \end{cases}$$

Ejercicio 12

Determinar el valor de h para que el siguiente sistema sobre $\mathbb{R}$ tenga solución.

$$\begin{bmatrix} 1 & -2 & -1 \\ 2 & 4 & 3 \\ 3 & 2 & h \end{bmatrix} \begin{bmatrix} x_1 \\ x_2 \\ x_3 \end{bmatrix} = \begin{bmatrix} 1 \\ 2 \\ 4 \end{bmatrix}$$

Ejercicio 13

Obtenga la solución general del sistema $AX = B$ si una solución particular es $(2, 1, -1, 0)$ y

$$A = \begin{bmatrix} 1 & -1 & 2 & 3 \\ 0 & 1 & 1 & 1 \\ 2 & 1 & -1 & 3 \end{bmatrix}$$

Ejercicio 14

Determine cuáles de las matrices del ejercicio 8 son escalón reducida por filas. En caso de que no lo sean diga qué condiciones no cumplen. Realice las operaciones elementales de filas necesarias para transformarlas en escalón reducida por filas.

Ejercicio 15

a) Escriba una matriz cuadrada, de 4 filas, que sea escalón reducida por filas y que no tenga filas nulas.

b) Escriba explícitamente la matriz I_4.

c) Explique por qué las matrices de los puntos a y b resultaron ser iguales.

Ejercicio 16

Sea $AX = 0$ un sistema homogéneo y $AX = B$ un sistema no homogéneo, ambos de m ecuaciones con n incógnitas. A' es la matriz aumentada del sistema $AX = B$.

a) Indique cuáles de las siguientes proposiciones se verifican siempre, cuáles pueden no cumplirse y cuáles no se cumplen nunca en cada sistema.

b) Establezca qué proposiciones deben ser verdaderas para que cada sistema tenga única solución, más de una solución o para que no tenga solución.

i) $r_f(A) = r_f(A')$

ii) $r_f(A) < r_f(A')$

iii) $r_f(A) > r_f(A')$

iv) $r_f(A) < n$

v) $r_f(A) = n$

vi) $r_f(A) > n$

Álgebra y Geometría

vii) $m < n$

viii) $m = n$

ix) $m > n$

3

Álgebra de Matrices

3.1. Algebra de Matrices.

Según se ha visto, una matriz sobre un determinado conjunto es, para nosotros, "una disposición, ordenamiento o arreglo de elementos del conjunto dispuestos en filas y columnas".

Es algo semejante al "tablero de llaves de un hotel" donde en cada casilla se colocará algún elemento que se extrae del "Cuerpo" (por ejemplo R) donde se esté trabajando.

Fijado el tamaño del "tablero", digamos m filas y n columnas, se podrá construir una gran cantidad de objetos distintos, **matrices**, a medida que llenemos los "casilleros" con diferentes escalares.

Al conjunto formado por todas las matrices de m filas y n columnas "constando de elementos de un cuerpo $\mathbb{K}$ lo denotaremos con el símbolo $\mathbb{K}^{m\times n}$.

Para denotar una matriz, utilizamos letras mayúsculas, en tanto que para designar sus elementos, es usual la correspondiente letra minúscula con un par de subíndices que nos indican respectivamente la fila y columna de la matriz donde se ubica ese elemento.

3.1.1. Ejemplo

Si estamos trabajando con la matriz A, el símbolo a_{32} indica el elemento que ocupa la fila 3 y la columna 2 de dicha matriz.

Si A es una matriz de m filas y n columnas, escribiremos $A \in \mathbb{K}^{m\times n}$.

En ocasiones, según ya se ha visto, resulta útil escribir una matriz poniendo de manifiesto sus elementos, sin necesidad de escribirlos a todos, lo que se logra con la notación $A = \begin{bmatrix} a_{ij} \end{bmatrix}$. Si fuese necesario, se hace la aclaración, para $i = 1, 2, ..., m$ y $j = 1, 2, ..., n$.

Asimismo se subrayó que suele ser muy útil destacar las filas o columnas de A, lo que da lugar a expresiones de la forma

$$A_i = \begin{bmatrix} a_{i1}, a_{i2}, ..., a_{ip} \end{bmatrix}, \text{ o bien: } A^j = \begin{bmatrix} a_{1j} \\ a_{2j} \\ \vdots \\ a_{nj} \end{bmatrix}$$

Definiremos a continuación, sobre $\mathbb{K}^{m \times n}$, las siguintes operaciones:

3.1.2. Definición.

Sean $A, B \in \mathbb{K}^{m \times n}$. Se define la suma de $A = \begin{bmatrix} a_{ij} \end{bmatrix}$ y $B = \begin{bmatrix} b_{ij} \end{bmatrix}$, que denotamos $A + B$, de la manera siguiente:

$$A + B = \begin{bmatrix} a_{ij} + b_{ij} \end{bmatrix}$$

3.1.3. Ejemplo

Si

$$A = \begin{bmatrix} 2 & -3 & 0 \\ 5 & 4 & -1 \end{bmatrix} \text{ y } B = \begin{bmatrix} -1 & 6 & 2 \\ 0 & 1 & -4 \end{bmatrix}$$

entonces

$$A + B = \begin{bmatrix} 1 & 3 & 2 \\ 5 & 5 & -5 \end{bmatrix}$$

3.1.4. Propiedades.

La forma en que se ha definido la operación, y las propiedades de la suma de elementos en un Cuerpo, garantiza que la suma de matrices tiene las siguientes propiedades:

Sean $A, B, C \in \mathbb{K}^{m \times n}$, entonces

1. $\quad A + (B + C) = (A + B) + C$ $\qquad$ (Asociatividad)

2. $\quad A + B = B + A$ $\qquad$ (Conmutatividad)

3. $\quad$ La operación tiene **elemento neutro**. Denotando por 0 a la matriz de $\mathbb{K}^{m \times n}$ que tiene todos sus elementos iguales a 0 se verifica que $A + 0 = A$ para todo $A \in \mathbb{K}^{m \times n}$.

4. $\quad$ Para cada $A \in \mathbb{K}^{m \times n}$ existe una matriz en $\mathbb{K}^{m \times n}$ que denotamos por $-A$ (u $op(A)$) tal que $A + (-A) = 0$.

La verificación de estas propiedades, que no presenta dificultad, queda a cargo del lector como un ejercicio.

3.1.5. Definición.

Sea $A \in \mathbb{K}^{m \times n}$ y $c \in \mathbb{K}$. Se define el producto del escalar c por la matriz A, que denotamos cA, como la matriz $cA \in \mathbb{K}^{m \times n}$ dada por

$$(cA)_{ij} = cA_{ij}$$

3.1.6. Propiedades.

Las operaciones con los elementos de un Cuerpo, nos permiten asegurar que, siendo $A, B \in \mathbb{K}^{m \times n}$ y $c, d \in \mathbb{K}$, se cumple:

1. $\quad c(A + B) = cA + cB$

2. $\quad (c + d)A = cA + dA$

3. $\quad (cd)A = c(dA)$

4.　　$1A = A$

Queda como ejercicio teórico la demostración del cumplimiento de las anteriores igualdades.

Observar que la primer propiedad, está indicando que el **producto por escalar**, distribuye sobre la **suma de matrices**; en tanto que la segunda muestra que esta operación distribuye asimismo sobre la **suma de escalares**.

3.1.7. Definición.

Sean $A_1,...,A_p$ filas de una matriz $A \in \mathbb{K}^{m \times n}$ y $c_1,...,c_p \in \mathbb{K}$. La fila

$$c_1 A_1 + c_2 A_2 + \cdots + c_p A_p$$

se denomina combinación lineal de las filas $A_1,...,A_p$ según los escalares $c_1,...,c_p$.

En particular, es posible aplicar el concepto de **combinación lineal**, también a las columnas de una matriz de manera completamente similar.

En general, las filas de una matriz $A \in \mathbb{K}^{m \times n}$, son elementos de $\mathbb{K}^{1 \times n}$ y las columnas de dicha matriz pertenecen a $\mathbb{K}^{m \times 1}$.

Se puede construir filas que sean combinaciones lineales de las filas de cierta matriz B, y con estas nuevas filas, a su vez, nuevas matrices, cuyas filas serán combinaciones lineales de las filas de B.

De manera análoga, se podrá pensar en matrices cuyas columnas sean combinaciones lineales de las columnas de B.

3.1.8. Ejemplo

Sea la matriz

$$B = \begin{bmatrix} 3 & -5 & 1 \\ 1 & 0 & 4 \end{bmatrix}.$$

Denotemos por B_1 y B_2 las filas de B, esto es,

$$B_1 = [3, -5, 1]$$
$$B_2 = [1, 0, 4]$$

y por B^1, B^2 y B^3 las columnas de B, es decir,

$$B^1 = \begin{bmatrix} 3 \\ 1 \end{bmatrix}, \quad B^2 = \begin{bmatrix} -5 \\ 0 \end{bmatrix} \quad y \quad B^3 = \begin{bmatrix} 1 \\ 4 \end{bmatrix}$$

Si C es una matriz de dos filas C_1 y C_2 tales que $C_1 = 2B_1 - 5B_2$ y $C_2 = B_1 + 3B_2$, entonces

$$C = \begin{bmatrix} 1 & -10 & -18 \\ 6 & -5 & 13 \end{bmatrix} \text{ (Verificar)}$$

Si D es una matriz de dos columnas D^1 y D^2 tales que $D^1 = 2B^1 + B^2 + 4B^3$ y $D^2 = B^1 - B^3$, entonces

$$D = \begin{bmatrix} 5 & 2 \\ 18 & -3 \end{bmatrix}$$

En base a estos resultados, nos proponemos, a continuación la siguiente tarea:

Dada la matriz

$$B = \begin{bmatrix} b_{11} & b_{12} & b_{13} & b_{14} \\ b_{21} & b_{22} & b_{23} & b_{24} \end{bmatrix}$$

pretendemos construir una matriz C, cuyas filas sean combinaciones lineales de las filas B_1 y B_2 de B. Para fijar ideas, supongamos que C deba tener tres filas.

Para obtener cada fila de C habrá que elegir un juego de tantos escalares como filas tiene B, en nuestro caso dos.

Entonces

$$C = (3B_1 + 5B_2, 2B_1 + 0B_2, -4B_1 + 1B_2) =$$

$$= \begin{bmatrix} 3b_{11} + 5b_{21} & 3b_{12} + 5b_{22} & 3b_{13} + 5b_{23} & 3b_{14} + 5b_{24} \\ 2b_{11} + 0b_{21} & 2b_{12} + 0b_{22} & 2b_{13} + 0b_{23} & 2b_{14} + 0b_{24} \\ -4b_{11} + 1b_{21} & -4b_{12} + 1b_{22} & -4b_{13} + 1b_{23} & -4b_{14} + 1b_{24} \end{bmatrix}$$

Notar que las columnas de C se pueden escribir en la forma

$$C^1 = b_{11}\begin{bmatrix} 3 \\ 2 \\ -4 \end{bmatrix} + b_{21}\begin{bmatrix} 5 \\ 0 \\ 1 \end{bmatrix}; \qquad C^2 = b_{12}\begin{bmatrix} 3 \\ 2 \\ -4 \end{bmatrix} + b_{22}\begin{bmatrix} 5 \\ 0 \\ 1 \end{bmatrix};$$

$$C^3 = b_{13}\begin{bmatrix} 3 \\ 2 \\ -4 \end{bmatrix} + b_{23}\begin{bmatrix} 5 \\ 0 \\ 1 \end{bmatrix}; \qquad C^4 = b_{14}\begin{bmatrix} 3 \\ 2 \\ -4 \end{bmatrix} + b_{24}\begin{bmatrix} 5 \\ 0 \\ 1 \end{bmatrix},$$

Con los escalares elegidos para armar las filas de C, podemos formar una matriz de tres filas y dos columnas:

$$A = \begin{bmatrix} 3 & 5 \\ 2 & 0 \\ -4 & 1 \end{bmatrix}$$

Observando con atención los elementos de la matriz C, vemos que, en todos los casos, éstos son el resultado de operaciones de suma y multiplicación que involucran a ciertos elementos de las matrices A y B. Por ejemplo, $c_{12} = 3b_{12} + 5b_{22}$ (se obtiene al "multiplicar" elemento a elemento y sumar la fila 1 de A "por" la columna 2 de B).

De modo general, **el elemento c_{ij} se construye multiplicando elemento a elemento y sumando la fila i de A por la columna j de B.** (Lo que, por otra parte nos está indicando, que el número de columnas de A debe ser igual al número de filas de B).

Es por ello, que parece natural, pensar a la matriz C como el resultado de cierta "operación" realizada con las matrices A y B. Esta operación recibe el nombre de **multiplicación**, y diremos que C es el **producto** de A por B, que denotamos AB.

Por la forma en que ha sido construída, la matriz C debe tener tantas filas como A, y tantas columnas como B.

También es evidente, que la operación sólo será posible cuando el número de columnas de la matriz A (primer factor), coincida con el número de filas de la matriz B (segundo factor).

Con fundamento en las anteriores observaciones, estamos en condiciones de aceptar como plausible la siguiente definición.

3.1.9 . Definición.

Sean las matrices $A \in \mathbb{K}^{m \times n}$ y $B \in \mathbb{K}^{n \times p}$. La **multiplicación** de A por B que denotamos AB es la matriz de $\mathbb{K}^{m \times p}$ dada por

$$(AB)_{ij} = A_{i1}B_{1j} + A_{i2}B_{2j} + \cdots + A_{in}B_{nj} = \sum_{k=1}^{n} A_{ik}B_{kj}$$

A veces, es conveniente, al realizar el producto AB de las matrices A y B con resultado C, utilizar el siguiente esquema de cálculo

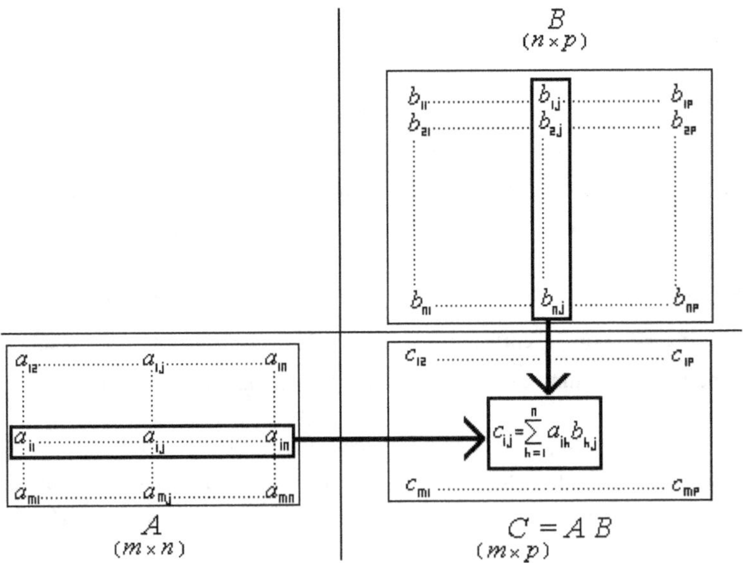

3.1.10. Ejemplo.

Sean:

$$A = \begin{bmatrix} 1 & 2 & 3 \\ 1 & -1 & 5 \end{bmatrix} \quad y \quad B = \begin{bmatrix} -4 & 3 & 5 & 3 \\ 3 & 2 & -6 & 4 \\ 1 & 0 & 2 & -1 \end{bmatrix}$$

Entonces:

$$\begin{bmatrix} -4 & 3 & \boxed{5} & 3 \\ 3 & 2 & \boxed{-6} & 4 \\ 1 & 0 & \boxed{2} & -1 \end{bmatrix} = B$$

$$A = \begin{bmatrix} 1 & 2 & 3 \\ \boxed{1 & -1 & 5} \end{bmatrix} \qquad \begin{bmatrix} 5 & 7 & -1 & 8 \\ -2 & 1 & \boxed{21} & -9 \end{bmatrix} = C$$

por lo tanto

$$AB = \begin{bmatrix} 1 & 2 & 3 \\ 1 & -1 & 5 \end{bmatrix} \begin{bmatrix} -4 & 3 & 5 & 3 \\ 3 & 2 & -6 & 4 \\ 1 & 0 & 2 & -1 \end{bmatrix} = \begin{bmatrix} 5 & 7 & -1 & 8 \\ -2 & 1 & 21 & -6 \end{bmatrix} = C$$

Esta operación presenta analogías, como veremos, con la **multiplicación de escalares**, pero es necesario analizarla cuidadosamente pues hay aspectos en los que su comportamiento difiere notoriamente de aquella.

3.1.11. Observaciones

1. Cada fila de la matriz producto, es combinación lineal de las filas de la matriz segundo factor, según los escalares de la correspondiente fila de la matriz primer factor.

2. Cada columna de la matriz producto, es combinación lineal de las columnas de la matriz primer factor, según los escalares de la correspondiente columna de la matriz segundo factor.

3. El producto de una matriz $A \in \mathbb{K}^{m \times n}$ a izquierda o a derecha, por una matriz nula (esto es una matriz con **todos** sus elementos iguales a 0), de tamaño adecuado para que el producto quede definido, es una matriz nula.

4. Sea $A \in \mathbb{K}^{m \times n}$, entonces $I_m A = A$ y $AI_n = A$ (verificar), esto es, la matriz identidad (del orden adecuado) es elemento neutro para la operación de multiplicación, tanto a izquierda como a derecha.

5. La multiplicación de matrices justifica la notación matricial para un sistema de ecuaciones lineales, formando con los coeficienes de las incógnitas una matriz A (primer factor), con las incógnitas una matriz columna X (segundo factor) y con los términos independientes de las ecuaciones, una matriz columna B, que es el producto de las dos primeras:

$$\begin{pmatrix} a_{11} & \cdots & a_{1n} \\ \vdots & \ddots & \vdots \\ a_{m1} & \cdots & a_{mn} \end{pmatrix} \begin{pmatrix} x_1 \\ \vdots \\ x_n \end{pmatrix} = \begin{pmatrix} b_1 \\ \vdots \\ b_m \end{pmatrix}$$

o más sencillamente $AX = B$.

6. La multiplicación de matrices **no es conmutativa**. Si el producto AB está definido, no necesariamente tiene que estarlo BA, pero, aún cuando ambos productos estén definidos, en general $AB \neq BA$

3.1.12. Ejemplo

$$\begin{bmatrix} 1 & 2 \\ 3 & 4 \end{bmatrix}\begin{bmatrix} 5 & 6 \\ 7 & 8 \end{bmatrix} = \begin{bmatrix} 19 & 22 \\ 43 & 56 \end{bmatrix} \neq \begin{bmatrix} 23 & 34 \\ 31 & 46 \end{bmatrix} = \begin{bmatrix} 5 & 6 \\ 7 & 8 \end{bmatrix}\begin{bmatrix} 1 & 2 \\ 3 & 4 \end{bmatrix}$$

7.   En general, en la multiplicación de matrices, **no vale la ley de simplificación**. Lo que significa que, de la igualdad $AB = AC$ no puede deducirse que $B = C$.

3.1.13. Ejemplo

$$\begin{cases} AB = \begin{bmatrix} 6 & 3 \\ 8 & 4 \end{bmatrix}\begin{bmatrix} 1 & 0 \\ 1 & 1 \end{bmatrix} = \begin{bmatrix} 9 & 3 \\ 12 & 4 \end{bmatrix} \\[4mm] AC = \begin{bmatrix} 6 & 3 \\ 8 & 4 \end{bmatrix}\begin{bmatrix} 0 & 0 \\ 3 & 1 \end{bmatrix} = \begin{bmatrix} 9 & 3 \\ 12 & 4 \end{bmatrix} \end{cases}$$

8.   El producto de matrices no nulas, puede ser una matriz nula.

3.1.14. Ejemplo

$$\begin{bmatrix} 4 & -2 \\ -2 & 1 \end{bmatrix}\begin{bmatrix} 3 & 9 \\ 6 & 18 \end{bmatrix} = \begin{bmatrix} 0 & 0 \\ 0 & 0 \end{bmatrix}$$

3.1.15. Propiedades

Suponiendo que los tamaños de las matrices sobre el cuerpo $\mathbb{K}$ involucradas en las siguientes expresiones, son tales que es posible realizar las operaciones indicadas, se tiene:

i) $(AB)C = A(BC)$

ii) $(A+B)C = AC + BC$

iii) $A(B+C) = AB + AC$

iv) $(cA)B = c(AB) = A(cB)$ para todo $c \in \mathbb{K}$.

Demostraremos el cumplimiento de la primer propiedad, quedando las otras tres como un ejercicio para el alumno.

Sean $A \in \mathbb{K}^{m \times n}$, $B \in \mathbb{K}^{n \times p}$ y $C \in \mathbb{K}^{p \times q}$. Los productos $(AB)C$ y $A(BC)$ están bien definidos y pertenecen a $\mathbb{K}^{m \times q}$. Debemos ver entonces que son iguales. Para esto sólo es necesario demostrar la igualdad de sus elementos genéricos:

$$[(AB)C]_{ij} = \sum_{k=1}^{p} (AB)_{ik} C_{kj} = \sum_{k=1}^{p} \left(\sum_{r=1}^{n} A_{ir} B_{rk} \right) C_{kj}$$

$$= \sum_{k=1}^{p} \left(\sum_{r=1}^{n} A_{ir} B_{rk} C_{kj} \right) = \sum_{r=1}^{n} \left(\sum_{k=1}^{p} A_{ir} B_{rk} C_{kj} \right)$$

$$= \sum_{r=1}^{n} A_{ir} \left(\sum_{k=1}^{p} B_{rk} C_{kj} \right) = \sum_{r=1}^{n} A_{ir} (BC)_{rj}$$

$$= [A(BC)]_{ij}.$$

Notación

Si $A \in \mathbb{K}^{n \times n}$, entonces AA está definido y se denota A^2. En forma similar, AAA se denota A^3 y en general $\underbrace{AA \cdots A}_{k \text{ veces}}$ lo denotamos A^k.

Daremos ahora un par de resultados muy útiles relacionados con el producto de matrices.

3.1.16. Lema.

Sea $A \in \mathbb{K}^{m \times n}$ con filas $A_1, A_2, ..., A_m$ y $B \in \mathbb{K}^{n \times p}$. Entonces la matriz AB tiene filas $A_1 B, A_2 B, ..., A_m B$, esto es,

$$AB = (A_1, ..., A_m)B = (A_1 B, ..., A_m B)$$

donde $A_1 B, A_2 B, ..., A_m B$ son las filas de AB.

Demostración.

Sean $(AB)_1, (AB)_2, ..., (AB)_m$ las filas de AB. Debemos ver que $(AB)_i = A_i B$, para $i = 1, 2, ..., m$. Con $((AB)_i)_j$ denotamos el $j-$ésimo elemento de la fila $(AB)_i$, entonces

$$((AB)_i)_j = (AB)_{ij}.$$

Por otra parte, el elemento $(A_iB)_j$ ocupa el $j-$ésimo lugar en la matriz $A_iB \in \mathbb{K}^{1\times p}$. Por definición de producto de matrices y recordando que A_i es la $i-$ésima fila de A obtenemos

$$(A_iB)_j = \sum_{k=1}^{n} A_{ik}B_{kj} = (AB)_{ij}$$

de modo que $((AB)_i)_j = (A_iB)_j$ para $j = 1,2,...,p$. Esto dice que $(AB)_i = A_iB$ para $i = 1,2,...,m$ completando la demostración.

3.1.17. Lema.

Sea $B \in \mathbb{K}^{m\times n}$ con columnas $B^1, B^2,...,B^n$ y $A \in \mathbb{K}^{p\times m}$. Entonces la matriz AB tiene columnas $AB^1, AB^2,...,AB^n$, esto es,

$$AB = A(B^1,...,B^n) = (AB^1,...,AB^n)$$

donde $AB^1, AB^2,...,AB^n$ son las columnas de AB.

Demostración. Si $(AB)^1,...,(AB)^n$ son las columnas de AB, entonces, el $j-$ésimo elemento de $(AB)^i$ que denotamos $((AB)^i)_j$ está dado por

$$((AB)^i)_j = (AB)_{ji}.$$

Por otra parte, $(AB^i)_j$ es el $j-$ésimo elemento de la matriz $AB^i \in \mathbb{K}^{m\times 1}$, de modo que

$$(AB^i)_j = \sum_{k=1}^{m} A_{jk}(B^i)_k = \sum_{k=1}^{m} A_{jk}B_{ki} = (AB)_{ji}$$

esto es,

$$((AB)^i)_j = (AB^i)_j \quad \text{para} \quad j = 1,2,...,p$$

por lo tanto $(AB)_i = AB_i$ para $i = 1, 2, ..., n$ completando la demostración.

3.1.18. Corolario.

Si denotamos con $\varepsilon_1, ..., \varepsilon_m$ las filas de la matriz identidad I_m y $A \in \mathbb{K}^{m \times n}$ entonces $\varepsilon_1 A, ..., \varepsilon_m A$ son las filas de A.

Demostración.

Ejercicio.

3.2. Matrices Elementales.

3.2.1. Definición.

Una matriz $m \times m$ se denomina *matriz elemental* si se puede obtener a partir de la matriz identidad $m \times m$ mediante una sola operación elemental de filas.

3.2.2. Ejemplo

Las matrices E y E' siguientes son matrices elementales de órdenes 2 y 3 respectivamente, puesto que:

$$I_2 \xrightarrow{-5F_2} \begin{bmatrix} 1 & 0 \\ 0 & -5 \end{bmatrix} = E$$

$$I_3 \xrightarrow{F_3 + 2F_1} \begin{bmatrix} 1 & 0 & 0 \\ 0 & 1 & 0 \\ 2 & 0 & 1 \end{bmatrix} = E'$$

Veremos en el próximo teorema que, multiplicar a izquierda una matriz A por una matriz elemental, equivale a realizar sobre A una cierta operación elemental de filas.

3.2.3. Teorema.

Sea $A \in \mathbb{K}^{m \times n}$ y e una operación elemental de filas. Entonces

$$e(A) = e(I_m)A\,.$$

Como las operaciones elementales de filas son de tres tipos, la demostración del teorema consta de tres partes, una para cada tipo de operación.

Haremos una de ellas, quedando las otras dos como ejercicio para el alumno.

Demostración.

Sea $A = [A_1, A_2, ..., A_m]$, donde $A_1, A_2, ..., A_m$ son las filas de A y $e = F_i + cF_j$, entonces usando el primero de los lemas anteriores y el corolario posterior,

$$e(I_m)A = \begin{bmatrix} \varepsilon_1 \\ \vdots \\ \varepsilon_i + c\varepsilon_j \\ \vdots \\ \varepsilon_m \end{bmatrix} A = \begin{bmatrix} \varepsilon_1 A \\ \vdots \\ (\varepsilon_i + c\varepsilon_j)A \\ \vdots \\ \varepsilon_m A \end{bmatrix}$$

$$= \begin{bmatrix} \varepsilon_1 A \\ \vdots \\ \varepsilon_i A + c\varepsilon_j A \\ \vdots \\ \varepsilon_m A \end{bmatrix} = \begin{bmatrix} A_1 \\ \vdots \\ A_i + cA_j \\ \vdots \\ A_m \end{bmatrix}$$

$$= e(A)$$

Veremos a continuación que, si dos matrices son **equivalentes por filas**, entonces están vinculadas mediante el producto por una matriz adecuada.

3.2.4. Teorema.

Sean $A, B \in \mathbb{K}^{m \times n}$. Entonces $A \sim B$ si y sólo si $B = PA$ donde P es un producto de matrices elementales.

Demostración.

Si A y B son equivalentes por filas, existe una sucesión finita $\{e_k\}_{k=1}^{p}$ de operaciones elementales de filas que transforma A en B, esto es,

$$B = e_p \circ e_{p-1} \circ \cdots \circ e_2 \circ e_1(A).$$

Aplicando reiteradamente el teorema anterior, el miembro derecho de la expresión anterior se transforma en un producto, es decir,

$$e_p \circ e_{p-1} \circ \cdots \circ e_2 \circ e_1(A) = e_p(I_m)e_{p-1}(I_m)\cdots e_2(I_m)e_1(I_m)A.$$

Llamando P al producto $e_p(I_m)e_{p-1}(I_m)\cdots e_2(I_m)e_1(I_m)$ tenemos que P es producto de matrices elementales y $B = PA$.

Recíprocamente, si $B = PA$ con $P = e_p(I_m)e_{p-1}(I_m)\cdots e_2(I_m)e_1(I_m)$, al aplicar nuevamente el teorema anterior obtenemos

$$B = e_p \circ e_{p-1} \circ \cdots \circ e_2 \circ e_1(A)$$

demostrando que A y B son equivalentes por fila y completando la demostración.

3.2.5. Observación.

En la demostración puede observarse que la matriz P se obtiene realizando sobre la matriz identidad de orden m, la misma sucesión finita de operaciones elementales de filas que transforman A en B.

3.2.6. Observación.

Como toda matriz $A \in \mathbb{K}^{m \times n}$ tiene una única matriz escalón reducida por filas R_A, equivalente por filas a ella, resulta como caso particular, que siempre es posible escribir

$$R_A = PA$$

con P producto de matrices elementales.

3.2.7. Ejemplo

Sea la matriz A dada por

$$A = \begin{bmatrix} 1 & 3 & 0 & -2 \\ 3 & 8 & 2 & -3 \end{bmatrix}.$$

Calculamos la matriz escalón reducida por filas equivalente por filas a A :

$$\begin{bmatrix} 1 & 3 & 0 & -2 \\ 3 & 8 & 2 & -3 \end{bmatrix} \xrightarrow{F_2-3F_1} \begin{bmatrix} 1 & 3 & 0 & -2 \\ 0 & -1 & 2 & 3 \end{bmatrix} \xrightarrow{F_1+3F_2} \begin{bmatrix} 1 & 0 & 6 & 7 \\ 0 & -1 & 2 & 3 \end{bmatrix} \xrightarrow{(-1)F_2} \begin{bmatrix} 1 & 0 & 6 & 7 \\ 0 & 1 & -2 & -3 \end{bmatrix} = R_A$$

Aplicando la misma sucesión de operaciones elementales de fila a partir de I_2 obtenemos P :

$$I_2 \xrightarrow{F_2-3F_1} \begin{bmatrix} 1 & 0 \\ -3 & 1 \end{bmatrix} \xrightarrow{F_1+3F_2} \begin{bmatrix} -8 & 3 \\ -3 & 1 \end{bmatrix} \xrightarrow{(-1)F_2} \begin{bmatrix} -8 & 3 \\ 3 & -1 \end{bmatrix} = P$$

Haciendo PA se obtiene R_A . (Verificar).

Según ya hemos advertido, la multiplicación de matrices, si bien presenta ciertas analogías con el producto de escalares (asociatividad, distributividad, etc.), en otros casos nos reservó desagradables sorpresas (no conmutatividad, no vale la ley de simplificación, etc.).

Debe tenerse en cuenta que, en un conjunto de matrices cuadradas como $\mathbb{K}^{n\times n}$, la multiplicación es una **operación interna** que tiene elemento neutro. Otra semejanza con la multiplicación de números. Avanzando un poco más en este sentido, nos preguntamos: Dado que todo número distinto de cero tiene un inverso multiplicativo, ¿Existirá algún tipo de inversa para toda matriz A ?

Por ejemplo, si

$$A = \begin{bmatrix} 5 & 2 \\ 7 & 3 \end{bmatrix} \quad \text{y} \quad B = \begin{bmatrix} 3 & -2 \\ -7 & 5 \end{bmatrix}$$

Vemos que se cumple $AB = BA = I$.

3.2.8. Ejemplo.

Para la matriz

$$M = \begin{bmatrix} 4 & -3 \\ 0 & 0 \end{bmatrix}$$

no existe una matriz N tal que $MN = NM = I_2$, puesto que, cualquiera sea la matriz N, la segunda fila del producto MN será nula, (verificar), por lo que el resultado del producto no puede ser la matriz identidad I_2.

Con este par de ejemplos a la vista, daremos la siguiente definición.

3.2.9. Definición.

Sea $A \in \mathbb{K}^{n \times n}$. Si existe una matriz $B \in \mathbb{K}^{n \times n}$ tal que $BA = I_n$ se dice que B es inversa a la izquierda de A. Si existe una matriz $C \in \mathbb{K}^{n \times n}$ tal que $AC = I_n$ se dice que C es inversa a la derecha de A. Si existe $D \in \mathbb{K}^{n \times n}$ tal que $AD = DA = I_n$, se dice que A es inversible (regular o no singular) y se llama a D inversa bilátera de A.

3.2.10. Teorema.

Si $A \in \mathbb{K}^{n \times n}$ tiene una inversa a la izquierda B, y una inversa a la derecha C, entonces $B = C$.

Demostración.

Supongamos que $BA = I_n$ y que $AC = I_n$. Entonces

$$B = BI_n = B(AC) = (BA)C = I_nC = C.$$

Este resultado muestra que, si A es inversible, su inversa está unívocamente determinada por A. Esto es:

3.2.11. Teorema.

Sea $A \in \mathbb{K}^{n \times n}$ inversible. Entonces su inversa es única.

Demostración.

Supongamos que B y B' son inversas de A. Afirmar que B y B' son inversas, significa, de acuerdo a la definición, que ambas son inversas bilateras. Aplicando el teorema anterior obtenemos

$$B = BI_n = B(AB') = (BA)B' = I_n B' = B'$$

Con lo que queda demostrada la unicidad de la inversa.

De ahora en mas denotaremos la inversa de una matriz inversible A por A^{-1}.

3.2.12. Teorema.

Sea $A \in \mathbb{K}^{n \times n}$ inversible, entonces A es simplificable.

Demostración.

Si $AB = AC$, multiplicando a la izquierda en ambos miembros por A^{-1} tenemos que

$$A^{-1}(AB) = A^{-1}(AC) \implies (A^{-1}A)B = (A^{-1}A)C \implies I_n B = I_n C \implies B = C.$$

Si $BA = CA$ la demostración es similar.

3.2.13. Teorema.

Sea $A \in \mathbb{K}^{n \times n}$. Si A es inversible, también lo es A^{-1} y $(A^{-1})^{-1} = A$.

Demostración. (Ejercicio)

3.2.14. Teorema.

Sean $A, B \in \mathbb{K}^{n \times n}$ inversibles. Entonces AB es inversible y $(AB)^{-1} = B^{-1}A^{-1}$.

Demostración.

Como A y B son inversibles, existen A^{-1} y B^{-1}, entonces

$$I_n = AA^{-1} = AI_nA^{-1} = ABB^{-1}A^{-1} = (AB)(B^{-1}A^{-1})$$

por lo tanto AB es inversible y su inversa es $B^{-1}A^{-1}$.

3.2.15. Corolario.

Si $A_1, A_2, ..., A_k \in \mathbb{K}^{n \times n}$ son inversibles, entonces $A_1 A_2 \cdots A_k$ es inversible y

$$(A_1 A_2 \cdots A_k)^{-1} = A_k^{-1} \cdots A_2^{-1} A_1^{-1}$$

Demostración. (Ejercicio).

3.2.16. Teorema.

Toda matriz elemental es inversible.

Demostración.

Sea E una matriz elemental correspondiente a la operación elemental de filas e, esto es, $E = e(I)$.

Como sabemos, toda operación elemental de filas tiene una operación elemental de filas inversa. Si e^{-1} es la inversa de e y $E_1 = e^{-1}(I)$ entonces aplicando el teorema 3.2.3 obtenemos

3.2.17.

$$I = e^{-1}(e(I)) = e^{-1}(E) = e^{-1}(I)E = E_1 E$$

y

3.2.18.

$$I = e(e^{-1}(I)) = e(E_1) = e(I)E_1 = EE_1$$

De 3.2.17 y 3.2.18 se ve que E es inversible y que

$$E^{-1} = e^{-1}(I),$$

esto es, la inversa de una matriz elemental es también una matriz elemental.

3.2.19. Observación.

Como consecuencia de las observaciones hechas para el producto de matrices, resulta que si una matriz tiene una fila nula, no es inversible. En efecto, si se multiplica a derecha esa matriz por otra cualquiera, el resultado tiene también una fila nula, y por lo tanto no es la matriz identidad.

3.2.20. Observación.

Una matriz cuadrada escalón-reducida por filas es inversible si y sólo si es la matriz identidad. Efectivamente, si una matriz escalón reducida por filas cuadrada no es la matriz identidad, tiene al menos una fila nula y por la observación anterior no es inversible.

3.2.21. Teorema.

Sea $A \in \mathbb{K}^{n \times n}$. Los siguientes enunciados son equivalentes:

i) A es inversible.

ii) A es equivalente por filas a la matriz identidad de orden n.

iii) A es producto de matrices elementales.

Demostración.

Para demostrar el teorema es suficiente demostrar el siguiente esquema: i) $\Rightarrow$ ii); ii) $\Rightarrow$ iii); iii) $\Rightarrow$ i).

i) $\Rightarrow$ ii). Sea R la matriz escalón reducida por filas equivalente por filas a A. Por el teorema 3.2.4 tenemos que $R = PA$ con P un producto de matrices elementales, entonces

R es inversible por ser producto de matrices inversibles, de modo que $R = I$ por la observación 3.2.20.

ii) $\Rightarrow$ iii). Si $A \sim I$, por el teorema 3.2.4 tenemos $I = PA$, con P producto de matrices elementales, esto es, $P = E_k E_{k-1} \cdots E_2 E_1$, entonces

$$A = P^{-1} = (E_k E_{k-1} \cdots E_2 E_1)^{-1} = E_1^{-1} E_2^{-1} \cdots E_{k-1}^{-1} E_k^{-1}$$

lo que muestra que A es producto de matrices elementales.

iii) $\Rightarrow$ i) Obvio por 3.2.14 y 3.2.16.

3.2.22. Observación.

Este último teorema nos indica un camino para "caracterizar" si una matriz $A \in \mathbb{K}^{n \times n}$ es o no inversible: calcular la matriz escalón reducida por filas R equivalente por filas a A. Si $R = I_n$ entonces A es inversible.

Como un resultado extra, de ii) $\Rightarrow$ iii) vemos que

$$\begin{aligned}
A^{-1} = P &= E_k E_{k-1} \cdots E_2 E_1 \\
&= e_k(I) e_{k-1}(I) \cdots e_2(I) e_1(I) \\
&= e_k \circ e_{k-1} \circ \cdots \circ e_2 \circ e_1(I)
\end{aligned}$$

esto es, la misma sucesión de operaciones elementales de fila que reduce A a R, aplicada sobre I_n da como resultado la inversa de A, esto es A^{-1}.

3.2.23. Ejemplo.

Analizar si la matriz

$$A = \begin{bmatrix} 1 & -3 & 0 \\ 0 & 1 & -1 \\ 3 & -1 & 1 \end{bmatrix}$$

es inversible. En caso afirmativo hallar la inversa A^{-1}.

Calculamos primero la matriz escalón reducida por filas de A :

$$\begin{pmatrix} 1 & -3 & 0 \\ 0 & 1 & -1 \\ 3 & -1 & 1 \end{pmatrix} \xrightarrow{F_3-3F_1} \begin{pmatrix} 1 & -3 & 0 \\ 0 & 1 & -1 \\ 0 & 8 & 1 \end{pmatrix} \xrightarrow[F_3-8F_2]{F_1+3F_2} \begin{pmatrix} 1 & 0 & -3 \\ 0 & 1 & -1 \\ 0 & 0 & 9 \end{pmatrix} \xrightarrow{\frac{1}{9}F_3} \begin{pmatrix} 1 & 0 & -3 \\ 0 & 1 & -1 \\ 0 & 0 & 1 \end{pmatrix} \xrightarrow[F_2+F_3]{F_1+3F_3} I_3$$

Esto dice que A es inversible, entonces aplicando la misma sucesión finita de operaciones elementales de fila a partir de I_3 obtenemos A^{-1} :

$$I_3 \xrightarrow{F_3-3F_1} \begin{pmatrix} 1 & 0 & 0 \\ 0 & 1 & 0 \\ -3 & 0 & 1 \end{pmatrix} \xrightarrow[F_3-8F_2]{F_1+3F_2} \begin{pmatrix} 1 & 3 & 0 \\ 0 & 1 & 0 \\ -3 & -8 & 1 \end{pmatrix} \xrightarrow{\frac{1}{9}F_3} \begin{pmatrix} 1 & 3 & 0 \\ 0 & 1 & 0 \\ -\dfrac{1}{3} & -\dfrac{8}{9} & \dfrac{1}{9} \end{pmatrix}$$

$$\xrightarrow[F_2+F_3]{F_1+3F_3} \begin{pmatrix} 0 & \dfrac{1}{3} & \dfrac{1}{3} \\ -\dfrac{1}{3} & \dfrac{1}{9} & \dfrac{1}{9} \\ -\dfrac{1}{3} & -\dfrac{8}{9} & \dfrac{1}{9} \end{pmatrix} = \frac{1}{9}\begin{pmatrix} 0 & 3 & 3 \\ -3 & 1 & 1 \\ -3 & -8 & 1 \end{pmatrix} = A^{-1}$$

3.2.24. Teorema.

Para una matriz $A \in \mathbb{K}^{n\times n}$, las siguientes afirmaciones son equivalentes:

i) A es inversible.

ii)   El sistema homogéneo $AX = 0$ tiene solamente la solución trivial $X = 0$.

iii)   El sistema de ecuaciones $AX = Y$ tiene solución única para cada matriz $Y \in \mathbb{K}^{n\times 1}$.

Demostración.

i) $\Rightarrow$ ii)   Supongamos que existe una solución $X_1 \neq 0$ de $AX = 0$, esto es, $AX_1 = 0$ con $X_1 \neq 0$. Como A es inversible, existe (obviamente) A^{-1}, entonces

$$X_1 = I_n X_1 = A^{-1} AX_1 = A^{-1} 0 = 0$$

contradiciendo que $X_1 \neq 0$, por lo tanto no hay solución distinta de la trivial de $AX = 0$.

ii) $\Rightarrow$ iii) Supongamos que X_1 y X_2 son soluciones de $AX = Y$, entonces

$$A(X_1 - X_2) = AX_1 - AX_2 = Y - Y = 0$$

esto es, $X_1 - X_2$ es solución del sistema homogéneo $AX = 0$, y como la única solución es la trivial, tenemos que $X_1 - X_2 = 0$, o sea,

$$X_1 = X_2$$

lo que dice que $AX = Y$ tiene solución única.

iii) $\Rightarrow$ i)   Sea X_j la solución (única) del sistema $AX = \varepsilon_j$ para $j = 1,...,n$, donde ε_j es la $j-$ésima columna de la matriz identidad I_n. Sea B la matriz de columnas $X_1,...,X_n$, entonces

$$AB = A(X_1,...,X_n) = (AX_1,...,AX_n) = (\varepsilon_1,...,\varepsilon_n) = I_n$$

por lo tanto B es la inversa de A y A es inversible.§

3.3. Introducción operacional de Determinante.

Para una presentación más adecuada y rigurosa del presente tema se requiere de un desarrollo previo más profundo y cuidadoso, que no estamos en condiciones de exponer con los elementos analizados hasta el presente. Sin embargo, necesitamos usar el concepto por las importantísimas aplicaciones algebraicas y geométricas que posee. Comenzaremos con una definición que puede realizarse inductivamente aumentando progresivamente la dimensión.

Se llama determinante de una matriz cuadrada $A = (a_{ij})$ de orden n a **un número** que se obtiene usando los elementos de A de acuerdo a ciertas reglas.

Para una matriz de orden 2 se da a continuación la notación y el valor de su determinante.

Si $A = \begin{pmatrix} a_{11} & a_{12} \\ a_{21} & a_{22} \end{pmatrix}$, entonces

$$\det(A) = \det \begin{pmatrix} a_{11} & a_{12} \\ a_{21} & a_{22} \end{pmatrix} = a_{11}a_{22} - a_{12}a_{21}.$$

3.3.1. Ejemplo.

Si $A = \begin{bmatrix} 5 & -2 \\ 3 & 4 \end{bmatrix}$, entonces

$$\det(A) = \det \begin{bmatrix} 5 & -2 \\ 3 & 4 \end{bmatrix} = 20 - (-6) = 26.$$

Para una matriz A de orden 3, el correspondiente determinante de tercer orden es:

3.3.2.

$$\det \begin{pmatrix} a_{11} & a_{12} & a_{13} \\ a_{21} & a_{22} & a_{23} \\ a_{31} & a_{32} & a_{33} \end{pmatrix} = a_{11}a_{22}a_{33} + a_{12}a_{23}a_{32} + a_{13}a_{21}a_{32} - a_{13}a_{22}a_{31} - a_{11}a_{23}a_{32} - a_{12}a_{21}a_{33}$$

Parece difícil recordarlo pero se verá que es relativamente fácil usando lo que se conoce como **regla de Sarrus**.

Consiste en agregar a la matriz A sus dos primeras columnas como se ilustra a continuación. El producto de los elementos que están en las diagonales descendentes de izquierda a derecha se toman con signo positivo $(+)$ y los que están en las diagonales ascendentes con signo negativo $(-)$.

$$\begin{bmatrix} a_{11} & a_{12} & a_{13} & a_{11} & a_{12} \\ a_{21} & a_{22} & a_{23} & a_{21} & a_{22} \\ a_{31} & a_{32} & a_{33} & a_{31} & a_{32} \end{bmatrix} \rightarrow a_{11}a_{22}a_{33} + a_{12}a_{23}a_{31} + a_{13}a_{21}a_{32} - a_{31}a_{22}a_{13} - a_{32}a_{23}a_{11} - a_{33}a_{21}a_{12}$$

3.3.3. Ejemplo.

Calcular el determinate de la matriz

$$A = \begin{bmatrix} 1 & 3 & -2 \\ 2 & -1 & 1 \\ -2 & 2 & 3 \end{bmatrix}$$

Solución

$$\det(A) = (-3 - 6 - 8) - (-4 + 2 + 18) = -17 - 16 = -33$$

3.3.4. Desarrollo por cofactores

En el desarrollo del determinante de una matriz 3×3 puede observarse que hay $6 = 3!$ sumandos y que en cada uno aparece el producto de tres coeficientes que pertenecen a filas y columnas distintas.

En general en el desarrollo de un determinante de una matriz $n\times n$ tenemos $n!$ sumandos y en cada uno de ellos aparecen n coeficientes que pertenecen a filas y columnas distintas.

Si A es una matriz $n\times n$, como en cada sumando aparece un elemento que pertenece, por ejemplo, a la fila i, podemos escribir el determinante de A en la forma

3.3.5.

$$\det(A) = a_{i1}c_{i1} + a_{i2}c_{i2} + \cdots + a_{in}c_{in}$$

donde el número c_{ij} se llama **cofactor (o adjunto) del elemento** a_{ij} y

3.3.6.

Se define: $\operatorname{cof}_{ij}(A) = (-1)^{i+j} \det[A(i \mid j)] = c_{ij}$

donde $A(i \mid j)$ es la matriz $(n-1) \times (n-1)$ que se obtiene eliminando la $i-$ésima fila y la $j-$ésima columna de A, de modo que $\det[A(i \mid j)]$ es un determinante de orden $n-1$.

3.3.7. Ejemplo.

Si

$$A = \begin{pmatrix} a_{11} & a_{12} & a_{13} \\ a_{21} & a_{22} & a_{23} \\ a_{31} & a_{32} & a_{33} \end{pmatrix}$$

entonces

$$\operatorname{cof}_{11}(A) = (-1)^{1+1} \det \begin{pmatrix} a_{22} & a_{23} \\ a_{32} & a_{33} \end{pmatrix} = a_{22}a_{33} - a_{23}a_{32}$$

$$\operatorname{cof}_{12}(A) = (-1)^{1+2} \det \begin{pmatrix} a_{21} & a_{23} \\ a_{31} & a_{33} \end{pmatrix} = -(a_{21}a_{33} - a_{23}a_{31}) = a_{23}a_{31} - a_{21}a_{33}$$

$$\operatorname{cof}_{13}(A) = (-1)^{1+3} \det \begin{pmatrix} a_{21} & a_{22} \\ a_{31} & a_{32} \end{pmatrix} = a_{21}a_{32} - a_{22}a_{31}$$

de modo que

$$\begin{aligned} \det(A) &= a_{11}\operatorname{cof}_{11}(A) + a_{12}\operatorname{cof}_{12}(A) + a_{13}\operatorname{cof}_{13}(A) \\ &= a_{11}(a_{22}a_{33} - a_{23}a_{32}) + a_{12}(a_{23}a_{31} - a_{21}a_{33}) + a_{13}(a_{21}a_{32} - a_{22}a_{31}) \\ &= a_{11}a_{22}a_{33} + a_{12}a_{23}a_{31} + a_{13}a_{21}a_{32} - a_{11}a_{23}a_{32} - a_{12}a_{21}a_{33} - a_{13}a_{22}a_{31} \end{aligned}$$

que coincide con **3.3.2**.

3.3.8. Ejemplo.

Calcular el determinante, usando los cofactores de la primera fila, de la siguiente matriz,

$$A = \begin{bmatrix} 1 & 3 & -2 \\ 2 & -1 & 1 \\ -2 & 2 & 3 \end{bmatrix}.$$

Solución

$$\det(A) = 1\,\text{cof}_{11}(A) + 3\,\text{cof}_{12}(A) + (-2)\,\text{cof}_{13}(A)$$
$$= \det\begin{bmatrix} -1 & 1 \\ 2 & 3 \end{bmatrix} + 3(-1)\det\begin{bmatrix} 2 & 1 \\ -2 & 3 \end{bmatrix} + (-2)\det\begin{bmatrix} 2 & -1 \\ -2 & 2 \end{bmatrix}$$
$$= (-3-2) - 3(6+2) - 2(4-2)$$
$$= -5 - 24 - 4$$
$$= -33$$

Nota. La importancia del desarrollo de un determinante por cofactores, es que nos permite calcular un determinante de orden n en función de los determinantes de orden $n-1$.

En general, el desarrollo por cofactores se utiliza para calcular los determinantes de orden $n \geq 4$, pues el número de sumandos se incrementa demasiado con n (del orden de $n!$) y no es fácil recordar los productos que aparecen.

Nota. Se debe recalcar que para el expansión por cofactores 3.3.5 de un determinante, **se puede usar cualquier fila (ó columna)**, debido a esto conviene elegir la fila (ó columna) que tenga mas ceros ya que los cofactores correspondientes no intervienen y no es necesario calcularlos.

3.3.9. Ejemplo.

Calcular el determinante de la matriz A que aparece a continuación, usando desarrollo por cofactores

$$A = \begin{bmatrix} 2 & 1 & 4 & 3 \\ 3 & 0 & 2 & 0 \\ 2 & 2 & 1 & 3 \\ 5 & 3 & 4 & 2 \end{bmatrix}$$

Solución. Lo desarrollaremos por los elemento de la fila 2, de manera que nos evitamos el cálculo de dos cofactores,

$$\det(A) = 3\operatorname{cof}_{21}(A) + 2\operatorname{cof}_{23}(A)$$

$$= 3(-1)^{2+1}\det\begin{bmatrix} 1 & 4 & 3 \\ 2 & 1 & 3 \\ 3 & 4 & 2 \end{bmatrix} + 2(-1)^{2+3}\det\begin{bmatrix} 2 & 1 & 3 \\ 2 & 2 & 3 \\ 5 & 3 & 2 \end{bmatrix}$$

Por otro lado

$$\det\begin{bmatrix} 1 & 4 & 3 \\ 2 & 1 & 3 \\ 3 & 4 & 2 \end{bmatrix} = \det\begin{bmatrix} 1 & 3 \\ 4 & 2 \end{bmatrix} - 4\det\begin{bmatrix} 2 & 3 \\ 3 & 2 \end{bmatrix} + 3\det\begin{bmatrix} 2 & 1 \\ 3 & 4 \end{bmatrix}$$

$$= (2-12) - 4(4-9) + 3(8-3)$$
$$= -10 + 20 + 15$$
$$= 25$$

y

$$\det\begin{bmatrix} 2 & 1 & 3 \\ 2 & 2 & 3 \\ 5 & 3 & 2 \end{bmatrix} = 2\det\begin{bmatrix} 2 & 3 \\ 3 & 2 \end{bmatrix} - \det\begin{bmatrix} 2 & 3 \\ 5 & 2 \end{bmatrix} + 3\det\begin{bmatrix} 2 & 2 \\ 5 & 3 \end{bmatrix}$$

$$= 2(4-9) - (4-15) + 3(6-10)$$
$$= -10 + 11 - 12$$
$$= -11$$

Entonces

$$\begin{aligned}
\det(A) &= 3\,\mathrm{cof}_{21}(A) + 2\,\mathrm{cof}_{23}(A) \\
&= 3(-1)^{2+1}25 + 2(-1)^{2+3}(-11) \\
&= -75 + 22 \\
&= -53
\end{aligned}$$

3.3.10. Propiedades

Algunas propiedades de los determinantes que es útil tener presente:

i.   Si una matriz tiene una fila nula, su determinante es cero.

ii.   Si en una matriz se intercambian dos filas su determinante cambia de signo.

iii.   Si una fila de una matriz es combinación lineal de las restantes, su determinante es cero.

iv.   Si A es una matriz $n\times n$, entonces $\det(A^t)=\det(A)$, donde A^t denota la transpuesta de A.

v.   Si A y B son matrices $n\times n$, entonces $\det(AB)=\det(A)\det(B)$.

vi.   Una matriz cuadrada A es inversible si, y sólo si $\det(A)\neq 0$.

Observación 1. Es sumamente instructivo que el lector verifique las propiedades i. a vi. en el caso de una matriz 2×2.

Ejercicios

Ejercicio 1

Calcular $A+B$, $3A$, $2A+3B$, siendo

$$A=\begin{bmatrix} 1 & 1 & 3 \\ 5 & -2 & 0 \end{bmatrix} \quad \text{y} \quad B=\begin{bmatrix} 3 & 0 & 1 \\ 0 & -1 & 4 \end{bmatrix}$$

Ejercicio 2

Con las matrices A y B del ejercicio anterior, determinar la matriz X tal que

$$5A + 3B - X = 0$$

Ejercicio 3

Dada la matriz

$$A = \begin{bmatrix} 1 & 2 & -5 & 7 \\ 3 & 0 & -1 & 1 \\ 0 & 6 & 0 & -2 \end{bmatrix}$$

Construya:

a. Una matriz B de dos filas haciendo combinaciones lineales de las filas de A con los escalares $-1, 1, 2$ para la primera, y con $-3, 2, 5$ para la segunda.

b. Una matriz C de tres columnas con los escalares $1, 1, -1, -1$ para la primera, $-2, 3, 2, 0$ para la segunda y $1+i, i, 3, -1$ para la tercera.

Ejercicio 4

Calcule los productos siguientes:

$$a) \quad \begin{bmatrix} 1 & 0 & 5 & -1 \\ 2 & 3 & -2 & 0 \end{bmatrix} \begin{bmatrix} 3 & 5 & -1 \\ 2 & 3 & 0 \\ -7 & 0 & 1 \\ 1 & 0 & -2 \end{bmatrix}$$

$$b) \quad AB \text{ y } BA \text{, donde } A = \begin{bmatrix} 1 \\ 0 \\ -1 \\ 2 \end{bmatrix} \text{ y } B = \begin{bmatrix} 5 & -3 & 4 & 1 \end{bmatrix}.$$

c) $\begin{bmatrix} -1 & 3 \\ 4 & 2 \end{bmatrix}\begin{bmatrix} 3 & 2+i & 5 \\ 1 & 1-i & 7 \end{bmatrix}$

d) $\begin{bmatrix} 1 & -3 \\ 2 & -6 \end{bmatrix}\begin{bmatrix} 3 & 12 \\ 1 & 4 \end{bmatrix}$

e) $\begin{bmatrix} \bar{2} & \bar{3} \\ \bar{5} & \bar{5} \\ \bar{7} & \bar{1} \end{bmatrix}\begin{bmatrix} \bar{6} & \bar{4} & \bar{2} & \bar{0} \\ \bar{8} & \bar{7} & \bar{9} & \overline{10} \end{bmatrix}$ en $\mathbb{Z}_{11}$

Ejercicio 5

Encuentre dos matrices 2×2 diferentes tales que $A^2 = 0$ y $A \neq 0$.

Ejercicio 6

Sean las matrices

$$A\begin{bmatrix} 2 & 1 & 5 \\ 3 & 0 & -1 \end{bmatrix}, \quad B = \begin{bmatrix} 1 & 0 \\ 4 & 2 \\ 1 & -3 \end{bmatrix} \quad \text{y} \quad C = \begin{bmatrix} 8 \\ -2 \end{bmatrix}$$

Verificar que $(AB)C = A(BC)$.

Ejercicio 7

Considerando las matrices

$$A = \begin{bmatrix} 1 & 0 \\ 3 & 2 \end{bmatrix}, \quad B = \begin{bmatrix} 2 & 1 & -1 \\ 3 & 0 & 1 \end{bmatrix}, \quad C = \begin{bmatrix} 0 & 2 & 1 \\ -4 & 1 & 5 \end{bmatrix} \quad \text{y} \quad D = \begin{bmatrix} 2 & 1 \\ 0 & 4 \\ 5 & 3 \end{bmatrix}$$

Verificar que $A(B+C) = AB + AC$ y $(B+C)D = BD + CD$

Ejercicio 8

Realizar los siguientes productos y extraer conclusiones.

    i) AB y BA siendo

$$A = \begin{bmatrix} 5 & 1 \\ 3 & 4 \end{bmatrix} \quad \text{y} \quad B = \begin{bmatrix} 1 & 2 \\ 3 & 5 \end{bmatrix}$$

    ii) AB donde

$$A = \begin{bmatrix} 1 & 1 & -1 \\ -2 & -2 & 2 \end{bmatrix} \quad \text{y} \quad B = \begin{bmatrix} 1 & 2 & 0 \\ 2 & 1 & 1 \\ 3 & 3 & 1 \end{bmatrix}$$

Ejercicio 9

Sean

$$A = \begin{bmatrix} 1 & 2 & 0 \\ 0 & 1 & 2 \end{bmatrix}, \quad B = \begin{bmatrix} 1 & 2 & 0 \\ 2 & 1 & 1 \\ 3 & 3 & 1 \end{bmatrix} \quad \text{y} \quad C = \begin{bmatrix} 0 & 1 & 1 \\ 2 & 3 & 0 \end{bmatrix}$$

    Verificar si $AB = CB$. ¿Que concluye de este resultado?

Ejercicio 10

Sea $A \in \mathbb{K}^{m \times n}$ y $B \in \mathbb{K}^{n \times p}$ con filas $B_1, \ldots, B_n$. Demostrar que las filas de AB son combinaciones lineales de las filas de B, esto es, si $(AB)_1, \ldots, (AB)_m$ son las filas de AB, entonces

$$(AB)_i = \sum_{k=1}^{n} A_{ik} B_k .$$

Ejercicio 11

Sea $A \in \mathbb{K}^{m \times n}$ con columnas $A^1, ..., A^n$ y $B \in \mathbb{K}^{n \times p}$. Demostrar que las columnas de AB son combinaciones lineales de las columnas de A, esto es, si $(AB)^1, ..., (AB)^p$ son las columnas de AB, entonces

$$(AB)^j = \sum_{k=1}^{n} B_{kj} A^k .$$

Ejercicio 12

Sea

$$A = \begin{bmatrix} 1 & 5 \\ 2 & -1 \\ -4 & 3 \end{bmatrix}$$

Se pide:

i) Construir una matriz C de dos filas que sean combinación lineal de las filas de A según los escalares $3, -1, 5$ para la primera y $2, 0, 3$ para la segunda.

ii) Construir una matriz D de dos columnas que sean combinación lineal de las columnas de A según los escalares: 4, 3 para la primera y 2, -5 para la segunda.

Ejercicio 13

Sea A una matriz con filas A_1, A_2, A_3 y B una matriz de filas B_1, B_2 tales que

$$B_1 = 3A_1 - A_2 + A_3 \quad y \quad B_2 = A_2 + 4A_3 .$$

Determinar una matriz C tal que $CA = B$.

Ejercicio 14.

Sean $A = (A^1, A^2, A^3)$ y $B = (B^1, B^2, B^3, 0)$. Si

$$B^1 = A^1 + 2A^2$$
$$B^2 = 5A^3$$
$$B^3 = -A^1 + 3A^2 + 4A^3$$

determine una matriz C tal que $AC = B$.

Ejercicio 15

Efectuar los siguientes productos:

a.
$$\begin{bmatrix} 1 & -2 & 3 \end{bmatrix} \begin{bmatrix} 3 \\ -5 \\ 0 \end{bmatrix}$$

b.
$$\begin{bmatrix} 3 \\ -5 \\ 0 \end{bmatrix} \begin{bmatrix} 1 & -2 & 3 \end{bmatrix}$$

c.
$$\begin{bmatrix} 4 & 3 \\ 3 & 5 \end{bmatrix} \begin{bmatrix} 2 & -6 \\ -1 & 3 \end{bmatrix}$$

d.
$$\begin{bmatrix} 2 & 1 & -3 \\ 0 & 1 & 1 \end{bmatrix} \begin{bmatrix} 1 & 0 & 2 & 1 \\ 5 & 4 & 3 & 6 \\ 3 & 1 & 0 & 4 \end{bmatrix}$$

Ejercicio 16

Expresar como producto de matrices:

a.
$$3 \begin{bmatrix} 1 \\ 2 \end{bmatrix} + 5 \begin{bmatrix} -3 \\ 1 \end{bmatrix} - 2 \begin{bmatrix} 4 \\ 3 \end{bmatrix}$$

b. $\qquad 4\begin{bmatrix}1 & 3 & 2\end{bmatrix}-5\begin{bmatrix}0 & 1 & 2\end{bmatrix}+6\begin{bmatrix}1 & -2 & 1\end{bmatrix}$

Ejercicio 17

Determinar las matrices elementales 3×3 y 4×4 (cuando ello sea posible) correspondientes a las siguientes operaciones elementales de filas indicadas a continuación.

a. $\qquad F_1 \leftrightarrow F_3$

b. $\qquad F_2 \leftrightarrow F_4$

c. $\qquad 3F_2$

d. $\qquad F_2 - 7F_1$

e. $\qquad F_3 + 4F_4$

.a $\qquad (-i)F_3$

Ejercicio 18

Dar la matriz elemental $E \in \mathbb{R}^{3\times3}$, correspondiente a cada una de las operaciones elementales de fila suguientes:

a. $\qquad F_1 - F_2$

.a $\qquad F_1 \leftrightarrow F_3$

.b $\qquad -5F_2$

Ejercicio 19

Si A es la matriz

Álgebra y Geometría

$$A = \begin{bmatrix} 1 & 2 \\ 0 & 3 \\ 2 & -1 \end{bmatrix}$$

verificar que en cada caso $e(A) = EA$.

Ejercicio 20

Considere la matriz

$$A = \begin{bmatrix} 2 & 1 \\ 0 & 3 \\ 1 & 2 \end{bmatrix}$$

En cada uno de los casos siguientes, dar la matriz elemental E tal que $EA = B$.

a.
$$B = \begin{bmatrix} 1 & 2 \\ 0 & 3 \\ 2 & 1 \end{bmatrix}$$

b.
$$B = \begin{bmatrix} 2 & 1 \\ 0 & 9 \\ 1 & 2 \end{bmatrix}$$

c.
$$B = \begin{bmatrix} 2 & 1 \\ 2 & 5 \\ 1 & 2 \end{bmatrix}$$

Ejercicio 21

Sea

$$A = \begin{bmatrix} 3 & -5 \\ 1 & 0 \\ 2 & 4 \end{bmatrix}$$

Para cada uno de los casos siguientes determine la matriz elemental E tal que

$a)\quad B = \begin{bmatrix} 2 & 4 \\ 1 & 0 \\ 3 & -5 \end{bmatrix}$

$b)\quad B = \begin{bmatrix} 3 & -5 \\ 7 & -10 \\ 2 & 4 \end{bmatrix}$

$c)\quad B = \begin{bmatrix} 3 & -5 \\ 1 & 0 \\ -6 & -12 \end{bmatrix}$

$d)\quad B = \begin{bmatrix} 8 & -5 \\ 1 & 0 \\ 2 & 4 \end{bmatrix}$

Ejercicio 22

En cada caso siguiente dar una matriz P tal que $PA = R$, donde R es la matriz escalón reducida por filas equivalente por filas a A. Expresar P como producto de matrices elementales.

$a)\quad A = \begin{bmatrix} 2 & 1 & 3 & -2 \\ 2 & -1 & 5 & 2 \\ 1 & 1 & 1 & 2 \end{bmatrix}$

$b)\quad A = \begin{bmatrix} 1 & 0 & 3 \\ 2 & 4 & 2 \\ 3 & 4 & 1 \end{bmatrix}$

$c)\quad A = \begin{bmatrix} 2 & 5 & 0 \\ -1 & 3 & 8 \end{bmatrix}$

$$d) \quad A = \begin{bmatrix} 3 & 2 & -1 & 2 \\ 5 & 6 & 8 & 0 \\ 1 & 5 & 3 & 2 \end{bmatrix}$$

Ejercicio 23

Verifique en cada caso si la matriz A es inversible, calculando A^{-1} cuando sea posible.

$$a) \quad A = \begin{bmatrix} -8 & 2 \\ 4 & -1 \end{bmatrix}$$

$$b) \quad A = \begin{bmatrix} 3 & 2 \\ -1 & 4 \end{bmatrix}$$

$$c) \quad A = \begin{bmatrix} 1 & -2 & 3 \\ 2 & 1 & 0 \\ 4 & 7 & 5 \end{bmatrix}$$

$$d) \quad A = \begin{bmatrix} -1 & 2 & 2 \\ 4 & -5 & 6 \\ -11 & 16 & -6 \end{bmatrix}$$

$$e) \quad A = \begin{bmatrix} 1 & 3 & 5 & 7 \\ 0 & 3 & 5 & 7 \\ 0 & 0 & 5 & 7 \\ 0 & 0 & 0 & 7 \end{bmatrix}$$

$$f) \quad A = \begin{bmatrix} 1 & \frac{1}{2} & \frac{1}{3} & \frac{1}{4} \\ \frac{1}{2} & \frac{1}{3} & \frac{1}{4} & \frac{1}{5} \\ \frac{1}{3} & \frac{1}{4} & \frac{1}{5} & \frac{1}{6} \\ \frac{1}{4} & \frac{1}{5} & \frac{1}{6} & \frac{1}{7} \end{bmatrix}$$

Ejercicio 24

Analizar si las siguientes matrices son inversibles. En caso afirmativo calcular la inversa.

$$a) \quad A = \begin{bmatrix} 3 & -2 & -1 \\ 1 & 0 & -1 \\ -1 & 2 & 3 \end{bmatrix}$$

$$b) \quad B = \begin{bmatrix} 4 & -2 & -2 \\ 1 & 0 & -1 \\ 3 & -2 & -1 \end{bmatrix}$$

$$c) \quad C = \begin{bmatrix} 1 & 2 & 2 \\ -1 & 3 & 0 \\ 0 & -2 & 1 \end{bmatrix}$$

Ejercicio 25

Sabiendo que A es inversible, determinar una matriz B tal que $AB = C$, donde

$$A = \begin{pmatrix} 2 & 3 & -1 \\ 0 & 3 & 0 \\ 0 & 3 & -1 \end{pmatrix} \quad \text{y} \quad C = \begin{pmatrix} 11 & 1 \\ 2 & 0 \\ 1 & 2 \end{pmatrix}$$

Ejercicio 26

Sean $A \in \mathbb{R}^{2 \times 1}$ y $B \in \mathbb{R}^{1 \times 2}$, dadas por $A = \begin{pmatrix} a_{11} \\ a_{21} \end{pmatrix}$ y $B = \begin{pmatrix} b_{11} & b_{12} \end{pmatrix}$. Demostrar que AB no es inversible.

Ejercicio 27

Calcular $(ABC)^{-1}$, donde

$$A = \begin{bmatrix} 1 & 2 \\ 1 & 3 \end{bmatrix}, \quad B^{-1} = \begin{bmatrix} 5 & 2 \\ 9 & 4 \end{bmatrix} \quad \text{y} \quad C = \begin{bmatrix} 2 & 3 \\ 3 & 5 \end{bmatrix}.$$

Ejercicio 28

Calcular las matrices A, B y $A+B$, sabiendo que

$$(A+B)^{-1} = \begin{bmatrix} 2 & 1 \\ 5 & 3 \end{bmatrix} \quad \text{y} \quad A-B = \begin{bmatrix} 5 & 8 \\ 3 & 5 \end{bmatrix}$$

Ejercicio 29

Sean A y B matrices tales que

$$(A+B)^{-1} = \begin{bmatrix} 3 & 5 \\ 4 & 7 \end{bmatrix} \quad \text{y} \quad A+3B = \begin{bmatrix} 2 & 5 \\ -3 & -8 \end{bmatrix}.$$

Calcular A y B.

Ejercicio 30

Dadas las matrices

$$A = \begin{bmatrix} 2 & 1 \\ 1 & 1 \end{bmatrix} \quad \text{y} \quad B = \begin{bmatrix} 3 & 1 \\ -1 & 0 \end{bmatrix}$$

calcular (si es posible) una matriz C tal que:

a) $(A+C)B = C(A+B)$

b) $3I_2 + 2C = AC + B$

c) $AC + 2B = C + 3ABC$

d) $AC - I_2 = AB$

Ejercicio 31

Muestre que la ecuación $x^2 - 5x + 4 = 0$ es satisfecha por cada una de las siguientes matrices:

a) I_2

b) $4I_2$

c) $\begin{bmatrix} 3 & -2 \\ -1 & 2 \end{bmatrix}$

Ejercicio 32

Muestre que $(A+B)(A-B) = A^2 - B^2$, si y sólo si, A y B conmutan.

Ejercicio 33

Si $A = \begin{bmatrix} 0 & 1 & 0 \\ 0 & 0 & 1 \\ 5 & 0 & 0 \end{bmatrix}$, muestre que $A^3 = 5I_3$. Calcule A^{28}.

Ejercicio 34

Muestre que A y B conmutan si y sólo si $A - cI_n$ y $B - cI_n$ conmutan para un cierto escalar c.

Ejercicio 35

Dada una matriz $A \in \mathbb{K}^{m\times n}$, podemos obtener a partir de A una nueva matriz $n\times m$, llamada **transpuesta** de A, intercambiando la posición de sus filas y columnas. Denotaremos la transpuesta de A por A^t. La primer columna de A^t es la primer fila de A, la segunda columna de A^t es la segunda fila de A y así sucesivamente. En forma simbólica

$$A_{ij}^{t} = A_{ji}$$

Demostrar lo siguiente:

a) $(A^{t})^{t} = A$

b) $(A + B)^{t} = A^{t} + B^{t}$

c) $(cA)^{t} = cA^{t}$

d) $(AB)^{t} = B^{t}A^{t}$

e) $(A_1 A_2 \cdots A_k)^{t} = A_k^{t} A_{k-1}^{t} \cdots A_2^{t} A_1^{t}$

f) $(A^{-1})^{t} = (A^{t})^{-1}$

Ejercicio 36

Una matriz cuadrada A se denomina simétrica si $A = A^{t}$ y se llama antisimétrica si $A^{t} = -A$. Demostrar los hechos siguientes:

a) Si A es simétrica, entonces cA es simétrica para todo escalar c.

b) Si A es simétrica, entonces $AA^{t} = A^{t}A$.

c) Si A es simétrica, entonces A^{2} es simétrica. (Obtener alguna conclusión).

d) Sea $A \in \mathbb{K}^{m \times n}$. Entonces AA^{t} y $A^{t}A$ son matrices simétricas.

e) Sea A una matriz cuadrada, entonces A puede escribirse de manera única como $A = B + C$, donde B es simétrica y C antisimétrica.

   a. Si A conmuta con B, demuestre que A^{t} conmuta con B^{t}.

   b. Dadas las matrices $A, B \in \mathbb{K}^{n \times n}$ demostrar que:

(a) AB puede no ser simétrica.

(b) Demuestre que si A y B son simétricas y si $AB = BA$, entonces AB es simétrica.

Ejercicio 37.

Calcule los determinantes siguientes

a) $\quad \det \begin{bmatrix} 2 & 5 \\ 11 & 13 \end{bmatrix}$

b) $\quad \det \begin{bmatrix} 3 & 1 & 2 \\ 0 & 2 & 7 \\ 1 & -1 & 5 \end{bmatrix}$

c) $\quad \det \begin{bmatrix} 2 & 8 & 0 & 3 \\ 1 & -5 & 7 & 2 \\ 0 & 9 & 11 & 1 \\ 1 & 1 & -1 & 4 \end{bmatrix}$

Ejercicio 38

Sea :

$$\begin{vmatrix} a & b & c \\ d & e & f \\ g & h & i \end{vmatrix} = 5$$

Calcular :

a) $\begin{vmatrix} d & e & f \\ g & h & i \\ a & b & c \end{vmatrix}$
b) $\begin{vmatrix} -a & -b & -c \\ 2d & 2e & 2f \\ -g & -h & -i \end{vmatrix}$

Ejercicio 39

Verifique que cada una de las siguientes reglas de asignación <u>no</u> define una función determinante e indique qué propiedades no se cumplen.

a) $f\left(\begin{bmatrix} a & b \\ c & d \end{bmatrix}\right) = a$
b) $f\left(\begin{bmatrix} a & b \\ c & d \end{bmatrix}\right) = a.d$
c) $f\left(\begin{bmatrix} a & b \\ c & d \end{bmatrix}\right) = a.d + b.c$

Ejercicio 40

Encuentre los valore de λ para los cuales: $\det(A) = 0$.

a) $A = \begin{bmatrix} \lambda - 1 & -2 \\ 1 & \lambda - 4 \end{bmatrix}$
b) $A = \begin{bmatrix} \lambda - 6 & 0 & 0 \\ 0 & \lambda & -1 \\ 0 & 4 & \lambda - 4 \end{bmatrix}$

Ejercicio 41

Determine el valor (ó valores) de "k" para que la matriz A *no sea inversible*.

a) $A = \begin{bmatrix} 1 & 2 & 4 \\ 3 & 1 & 6 \\ k & 3 & 2 \end{bmatrix}$
b) $A = \begin{bmatrix} k & -2 \\ -2 & k \end{bmatrix}$

Ejercicio 42

Sea $A \in \mathbb{R}^{3 \times 3}$, con $\det(A) = 5$.

Calcular $\det(3A)$; $\det(A^{-1})$; $\det(2A^{-1})$; $\det((2A)^{-1})$

4

Álgebra Vectorial

4.1. Segmentos dirigidos-Vectores libres

4.1.1. Introducción

Magnitud física es toda propiedad de los cuerpos susceptible de ser medida.

Magnitudes físicas escalares son las que se definen mediante una medida: un número real y una unidad. La temperatura y la masa de un cuerpo son magnitudes escalares.

Las magnitudes físicas que no se pueden definir con sólo una medida, o **módulo**, sino que requieren además, la indicación de una **dirección** y un **sentido**, se denominan **Magnitudes físicas vectoriales**, o simplemente **vectores.** Una fuerza aplicada sobre un cuerpo, la velocidad y la aceleración de un móvil, son vectores.

La **dirección** está dada por una recta, de manera tal que todas las rectas paralelas tienen la misma dirección. Obviamente, rectas no paralelas, tienen direcciones diferentes.

Cada dirección tiene dos **sentidos**, determinados por las dos posibles orientaciones del movimiento de un punto sobre la recta correspondiente.

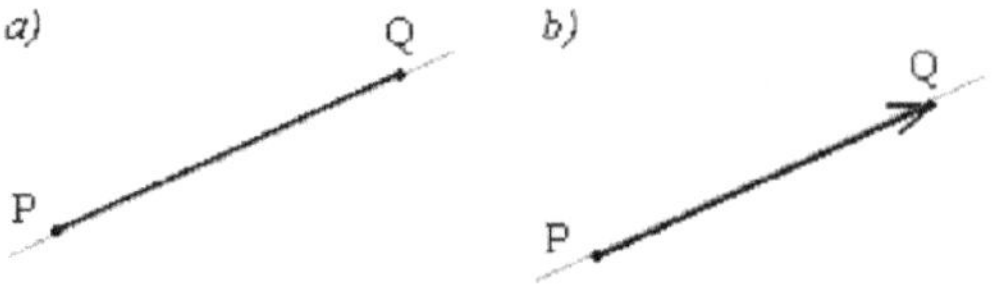

Figura 4.1

Un par de puntos (del plano o del espacio) no coincidentes, tales como **P** y **Q**, definen un segmento de recta; pero si estos puntos se dan en un orden determinado, definen entonces lo que se llama un **segmento orientado de recta** (o segmento dirigido), que se puede graficar mediante una *flecha* (motivo por el cual algunos lo denominan también con este nombre), que comienza en el primer punto, llamado **origen** del segmento orientado y termina en el segundo, denominado por esta causa **extremo** del segmento dirigido; lo denotaremos usualmente en la forma $\overrightarrow{PQ}$.

Cuando el origen y el extremo coinciden, esto es, si $P = Q$, se tiene un **segmento orientado nulo**.

La **longitud** del segmento orientado $\overrightarrow{PQ}$ es la del segmento de recta comprendido entre P y Q.

Todos los segmentos orientados situados sobre rectas paralelas, tienen la misma **dirección**, y diremos que son **paralelos**.

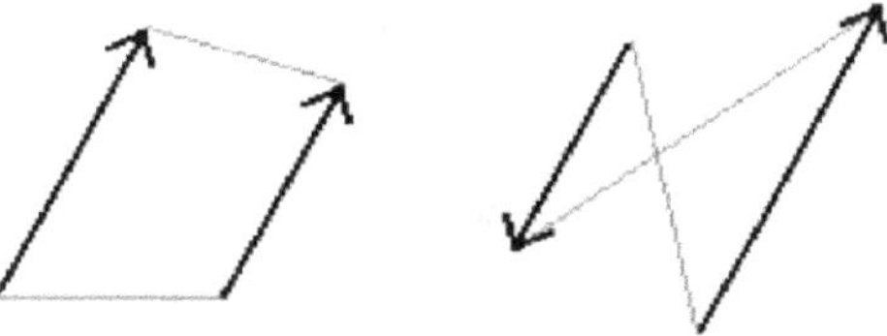

Figura 4.2

Si las rectas que unen los respectivos orígenes y extremos de dos segmentos dirigidos paralelos, no se cortan en el interior del paralelogramo definido por esos cuatro puntos, dichos segmentos orientados tienen el mismo **sentido**; en caso contrario diremos que tienen **sentidos opuestos**.

Definición. Dos segmentos dirigidos no nulos son **equipolentes**, si tienen la misma longitud, dirección y sentido.

Los segmentos orientados nulos, son equipolentes entre sí.

En realidad, un segmento dirigido nulo es paralelo a cualquier segmento orientado, por ello no es conveniente hablar del **sentido** de una flecha nula.

Si $\overrightarrow{PQ}$ y $\overrightarrow{RS}$ son equipolentes, escribiremos $\overrightarrow{PQ} \sim \overrightarrow{RS}$.

La equipolencia de segmentos orientados, es una **relación de equivalencia** y por lo tanto, cumple con las siguientes propiedades:

1) $\overrightarrow{PQ} \sim \overrightarrow{PQ}$ (Reflexividad)

2) $\overrightarrow{PQ} \sim \overrightarrow{RS} \Rightarrow \overrightarrow{RS} \sim \overrightarrow{PQ}$ (Simetría)

3) $\overrightarrow{PQ} \sim \overrightarrow{RS}$ y $\overrightarrow{RS} \sim \overrightarrow{AB} \Rightarrow \overrightarrow{PQ} \sim \overrightarrow{AB}$ (Transitividad)

La equipolencia entre dos flechas se caracteriza, desde el punto de vista geométrico, por el hecho de que, al unir los respectivos orígenes y extremos, queda determinado un paralelogramo. (Figura 4.2).

Para lograr una caracterización numérica de la equipolencia, introducimos en el plano, o el espacio según corresponda, un sistema de coordenadas.

Para fijar ideas, trabajaremos sobre el plano (Figura 4.3), quedando como ejercitación para el alumno, realizar un trabajo análogo en el espacio.

Observamos que para construir la flecha $\overrightarrow{PQ}$, se nos debe indicar el punto donde comenzar a dibujarla, $P = (p_1, p_2)$ y luego otro donde terminarla, $Q = (q_1, q_2)$; o bien, a partir del punto dato P, indicarnos cuantas unidades, $(q_1 - p_1 = m)$ nos debemos desplazar horizontalmente a partir de P y a continuación cuantas unidades $(q_2 - p_2 = n)$ verticalmente, para llegar al punto donde dibujamos el extremo final.

No cuesta convencerse que, si por cualquier punto R del plano se comienza el dibujo

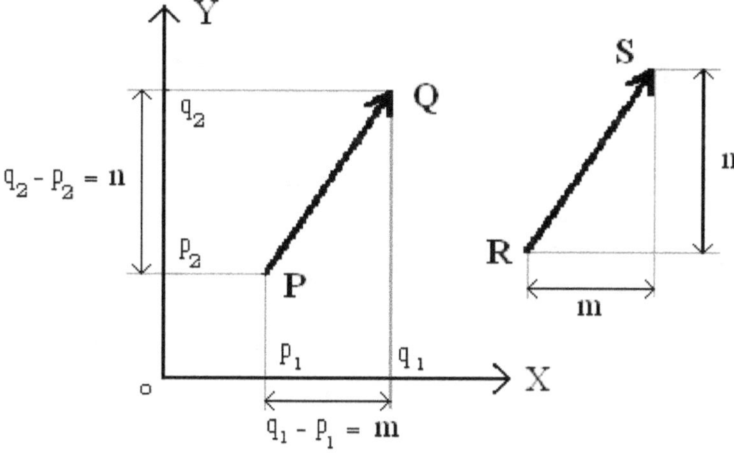

Figura 4.3

de una flecha y se utiliza el par ordenado de números (m,n) en el sentido explicado para encontrar donde dibujar el extremo final de ella **S**, la flecha $\overline{RS}$, así construída, resulta equipolente a la $\overrightarrow{PQ}$.

Los números m y n, se denominan **números de dirección** del segmento dirigido $\overrightarrow{PQ}$. Se ve sin dificultad que m y n son también los números de dirección de $\overline{RS}$.

En general, por cada punto del plano es posible dibujar un segmento dirigido cuyos números de dirección sean el par (m,n), y todas estas flechas resultan equipolentes entre sí.

Este conjunto de flechas, recibe el nombre de **vector libre** o **vector geometrico** (del plano).

Lo dicho hasta aquí, vale también cuando se trabaja en el espacio; es evidente que, en este caso, los números de dirección son tres; resultando siempre posible dibujar, por cada punto del espacio, una flecha cuyos números de dirección sean las componentes de la terna ordenada (m,n,r). Todas ellas, como consecuencia de la forma de construírlas, serán equipolentes entre sí y, consideradas en conjunto, reciben el nombre de **vector libre** o **vector geometrico** (del espacio).

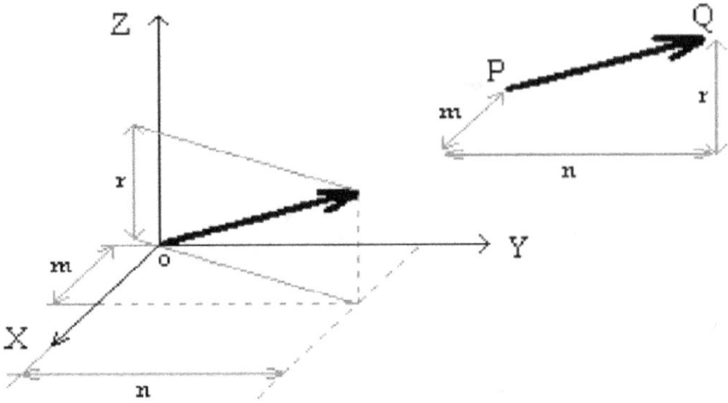

Figura 4.4

En general utilizaremos, para designar vectores libres, las letras u, v, w, etc.

Definición

Se llama **vector libre o vector geométrico** (del plano o del espacio, según el caso), asociado al segmento dirigido $\overrightarrow{PQ}$, al conjunto de todos los segmentos orientados equipolentes a $\overrightarrow{PQ}$.

$$u = \left\{ \overrightarrow{RS} \;\middle|\; \overrightarrow{RS} \sim \overrightarrow{PQ} \right\}$$

Cada segmento dirigido del conjunto es un **representante** del vector geométrico. Cuando se pretende visualizar un vector libre, se dibuja algún segmento orientado, representante del mismo.

Se define como **longitud** (o módulo) de un vector libre, a la longitud de uno cualquiera de sus representantes. Si u es un vector geométrico y $\overrightarrow{PQ} \in u$, entonces $\|u\| = \|\overrightarrow{PQ}\|$.

Debe quedar claro que, la longitud de un vector libre, es un número real no negativo. Si los puntos P y Q que definen un representante de u, coinciden, diremos que u es el vector cero y lo denotaremos $\mathbf{0}$ para no confundirlo con el número "0". Todos los representantes de este vector, son segmentos orientados nulos, luego $\|\mathbf{0}\| = 0$.

La **dirección** y **sentido** de un vector geométrico, están dados por la dirección y sentido de sus representantes.

Si u y v son vectores libres y $\overrightarrow{PQ}$ y $\overrightarrow{RS}$ respectivos representantes de ellos, diremos que u y v tienen **igual dirección**, si las direcciones de $\overrightarrow{PQ}$ y $\overrightarrow{RS}$ son iguales. Los vectores que tienen igual dirección, se llaman **colineales** o **paralelos**.

Si u y v son vectores colineales y $\overrightarrow{PQ}$ y $\overrightarrow{RS}$ respectivos representantes de ambos, u y v tienen **igual sentido** si $\overrightarrow{PQ}$ y $\overrightarrow{RS}$ son de igual sentido.

Tres vectores u, v y w se dicen **coplanares**, si sus representantes con igual origen pertenecen a un mismo plano.

Observaciones

- El vector nulo es paralelo a cualquier vector.

- El vector nulo, con cualquier par de vectores, forma un sistema de vectores coplanares.

Como todos los segmentos dirigidos del conjunto que define un vector libre tienen los mismos números de dirección, este hecho, permite identificar al vector libre, con esos números, que son un par o terna ordenada, según corresponda, y en consecuencia, elementos de R^2 ó R^3.

De esta manera queda establecida una correspondencia biunívoca entre los conjuntos de vectores libres del plano (o el espacio) y R^2 (ó R^3) respectivamente.

En efecto, fijado un vector u en el plano, en algún sistema de coordenadas elegido, estará representado por un segmento orientado cuyos números de dirección se pueden calcular; en consecuencia, el vector u, determina en forma única un par ordenado de números reales. Inversamente, fijado un par ordenado de números reales, a condición de pensarlos como números de dirección de segmentos dirigidos, es posible dibujar alguno de ellos, que a su vez, es un representante de un único vector libre; de modo que cada par ordenado determina en forma única un vector geométrico.

Si u es un vector libre del plano y (a, b) son los números de dirección de cualquiera de sus representantes, escribimos:

$$u = (a,b)$$

En forma similar, si v es un vector geométrico del espacio y sus representantes tienen números de dirección (a, b, c), se tiene:

$$v = (a,b,c)$$

De acuerdo a lo dicho, podemos hablar, por ejemplo de los vectores libres:

$$v = (3, -2), \quad u = (-5, -4), w = (1, 3)$$

o bien:

$$v' = (1,0,5) \ , \quad u' = (-3,2,4) \ , \quad w' = (1,-1,2)$$

Observación

Cuando se identifica un vector geométrico con el par o terna ordenada, según el caso, de los números de dirección de sus representantes, entonces las coordenadas de ese par o terna ordenada, se denominan **componentes** del vector.

Debe tenerse en cuenta que, de acuerdo a lo visto al comienzo del capítulo, al fijarse un sistema de coordenadas, queda establecida una correspondencia biunívoca entre los puntos del plano (o del espacio) y los pares (o ternas) ordenados de números reales.

Luego, un par (o terna) ordenado, puede ser pensado como las coordenadas de un punto del plano (o del espacio), o bien como los números de dirección de los segmentos dirigidos que representan un vector del plano (o del espacio).

Dado un vector u, si se elige un sistema de coordenadas, es posible visualizarlo por medio de alguno de sus representantes; este representante del vector, a su vez, permite calcular sus números de dirección, y con estos últimos, podemos ubicar en nuestro sistema el único punto que tiene por coordenadas esos números.

No cuesta darse cuenta que, si se elige como representante del vector u, el segmento orientado que comienza en el origen del sistema, el extremo del mismo es un punto cuyas coordenadas son justamente los números de dirección.

Por ello, para visualizar el punto "P", asociado a un vector libre "u", se dibuja un representante de u que comience en el origen del sistema, su extremo señala el punto "P". Recíprocamente, dado un punto "P", puede inmediatamente visualizarse el vector libre asociado (o identificado) con ese punto, a través del representante del mismo que comienza en el origen del sistema y tiene su extremo en el punto "P".

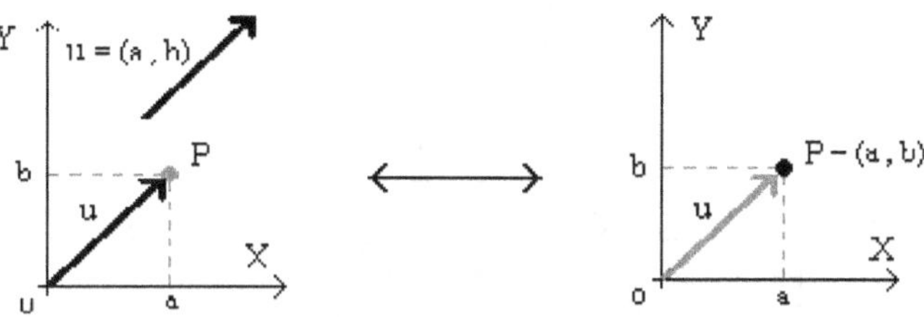

Figura 4.5

La correspondencia entre puntos y vectores libres, sugiere la posibilidad de aplicar el último concepto a la Geometría, lo que, como veremos posteriormente, nos provee de un método sumamente simple y efectivo para tratar muchos problemas geométricos.

Esto requiere, sin embargo, la previa introducción de ciertas operaciones en los conjuntos analizados que definiremos a continuación.

4.2. Operaciones con vectores libres

4.2.1. Suma de vectores libres - Definicion

Sean u y v dos vectores libres; $\overrightarrow{PQ}$ y $\overrightarrow{QS}$ representantes respectivos de ambos vectores. El segmento orientado $\overrightarrow{PS}$ es un representante de un único vector w denominado "suma de los vectores u y v", denotándose: $\overrightarrow{PS} = \overrightarrow{PQ} + \overrightarrow{QS}$ y correspondientemente: $w = u + v$.

En la Fig. 4.6 se puede apreciar que, si se realiza la misma construcción a partir del punto P', se tienen las siguientes equivalencias lógicas:

$$\left.\begin{array}{l} \overrightarrow{PQ} \sim \overrightarrow{P'Q'} \;\Leftrightarrow\; \overrightarrow{PP'} \sim \overrightarrow{QQ'} \\[4pt] \text{además}\;\; \overrightarrow{QS} \sim \overrightarrow{Q'S'} \;\Leftrightarrow\; \overrightarrow{QQ'} \sim \overrightarrow{SS'} \end{array}\right\} \;\Rightarrow\; \overrightarrow{PP'} \sim \overrightarrow{SS'} \;\Leftrightarrow\; \overrightarrow{PS} \sim \overrightarrow{P'S'}$$

lo que pone en evidencia la unicidad del resultado.

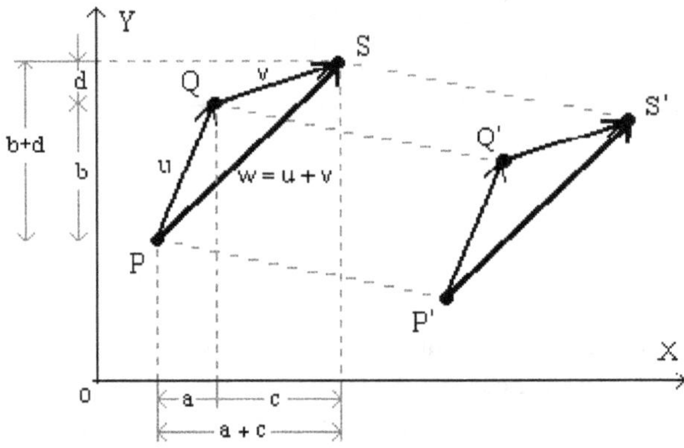

Figura 4.6

Por otra parte, es posible también definir una operación de suma sobre R^2, a saber:

Sean $(a,b),(c,d)\in \mathbb{R}^2$, entonces $(a,b)+(c,d)=(a+c,b+d)$.

La figura anterior pone en evidencia la correspondencia que existe entre ambas operaciones.

Para el caso del espacio, la manera de trabajar es análoga; definiéndose la operación de suma, sobre el conjunto de ternas ordenadas de números reales (R^3), en forma natural, es decir, si $(a,b,c),(d,e,f)\in \mathbb{R}^3$, entonces $(a,b,c)+(d,e,f)=(a+d,b+e,c+f)$.

4.2.2. Multiplicación de un vector geométrico por un escalar

Sea el vector no nulo $\boldsymbol{u}$, y $k\neq 0$ un número real.

El producto del número real k por el vector u, es un nuevo vector, llamado *múltiplo escalar* del vector u por el número real k, que se denota ku y cumple las siguientes condiciones:

i) u y ku son vectores colineales (o paralelos)

ii) $\|ku\| = |k|\|u\|$

iii) ku tiene el mismo sentido que u si $k > 0$, en tanto que tendrá sentido opuesto al de u, si $k < 0$.

Nota:

Convenimos en que el producto de cualquier vector u por el número real cero, da como resultado el vector nulo; esto es: $0.u \equiv 0$

Por otra parte, si fuera $u = 0$, el punto ii) de la definición implica que $k0$ debe tener longitud cero.

Luego, para cualquier escalar k. Se cumple $k0 = 0$.

Para dibujar un representante de $v = ku$, se puede proceder de la siguiente manera:

i)   Sobre una recta que tenga la dirección de u, dibujar un representante de u.

ii)   El comienzo y extremo de este representante de u, determina sobre la recta un par de puntos, que asociados respectivamente al "0" y el "1", definen una escala sobre esa recta. De acuerdo a esta escala, se tendrá sobre la misma, el punto cuya abcisa es "k".

iii)   El segmento orientado que comienza en el punto asociado al cero de la escala y termina en el punto de abcisa "k" es un representante del vector libre v. (Ver Fig.4.7)

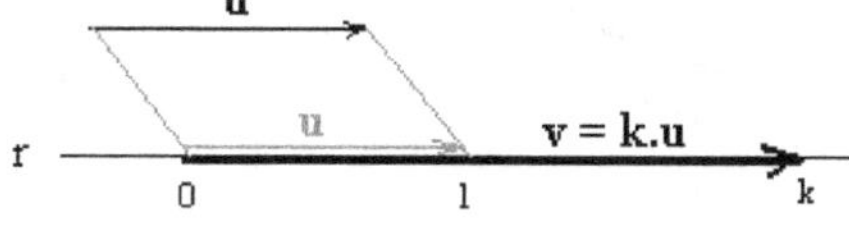

Figura 4.7

4.2.3. Teorema

Cualesquiera sean los vectores geométricos "*u*", "*v*" y "*w*" y para todos los escalares k, k' se cumple:

A1)   Asociatividad: $\qquad\qquad\qquad\qquad\qquad\qquad$ $\boldsymbol{u} + (\boldsymbol{v} + \boldsymbol{w}) = (\boldsymbol{u} + \boldsymbol{v}) + \boldsymbol{w}$

A2)   Conmutatividad: $\qquad\qquad\qquad\qquad\qquad\qquad$ $\boldsymbol{u} + \boldsymbol{v} = \boldsymbol{v} + \boldsymbol{u}$

A3)   Existencia de elemento neutro (**0**) tal que: $\qquad\qquad$ $\boldsymbol{u} + \boldsymbol{0} = \boldsymbol{0} + \boldsymbol{u} = \boldsymbol{u}$

A4)   Para todo vector **u**, existe el inverso aditivo (llamado *opuesto* y denotado "**−u**") tal

que: $\qquad\qquad\qquad\qquad\qquad\qquad\qquad\qquad$ $-\boldsymbol{u} + \boldsymbol{u} = \boldsymbol{0}$

M1)   Distributividad respecto de la suma de vectores: $\qquad$ $k(\boldsymbol{u} + \boldsymbol{v}) \;=\; k\boldsymbol{u} + k\boldsymbol{v}$

M2)   Distributividad respecto de la suma de escalares: $\qquad$ $(k + k')\boldsymbol{u} \;=\; k\boldsymbol{u} + k'\boldsymbol{u}$

M3)   Homogeneidad: $\qquad\qquad\qquad\qquad\qquad$ $(k.k')\boldsymbol{u} \;=\; k(k'\boldsymbol{u}) \;=\; k'(k\boldsymbol{u})$

M4)   El número real "1" es la identidad multiplicativa: $\qquad$ $1\boldsymbol{u} = \boldsymbol{u}$

Demostración

A1)   Dibujamos los representantes de **u**, **v** y **w** como se muestra en la Fig. 4.8

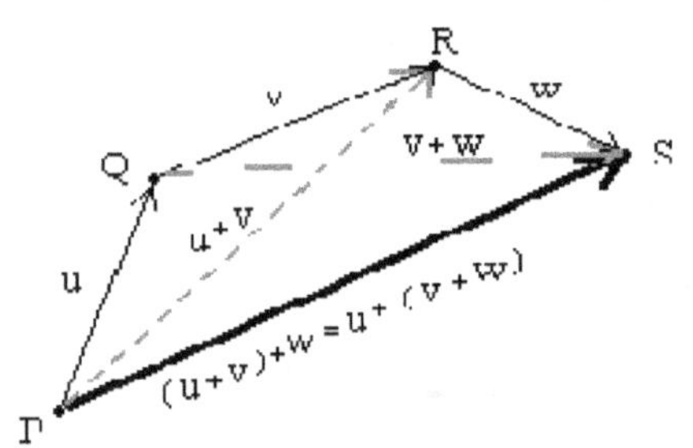

Figura 4.8

Está a la vista que, el segmento oirentado $\overrightarrow{PS}$, puede pensarse como representante del vector "$u + (v + w)$" ó bien del "$(u + v) + w$" ya que:

$$\overrightarrow{PS} = \begin{cases} \overrightarrow{PQ} + \overrightarrow{QS} = \overrightarrow{PQ} + \left(\overrightarrow{QR} + \overrightarrow{RS}\right) \\ \overrightarrow{PR} + \overrightarrow{RS} = \left(\overrightarrow{PQ} + \overrightarrow{QR}\right) + \overrightarrow{RS} \end{cases}$$

con lo cual queda justificada la asociatividad.

A2)   Sean los vectores geométricos u y v.

Dibujando a partir de un punto cualquiera P, un representante de u y por el extremo de éste uno de v, se obtiene (ver **Fig. 4.8**), según las leyes de la suma, un segmento dirigido $\overrightarrow{PR}$, representante de "$u + v$"

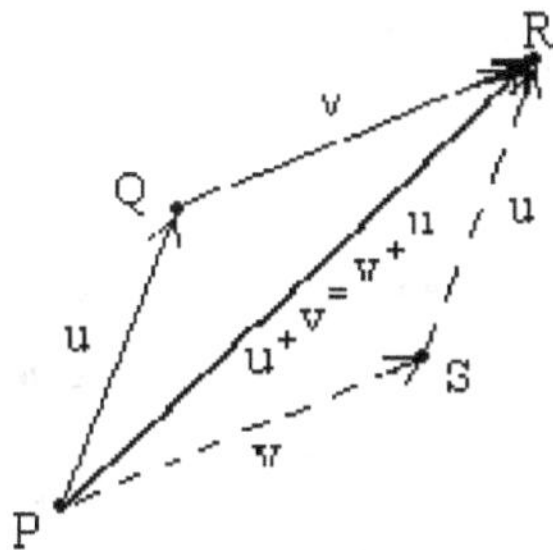

Figura 4.9

Si a continuación, a partir del mismo punto P, se dibuja el segmento orientado $\overrightarrow{PS}$, éste resulta equipolente al $\overrightarrow{QR}$ por ser ambos representantes del mismo vector v ; por la misma razón, se tendrá $\overrightarrow{PQ} \sim \overrightarrow{SR}$ y en consecuencia:

$$\overrightarrow{PR} = \begin{cases} \overrightarrow{PQ} + \overrightarrow{QR} \\ \overrightarrow{PS} + \overrightarrow{SR} \end{cases}$$

En conclusión, $\overrightarrow{PR}$ es simultáneamente, un representante de "$u + v$" y de "$v + u$" y por lo tanto ambos, son el mismo vector.

A3)   Surge como consecuencia inmediata de las definiciones de las operaciones.

A4)   Consideremos el segmento orientado $\overrightarrow{PQ}$, representante del vector geométrico u.

Figura 4.10

El segmento orientado $\overrightarrow{QP}$ (ver *Fig.* 4.10), evidentemente es paralelo y de sentido opuesto al anterior, motivo por el cual resulta natural llamar *opuesto de u* y denotarlo "$-u$", al vector representado por él.

Luego "$u + (-u)$" es representado por $\overrightarrow{PQ} + \overrightarrow{QP} = \overrightarrow{PP}$, lo que implica $u + (-u) = \mathbf{o}$

M1) Sean los vectores u y v representados respectivamente por los segmentos orientados $\overrightarrow{PQ}$ y $\overrightarrow{QR}$, siendo por lo tanto $\overrightarrow{PR}$ un representante de "$u + v$".

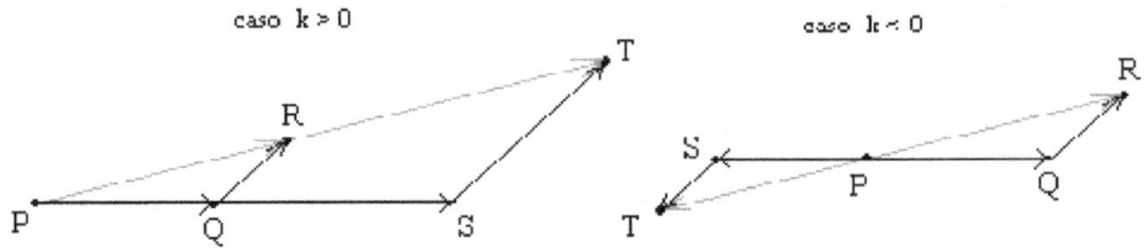

Figura 4.11

Consideramos el punto S tal que:

$$\overrightarrow{PS} = k\,\overrightarrow{PQ}$$

y el T de modo que:

$$\overrightarrow{ST} = k\,\overrightarrow{QR}$$

Por semejanza de triángulos se tiene:

$$\frac{\left\|\overrightarrow{PS}\right\|}{\left\|\overrightarrow{PQ}\right\|} = \frac{\left\|\overrightarrow{PT}\right\|}{\left\|\overrightarrow{PR}\right\|} = \frac{\left\|\overrightarrow{ST}\right\|}{\left\|\overrightarrow{QR}\right\|} = \mid k \mid$$

De aquí se deduce:

$$\overrightarrow{PS} + \overrightarrow{ST} = k\,\overrightarrow{PQ} + k\,\overrightarrow{QR} = \overrightarrow{PT} = k\,\overrightarrow{PR} = k\left(\overrightarrow{PQ} + \overrightarrow{QR}\right)$$

Donde se pone a la vista que $\overrightarrow{PT}$ representa tanto al vector "k(u+v)", como al "ku+kv", siendo ambos, en consecuencia, iguales.

Quedan como ejercicio para el alumno las restantes demostraciones.

Nota 1

Para cualesquiera vectores geométricos u y v, se cumple:

$$\left\|u + v\right\| \leq \left\|u\right\| + \left\|v\right\|$$

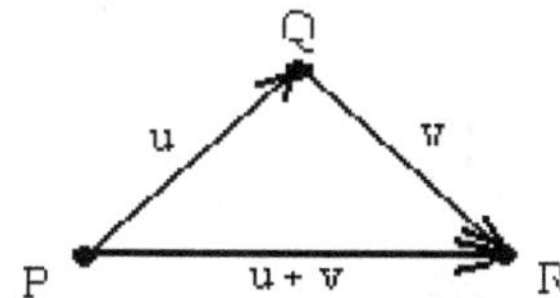

Figura 4.12

Este resultado es una consecuencia inmediata del hecho conocido de que un segmento de recta es la menor distancia entre dos puntos (desigualdad del triángulo).

Nota 2

Para cualesquiera vectores libres u y v, se cumple:

$$\left\| u - v \right\| \geq \left\| \left\| u \right\| - \left\| v \right\| \right\|$$

En efecto:

$$\left\| u \right\| = \left\| u + (-v + v) \right\| = \left\| (u - v) + v \right\|$$

Según desigualdad del triángulo:

$$\left\| (u - v) + v \right\| \leq \left\| u - v \right\| + \left\| v \right\|$$

Por lo tanto:

$$\left\| u - v \right\| + \left\| v \right\| \geq \left\| u \right\|$$

finalmente:

$$\left\| u - v \right\| \geq \left\| u \right\| - \left\| v \right\|$$

Si $\left\| u \right\| \geq \left\| v \right\|$, se cumple que

$$\left\| u \right\| - \left\| v \right\| = \left\| \left\| u \right\| - \left\| v \right\| \right\|$$

Si $\left\| u \right\| \leq \left\| v \right\|$, en el análisis anterior sólo es necesario cambiar los roles de u y v.

4.2.4. Suma de pares y ternas ordenadas

Sobre los conjuntos $\mathbb{R}^2$ y $\mathbb{R}^3$, se define la operación de suma de manera natural, esto es, si $(a,b),(c,d)\in\mathbb{R}^2$, entonces $(a,b)+(c,d)=(a+c,b+d)$ y en forma similar, si $(a,b,c),(d,e,f)\in\mathbb{R}^3$, entonces $(a,b,c)+(d,e,f)=(a+d,b+e,c+f)$

4.2.5. Multiplicación de un par o terna ordenada por un escalar

También en los conjuntos antedichos, se define la operación de multiplicar por un escalar, si $(a,b)\in\mathbb{R}^3$ y $k\in\mathbb{R}$, entonces $k(a,b)=(ka,kb)$ y si $(a,b,c)\in\mathbb{R}^3$ y $k\in\mathbb{R}$, entonces $k(a,b,c)=(ka,kb,kc)$.

Las propiedades de la suma y multiplicación de números reales (o en forma más general, de elementos de un Cuerpo), garantiza que, en ambos conjuntos, se cumplen las siguientes propiedades:

1)   La suma es asociativa.

2)   La suma es conmutativa.

3)   Existe elemento neutro para la operación (par y terna nula respectivamente).

4)   Para todo elemento existe el opuesto.

5)   La multiplicación por escalar distribuye sobre la suma de pares o ternas ordenadas.

6)   La multiplicación de un par ordenado por escalar distribuye sobre la suma de números reales (escalares).

7)   Asociatividad de escalares en la multiplicación por escalar.

8) $1 \in \mathsf{R}$ es la *identidad multiplicativa*.

Haremos un desarrollo demostrativo para dos propiedades, quedando el resto como ejercicio para el alumno.

En $\mathbb{R}^2$ la suma es conmutativa: sean $(a,b),(c,d)\in\mathbb{R}^2$, entonces

$$(a,b)+(c,d)=(a+c,b+d)$$
$$=(c+a,d+b)$$
$$=(c,d)+(a,b).$$

La observación de las Fig. 4.6 y 4.7, pone en evidencia la correspondencia entre las operaciones definidas, por un lado, en el conjunto de los vectores libres del plano (o del espacio), y por otro, sobre el conjunto de los pares (o ternas) ordenados de números reales. Este hecho, más la identificación que hemos justificado puede hacerse, entre vectores geométricos y pares o ternas ordenadas, según corresponda, nos habilita para, en lo que sigue y cuando así convenga, trabajar analíticamente en $\mathbb{R}^2$ ó $\mathbb{R}^3$, sabiendo que las conclusiones las podremos aplicar a vectores libres del plano o el espacio.

4.2.6. Producto punto

4.2.7.a. Longitud de un vector

La longitud de un vector $\boldsymbol{u}$, también llamada **módulo** o **norma,** y la denotartemos $\|\boldsymbol{u}\|$, es la distancia desde el origen al extremo de cualquiera de los segmentos dirigidos que lo representan; en particular, tomando aquel que comienza en el origen, se tiene (Figura 4.13):

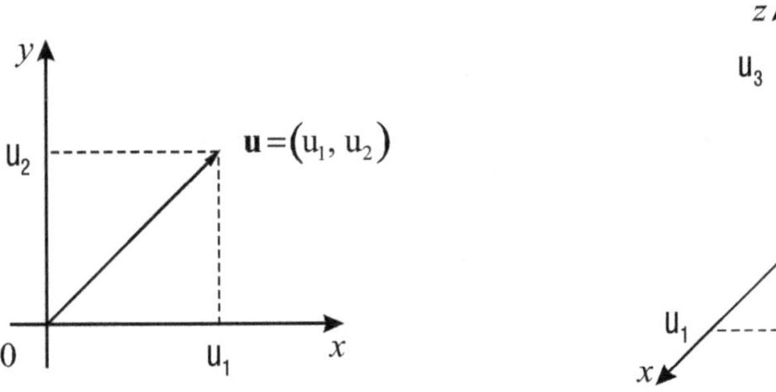

Figura 4.13

En $\mathbb{R}^2$: $\boldsymbol{u}=(u_1,u_2) \Rightarrow \|\boldsymbol{u}\|=\sqrt{u_1^2+u_2^2}$

En $\mathbb{R}^3$: $u = (u_1, u_2, u_3) \implies \|u\| = \sqrt{u_1^2 + u_2^2 + u_3^2}$

4.2.7.b. Ángulo entre vectores

Si u y v son dos vectores no nulos, es posible representarlos por segmentos dirigidos con origen en un mismo punto.

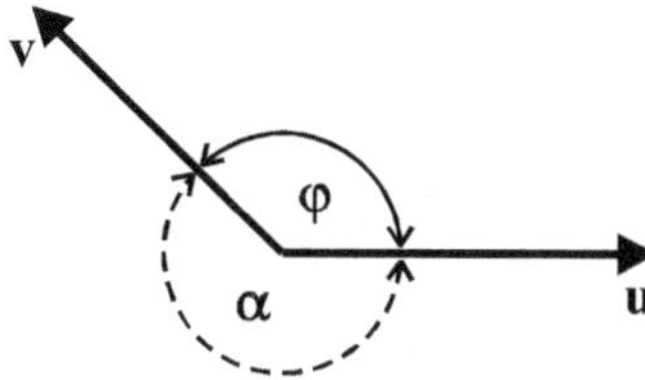

Figura 4.14

Como puede apreciarse en la **Figura 4.14**, quedan determinados dos ángulos (φ y α); para evitar indeterminaciones, convenimos en definir como "ángulo entre los vectores u y v", al que no es mayor que π, y lo denotamos $\mathrm{ang}(u, v)$.

4.2.8. Producto punto

Sean: $u = (u_1, u_2)$ y $v = (v_1, v_2)$ vectores de $\mathbb{R}^2$.

Se llama **producto punto** o *"producto escalar"* de los vectores u y v al número real:

$$u \cdot v = \begin{cases} \|u\|\|uv\|\cos\big(\mathrm{ang}(u,v)\big) & \text{si} \quad u \neq 0 \quad \text{y} \quad v \neq 0 \\ 0 & \text{si} \quad u = 0 \quad \text{ó} \quad v = 0 \end{cases}$$

Es posible una expresión más simple analizando la **Figura 4.15** y aplicando el teorema del coseno:

$$\|u - v\|^2 = \|u\|^2 + \|v\|^2 - 2\|u\|\|v\|\cos\varphi \tag{1}$$

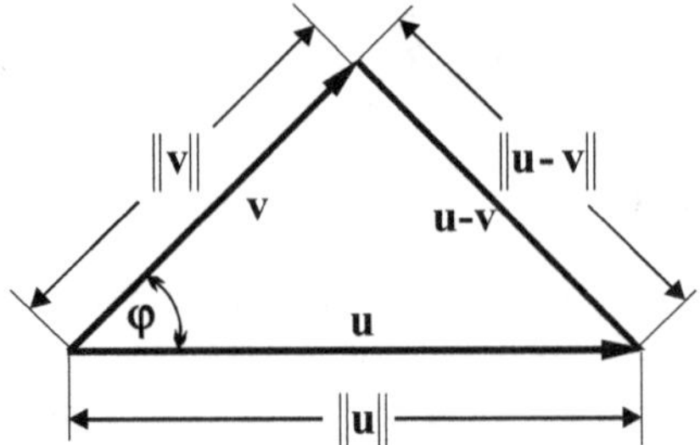

Figura 4.15

Teniendo en cuenta que $\boldsymbol{u} \boldsymbol{-} \boldsymbol{v} = \left(u_1 - v_1 \ , \ u_2 - v_2\right)$, resulta:

$$\left\|\boldsymbol{u}\right\|^2 = u_1^2 + u_2^2 \ \ ; \ \ \left\|\boldsymbol{v}\right\|^2 = v_1^2 + v_2^2 \ \ ; \ \ \left\|\boldsymbol{u} \boldsymbol{-} \boldsymbol{v}\right\|^2 = \left(u_1 - v_1\right)^2 + \left(u_2 - v_2\right)^2 \qquad (2)$$

La expresión (1) puede escribirse en la forma:

$$\left\|\boldsymbol{u}\right\|\left\|\boldsymbol{v}\right\|\cos\varphi = \boldsymbol{u}.\boldsymbol{v} = \frac{1}{2}\left(\left\|\boldsymbol{u}\right\|^2 + \left\|\boldsymbol{v}\right\|^2 - \left\|\boldsymbol{u} \boldsymbol{-} \boldsymbol{v}\right\|^2\right) \qquad (3)$$

Sustituyendo las fórmulas (2) en (3):

$$\boldsymbol{u} \cdot \boldsymbol{v} = \frac{1}{2}\left(u_1^2 + u_2^2 + v_1^2 + v_2^2 - u_1^2 - v_1^2 + 2u_1v_1 - u_2^2 - v_2^2 + 2u_2v_2\right) = u_1v_1 + u_2v_2$$

Luego, en $\mathbb{R}^2$

$$\boldsymbol{u} \cdot \boldsymbol{v} = \left(u_1, u_2\right).\left(v_1, v_2\right) = u_1\,v_1 + u_2\,v_2$$

De manera análoga, en $\mathbb{R}^3$

$$\boldsymbol{u} \cdot \boldsymbol{v} = \left(u_1, u_2, u_3\right).\left(v_1, v_2, v_3\right) = u_1\,v_1 + u_2\,v_2 + u_3\,v_3$$

En consecuencia, tanto en $\mathbb{R}^2$ como en $\mathbb{R}^3$, el producto punto entre dos vectores, puede calcularse *sumando los productos de las coordenadas homólogas*.

4.2.9. Propiedades

Para vectores arbitrarios cualesquiera $\mathbf{u}$, $\mathbf{v}$, $\mathbf{w}$ en $\mathbb{R}^2$ ó $\mathbb{R}^3$ y cualquier número real k, se cumplen las siguientes propiedades:

i) $\quad \boldsymbol{u} \cdot \boldsymbol{v} = \boldsymbol{v} \cdot \boldsymbol{u}$ $\qquad\qquad\qquad\qquad\qquad$ Simetría

ii) $\quad \begin{cases} \boldsymbol{u} \cdot (\boldsymbol{v} + \boldsymbol{w}) = \boldsymbol{u} \cdot \boldsymbol{v} + \boldsymbol{u} \cdot \boldsymbol{w} \\ (\boldsymbol{u} + \boldsymbol{v}) \cdot \boldsymbol{w} = \boldsymbol{u} \cdot \boldsymbol{w} + \boldsymbol{v} \cdot \boldsymbol{w} \end{cases}$ $\qquad$ Distributividad sobre la suma

iii) $\quad k(\boldsymbol{u} \cdot \boldsymbol{v}) = (k\,\boldsymbol{u}) \cdot \boldsymbol{v} = \boldsymbol{u} \cdot (k\,\boldsymbol{v})$ $\qquad$ Homogeneidad

iv) $\quad \begin{cases} \boldsymbol{u} \cdot \boldsymbol{u} \geq 0 \\ \boldsymbol{u} \cdot \boldsymbol{u} = 0 \quad \Leftrightarrow \quad \boldsymbol{u} = \boldsymbol{0} \end{cases}$ $\qquad$ Positividad

4.2.10. Aplicaciones inmediatas del producto punto

- **Longitud de un vector:**

$$\begin{cases} \|\boldsymbol{u}\| = \sqrt{u_1^2 + u_2^2} = \sqrt{\boldsymbol{u} \cdot \boldsymbol{u}} & \left(para \quad \boldsymbol{u} = (u_1, u_2) \in \mathbb{R}^2\right) \\ \|\boldsymbol{u}\| = \sqrt{u_1^2 + u_2^2 + u_3^2} = \sqrt{\boldsymbol{u} \cdot \boldsymbol{u}} & \left(para \quad \boldsymbol{u} = (u_1, u_2, u_3) \in \mathbb{R}^3\right) \end{cases}$$

Ejemplo

Calcular la longitud de los vectores: $\quad \boldsymbol{u} = (3, -4) \quad y \quad \boldsymbol{v} = (2, 4, -4)$.

$$\|\boldsymbol{u}\| = \sqrt{(3, -4) \cdot (3, -4)} = \sqrt{9 + 16} = \sqrt{25} = 5$$
$$\|\boldsymbol{v}\| = \sqrt{(2, 4, -4) \cdot (2, 4, -4)} = \sqrt{4 + 16 + 16} = \sqrt{36} = 6$$

4.2.11. Lema.

Si c es un escalar y $u = cv$, entonces $\|u\| = |c|\|v\|$

Demostración.

Damos la demostración solamente para $\mathbb{R}^3$. Si $v = (x_1, x_2, x_3)$, entonces

$$u = c(x_1, x_2, x_3) = (cx_1, cx_2, cx_3)$$

y

$$\begin{aligned}
\|u\| &= \|(cx_1, cx_2, c_3x_3)\| = \sqrt{(cx_1)^2 + (cx_2)^2 + (cx_3)^2} \\
&= \sqrt{c^2 x_1^2 + c^2 x_2^2 + c^2 x_3^2} = \sqrt{c^2(x_1^2 + x_2^2 + x_3^2)} \\
&= \sqrt{c^2}\sqrt{x_1^2 + x_2^2 + x_3^2} = |c|\|v\|
\end{aligned}$$

Vectores Unitarios

Se dice que un vector es unitario cuando su módulo vale "1". Dado cualquier vector $v \neq 0$ en el plano o el espacio siempre podemos construir un vector unitario $\hat{v}$ que tenga la misma dirección que v, para ello por la propiedad anterior es suficiente tomar $\hat{v} = cv$ con $|c| = \dfrac{1}{\|v\|}$, pues

$$\|\hat{v}\| = \left\|\frac{1}{\|v\|}v\right\| = \frac{1}{\|v\|}\|v\| = 1\,.$$

En realidad un vector v tiene asociados dos vectores unitarios; uno de igual sentido y otro de sentido contrario.

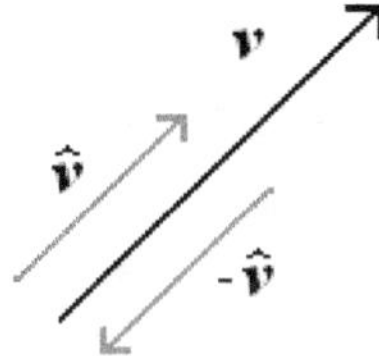

Figura 4.16

Ejemplo

Calcular los dos vectores unitarios de $\mathbb{R}^3$ paralelos al vector $v = (2,1,2)$.

Solución.

Como $\|v\| = \sqrt{4+1+4} = \sqrt{9} = 3$, tenemos $\hat{v} = \pm\dfrac{1}{3}(2,1,2)$

- **Ángulo entre vectores**:

$$\cos\varphi = \frac{u \cdot v}{\|u\|\ \|v\|}\ \ (0 \le \varphi \le \pi) \ \text{para vectores } u, v \in \mathbb{R}^2 \text{ ó } \mathbb{R}^3.$$

Ejemplo

Determinar el ángulo definido por los vectores: $u = \left(\sqrt{3},1\right)$ $\ \ y \ \ $ $v = \left(1,\sqrt{3}\right)$

$$\cos\varphi = \frac{\left(\sqrt{3},1\right)\cdot\left(1,\sqrt{3}\right)}{\left\|\left(\sqrt{3},1\right)\right\|\ \left\|\left(1,\sqrt{3}\right)\right\|} = \frac{\sqrt{3}+\sqrt{3}}{\sqrt{3+1}.\sqrt{1+3}} = \frac{2\sqrt{3}}{4} = \frac{\sqrt{3}}{2} \ \Rightarrow \ \varphi = \arccos\left(\frac{\sqrt{3}}{2}\right) = \frac{\pi}{6}$$

Vectores Ortogonales – Definición

La fórmula que permite calcular el coseno del ángulo entre dos vectores no nulos, muestra también que:

$$\varphi = \frac{\pi}{2} \iff \boldsymbol{u} \cdot \boldsymbol{v} = 0 \qquad (4)$$

De acuerdo con (4), dos vectores son **ortogonales** o *perpendiculares*, si y sólo si, su porducto punto es nulo.

Observaciones

- Si $\boldsymbol{u}$ y $\boldsymbol{v}$ son dos vectores ortogonales, esto implica que sus direcciones son perpendiculares, lo que se denota $\boldsymbol{u} \perp \boldsymbol{v}$.

- El vector nulo es ortogonal a todo vector.

Ejemplo

Analizar si los siguientes pares de vectores son, o no, perpendiculares:

$$a) \quad \boldsymbol{u} = (3,5) \;\; ; \;\; \boldsymbol{v} = (5,3)$$
$$b) \quad \boldsymbol{u} = (4,3,-4) \;\; ; \;\; \boldsymbol{v} = (3,4,6)$$

$$a) \quad \boldsymbol{u} \cdot \boldsymbol{v} = (3,5) \cdot (5,3) = 15 + 15 = 30 \neq 0 \;\; \Rightarrow \;\; \boldsymbol{u} \not\perp \boldsymbol{v}$$
$$b) \quad \boldsymbol{u} \cdot \boldsymbol{v} = (4,3,-4) \cdot (3,4,6) = 12 + 12 - 24 = 0 \;\; \Rightarrow \;\; \boldsymbol{u} \perp \boldsymbol{v}$$

Descomposición de un vector en la suma de dos vectores perpendiculares

Consideremos dos vectores $\boldsymbol{u}$ y $\boldsymbol{v}$ no nulos. Vamos a descomponer a $\boldsymbol{u}$ en la suma de dos vectores, uno paralelo a $\boldsymbol{v}$ y otro perpendicular a $\boldsymbol{v}$, tal como se indica en la Fig. 2.16

Tendremos:

$$u = u_1 + u_2 \quad \text{con} \quad \begin{cases} u_1 \parallel v \Rightarrow u_1 = \alpha v \\ u_2 \perp v \Rightarrow u_2 \cdot v = 0 \end{cases}$$

O bien:

$$u = \alpha v + u_2$$

Para determinar el escalar α que nos permita construir u_1, en la expresión anterior hacemos el producto punto por v, con lo que se obtiene:

$$u \cdot v = (\alpha v + u_2) \cdot v = \alpha(v \cdot v) + u_2 \cdot v = \alpha(v \cdot v)$$

De donde:

$$\alpha = \frac{u \cdot v}{v \cdot v} \quad \text{y en consucuencia:} \quad \boxed{u_1 = \frac{u \cdot v}{v \cdot v} v} \quad (5)$$

Finalmente:

$$u = u_1 + u_2 \Rightarrow u_2 = u - u_1 \Rightarrow \boxed{u_2 = u - \frac{u \cdot v}{v \cdot v} v} \quad (6)$$

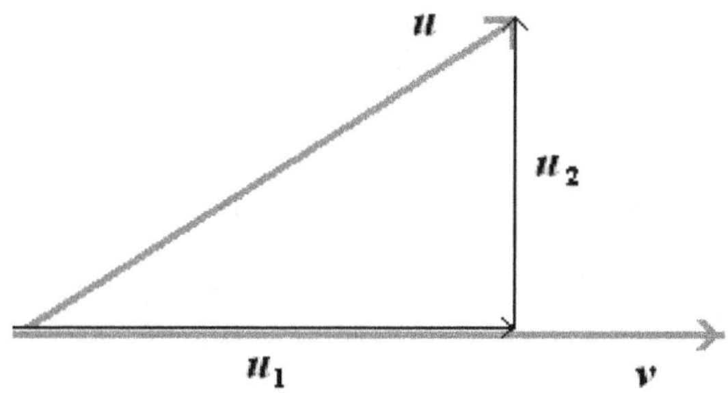

Fig. 4.17

El vector u_1 recibe el nombre de ***proyección ortogonal*** de u sobre v y se denota:

$$u_1 = proy_v u = u - \frac{u \cdot v}{v \cdot v} v$$

A su vez, se dice que u_2 es la ***componente*** de u ***ortogonal*** a v.

Ejemplo

Sean los vectores $u = (1,1,1)$ y $v = (1,1,0)$.

Se pide hallar la proyección ortogonal de u sobre v y la componente de u ortogonal a v.

$$u_1 = proy_v u = (1,1,1) - \frac{(1,1,1) \cdot (2,2,0)}{(2,2,0) \cdot (2,2,0)} (2,2,0) = (1,1,1) - (1,1,0) = (0,0,1)$$

$$u_2 = u - u_1 = (1,1,1) - (0,0,1) = (1,1,0)$$

- Distancia entre dos puntos

Dos puntos P y Q, definen un segmento de recta; defiene también una flecha $\overrightarrow{PQ}$ representante del vector libre $u = Q - P$. Resulta así evidente y se muestra en la **Fig. 4.18**, que la distancia entre dichos puntos, que la denotamos $d(P,Q)$ es igual a la longitud del vector u. Esto es:

$$\|u\| = d(P,Q)$$

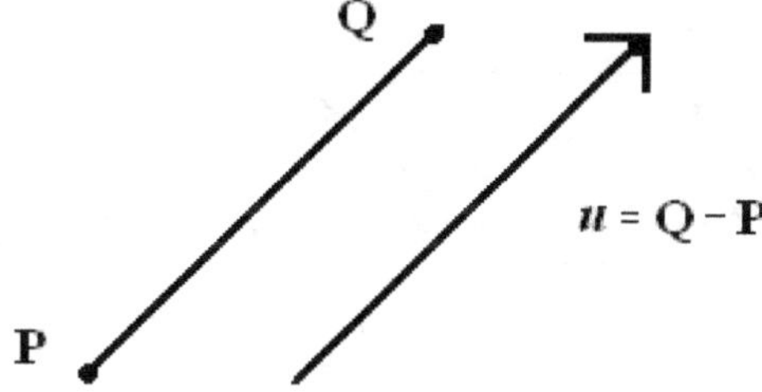

Fig. 4.18

Ejemplo

Hallar la distancia entre los puntos $P = (-1,1,2)$ y $Q = (3,1,-1)$

Los puntos P y Q, definen el vector $u = (3,1,-1) - (-1,1,2) = (4,0,-3)$

Luego, la distancia pedida es:

$$d(P,Q) = \|u\| = \|(4,0,-3)\| = \sqrt{16+9} = \sqrt{25} = 5$$

4.2.12. Producto vectorial – Definición (Geométrica)

El producto vectorial de dos vectores u y v de $\mathbb{R}^3$ es un vector perpendicular a u y v que se denota $u \times v$, cuyo módulo es

$$\|u \times v\| = \|u\|\|v\|\operatorname{sen}(\theta)$$

donde $\theta = \operatorname{ang}(u,v)$, y su sentido es tal que la terna $\{u,v,u \times v\}$ tiene la misma orientación relativa que la terna $\{e_1, e_2, e_3\}$, (ver Figura 4.19).

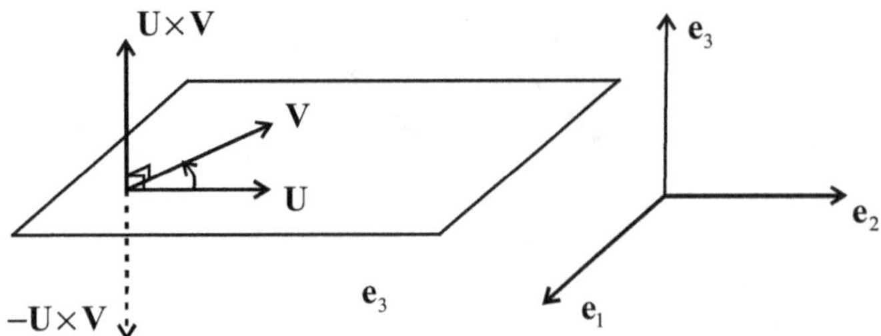

Figura 4.19

Nota. Según la definición el producto vectorial **no es conmutativo** ya que $u \times v = -(v \times u)$ y es claro que $\|u \times v\|$ es igual al área del paralelogramo que tiene por lados los vectores u y v. (Figura 4.20)

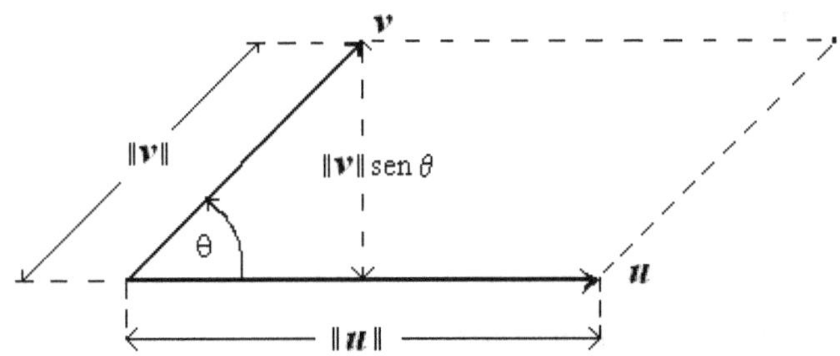

Figura 4.20

En particular, si $u \perp v$, entonces $\|u \times v\| = \|u\|\|v\|\operatorname{sen}\left(\dfrac{\pi}{2}\right) = \|u\|\|v\|$ y si u y v son paralelos, tenemos $\|u \times v\| = \|u\|\|v\|\operatorname{sen}(0) = 0$, de manera que, en este caso $u \times v = 0$.

Daremos ahora una expresión del producto vectorial en coordenadas cartesianas y veremos que coincide con la definición dada anteriormente.

4.2.13 Definición alternativa (Algebraica)

Si $u=(u_1,u_2,u_3)$ y $v=(v_1,v_2,v_3)$ son vectores de $\mathbb{R}^3$, el **producto vectorial de u por v** es el vector $u\times v$ dado por

$$u\times v = (u_2v_3 - u_3v_2,\, u_3v_1 - u_1v_3,\, u_1v_2 - u_2v_1)$$

Una regla útil para obtener el producto vectorial $u\times v$ consiste en colocar los vectores u y v como filas segunda y tercera de una matriz, y en la primera se ponen (formalmente) los vectores de la base canónica de $\mathbb{R}^3$, esto es: $B_{\mathbb{R}^3}=\left(\mathbf{e}_1,\mathbf{e}_2,\mathbf{e}_3\right)$ y desarrollar el determinante de esta matriz por la primer fila usando el método de los cofactores, esto es:

$$A = \begin{bmatrix} e_1 & e_2 & e_3 \\ u_1 & u_2 & u_3 \\ v_1 & v_2 & v_3 \end{bmatrix}$$

$$
\begin{aligned}
u\times v &= \mathrm{cof}_{11}(A)\mathbf{e}_1 + \mathrm{cof}_{12}(A)\mathbf{e}_2 + \mathrm{cof}_{13}(A)\mathbf{e}_3 \\
&= \det\begin{bmatrix} u_2 & u_3 \\ v_2 & v_3 \end{bmatrix}\mathbf{e}_1 - \det\begin{bmatrix} u_1 & u_3 \\ v_1 & v_3 \end{bmatrix}\mathbf{e}_2 + \det\begin{bmatrix} u_1 & u_2 \\ v_1 & v_2 \end{bmatrix}\mathbf{e}_3 \\
&= (u_2v_3 - u_3v_2)\mathbf{e}_1 - (u_1v_3 - u_3v_1)\mathbf{e}_2 + (u_1v_2 - u_2v_1)\mathbf{e}_3 \\
&= (u_2v_3 - u_3v_2,\, u_3v_1 - u_1v_3,\, u_1v_2 - u_2v_1)
\end{aligned}
$$

Ejemplo

Calcular el producto vectorial de $u=(3,-2,1)$ y $v=(2,3,4)$.

Solución.

$$u \times v = \det \begin{bmatrix} \mathbf{e}_1 & \mathbf{e}_2 & \mathbf{e}_3 \\ 3 & -2 & 1 \\ 2 & 3 & 4 \end{bmatrix}$$

$$= \det \begin{bmatrix} -2 & 1 \\ 3 & 4 \end{bmatrix} \mathbf{e}_1 - \det \begin{bmatrix} 3 & 1 \\ 2 & 4 \end{bmatrix} \mathbf{e}_2 + \det \begin{bmatrix} 3 & -2 \\ 2 & 3 \end{bmatrix} \mathbf{e}_3$$

$$= (-8 - 3)\mathbf{e}_1 - (12 - 2)\mathbf{e}_2 + (9 - (-4))\mathbf{e}_3$$

$$= -11\mathbf{e}_1 - 10\mathbf{e}_2 + 13\mathbf{e}_3$$

$$= (-11, -10, 13)$$

4.2.14 . Propiedades del producto vectorial

Hemos dado dos definiciones del producto vectorial, una en forma polar (en función de módulos y ángulo) y otra en forma cartesiana. Uno puede elegir cualquiera de las dos y demostrar que la otra resulta ser una propiedad.

A la hora de usar el producto vectorial es bueno tener presente la definición 4.2.12, pero para hacer demostraciones teóricas es mas cómodo hacerlo usando la definición 4.2.13.

Las propiedades relevantes del producto vectorial son:

i) $u \times v = -v \times u$

ii) $u \times (v + w) = u \times v + u \times w$

iii) $\|u \times v\|^2 = \|u\|^2 \|v\|^2 - (u \times v)^2$

iv) $\|u \times v\| = \|u\| \|v\| \operatorname{sen}(\theta)$

v) $u \times v = 0$ si y sólo si u y v son linealmente dependientes.

vi) $u \times v \perp u$ y $u \times v \perp v$

Las dos primeras propiedades pueden demostrarse calculando ambos miembros, usando la definición 4.2.13 y verificando que son iguales.

Para demostrar $iii)$, recordemos que $\boldsymbol{u} \cdot \boldsymbol{v} = \|\boldsymbol{u}\| \|\boldsymbol{v}\| \cos(\theta)$, donde $\theta = ang(\boldsymbol{u}, \boldsymbol{v})$, entonces

$$\begin{aligned}
(\boldsymbol{u} \cdot \boldsymbol{v})^2 &= \|\boldsymbol{u}\|^2 \|\boldsymbol{v}\|^2 \cos^2(\theta) = \|\boldsymbol{u}\|^2 \|\boldsymbol{v}\|^2 (1 - \mathrm{sen}^2(\theta)) \\
&= \|\boldsymbol{u}\|^2 \|\boldsymbol{v}\|^2 - \|\boldsymbol{u}\|^2 \|\boldsymbol{v}\|^2 \, \mathrm{sen}^2(\theta) \\
&= \|\boldsymbol{u}\|^2 \|\boldsymbol{v}\|^2 - \left(\|\boldsymbol{u}\| \|\boldsymbol{v}\| \, \mathrm{sen}(\theta) \right)^2 \\
&= \|\boldsymbol{u}\|^2 \|\boldsymbol{v}\|^2 - \|\boldsymbol{u} \times \boldsymbol{v}\|^2
\end{aligned}$$

de donde

$$\|\boldsymbol{u} \times \boldsymbol{v}\|^2 = \|\boldsymbol{u}\|^2 \|\boldsymbol{v}\|^2 - (\boldsymbol{u} \cdot \boldsymbol{v})^2$$

quedando demostrada la propiedad $iii)$.

La demostración de las propiedades restantes quedan a cargo del lector.

4.2.15 . Aplicaciones del producto vectorial.

Por la definición propia del producto vectorial es claro que las aplicaciones geométricas más comunes estarán relacionadas con el cálculo de áreas y con la obtención de un vector perpendicular a otros dos.

4.2.16 . Area de un triángulo.

Con solo conocer los vértices de un triángulo en $\mathbb{R}^3$ podemos calcular su área de un modo sencillo. Por ejemplo si $\mathbf{A} = (2,1,1)$, $\mathbf{B} = (5,3,3)$ y $\mathbf{C} = (4,0,-1)$ son tres puntos, podemos construir dos vectores $\boldsymbol{u}$ y $\boldsymbol{v}$ (Fig. 4.21)

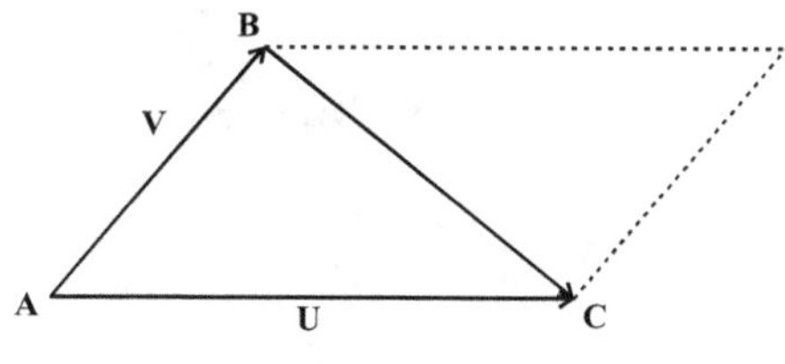

Figura 4.21

$$u = \overrightarrow{\mathbf{AB}} = \mathbf{B} - \mathbf{A} = (5,3,3) - (2,1,-1) = (3,2,4)$$

$$v = \overrightarrow{\mathbf{AC}} = \mathbf{C} - \mathbf{A} = (4,0,1) - (2,1,1) = (2,-1,0)$$

entonces

$$u \times v = \det \begin{bmatrix} \mathbf{e}_1 & \mathbf{e}_2 & \mathbf{e}_3 \\ 3 & 2 & 4 \\ 2 & -1 & 0 \end{bmatrix} = 4\mathbf{e}_1 + 8\mathbf{e}_2 - 7\mathbf{e}_3 = (4,8,-7).$$

Como el módulo del producto vectorial es el área del paralelogramo determinado por u y v, si denotamos por $a(\mathbf{A},\mathbf{B},\mathbf{C})$ al área del triángulo de vértices $\mathbf{A}$, $\mathbf{B}$ y $\mathbf{C}$, resulta:

$$a(\mathbf{A},\mathbf{B},\mathbf{C}) = \frac{1}{2}\|(4,6,-7)\| = \frac{1}{2}\sqrt{16+36+49} = \frac{1}{2}\sqrt{101}$$

Si bien el producto vectorial se ha definido en $\mathbb{R}^3$, también puede usarse para calcular superficies en $\mathbb{R}^2$. Por ejemplo, si tenemos un paralelogramo P determinado por los vectores $u = (4,1)$ y $v = (2,5)$ del plano, los podemos pensar como vectores del espacio en donde la tercera componente es nula, esto es, usamos los vectores $u' = (4,1,0)$ y $v' = (5,2,0)$ para calcular

$$u' \times v' = \det \begin{bmatrix} \mathbf{e}_1 & \mathbf{e}_2 & \mathbf{e}_3 \\ 4 & 1 & 0 \\ 2 & 5 & 0 \end{bmatrix} = (20-2)\mathbf{e}_3 = 18\mathbf{e}_3 = (0,0,18)$$

Luego:

$$S(\mathsf{P}) = \|u' \times v'\| = \|(0,0,18)\| = 18$$

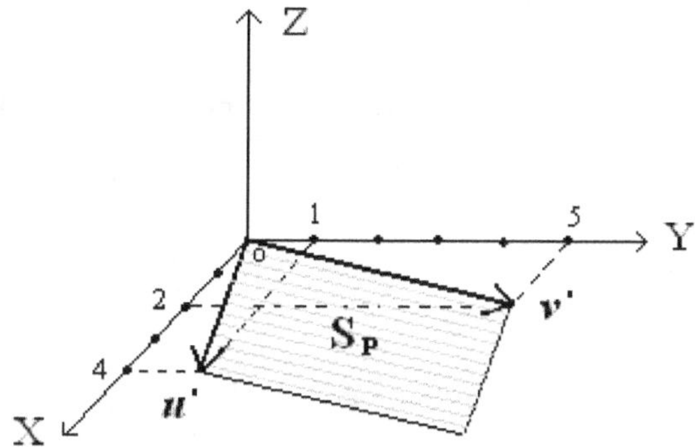

Fig.4.22

4.2.17. *Producto triple - Definición*

Sean los vectores $u = (u_1, u_2, u_3)$, $v = (v_1, v_2, v_3)$ y $w = (w_1, w_2, w_3)$. Colocando estos vectores como filas de una matriz A y calculemos su determinante usando desarrollo por cofactores, resulta:

$$\det(A) = \det \begin{bmatrix} u_1 & u_2 & u_3 \\ v_1 & v_2 & v_3 \\ w_1 & w_2 & w_3 \end{bmatrix} = u_1(v_2 w_3 - v_3 w_2) + u_2(v_3 w_1 - v_1 w_3) + u_3(v_1 w_2 - v_2 w_1)$$

$$= (u_1, u_2, u_3) \cdot (v_2 w_3 - v_3 w_2, v_3 w_1 - v_1 w_3, v_1 w_2 - v_2 w_1)$$
$$= (u_1, u_2, u_3) \cdot (v_2 w_3 - v_3 w_2, v_3 w_1 - v_1 w_3, v_1 w_2 - v_2 w_1)$$
$$= u \cdot (v \times w)$$

esto es, el producto escalar de u por $v \times w$, llamado **producto triple** está dado por el determinante de una matriz que tiene por filas (o columnas) los vectores u, v y w.

Usando las propiedades de un determinante es inmediato que $u \cdot (u \times v) = 0$, ya que equivale al desarrollo de un determinante con dos filas iguales. También es inmediato que $u \times v = -(v \times u)$, puesto que para calcular $v \times u$ se tiene que intercambiar dos filas en el desarrollo formal por cofactores y esto produce un cambio de signo.

Observaciones

1. $\mathbf{u} \cdot (\mathbf{v} \times \mathbf{w}) = \mathbf{u} \times (\mathbf{v} \cdot \mathbf{w})$ por lo que suele escribirse simplemente: $\mathbf{u}\,\mathbf{v}\,\mathbf{w}$

2. $\mathbf{u}\,\mathbf{v}\,\mathbf{w} = \mathbf{w}\,\mathbf{u}\,\mathbf{v} = \mathbf{v}\,\mathbf{w}\,\mathbf{u}$

3. $\mathbf{u}\,\mathbf{v}\,\mathbf{w} = -\left(\mathbf{u}\,\mathbf{w}\,\mathbf{v}\right)$

Queda a cargo del lector la justificación de estas observaciones.

Ejemplo

Sean los vectores: $\mathbf{u} = (2,1,-1)$, $\mathbf{v} = (0,3,1)$, $\mathbf{w} = (1,1,1)$; se pide calcular su producto triple.

Solución:

$$\left(\mathbf{u} \times \mathbf{v}\right) \cdot \mathbf{w} = \det \begin{bmatrix} 2 & 1 & -1 \\ 0 & 3 & 1 \\ 1 & 1 & 1 \end{bmatrix} = 8$$

4.2.18. Aplicaciones del producto mixto.

Volumen de un paralelepípedo

Sea un paralelepípedo generado por los vectores linealmente independientes (no coplanares) $\mathbf{u}$, $\mathbf{v}$ y $\mathbf{w}$ de $\mathbb{R}^3$ (ver Fig. 4.23). Queremos hallar el volumen de este cuerpo. Si tomamos como base el paralelogramo que tiene por lados los vectores $\mathbf{u}$ y $\mathbf{v}$, sabemos que, el área de la base está dada por :

$$a(\mathbf{u},\mathbf{v}) = \left\|\mathbf{u} \times \mathbf{v}\right\|$$

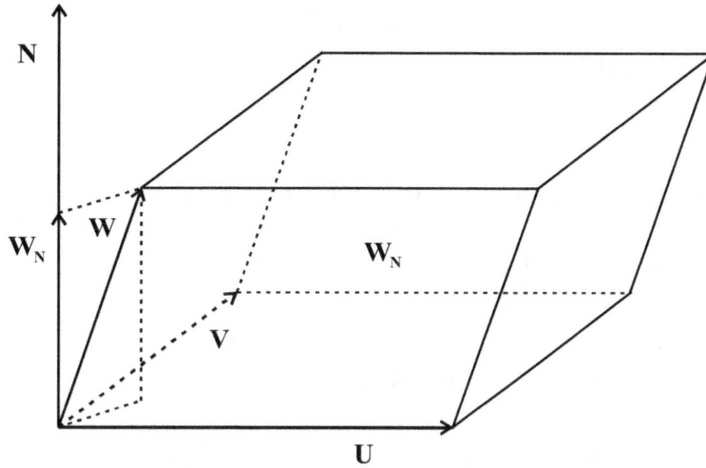

Figura 4.23

Mientras su altura será el módulo de la proyección vectorial w_N. Esto lo podemos realizar usando el vector unitario

$$\hat{n} = \frac{u \times v}{\|u \times v\|}$$

entonces

$$\left\|w_{\hat{n}}\right\| = \left|w_{\hat{n}} \cdot \hat{n}\right| = \left|w \times \frac{u \times v}{\|u \times v\|}\right| = \frac{\left|w \times (u \times v)\right|}{\|u \times v\|}$$

de modo que el volumen $\text{vol}(\mathsf{P})$ del paralelepípedo P está dado por

$$\text{vol}(\mathsf{P}) = a(u,v)\left\|w_{\hat{n}}\right\| = \|u \times v\| \frac{\left|w \times (u \times v)\right|}{\|u \times v\|} = \left|w \times (u \times v)\right|$$

O sea que el volumen buscado está dado por el **valor absoluto del producto triple** de los vectores que generan al paralelepípedo, y por lo tanto

$$\text{vol}(\mathsf{P}) = \left| \boldsymbol{w} \times (\boldsymbol{u} \times \boldsymbol{v}) \right| = \left| \det \begin{bmatrix} u_1 & u_2 & u_3 \\ v_1 & v_2 & v_3 \\ w_1 & w_2 & w_3 \end{bmatrix} \right|$$

Observar que como las permutaciones de filas en una matriz solo producen cambios de signo en el determinante, es irrelevante el orden en que aparecen los vectores $\boldsymbol{u}$, $\boldsymbol{v}$ y $\boldsymbol{w}$. Es inmediato además que para el producto triple se verifica lo siguiente:

$$(\boldsymbol{u} \times \boldsymbol{v}) \times \boldsymbol{w} = (\boldsymbol{v} \times \boldsymbol{w}) \times \boldsymbol{u} = (\boldsymbol{w} \times \boldsymbol{u}) \times \boldsymbol{w} = -(\boldsymbol{v} \times \boldsymbol{u}) \times \boldsymbol{w}$$
$$= -(\boldsymbol{w} \times \boldsymbol{v}) \times \boldsymbol{u} = -(\boldsymbol{u} \times \boldsymbol{w}) \times \boldsymbol{v}$$

Usualmente, el producto triple suele escribirse, sencillamente, dando el orden en que van las filas de la matriz, esto es,

$$(\boldsymbol{u} \times \boldsymbol{v}) \times \boldsymbol{w} = [\boldsymbol{u}, \boldsymbol{v}, \boldsymbol{w}].$$

4.2.19 Ejemplo.

Calcular el volumen del tetraedro que tiene por vértices los puntos $\mathbf{A} = (1,0,1)$, $\mathbf{B} = (3,2,4)$, $\mathbf{C} = (-1,3,4)$ y $\mathbf{D} = (2,3,3)$.

Podemos comenzar construyendo tres vectores concurrentes en uno cualquiera de los vértices (en el punto $\mathbf{A}$, por ejemplo) y calcular el volumen del paralelepípedo generado por dichos vectores (ver el gráfico simbólico en la **Fig. 4.24**).

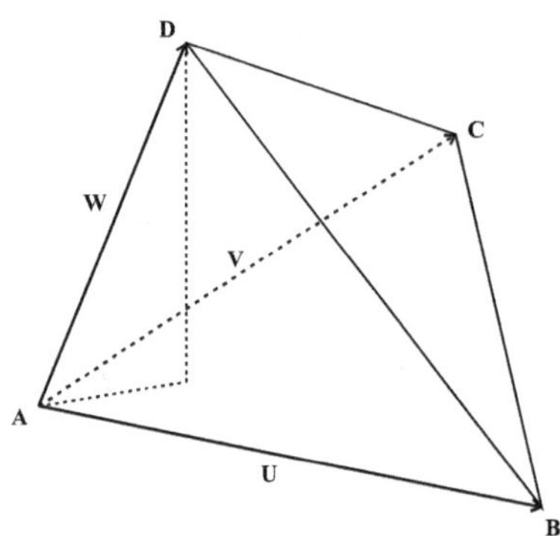

Figura 4.24

Entonces

$$u = \mathbf{B} - \mathbf{A} = (2,2,3)$$

$$v = \mathbf{C} - \mathbf{A} = (-2,3,3)$$

$$w = \mathbf{D} - \mathbf{A} = (1,3,2)$$

por lo tanto, el volumen del paralelepípedo P, determinado por u, v y w, es:

$$\text{vol}(\mathsf{P}) = \left| \det \begin{bmatrix} 2 & 2 & 3 \\ -2 & 3 & 3 \\ 1 & 3 & 2 \end{bmatrix} \right| = |-15| = 15 \,.$$

Como el volumen del tetraedro es la sexta parte del volumen del paralelepípedo tenemos que:

$$\text{vol}(\mathsf{T}) = \frac{1}{6}15 = \frac{5}{2}\,.$$

Ejercicios

Ejercicio 1

Construya diagramas para demostrar que :

    a) $2\,(u+v) = 2u + 2v$

    b) $(-1)\,(u+v) = (-1)u + (-1)v$

    c) $(\alpha+\beta)u = \alpha u + \beta u$

Ejercicio 2

Dibuje los segmentos dirigidos definidos por los puntos indicados :

a) A = (-1,5) ; B = (3,4)   b) A = (7,9) ; B = (0,-2)

c) A = (1,-3) ; B = (2,5)   d) A = (3,1) ; B = (-1,2)

e) A = (6,8) ; B = (-1,-3)   f) A = (3,-2) ; B = (5,6)

Establezca cuales de estos segmentos orientados determinan el mismo vector geométrico, vectores colineales, vectores inversos aditivos. Dibuje en cada caso el representante con origen en : C = (-1,2)

Ejercicio 3

Representar gráficamente los siguientes vectores de coordenadas :

a) $\sqrt{5} \in R$; b) $(2,-5) \in R^2$; c) $(1,-2,2) \in R^3$; d) $(-3,-8) \in R^2$

d) $(2,-5,3) \in R^3$

Ejercicio 4

Efectuar las siguientes operaciones :

a) $-5\,(1,0) + 7\,(-1,2) - (3,8) - 4\,(2,7)$

b) $3\,(2,1,2) - 5\,(1,-2,7) + 2\,(-1,2,0)$

Ejercicio 5

Calcular el vector u si :

a) $5\,(1,-4) - 7\,u = -(14,-2) + 3\,u$

b) $4\,u + 2\,(-2,1,3) = -5\,(3,0,-3) - 4\,u$

Ejercicio 6

Dados : A = (3,-1,2) ; B = (7,5,-4) ; C = (-2,9,11) , determinar :

a)   Las componentes de $\overrightarrow{OA}$, $\overrightarrow{BO}$, $\overrightarrow{AB}$, $\overrightarrow{BA}$, $\overrightarrow{BC}$, $\overrightarrow{CA}$.

b)   Las coordenadas de los puntos P , Q y R tales que :

$$\overrightarrow{OP} \sim \overrightarrow{AB} \; ; \; \overrightarrow{OQ} \sim \overrightarrow{BC} \; ; \; \overrightarrow{OR} \sim \overrightarrow{CA}$$

Ejercicio 7

Demuestre que : $\lambda \boldsymbol{u} \; = \; \overline{0} \; \Rightarrow \; \begin{cases} \lambda \; = \; \overline{0} \\ \quad ó \\ \boldsymbol{u} \; = \; \overline{0} \end{cases}$

Ejercicio 8

Dibujar los segmentos dirigidos definidos por los siguientes pares de puntos :

    a) P = (1,2) , Q = (3,4)   b) P = (1,-2) , Q = (1,-4)

    c) P = (-1,3) , Q = (-2,1)   d) P = (3,0) , Q = (2,-2)

    e) P = (-2,-3) , Q = (0,-1)   f) P = (6,2) , Q = (6,0)

En cada caso encontrar los números de dirección y determinar cuáles de estos segmentos orientados representan el mismo vector geométrico.

Para cada vector libre, dibujar un representante con origen en M = (4,-1).

Ejercicio 9

Dibujar los representantes con origen en el punto P = (-1,3) de los siguientes vectores geométricos :

$$(2,1) \; ; \; (0,-3) \; ; \; (3,-4) \; ; \; (0,4) \; ; \; (-5, -15/2)$$

$$(-3,3) \; ; \; (-2,-3) \; ; \; (-5,0) \; ; \; (4,6) \; ; \; (1,-1)$$

En cada caso encontrar las coordenadas del extremo   "Q". Señalar los vectores paralelos (de igual sentido y de sentidos opuestos).

Ejercicio 10

Sea el vector geométrico del espacio $v = (1,2,-1)$. Encontrar el extremo "Q" de su representante con origen en $P = (1,-1,1)$. Encontra el origen "P" del representante de "v" con extremo $Q = (3,2,2)$.

Ejercicio 11

Sean los vectores libres del plano : $u = (2,3)$, $v = (0,-3)$, $w = (2,-4)$.

a)   Obtener los vectores geométricos

$$x = u + v - w \qquad ; \qquad y = u + \tfrac{2}{3}v - \tfrac{1}{2}w$$

b)   Realizar las mismas operaciones gráficamente.

Ejercicio 12

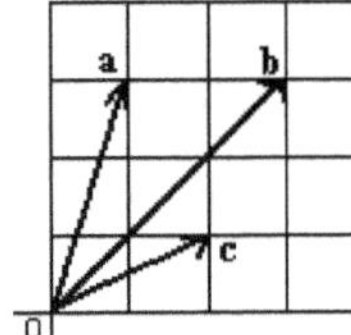

Encontrar escalares "m" y "n" tales que :

a) $m.a + n.b = c$

b) $m.a + n.b = 0$

Ejercicio 13

Sobre un punto del espacio actúan fuerzas representadas por los siguientes vectores :

$$F_1 = (1,2,1) \; ; \; F_2 = (-3,2,-1) \; ; \; F_3 = (-5,-1,10) \; ; \; F_4 = (6,1,6)$$

Verificar si las fuerzas están en equilibrio y, en caso de no estarlo, encontrar una fuerza F_5 que restablezca el equilibrio.

Ejercicio 14

Encontrar vectores $u = (u_1 , u_2) \; ; \; v = (v_1 , v_2)$, tales que :

$$u + v \;=\; (1,0) \quad ; \quad u - v \;=\; (0,1)$$

Ejercicio 15

Sean "u", "v" y "w" vectores libres del espacio tales que :

$$\begin{cases} u + v + w \;=\; (1,0,0) \\ u - v + w \;=\; (0,1,0) \\ 3u - v - 2w \;=\; (0,0,1) \end{cases}$$

Encuentre las componentes de "u", "v" y "w".

Ejercicio 16

Resolver la ecuación vectorial : $\;-3u + 2x = 5v + 3x\;$ siendo :

$$u \;=\; (1,-3,5) \quad ; \quad v \;=\; (0,-2,-1) \quad ; \quad x \;=\; (x_1 \,,\, x_2 \,,\, x_3)$$

Ejercicio 17

Calcule el módulo de los vectores $v_1 = (3,4,2)$, $v_2 = (1,0,-5)$ y $v_3 = (-8,1,2)$.

Ejercicio 18

Se tienen dos cargas eléctricas positivas. Entre éstas se ejercen fuerzas de repulsión. Sabiendo que una está ubicada en $P_1 = (2,1,1)$ y la otra en $P_2 = (3,5,4)$. Calcular un vector unitario que tenga la dirección de dichas fuerzas.

Ejercicio 19

Calcule los cosenos de los ángulos que los vectores del ejercicio 1 forman con los ejes de coordenadas.

Ejercicio 20

Dado el triángulo que tiene por vértices los puntos $\mathbf{A} = (2,-1,4)$, $\mathbf{B} = (-1,3,5)$ y $\mathbf{C} = (4,5,1)$, calcule sus ángulos y efectúe su suma.

Ejercicio 21

Determine el valor de k de modo que los vectores $(2,k,10)$ y $(3,8,-15)$ sean:

a) Paralelos.

b) Perpendiculares.

Ejercicio 22

Descomponer el vector $v = (7,5,4)$ en un vector paralelo y otro perpendicular al vector $u = (1,-2,3)$.

Ejercicio 23

i) Calcular la longitud de los siguientes vectores:

$$u = (3,4) \quad ; \quad v = 2(3,4) \quad ; \quad w = (-3,-4)$$

ii) Sea $w = (1,1,1)$. Calcular $\|w\| \quad ; \quad u = \frac{1}{\|w\|} w$

iii) Encontrar los vectores unitarios paralelos a :

$$u = (1,2) \quad ; \quad v = (1, \tfrac{1}{\sqrt{2}}, \tfrac{1}{\sqrt{2}})$$

Ejercicio 24

En cada uno de los casos siguientes se pide:

$$u.v \quad ; \quad \angle \ (u,v) \quad ; \quad proy_v u = u_1 = \frac{u.v}{v.v} v \quad ; \quad u_2 = u - u_1$$

Álgebra y Geometría

i) $\quad u = (1, \sqrt{3}) \qquad ; \qquad v = (\sqrt{3}, 1)$

ii) $\quad u = (1, 0, 1)) \qquad ; \qquad v = (-1, 1, -2))$

iii) $\quad u = (1, -3, 7) \qquad ; \qquad v = (8, -2, -2$

Ejercicio 25

Encuentre los escalares "k" tales que : $\quad \|kv\| = 3 \quad siendo \quad v = (1, 2, 4)$

Ejercicio 26

Encuentre los ángulos interiores del triángulo cuyos vérticas son :

$$(-1, 0) \quad ; \quad (-2, 1) \quad ; \quad (1, 4)$$

Ejercicio 27

Determinar "k" de forma tal que los vectores siguientes sean ortogonales:

$$(4, 5 - k, 4) \quad y \quad (3, k, -4)$$

Ejercicio 28

Sean $u = (2, -5, 8)$, $v = (1, -1, 7)$ y $w = (3, -2, 9)$. Calcular

a) $\quad u \times v$

b) $\quad (u \times v) \cdot w$

Ejercicio 29

Determinar un vector perpendicular a $u = (2, -1, 3)$ y también a $v = (0, 1, 7)$.

Ejercicio 30

Sean $u = (-1, 3, 2)$ y $v = (1, 1, -1)$. Halle todos los vectores $\mathbf{X}$ que satisfacen $u \times \mathbf{X} = v$.

Ejercicio 31

Calcule el área del triángulo de vértices $\mathbf{A}$, $\mathbf{B}$ y $\mathbf{C}$ en los casos siguientes:

i) $\mathbf{A} = (3, 8)$, $\mathbf{B} = (-1, 5)$ y $\mathbf{C} = (3, -2)$

ii) $\mathbf{A} = (1, 5, -2)$, $\mathbf{B} = (0, -2, 7)$ y $\mathbf{C} = (3, -1, 4)$

iii) $\mathbf{A} = (1, 5, -2)$, $\mathbf{B} = (1, 4, 5)$ y $\mathbf{C} = (3, 5, 1)$

Ejercicio 32

Calcule el volumen del tetraedro con vértices en $\mathbf{A} = (1, 5, -2)$, $\mathbf{B} = (0, -2, 7)$, $\mathbf{C} = (3, -1, 4)$ y $\mathbf{D} = (-7, 3, -5)$.

Ejercicio 33

Calcule el volumen del prisma triangular determinado por los vectores $\mathbf{U} = (2, 5, -1)$, $\mathbf{V} = (1, 3, 5)$ y $\mathbf{W} = (5, 2, 3)$.

5

Recta y Plano

5.1. Ecuaciones de la recta en R^2

Según la Geometría elemental, un par de puntos no coincidentes del plano o el espacio, definen una única recta a la cual pertenecen.

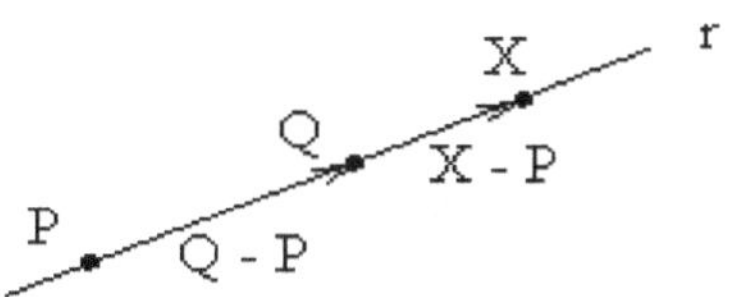

Figura 5.1

Así pues, los puntos P y Q, definen la recta r Fig. 5.1; pero además determinan también un segmento orientado, representante del vector libre $Q-P$.

Consideremos ahora un punto X genérico, que a su vez, determina con P, un segmento dirigido representante del vector $X-P$.

5.1.1. Proposición

El punto $X \in r$ si y sólo si, verifica la ecuación $X = P + t(Q-P)$, para algún $t \in \mathbb{R}$.

Demostración

$$X \in r \iff \overrightarrow{PQ} \text{ y } \overrightarrow{PX} \text{ son paralelos} \iff X - P \text{ es paralelo a } Q - P \iff$$

$$X - P = t(Q - P) \text{ para algún } t \in \mathbb{R} \iff X = P + t(Q - P), \text{ para algún } t \in \mathbb{R}.$$

La ecuación

$$X - P = t(Q - P) \tag{23}$$

debe ser satisfecha por todo punto X perteneciente a la recta r. El número real t se denomina ***parámetro***.

El vector $Q - P$ determina la dirección de la recta, por ello suele denominarse ***vector de dirección***, o ***vector director*** de la recta.

Podría sin embargo razonarse desde otro punto de vista: para definir una recta, sería necesario un punto P, por el que pasan infinitas rectas, y un vector $\mathbf{v}$ que, fijando una dirección, determina sólo una de aquellas. **Fig. 5.2.-**

Un punto genérico X, determina con P un segmento dirigido $\overrightarrow{PX}$, representante del vector libre $X - P$. Si X pertenece a la recta, entonces $X - P$ es paralelo a $\mathbf{v}$, esto es, $X - P = t\mathbf{v}$, de donde

$$X = P + t\mathbf{v} \tag{24}$$

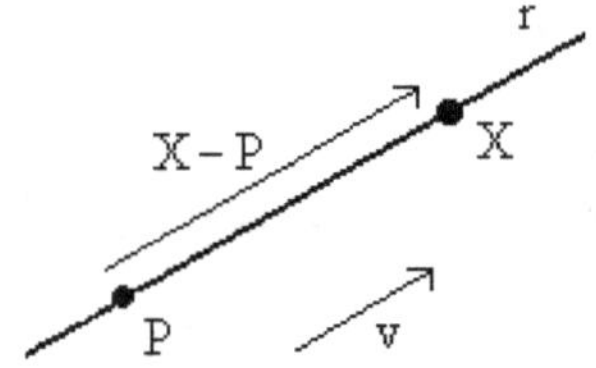

Figura 5.2.

Vemos que $Q-P$ cumple el mismo papel que $\mathbf{v}$. En realidad, cuando los datos son dos puntos no coincidentes, para dar la ecuación de la recta, es necesario construir un vector de dirección de la misma, y éste es el significado de $Q-P$.

Las expresiones $X = P + t(Q-P)$ (o $X = P + t\mathbf{v}$) se denominan *ecuaciones paramétricas vectoriales* de la recta r, determinada por los puntos P y Q (o por el punto P y el vector de dirección $\mathbf{v}$).

5.1.2. Observación 1

Según este razonamiento, debe quedar claro que, la dirección fijada por $\mathbf{v}$ no depende del "tamaño" del vector, y éste podría ser reemplazado por cualquier múltiplo escalar de él, tal como $\mathbf{u} = k\mathbf{v}$ (con $k \neq 0$), obteniéndose *otra* ecuación vectorial de la misma recta.

5.1.3. Observación 2

Por otra parte, en la ecuación $X = P + t(Q-P)$ (o $X = P + t\mathbf{v}$), para distintos valores del parámetro t se irán obtienen diferentes puntos M, N, etc. pertenecientes a la recta. En consecuencia, si bien los datos iniciales fueron los puntos P y Q, ahora se dispone, además, de M, N, etc. y podemos aplicar el razonamiento inicial al par de puntos M y N, para obtener la ecuación

$$X = M + t(N-M), \text{ con } N \neq M.$$

Según la observación anterior puede sustituirse $N-M$ por $Q-P$, luego:

$$X = M + t(Q-P), \text{ con } Q \neq P$$

por lo que queda en evidencia que, para dar una ecuación de la misma recta, es posible cambiar en $X = P + t(Q-P)$ el punto P por cualquier otro punto a condición que éste pertenezca también a ella.

De ambas observaciones, surge inmediatamente que, una recta admite infinitas ecuaciones paramétricas vectoriales.

Fijado un sistema de coordenadas en $\mathbb{R}^2$, sean $X = (x,y)$, $P = (p_1, p_2)$, $Q = (q_1, q_2)$ y $\mathbf{v} = (v_1, v_2)$, entonces las ecuaciones (23) y (24) toman el aspecto:

$$(x,y) = (p_1, p_2) + t(q_1 - p_1, q_2 - p_2) \tag{25}$$

$$(x,y) = (p_1, p_2) + t(v_1, v_2) \tag{26}$$

Las expresiones (23) y (24) tienen el mismo significado que las (25) y (26) respectivamente, en notación compacta.

Ejemplo

a)   Determinar una ecuación vectorial de la recta determinada por los puntos $P = (5,3)$ y $Q = (5,-1)$.

b)   Determinar una ecuación vectorial de la recta definida por el punto $P = (4,5)$ y el vector de dirección $\mathbf{v} = (2,-3)$.

Solución

(a) $(x,y) = (5,3) + t(5-5, -1-3) = (5,3) + t(0,-4)$.

Observar que para $t = 0$ se obtiene el punto P, a $t = 1$ corresponde Q, de modo que los puntos del segmento de recta de P a Q corresponden a los valores del parámetro entre 0 y 1.

(b) $(x,y) = (4,5) + t(2,-3)$

Advertir que en el inciso (b) del ejemplo, si se toma $P = (0,0)$ y $\mathbf{v} = (1,0)$, se obtiene una ecuación vectorial del eje horizontal.

$$(x,y) = t(1,0) \tag{27}$$

En forma similar, una ecuación vectorial del eje vertical será

$$(x,y) = t(0,1) \tag{28}$$

Para obtener una ecuación vectorial de una recta paralela a uno de los ejes, que contenga a cierto punto, sólo se necesita sumar en el segundo miembro de la ecuación (26) ó (27) el punto en cuestión.

Así, una ecuación vectorial de una paralela al eje horizontal, que contenga al punto $Q = (3,-2)$ es:

$$(x,y) = (3,-2) + t(1,0)$$

En el caso de una paralela al eje vertical, por el punto $(-5,4)$, se tiene:

$$(x,y) = (-5,4) + t(0,1)$$

Recordando que dos pares ordenados son iguales si y sólo si, lo son sus coordenadas homólogas, y aplicándolo a las fórmulas (24) y (25), se puede también escribir:

$$\begin{cases} x = p_1 + t(q_1 - p_1) \\ y = p_2 + t(q_2 - p_2) \end{cases} \qquad (29)$$

o bien

$$\begin{cases} x = p_1 + tv_1 \\ y = p_2 + tv_2 \end{cases} \qquad (30)$$

que son las ***ecuaciones paramétricas escalares*** de la recta r.

En (29) o (30), asignando distintos valores numéricos a t, se obtiene, en cada ecuación, la coordenada respectiva de un punto de la recta.

Ejemplo

En los casos a) y b) del ejemplo anterior, determinar las ecuaciones paramétricas de ambas rectas.

(a)
$$\begin{cases} x = 5 + 0t \\ y = 3 - 4t \end{cases}$$

(b)
$$\begin{cases} x = 4 + 2t \\ y = 5 - 3t \end{cases}$$

En (a) para $t = -1$, se tiene $M = (5,7)$ y con $t = 2$, $N = (5,-5)$.

En (b), para $t = 1$ tenemos $R = (6,2)$ y con $t = -1$, $S = (2,8)$.

Muchas veces es de interés independizarse del parámetro y deducir ecuaciones en las que sólo intervengan las coordenadas de los puntos. Las expresiones así obtenidas se denominan *ecuaciones cartesianas* de la recta.

A partir de las ecuaciones paramétricas escalares es posible "eliminar" el parámetro t, despejándolo en ambas e igualando.

En efecto, aplicando lo dicho a (29) ó (30), (cuando $v_1 v_2 \neq 0$), resulta:

$$\frac{x - p_1}{q_1 - p_1} = \frac{y - p_2}{q_2 - p_2} \tag{31}$$

o bien

$$\frac{x - p_1}{v_1} = \frac{y - p_2}{v_2} \tag{32}$$

Cualquiera de estas ecuaciones cartesianas se denomina *forma simétrica* de r.

Ejemplo

Continuando con el análisis del ejemplo citado.

a)   siguiendo los pasos indicados, se obtendría

$$\frac{x - 5}{0} = \frac{y - 3}{-4}$$

expresión carente de sentido, ya que la división por " 0 " **no está definida**.

b) La ecuación cartesiana simétrica, es:

$$\frac{x-4}{2} = \frac{y-5}{-3}$$

Observación. Los ejemplos ponen en evidencia que la ecuación cartesiana de una recta, en su forma simétrica, cuando ésta es paralela a uno de los ejes coordenados, ***no se puede escribir*** por anularse uno de los denominadores.

Mediante pasaje de términos y reordenando adecuadamente, es posible, a partir de las ecuaciones (31) ó (32), obtener una expresión de la forma:

$$Ax + By + C = 0 \tag{33}$$

llamada ecuación cartesiana ***forma implícita o general*** de r.

Ejemplo

En el caso (a) observando las ecuaciones paramétricas, vemos que, cualquiera sea el valor de t, se verifica siempre $x = 5$; en otras palabras, lo que caracteriza a los puntos de esta recta, es que cualquiera sea la ordenada y, la abcsisa permanece constante: $x = 5$.

Esta última expresión, tiene la forma de la ecuación (33), con $A = 1$, $B = 0$ y $C = -5$, y es la ecuación cartesiana implícita de esa recta.

En (b) $-3(x-4) = 2(y-5) \iff 3x + 2y = 22$.

En el caso de una recta paralela a uno de los ejes, en las ecuaciones paramétricas, está a la vista que lo que caracteriza a los puntos de la misma, es que la abcisa o la ordenada respectivamente, permanece constante y en las ecuaciones (29) ó (30) se tendrá:

$$x = p_1 \text{ o bien } y = p_2$$

Ecuaciones que describen completamente las rectas en cuestión y son ambas de la forma descripta en (33).

Observacion. También es posible llegar a una ecuación del tipo (33), a partir del sistema (29) ó (30), pensado como un sistema de ecuaciones en la incógnita t, y buscando la condición que deben cumplir x e y para que el mismo tenga solución.

Ejemplos

a)
$$\begin{cases} x = 5 + 0t \\ y = 3 - 4t \end{cases} \quad \longmapsto \quad \begin{cases} 0t = x - 5 \\ -4t = y - 3 \end{cases} \quad \longmapsto \quad \begin{array}{c|c} 0 & x - 5 \\ -4 & y - 4 \end{array}$$

La condición que se debe cumplir es:

$$x - 5 = 0$$

que, como puede apreciarse, es de la forma (33), con $A = 1$, $B = 0$ y $C = -5$.

b)
$$\begin{cases} x = 4 + 2t \\ y = 5 - 3t \end{cases} \quad \longmapsto \quad \begin{cases} 2t = x - 4 \\ -3t = y - 5 \end{cases} \quad \longmapsto \quad \begin{array}{c|c} 2 & x - 4 \\ -3 & y - 5 \\ \hline 2 & x - 4 \\ 0 & 3x + 2y - 22 \end{array}$$

Luego la condición es:

$$3x + 2y - 22 = 0$$

ó equivalentemente

$$3x + 2y = 22.$$

Si en (33), el coeficiente B es distinto de cero, entonces es posible despejar y obteniéndose:

$$y = -\frac{A}{B}x - \frac{C}{B}$$

Denominando:

$$-\frac{A}{B} = m \qquad \wedge \qquad -\frac{C}{B} = b$$

obtenemos

$$y = mx + b \tag{34}$$

Conocida como ***forma explícita*** de la ecuación cartesiana de la recta r.

En esta expresión, m es la *pendiente* o *coeficiente angular* de la recta y b es la *ordenada al origen*. El significado geométrico de estos términos se puede apreciar en la **Fig. 5.3**.

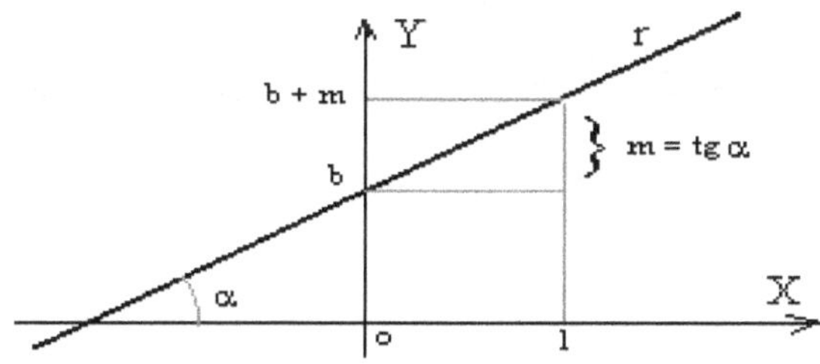

Figura 5.3

La pendiente indica en cuantas unidades cambia la ordenada de un punto, cuando su abcisa se incrementa en una unidad.

La ordenada al origen, es aquella correspondiente al punto intersección de la recta con el eje vertical.

La expresión (34), es la función real $f : \mathbb{R} \to \mathbb{R}$ dada por $f(x) = mx + b$. Para el caso particular en que $m = 0$, se tiene $f(x) = b$, que corresponde, según ya se ha visto, a una recta paralela al eje horizontal.

Para $m \neq 0$, f es inversible y $f^{-1}(x) = \frac{1}{m} x - \frac{b}{m}$.

Ejemplos

En el caso (a) del ejemplo que analizamos, no puede despejarse y por ser nulo su coeficiente; pero podemos escribir $x = 5$.

Para el caso (b) tenemos $y = -\dfrac{3}{2}x + 11$.

Finalmente, cuando en la expresión (33) se tiene $A \neq 0$, $B \neq 0$, $C \neq 0$, operando convenientemente se tiene

$$Ax + By = -C \implies \frac{Ax}{-C} + \frac{By}{-C} = 1 \implies \frac{x}{-\frac{C}{A}} + \frac{y}{-\frac{C}{B}} = 1$$

Y denominando $a = -\dfrac{C}{A}$ y $b = -\dfrac{C}{B}$ se obtiene la **forma segmentaria** de la ecuación cartesiana de r:

$$\frac{x}{a} + \frac{y}{b} = 1 \tag{35}$$

Donde a y b son respectivamente, la *abcisa* y *ordenada al origen*.

Gráficamente:

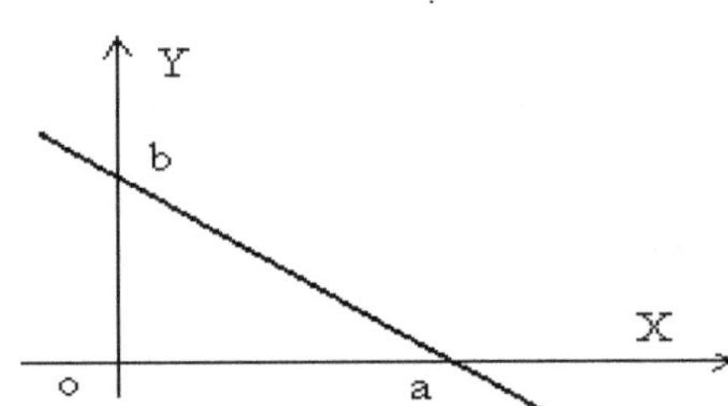

Figura 5.4

Ejemplos:

a) No es posible escribir la ecuación cartesiana segmentaria de esta recta, pues no tiene ordenada al origen.

b) $\dfrac{x}{22/3} + \dfrac{y}{11} = 1$

Observación. Para analizar si un cierto punto pertenece, o no, a una recta de ecuación conocida, cuando ésta es alguna de las formas cartesianas, se procede simplemente a reemplazar en ella x e y por las coordenadas del punto en cuestión; si la expresión es satisfecha, el punto pertenece a la recta, mientras la conclusión en caso contrario, es obvia. Si el dato es una de las ecuaciones paramétricas de la recta (vectorial o escalares), será necesario determinar si existe algún valor del parámetro t que verifique a la misma, debiendo notarse que, en el caso de las ecuaciones paramétricas escalares, *el mismo* valor para t ha de verificar *las dos* ecuaciones para que el punto pertenzca a la recta.

Ejemplos

En cada uno de los casos anteriores verifique el alumno si los puntos $M = (5,11)$ y $N = (5,7/2)$ pertenecen, o no, a la recta.

Observación. Según se ha analizado, por un punto P pasan infinitas rectas, de modo que para determinar una de ellas es necesario fijar una dirección por medio de un vector **v**, o equivalentemente, dar otro punto Q, con el que se construye el vector de dirección $Q - P$, paralelo a la recta.

Es posible también determinar la ecuación de una recta que contiene a un punto P, especificando un vector **a**, que sea perpendicular a ella. Para ello, podemos razonar de la siguiente manera:

Un punto arbitrario X pertenece a la recta r que contiene al punto P y es perpendicular al vector **a** si y sólo si, el segmento dirigido $\overrightarrow{PX}$, representante del vector libre $X - P$ es perpendicular a la flecha que representa al vector **a**. (Fig. 5.5)

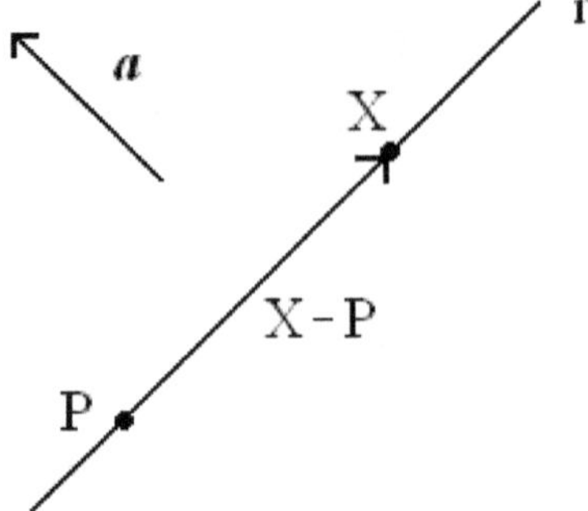

Fig. 5.5

En consecuencia:

$$X - P \perp \boldsymbol{a} \Leftrightarrow (X - P) \cdot \boldsymbol{a} = 0 \Leftrightarrow \boldsymbol{a} \cdot X = \boldsymbol{a} \cdot P$$

Considerando $X = (x, y)$, $P = (p_1, p_2)$, y $\boldsymbol{a} = (a_1, a_2)$, resulta:

$$\boldsymbol{a} \cdot X = (a_1, a_2) \cdot (x, y) = a_1 x + a_2 y = \boldsymbol{a} \cdot P = a_1 p_1 + a_2 p_2$$

Como en el razonamiento realizado, se suponen datos $\boldsymbol{a}$ y P, el segundo miembro en la última expresión es un número real b bien determinado, y se tiene

$$a_1 x + a_2 y = b$$

Lo que constituye la ecuación general de la recta r.

Debe observarse que en esta ecuación, los coeficientes de las incógnitas x e y son justamente las componentes del vector $\boldsymbol{a}$ perpendicular a la recta.

NOTA:

En el plano, cuando se tiene la ecuación general de una recta, los coeficientes de las incógnitas, definen las componentes de un vector que tiene dirección perpendicular a ella.

Determinar la ecuación de la recta r que contenga al punto $P = (3,-2)$ y sea perpendicular al vector $a = (4,5)$.

Solución:

$$0 = a \cdot (X - P) = (4,5) \cdot (x-3, y+2) = 4(x-3) + 5(y+2) = 4x + 5y - 2$$

5.2. Ecuaciones de la Recta en R^3

El mismo razonamiento que en $\mathbb{R}^2$ nos condujo a la ecuación paramétrica vectorial de una recta del plano, vale ahora en el espacio ($\mathbb{R}^3$).

- Dos puntos, $P = (p_1, p_2, p_3)$ y $Q = (q_1, q_2, q_3)$, no coincidentes, definen una recta r en el espacio.

Si $X = (x_1, x_2, x_3) \in r$, satisface la ecuación vectorial:

$$X = P + t(Q - P)$$

Donde $Q - P = v$ es un vector de dirección de la recta.

En forma desarrollada:

$$(x_1, x_2, x_3) = (p_1, p_2, p_3) + t(q_1 - p_1, q_2 - p_2, q_3 - p_3)$$

- Asimismo, un punto, tal como P y un vector de dirección no nulo $v = (v_1, v_2, v_3)$ definen una recta en $\mathbb{R}^3$, de ecuación vectorial

$$X = P + tv$$

O bien

$$(x_1, x_2, x_3) = (p_1, p_2, p_3) + t(v_1, v_2, v_3)$$

Como ya sabemos, estas ecuaciones paramétricas vectoriales, equivalen a un sistema de ecuaciones paramétricas escalares, que resultan de igualar en ellas las componentes homólogas, resultando:

$$\begin{cases} x_1 = p_1 + tv_1 \\ x_2 = p_1 + tv_2 \\ x_3 = p_1 + tv_3 \end{cases} \qquad o \quad bien \ : \qquad \begin{cases} v_1 t = x_1 - p_1 \\ v_2 t = x_2 - p_2 \\ v_3 t = x_3 - p_3 \end{cases}$$

La última expresión se puede pensar como un sistema de ecuaciones lineales en la única incógnita t, y cabe preguntarse: ¿Qué condiciones deben cumplir los términos independientes, para que el sistema sea compatible? en otras palabras, dado que p_1, p_2 y p_3 son números fijos, ¿Cómo deben ser las coordenadas x_1, x_2, x_3 de un punto X para que éste pertenezca a la recta?

Haciendo

$$A = \begin{bmatrix} v_1 \\ v_2 \\ v_3 \end{bmatrix} \qquad ; \qquad A|B = \begin{bmatrix} v_1 & x_1 - p_1 \\ v_2 & x_2 - p_2 \\ v_3 & x_3 - p_3 \end{bmatrix}$$

el teorema de Rouché-Frobenius nos indica que, para que el sistema tenga solución, ha de cumplirse: $r_f(A) = r_f(A|B)$.

Como se ha supuesto $\mathbf{v} \neq \mathbf{0}$, por lo menos una de sus componentes es distinta de cero.

En cualquier caso, se tendrá $r_f(A) = 1$, lo que implica dos filas nulas en la matriz reducida por filas, equivalente por filas a A, y en consecuencia, en la columna correspondiente a los términos independientes, surgen dos condiciones que se han de cumplir para que el sistema tenga solución.

Las condiciones tienen el aspecto siguiente:

$$\begin{cases} Ax_1 + Bx_2 + Cx_3 + D = 0 \\ A'x_1 + B'x_2 + C'x_3 + D' = 0 \end{cases}$$

y constituyen el sistema de ecuaciones cartesianas de la recta en $\mathbb{R}^3$.

Con el fin de eliminar el parámetro t en las ecuaciones paramétricas escalares, en principio, se puede actuar de manera similar a lo hecho en el caso del plano, es decir, despejar t en cada ecuación para luego igualar, siempre que $v_1 v_2 v_3 \neq 0$.

En este caso se obtiene:

$$\frac{x_1 - p_1}{v_1} = \frac{x_2 - p_2}{v_2} = \frac{x_3 - p_3}{v_3} \tag{36}$$

Ecuaciones cartesianas, **_forma simétrica_** de la recta.

A partir de estas igualdades, se puede obtener el sistema de dos ecuaciones cartesianas de la misma; debiendo observarse que, en realidad (36), es equivalente a un sistema de tres ecuaciones lineales, pero una de ellas es combinación lineal de las otras dos.

Ejemplo 1

Determinar la ecuación vectorial y un sistema de ecuaciones cartesianas de la recta definida por los puntos: $P = (3, 2, 1)$ y $Q = (1, 1, 0)$.

Ecuación vectorial:

$$(x, y, z) = (3, 2, 1) + t(2, 1, 1)$$

Ecuaciones paramétricas:

$$\begin{cases} x = 3 + 2t \\ y = 2 + t \\ z = 1 + t \end{cases}$$

Obtención de las ecuaciones cartesianas:

$$\begin{array}{c|l} 2 & x-3 \\ 1 & y-2 \\ 1 & z-1 \\ \hline 0 & x-2z+2-3 \\ 0 & y-z+1-2 \\ 1 & z-1 \end{array} \qquad F_1-2F_3,\ F_2-F_3$$

Luego:

$$\begin{cases} x \quad -2z = 1 \\ \quad y-z=1 \end{cases} \qquad \text{(Ec. Cartesianas de la recta)}$$

Las soluciones de este sistema, son las coordenadas de los puntos que pertenecen a la recta.

Ejemplo 2

Pondremos en evidencia, mediante un ejemplo numérico que, un par de ecuaciones con tres incógnitas, ambas con coeficientes no todos nulos, definen siempre una recta en R^3.

Consideremos el sistema:

$$\begin{cases} x-y-z=1 \\ 2x-y+z=5 \end{cases}$$

Buscamos la solución general del mismo:

$$\left[\begin{array}{ccc|c} 1 & -1 & -1 & 1 \\ 2 & -1 & 1 & 5 \end{array}\right] \xrightarrow{F_2-2F_1} \left[\begin{array}{ccc|c} 1 & -1 & -1 & 1 \\ 0 & 1 & 3 & 3 \end{array}\right] \xrightarrow{F_1+F_2} \left[\begin{array}{ccc|c} 1 & 0 & 2 & 4 \\ 0 & 1 & 3 & 3 \end{array}\right]$$

El sistema resolvente es

$$\begin{cases} x_1 = 4-2x_3 \\ x_2 = 3-3x_3 \end{cases}$$

Consecuentemente, la solución general es

$$\left(x_1, x_2, x_3\right) = \left(4 - 2x_3, 3 - 3x_3, x_3\right)$$

Denominando a $x_3 = t$, las operaciones definidas sobre ternas en $\mathbb{R}^3$ y las propiedades de las mismas, nos permiten re-escribir la solución general en la forma:

$$\left(x_1, x_2, x_3\right) = \left(4, 3, 0\right) + t\left(-2, -3, 1\right)$$

donde se pone a la vista que, la solución general del sistema planteado, puede pensarse como la ecuación vectorial de una recta que contiene al punto $P = \left(4, 3, 0\right)$ y tiene la dirección del vector $v = \left(-2, -3, 1\right)$.

En cada uno de los ejemplos, determine si los puntos $M = \left(2, 0, 1\right)$ y $N = \left(5, 3, 2\right)$ pertenecen a las respectivas rectas, o no.

Observaciones

1) Si el vector director de una recta del espacio, tiene dos componentes nulas, entonces se trata de una recta paralela a uno de los ejes coordenados.

Analizamos el caso en que son nulas las dos primeras componentes:

Sea la recta que contiene al punto $P = \left(p_1, p_2, p_3\right)$ y vector de dirección $v = \left(0, 0, c\right)$ con $c \neq 0$

Las ecuaciones paramétricas escalares son:

$$\begin{cases} x_1 = p_1 \\ x_2 = p_2 \\ x_3 = p_3 + tc \end{cases}$$

Todos los puntos de esta recta (ver Fig.5.6) tienen sus dos primeras componentes fijas.

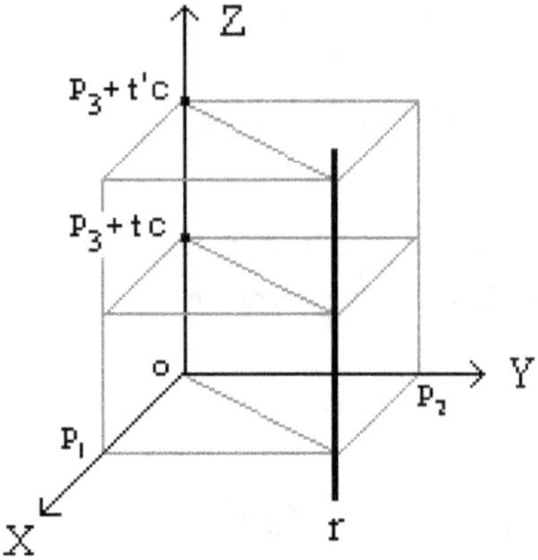

Figura 5.6

Resulta evidentemente una recta paralela al eje "Z".

2) Si el vector director de una recta del espacio, tiene sólo una componente nula, entonces se trata de una recta paralela a uno de los planos coordenados.

Analizaremos el caso en que es nula la segunda componente:

Sea la recta que contiene al punto $P = (p_1, p_2, p_3)$ y vector de dirección $v = (a, 0, c)$ con $ac \neq 0$.

Las ecuaciones paramétricas escalares son:

$$\begin{cases} x_1 = p_1 + at \\ x_2 = p_2 \\ x_3 = p_3 + ct \end{cases}$$

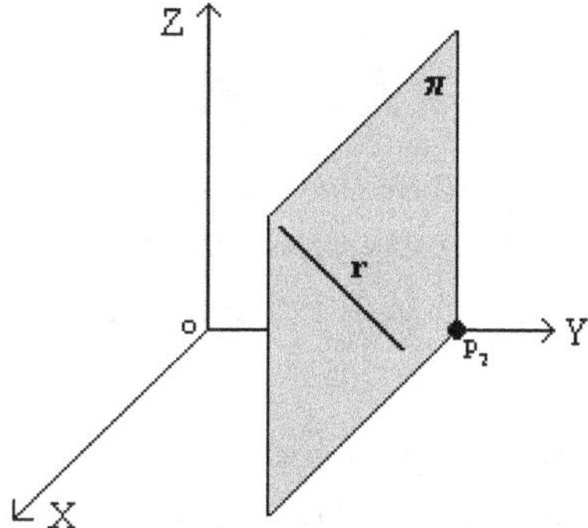

Figura 5.7

Aunque el tema "Plano" es el motivo de estudio del próximo punto, usando nuestra intuición geométrica, no es difícil darse cuenta, observando la Fig. 5.7, que todos los puntos cuya segunda coordenada es fija e igual a p_2, están situados sobre un plano π paralelo al coordenado "XZ". Como la recta en cuestión está situada sobre este plano π, es por lo tanto paralela a dicho plano coordenado.

5.3. Planos en R^3

Tres puntos no alineados, definen un plano.

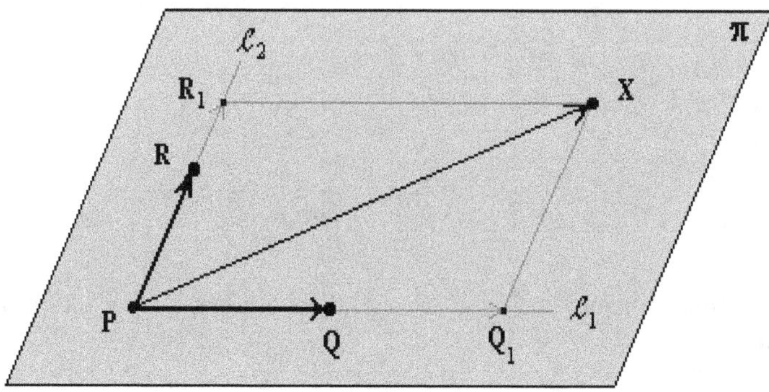

Figura 5.8

Sean P, Q y R los puntos y π el plano definido por ellos.

P y Q definen la recta ℓ_1, en tanto que P y R la ℓ_2, ambas contenidas en el plano π.

Si X es un punto que está en π, pero que no pertenece a las rectas mencionadas, trazando por este punto paralelas a ℓ_1 y ℓ_2, estas rectas auxiliares, cortan a las anteriores en los puntos Q_1 y R_1 según puede apreciarse en la **Fig. 5.8**, situación que no se da cuando $X \notin \pi$.

Resulta así que, "P", define con "Q" y "Q_1" respectivamente, los segmentos dirigidos $\overrightarrow{PQ}$ y $\overrightarrow{PQ_1}$ representantes de los vectores libres paralelos "$Q{-}P$" y "$Q_1{-}P$", y por lo tanto, se cumple:

$$Q_1 - P = \alpha\,(\,Q - P) \quad \text{con } \alpha \in \mathbb{R} \tag{37}$$

De manera similar, se tiene que:

$$R_1 - P = \beta\,(\,R - P) \quad \text{con } \beta \in \mathbb{R} \tag{38}$$

Por otra parte, se ve en la figura que, la flecha $\overrightarrow{PX}$, representante del vector libre "$X{-}P$", es igual a la suma de las flechas $\overrightarrow{PQ_1}$ y $\overrightarrow{Q_1X}$, siendo $\overrightarrow{Q_1X}$ y $\overrightarrow{PR_1}$ representantes del mismo vector libre "$R_1{-}P$", y por lo tanto:

$$X{-}P = (Q_1{-}P) + (R_1{-}P)$$

Teniendo en cuenta (37) y (38):

$$X{-}P = \alpha\,(Q{-}P) + \beta\,(R{-}P)$$

o equivalentemente:

$$X = P + \alpha\,(Q{-}P) + \beta\,(R{-}P) \tag{39}$$

Todo punto perteneciente al plano "π", verifica la ecuación (39), que es una ***ecuación vectorial*** de este plano.

Debe observarse que la expresión (39), incluye una ecuación vectorial de la recta "ℓ_1" si se elige $\beta = 0$, y de manera similar una ecuación vectorial de "ℓ_2" haciendo $\alpha = 0$.

Recíprocamente, todo punto "X" que verifique (39), pertenece al plano "π".

$$\text{Si } \alpha = 0 \Rightarrow X \in \text{"}\ell_2\text{"} \subset \pi \; ; \; \text{Si } \beta = 0 \Rightarrow X \in \text{"}\ell_1\text{"} \subset \pi$$

$$\text{Si } \alpha\beta \neq 0 \Rightarrow X\text{–}P = \alpha(Q\text{–}P) + \beta(R\text{–}P) = (Q_1\text{–}P) + (R_1\text{–}P)$$

En términos sagitales, al sumar las flechas $\overrightarrow{PQ_1}$ y $\overrightarrow{PR_1}$, se obtiene la flecha $\overrightarrow{PX}$ cuyo extremo "X", es la intersección de rectas pertenecientes al plano "π", por ser paralelas a "ℓ_1" y "ℓ_2", trazadas por los puntos "Q_1" y "R_1" que son puntos de dicho plano, y en consecuencia $X \in \pi$.

En resumen:

Un punto "X" pertenece al plano "π" si y sólo si:

$$X = P + \alpha(Q - P) + \beta(R - P) \text{ con } \alpha, \beta \in \mathsf{R}$$

Puesto que "X" representa a cualquier punto del plano, los valores (variables) reales α y β se denominan *parámetros*.

Ejemplo

Dar una ecuación vectorial del plano definido por los puntos:

$$P = (3, 2, 1), Q = (1, 1, 0) \text{ y } R = (0, 1, 1).$$

Aplicando (39):

$$\left(x_1, x_2, x_2\right) = \left(3, 2, 1\right) + \alpha\left(-2, -1, -1\right) + \beta\left(-3, -1, 0\right) \quad (40)$$

5.3.1. Observaciones

- En la ecuación (39), el punto "P", puede ser sustituído por "Q", ó "R", ó cualquiera otro punto que "esté en el plano π".

  Así, en el ejemplo anterior, otra ecuación vectorial del mismo plano sería:

$$\left(x_1, x_2, x_2\right) = \left(1,1,0\right) + \alpha\left(-2,-1,-1\right) + \beta\left(-3,-1,0\right)$$

- En (39), los vectores "Q–P" y "R–P", pueden sustituirse por múltiplos escalares de los mismos.

En el ejemplo que estamos analizando, puede resultar más cómodo utilizar los vectores $\left(2,1,1\right)$ y $\left(3,1,0\right)$ en lugar de los empleados en (40). En este caso, una nueva ecuación vectorial del plano considerado será:

$$\left(x_1, x_2, x_2\right) = \left(3,2,1\right) + \alpha\left(2,1,1\right) + \beta\left(3,1,0\right)$$

- Cuando los datos son tres puntos, es necesario construir dos vectores de dirección del plano: $Q - P = \boldsymbol{u}$ y $R - P = \boldsymbol{v}$, para escribir una ecuación vectorial; esto nos indica que, los datos podrían haber sido: un punto "P" perteneciente al plano y los dos vectores (no paralelos) de dirección "$\boldsymbol{u}$" y "$\boldsymbol{v}$". La ecuación vectorial se escribe entonces inmediatamente:

$$X = P + \alpha\boldsymbol{u} + \beta\boldsymbol{v} \tag{41}$$

Ejemplo

Dar una ecuación vectorial del plano que contiene al punto $P = \left(1,2,-1\right)$ y tiene los vectores de dirección $\boldsymbol{u} = \left(2,1,1\right)$ y $\boldsymbol{v} = \left(1,0,1\right)$.

Solución:

$$\left(x, y, z\right) = \left(1,2,-1\right) + \alpha\left(2,1,1\right) + \beta\left(1,0,1\right)$$

- En particular, el punto P puede ser el origen $0 = \left(0,0,0\right)$ del sistema y en este caso la ecuación del plano π_0 (que contiene al origen), será

$$X = \alpha\boldsymbol{u} + \beta\boldsymbol{v}$$

Como se aprecia en la figura, el plano π_0 es paralelo al plano π, puesto que el primero incluye rectas por el origen "ℓ_1'" y "ℓ_2'", que son paralelas a las rectas "ℓ_1" y "ℓ_2" del segundo por tener los mismos vectores de dirección "$\boldsymbol{u}$" y "$\boldsymbol{v}$".

El plano π puede ahora interpretarse gráficamente, como una traslación del plano π_0 según el vector P.

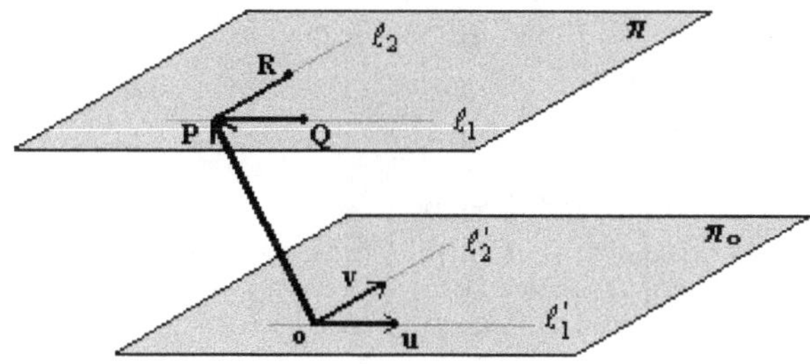

Figura 5.9

Consideremos nuevamente la ecuación (41):

$$X = P + \alpha\boldsymbol{u} + \beta\boldsymbol{v}$$

Escrita en forma desarrollada es:

$$(x, y, z) = (p_1, p_2, p_3) + \alpha(u_1, u_2, u_3) + \beta(v_1, v_2, v_3)$$

Expresión equivalente al sistema de ecuaciones:

$$\begin{cases} x = p_1 + u_1\alpha + v_1\beta \\ y = p_2 + u_2\alpha + v_2\beta \\ z = p_3 + u_3\alpha + v_3\beta \end{cases} \tag{42}$$

Álgebra y Geometría

Llamadas *ecuaciones paramétricas* (escalares) del plano π.

Pretendemos finalmente, obtener una expresión que vincule las coordenadas de un punto genérico del plano, sin la presencia de los *parámetros* α y β.

Para ello procedemos de manera análoga al caso de la recta en R^3, considerando a las ecuaciones (42), como un sistema de tres ecuaciones en las incógnitas "α" y "β".

$$\begin{cases} u_1\alpha + v_1\beta = x - p_1 \\ u_2\alpha + v_2\beta = y - p_2 \\ u_3\alpha + v_3\beta = z - p_3 \end{cases}$$

La matriz ampliada es:

$$\left[\begin{array}{cc|c} u_1 & v_1 & x - p_1 \\ u_2 & v_2 & y - p_2 \\ u_3 & v_3 & z - p_3 \end{array}\right]$$

Como los vectores $\boldsymbol{u}$ y $\boldsymbol{v}$ no son paralelos, sus componentes no son proporcionales y en consecuencia, la reducida por filas de la matriz anterior sólo puede tener una fila nula, siendo de la forma:

$$\left[\begin{array}{cc|c} 1 & 0 & * \\ 0 & 1 & * \\ 0 & 0 & Ax + By + Cz + D \end{array}\right]$$

con $A,B,C,D \in \mathsf{R}$ y A,B,C no todos nulos.

De donde la condición que deben cumplir los términos independientes para que el sistema sea compatible, será:

$$Ax + By + Cz + D = 0 \quad \text{con} \ \left(A,B,C\right) \neq \left(0,0,0\right) \qquad [43]$$

Ecuación cartesiana del plano π.

Ejemplo

Sea el plano definido por los puntos $P = (3, 2, 1)$, $Q = (1, 1, 0)$ y $R = (0, 1, 1)$.

Su ecuación vectorial ya fue encontrada:

$$(x_1, x_2, x_3) = (3, 2, 1) + \alpha(2, 1, 1) + \beta(3, 1, 0)$$

A partir de ella buscamos la ecuación cartesiana del plano:

$$\begin{cases} 2\alpha + 3\beta = x_1 - 3 \\ \alpha + \ \beta = x_2 - 2 \\ \alpha + 0\beta = x_3 - 1 \end{cases}$$

$$\left[\begin{array}{cc|c} 2 & 3 & x_1 - 3 \\ 1 & 1 & x_2 - 2 \\ 1 & 0 & x_3 - 1 \end{array} \right] \xrightarrow{\ F_1 - 2F_3 \ ; \ F_2 - F_3 \ ; \ F_1 - 3F_2\ } \left[\begin{array}{cc|c} 0 & 0 & x_1 - 3x_2 + x_3 + 2 \\ 0 & 1 & x_2 - x_3 - 1 \\ 1 & 0 & x_3 - 1 \end{array} \right]$$

Ecuación cartesiana:

$$x_1 - 3x_2 + x_3 = -2$$

Observación

Como un caso particular, un subconjunto de puntos del espacio caracterizados por tener una de sus coordenadas fija, obedece a una ecuación de la forma (43).

Ejemplos

I) $\quad x = 0$ es la ecuación del plano coordenado YZ.

II) $\quad y = 3$ es la ecuación de un plano paralelo al plano coordenado XZ que contiene a $P = (1, 3, 2)$.

III) $z = -5$ representa a un plano paralelo al plano coordenado XY, que contiene al punto $Q = (3, -1, -5)$.

Observación

Es posible también determinar la ecuación de un plano, cuando se conoce un punto P que pertenece a él y un vector a perpendicular al plano.

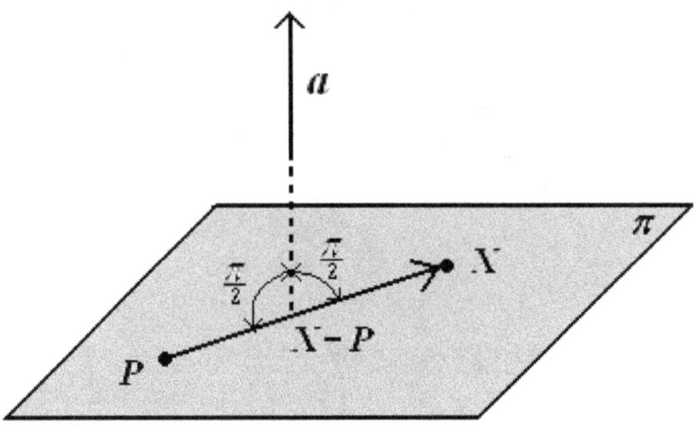

Fig. 5.10

En efecto, consideremos un plano π que incluye al punto P y es perpendicular al vector a. (Fig. 5.10). Cualquier punto genérico X, pertenece al plano π, si y sólo si, el segmento dirigido $\overrightarrow{PX}$, que representa a $X - P$, es perpendicular a la flecha representante del vector a. En consecuencia:

$$(X - P) \cdot a = 0 \Leftrightarrow a \cdot X = a \cdot P$$

Si $X = (x, y, z)$, $P = (p_1, p_2, p_3)$ y $a = (a_1, a_2, a_3)$ entonces

$$(a_1, a_2, a_3) \cdot (x, y, z) = (a_1, a_2, a_3) \cdot (p_1, p_2, p_3)$$

Y realizando las operaciones indicadas, y considerando que las componentes de a y las coordenadas de P son datos, se obtiene:

$$a_1 x + a_2 y + a_3 z = a_1 p_1 + a_2 p_2 + a_3 p_3 = b$$

Que, como ya hemos visto, es una ecuación cartesiana del plano π.

Ejemplo

Determinar una ecuación del plano π que contiene al punto $P = (1, -1, 2)$ y es perpendicular al vector $\boldsymbol{a} = (1, -2, 3)$.

Solución:

$$\pi: \ (1, -2, 3) \cdot (x, y, z) = (1, -2, 3) \cdot (1, -1, 2)$$

Luego:

$$\pi: \ x - 2y + 3z = 9$$

5.4. Paralelismo e Intersección

5.4.1. Rectas en el plano

Con un par de rectas en el plano, se pueden presentar las siguientes situaciones:

Definición 1

Dos rectas son ***concurrentes***, si y sólo si, tienen un único punto en común. (Fig. 5.11 – a)).

Definición 2

Dos rectas son ***paralelas no coincidentes***, si y sólo si, no tienen ningún punto en común. (Fig.5.11 – b)).

Definición 3

Dos rectas son ***paralelas coincidentes***, si y sólo si, tienen infinitos puntos en común. (Fig. 5.11 – c)).

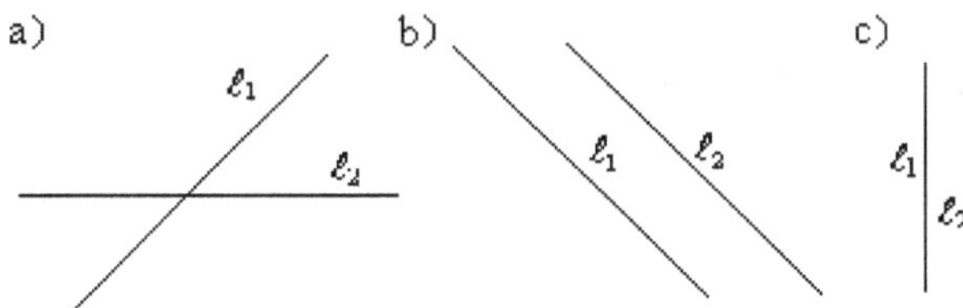

Figura 5.11

Para determinar la situación en que se encuentra un par de rectas en el plano, de acuerdo a las definiciones anteriores, es necesario analizar cuántos puntos tienen en común.

Algebráicamente éstos son aquellos que verifican las ecuaciones de ambas rectas.

Luego, el procedimiento consiste en resolver ese sistema de ecuaciones. Si resulta incompatible, no hay puntos en común y las rectas son paralelas; si es compatible determinado, existe sólo un punto común que es justamente la intersección de las rectas que son concurrentes y finalmente, si el sistema es compatible indeterminado, se tienen infinitas soluciones y las rectas son coincidentes.

Si se trabaja con las ecuaciones cartesianas de las rectas, y el sistema es compatible, se obtienen directamente las coordenadas de los puntos (o el punto) en común, como soluciones particulares, mientras que si se utilizan las ecuaciones paramétricas, las (o la) soluciones dan los valores de los parámetros, que reemplazados en las correspondientes ecuaciones, permitirán calcular los puntos comunes.

Ejemplos

Estudiar, en cada uno de los casos siguientes, la posición relativa de las rectas ℓ_1 y ℓ_2:

a. $\ell_1 : x - y = 1$ y $\ell_2: 2x + 3y = 17$

Solución

$$\begin{cases} x-y = 1 \\ 2x+3y = 17 \end{cases} \mapsto \left[\begin{array}{cc|c} 1 & -1 & 1 \\ 2 & 3 & 17 \end{array}\right] \mapsto \left[\begin{array}{cc|c} 1 & 0 & 4 \\ 0 & 1 & 3 \end{array}\right]$$

El sistema tiene solución única (4, 3), que es el punto de intersección de las rectas concurrentes ℓ_1 y ℓ_2.

b. $\ell_1 : 3x-2y=5$; ℓ_2: $6x-4y=7$

Solución

$$\begin{cases} 3x-2y=5 \\ 6x-4y=7 \end{cases} \mapsto \left[\begin{array}{cc|c} 3 & -2 & 5 \\ 6 & -4 & 7 \end{array}\right] \mapsto \left[\begin{array}{cc|c} 3 & -2 & 5 \\ 0 & 0 & -3 \end{array}\right]$$

La incompatibilidad del sistema está a la vista, no hay puntos comunes y las rectas son paralelas no coincidentes.

c. $\ell_1 : 3x-2y=5$; ℓ_2: $6x-4y=10$

Solución

$$\begin{cases} 3x-2y= 5 \\ 6x-4y=10 \end{cases} \mapsto \left[\begin{array}{cc|c} 3 & -2 & 5 \\ 6 & -4 & 10 \end{array}\right] \mapsto \left[\begin{array}{cc|c} 3 & -2 & 5 \\ 0 & 0 & 0 \end{array}\right]$$

Como el rango de la matriz de coeficientes es menor que el número de incógnitas, se tienen infinitas soluciones y las rectas son paralelas y coincidentes.

d. $\ell_1 : (x,y)=(1,2)+t(3,-1)$; ℓ_2: $(x,y)=(4,1)+s(-6,2)$

En este caso, el paralelismo de ambas rectas queda de manifiesto por el hecho que uno de los vectores de dirección es un múltiplo escalar del otro.

En efecto: $(-6, 2) = (-2).(3, -1)$

Siendo las rectas paralelas, o tienen todos los puntos en común (coincidentes), o ningún punto es común a ambas.

Para salir de la duda, sólo queda verificar si, por ejemplo $(4, 1)$ pertenece a ℓ_1:

Analicemos si existe algún valor de "t" que satisfaga:

$$(4,1) = (1,2) + t(3,-1)$$

La ecuación se verifica para $t = 1$, luego tienen un punto común y por ser paralelas, todos los restantes también, por lo que resultan coincidentes.

e. $\qquad \ell_1 : (x, y) = (1,2) + t(3,1); \quad \ell_2: \begin{cases} x = 4 - 3s \\ y = -1 + s \end{cases}$

Como los coeficientes de "s" en las ecuaciones paramétricas escalares de ℓ_2, son "-3" para "x" y "1" para "y" respectivamente, el vector director de esta recta es: $(-3, 1)$ que es múltiplo escalar del vector de dirección de ℓ_1: $(3, -1)$, por lo que estas rectas resultan ser paralelas.

Para ver si son coincidentes, determinaremos si un punto de una de ellas pertenece, o no, a la otra. Es obvio que $(1,2) \in \ell_1$. Analicemos si pertenece a ℓ_2, resolviendo el sistema de ecuaciones reemplazando x por 1 e y por 2:

$$\begin{cases} 1 = 4 - 3s \\ 2 = -1 + s \end{cases} \quad \Rightarrow \quad \begin{cases} s = 1 \\ s = 3 \end{cases}$$

La incompatibilidad del sistema está a la vista y en consecuencia las rectas no tienen puntos comunes, por lo que son paralelas no coincidentes.

f. $\qquad \ell_1 : (x, y) = (1,2) + t(3,-1); \quad \ell_2: 2x + 3y = 5$

La ecuación de ℓ_1 , equivale a:

$$\begin{cases} x = 1 + 3t \\ y = 2 - t \end{cases}$$

Los valores de "x" e "y" que verifican la última expresión son las coordenadas de puntos que pertenecen a ℓ_1 ; reemplazamos estos valores en la ecuación de ℓ_2 , y los puntos que la verifiquen pertenecen también a ella:

$$2\,(1+3\,t)+3\,(2-t)=5 \Rightarrow 3\,t=-3 \Rightarrow t=-1$$

Con este valor de "t", obtenemos de las ecuaciones paramétricas escalares de ℓ_1 :

$$\begin{cases} x = 1+3(-1) = -2 \\ y = 2-(-1) = 3 \end{cases}$$

El punto $P = (-2,\ 3)$, es el único común a ambas rectas y por lo tanto éstas son concurrentes.

g. $\ell_1 : (x,y) = (1,2) + t(3,-1)$; ℓ_2: $x + 3y = 1$

Procediendo en forma similar al caso anterior:

La ecuación de ℓ_1 , equivale a:

$$\begin{cases} x = 1 + 3t \\ y = 2 - t \end{cases}$$

Los valores de "x" e "y" que verifican la última expresión son las coordenadas de puntos que pertenecen a ℓ_1 ; reemplazamos estos valores en la ecuación de ℓ_2 , y los puntos que la verifiquen pertenecen también a ella:

$(1+3t)+3(2-t)=1 \Rightarrow 0t=-6$, ecuación incompatible, las rectas no tienen puntos comunes y son paralelas no coincidentes.

5.4.2. Rectas en el espacio

En el espacio, dos rectas pueden ser concurrentes, paralelas no coincidentes, o coincidentes, al igual que en el plano, pero aquí cabe una posibilidad más, esto es: que no tengan puntos comunes y además no sean paralelas, denominándoselas entonces *alabeadas*.

En la Fig. 5.12 mostramos la posibilidad de tal ocurrencia.

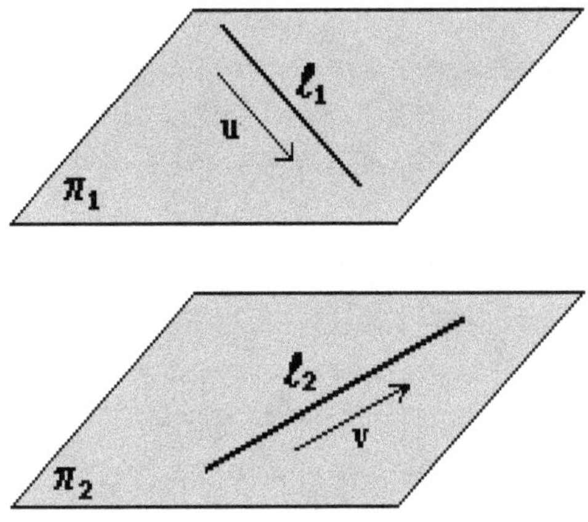

Figura 5.12

Si los planos π_1 y π_2 son paralelos no coincidentes, la intuición geométrica nos indica que no tienen puntos comunes y en consecuencia las rectas ℓ_1 y ℓ_2 pertenecientes respectivamente a los planos π_1 y π_2, tampoco los tendrán ; si además los vectores de dirección "*u*" y "*v*" de las respectivas rectas, no son múltiplo escalar uno del otro, éstas no son paralelas sino *alabeadas*.

Ejemplos

i) Sean las rectas:

$$r_1:\ (x,y,z)=(3,0,-1)+t(1,-1,-2)$$

$$r_2:\ (x,y,z)=(1,2,3)+s(2,1,1)$$

Los vectores de dirección está a la vista que no son colineales y por lo tanto las rectas no son paralelas; falta averiguar si se cortan o son alabeadas, para lo cual buscamos puntos comunes. Igualando las ecuaciones paramétricas escalares de ambas rectas tenemos:

$$\begin{cases} x=3+t=1+2s \\ y=-t=2+s \\ z=-1-2t=3+s \end{cases} \Rightarrow \begin{cases} t-2s=-2 \\ -t-s=2 \\ -2t-s=4 \end{cases} \Rightarrow \left[\begin{array}{cc|c} 1 & -2 & -2 \\ -1 & -1 & 2 \\ -2 & -1 & 4 \end{array}\right] \mapsto \left[\begin{array}{cc|c} 1 & 0 & -2 \\ 0 & 1 & 0 \\ 0 & 0 & 0 \end{array}\right]$$

El sistema es compatible para $t=-2$ y $s=0$, reemplazando cualquiera de estos valores en la ecuación correspondiente, se obtiene el único punto común que tienen estas rectas concurrentes: $P=(1,2,3)$.

ii)   Sean las rectas

$$r_1: \ (x,y,z)=(1,1,0)+t(2,1,1)$$

$$r_2: \ \begin{cases} x+3y-z=1 \\ 2x-y+z=5 \end{cases}$$

Los puntos de r_1, verifican las ecuaciones:

$$\begin{cases} x=1+2t \\ y=1+t \\ z=t \end{cases}$$

Los puntos de r_1, que también pertenezcan a r_2, deben satisfacer el sistema de ecuaciones:

$$\begin{cases} (1+2t)+3(1+t)-t=1 \\ 2(1+2t)-(1+t)+t=5 \end{cases} \Rightarrow \begin{cases} t=-\frac{3}{4} \\ t=\frac{5}{4} \end{cases}$$

El sistema es incompatible, por lo que las rectas serán paralelas (no coincidentes) o alabeadas. Para dirimir esto último analicemos los vectores de dirección de las rectas:

El correspondiente a r_1 está a la vista, es $\boldsymbol{u}=(2,1,1)$

Resolvamos el sistema de ecuaciones correspondiente a r_2, para determinar un vector director de ella.

$$\begin{cases} x + 3y - z = 1 \\ 2x - y + z = 5 \end{cases} \Rightarrow \begin{bmatrix} 1 & 3 & -1 & | & 1 \\ 2 & -1 & 1 & | & 5 \end{bmatrix} \mapsto \begin{bmatrix} 1 & 0 & \frac{2}{7} & | & \frac{16}{7} \\ 0 & 1 & -\frac{3}{7} & | & -\frac{3}{7} \end{bmatrix}$$

Las soluciones son de la forma:

$$(x, y, z) = (\tfrac{16}{7}, \tfrac{-3}{7}, 0) + k(\tfrac{-2}{7}, \tfrac{3}{7}, 1)$$

Hemos obtenido una ecuación vectorial de la recta r_1. Un vector de dirección de ella es: v = $(-2, 3, 7)$, que evidentemente no es paralelo al "u"; las rectas son alabeadas.

5.4.3. Recta y plano

Las posiciones relativas que una recta puede asumir respecto de un plano en el espacio, se esbozan en la Fig.2.31 y son:

i)   La recta "ℓ" corta al plano "π". (Ambos tienen un único punto común).

ii)   La recta $\ell \subset \pi_1$ es paralela al plano π_2. (No existen puntos comunes).

iii)   La recta "ℓ" está incluída en el plano "π". (Todos los puntos de la recta pertenecen al plano).

Analíticamente, será necesario estudiar el sistema de ecuaciones que resulta de considerar las correspondientes al plano y a la recta conjuntamente.

Si el sistema es incompatible, no hay puntos comunes y la recta es paralela al plano.

Cuando el sistema sea compatible determinado, la única solución es el punto común a ambos; si fuera indeterminado, se tendrán infinitas soluciones, que son justamente los puntos de la recta (pertenecientes también al plano).

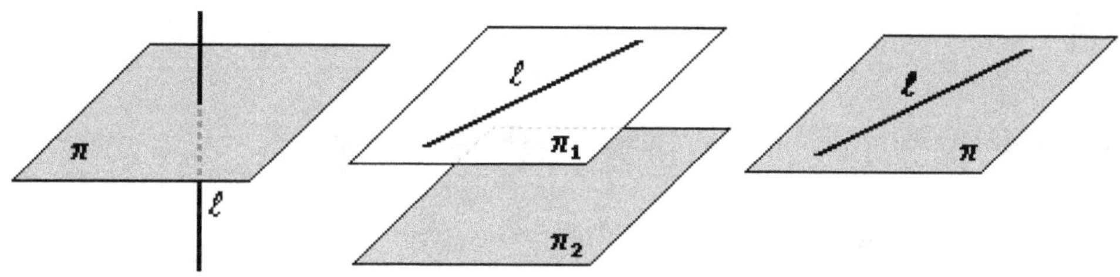

Figura 5.13

Ejemplo 1

Sean una recta y un plano definidos por sus respectivas ecuaciones:

$$r: (x_1, x_2, x_3) = (3,1,1) + t(2,-1,1)$$

$$\pi: (x_1, x_2, x_3) = (3,1,5) + \alpha(1,0,2) + \beta(0,1,3)$$

Para buscar los puntos comunes, igualaremos las coordenadas homólogas en las correspondientes ecuaciones paramétricas escalares:

$$\begin{cases} x_1 = 3 + 2t = 3 + \alpha \\ x_2 = 1 - t = 1 + \beta \\ x_3 = 1 + t = 5 + 2\alpha + 3\beta \end{cases} \Rightarrow \begin{cases} \alpha - 2t = 0 \\ \beta + t = 0 \\ 2\alpha + 3\beta - t = -4 \end{cases}$$

Resolviendo:

$$\begin{bmatrix} 1 & 0 & -2 & | & 0 \\ 0 & 1 & 1 & | & 0 \\ 2 & 3 & -1 & | & -4 \end{bmatrix} \sim \begin{bmatrix} 1 & 0 & -2 & | & 0 \\ 0 & 1 & 1 & | & 0 \\ 0 & 0 & 0 & | & -4 \end{bmatrix}$$

La incompatibilidad es evidente, no existen valores de los parámetros que conduzcan a puntos en común, la recta es paralela al plano.

Ejemplo 2.

Analizar la posición relativa de la recta y el plano cuyas ecuaciones son:

$$\pi : \ x_1 + x_2 + x_3 = 0$$

$$r : \begin{cases} x_1 + 2x_3 = 3 \\ 2x_1 + x_2 - x_3 = 4 \end{cases}$$

Si la intersección de la recta y el plano no es el vacío, las ternas comunes deben verificar tanto las ecuaciones de la recta, como la del plano ; estudiaremos por lo tanto el sistema:

$$\begin{cases} x_1 + x_2 + x_3 = 0 \\ x_1 + 2x_3 = 3 \\ 2x_1 + x_2 - x_3 = 4 \end{cases}$$

$$\begin{bmatrix} 1 & 1 & 1 & 0 \\ 1 & 0 & 2 & 3 \\ 2 & 1 & -1 & 4 \end{bmatrix} \mapsto \begin{bmatrix} 1 & 0 & 0 & {}^{14}\!/_4 \\ 0 & 1 & 0 & {}^{-13}\!/_4 \\ 0 & 0 & 1 & {}^{-1}\!/_4 \end{bmatrix}$$

La solución es única, luego en el punto $({}^{14}\!/_4, {}^{-13}\!/_4, {}^{-1}\!/_4)$ se produce la intersección de la recta con el plano.

5.4.4. Planos en el espacio

Dos planos π_1 y π_2 en el espacio, o son coincidentes (tienen todos los puntos comunes), o se intersecan (tienen en común los puntos de la recta " r " intersección de ambos), o bien son paralelos (no existen puntos comunes). Fig.5.14 .

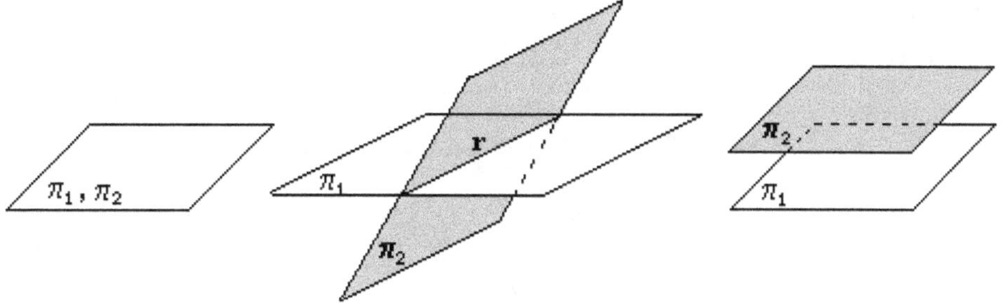

Figura 5.14

Ejemplos

Ejemplo 1.

Estudiar la posición relativa de los siguientes planos en el espacio.

$$\pi_1 \;:\; (x_1, x_2, x_3) = (2,1,6) + \alpha(1,-1,-1) + \beta(1,1,5)$$
$$\pi_2 \;:\; (x_1, x_2, x_3) = (1,3,2) + \alpha'(1,1,1) + \beta'(3,-3,-1)$$

Igualando las coordenadas homólogas:

$$\begin{cases} x_1 = 2+\alpha+\beta = 1+\alpha'+3\beta' \\ x_2 = 1-\alpha+\beta = 3+\alpha'-3\beta' \\ x_3 = 6-\alpha+5\beta = 2+\alpha'-\beta' \end{cases} \Rightarrow \begin{cases} \alpha+\beta-\alpha'-3\beta' = -1 \\ -\alpha+\beta-\alpha'+3\beta' = 2 \\ -\alpha+5\beta-\alpha'+\beta' = -4 \end{cases}$$

Resolviendo el último sistema:

$$\begin{bmatrix} 1 & 1 & -1 & -3 & | & -1 \\ -1 & 1 & -1 & 3 & | & 2 \\ -1 & 5 & -1 & 1 & | & -4 \end{bmatrix} \mapsto \begin{bmatrix} 1 & 0 & 0 & -3 & | & -\tfrac{3}{2} \\ 0 & 1 & 0 & -\tfrac{1}{2} & | & -\tfrac{3}{2} \\ 0 & 0 & 1 & -\tfrac{1}{2} & | & -2 \end{bmatrix}$$

Sistema resolvente:

$$\begin{cases} \alpha = -\dfrac{3}{2} + 3\beta' \\[2mm] \beta = -\dfrac{3}{2} + \dfrac{1}{2}\beta' \\[2mm] \alpha' = -2 + \dfrac{1}{2}\beta' \end{cases}$$

Reemplazando en las ecuaciones de ambos planos los parámetros en función de β', se obtiene:

$$(x_1, x_2, x_3) = (-1, 1, 0) + \beta'(7, -5, -1)$$

Que es una ecuación vectorial de la recta intersección de ambos planos.

Ejemplo 2.

Estudiar la posición relativa de los planos:

$$\pi_1 \;:\; x_1 + x_2 + x_3 = -1$$

$$\pi_2 \;:\; \begin{cases} x_1 = 1 - \alpha - \beta \\ x_2 = 1 + \alpha \\ x_3 = 1 + \beta \end{cases}$$

Reemplazando en la ecuación de π_1 las coordenadas de los puntos de π_2:

$$1 - \alpha - \beta + 1 + \alpha + 1 + \beta = -1 \Rightarrow 3 = -1$$

Ecuación incompatible que pone en evidencia que los planos son paralelos.

Ejemplo 3.

Lo mismo que el caso anterior pero con los planos:

$$\pi_1 \ : \ x_1 + x_2 + x_3 = -1$$

$$\pi_2 \ : \ \begin{cases} x_1 = -1 - \alpha - \beta \\ x_2 = \alpha \\ x_3 = \beta \end{cases}$$

Reemplazando en la ecuación de π_1 las coordenadas de los puntos de π_2:

$$-1 - \alpha - \beta + \alpha + \beta = -1 \Rightarrow -1 = -1$$

Se ha llegado a una identidad que se verifica cualesquiera sean los valores asignados a α y a β, lo que nos indica que los planos son coincidentes.

Ejemplo 4.

¿Cuál es la posición relativa de los siguientes planos?

$$\pi_1 \ : \ x + 2y - z = 3$$
$$\pi_2 \ : \ -2x - 4y + 2z = 5$$

Armamos y estudiamos el sistema formado con las ecuaciones de ambos planos:

$$\begin{cases} x + 2y - z = 3 \\ -2x - 4y + 2z = 5 \end{cases} \mapsto \begin{bmatrix} 1 & 2 & -1 & | & 3 \\ -2 & -4 & 2 & | & 5 \end{bmatrix} \mapsto \begin{bmatrix} 1 & 2 & -1 & | & 3 \\ 0 & 0 & 0 & | & 1 \end{bmatrix}$$

Sistema incompatible, no hay puntos comunes, los planos son paralelos.

5.5. Poblemas métricos

Ángulo entre rectas

Considerando un par de rectas tales como ℓ_1 y ℓ_2 (Fig. 5.15), se observa que las mismas determinan un par de ángulos, α y β. Si una de ellas se deja fija y a la otra la hacemos rotar, los ángulos mencionados van tomando diferentes valores; sin embargo, no cuesta darse cuenta que, en todos los casos, uno de ellos toma sus valores entre 0 y $\pi/2$.

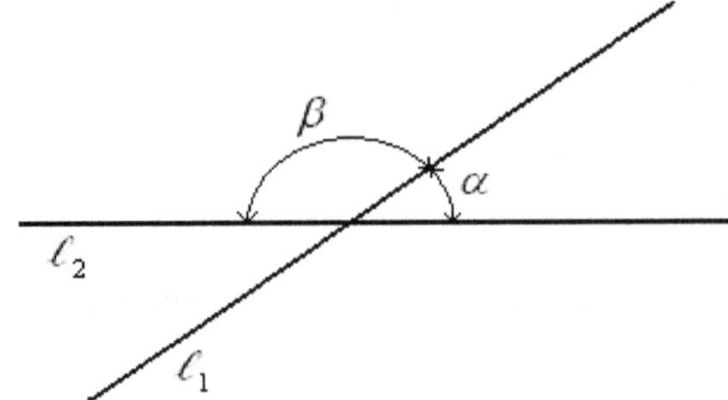

Fig. 5.15

Para evitar indeterminaciones, basándonos en éste hecho, damos la siguiente definición.

Definición

Se toma como ángulo entre las rectas ℓ_1 y ℓ_2, al menor de los dos posibles, esto es:

$$\sphericalangle(\ell_1, \ell_2) = \alpha \quad \text{con} \quad 0 \leq \alpha \leq \pi/2$$

Si se conocen las ecuaciones vectoriales de las rectas:

$$\ell_1 : X = P + t\boldsymbol{u}$$
$$\ell_2 : X = Q + s\boldsymbol{v}$$

Es posible calcular el ángulo $0 \leq \alpha \leq \pi$ determinado por los vectores $\boldsymbol{u}$ y $\boldsymbol{v}$.

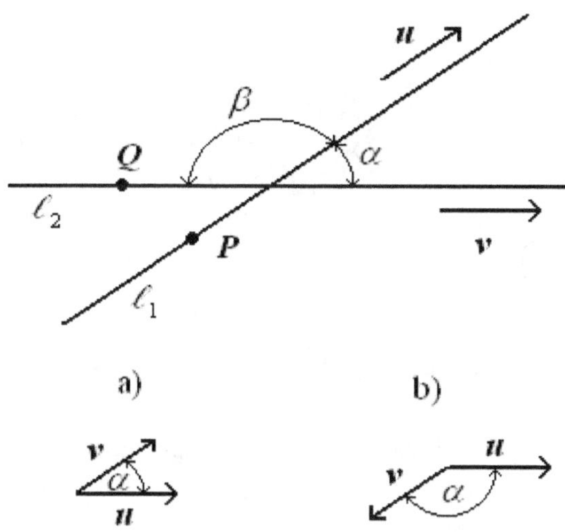

Fig. 5.16

Si el valor obtenido está comprendido entre 0 y $\pi/2$, de acuerdo a la definición ese es el ángulo determinado por las rectas en cuestión: $\sphericalangle(\ell_1, \ell_2) = \sphericalangle(u, v) = \alpha$.

Si dicho valor es $\pi/2 < \alpha \leq \pi$, entonces el ángulo determinado por ℓ_1 y ℓ_2 se obtiene restando de π el valor hallado, o sea: $\sphericalangle(\ell_1, \ell_2) = \pi - \sphericalangle(u, v) = \alpha$.

Ejemplo

Evaluar el ángulo determinado por las siguientes rectas:

$$\ell_1: \ (x, y) = (1, 2) + t\left(\sqrt{3}, 1\right)$$
$$\ell_2: \ (x, y) = (1, 2) + s\left(1, \sqrt{3}\right)$$

Solución:

Los vectores $u = \left(\sqrt{3}, 1\right)$ y $v = \left(1, \sqrt{3}\right)$ son paralelos a las rectas ℓ_1 y ℓ_2 respectivamente.

Luego:

$$\text{Si } \measuredangle(\boldsymbol{u},\boldsymbol{v}) = \alpha, \text{ entonces: } \cos\alpha = \frac{\left(\sqrt{3},1\right)\cdot\left(1,\sqrt{3}\right)}{\left\|\left(\sqrt{3},1\right)\right\|\left\|\left(1,\sqrt{3}\right)\right\|}\frac{2\sqrt{3}}{2\times 2} = \frac{\sqrt{3}}{2} \Rightarrow \alpha = 30°$$

Como: $0 \le \theta = 30° \le \pi/2$, se tiene:

$$\measuredangle\left(\ell_1,\ell_2\right) = \measuredangle\left(\boldsymbol{u},\boldsymbol{v}\right) = \alpha = 30°$$

Si las rectas están definidas por sus ecuaciones cartesianas implícitas:

$$\ell_1 : \ a_1 x + a_2 y = c$$
$$\ell_2 : \ b_1 x + b_2 y = d$$

Entonces los vectores $\boldsymbol{a} = \left(a_1,a_2\right)$ y $\boldsymbol{b} = \left(b_1,b_2\right)$ son respectivamente perpendiculares a las

rectas ℓ_1 y ℓ_2 (ver Fig.2.35), y el ángulo α definido por ellos es igual al determinado por las rectas si se cumple $0 \le \alpha \le \pi/2$:

$$\measuredangle\left(\ell_1,\ell_2\right) = \measuredangle\left(\boldsymbol{a},\boldsymbol{b}\right) = \alpha$$

o bien hay que restarlo de π si $\pi/2 < \alpha \le \pi$:

$$\measuredangle\left(\ell_1,\ell_2\right) = \pi - \measuredangle\left(\boldsymbol{a},\boldsymbol{b}\right) = \alpha$$

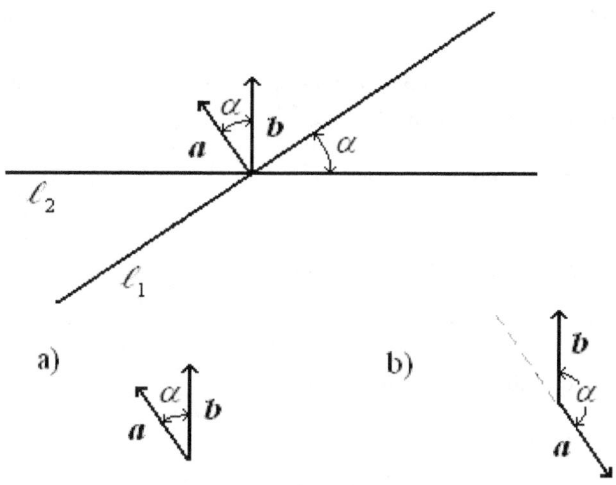

a)   b)

Fig. 5.17

Ejemplo

Determine el ángulo definido lor las rectas:

$$\ell_1 : x - y = 2$$
$$\ell_2 : \quad y = 5$$

Solución:

Los vectores $a = (1,-1)$ y $b = (0,5)$ son perpendiculares a las respectivas rectas.

Luego si $\sphericalangle(a,b) = \theta$, entonces: $\cos\theta = \dfrac{(1,-1)\cdot(0,5)}{\|(1,-1)\|\cdot\|(0,5)\|} = \dfrac{-5}{5\sqrt{2}} = -\dfrac{\sqrt{2}}{2} \Rightarrow \theta = 135°$

Como $\pi/2 \leq \theta = 135° \leq \pi$, el ángulo que forman las rectas es:

$$\sphericalangle(\ell_1,\ell_2) = \pi - \theta = \alpha = 180° - 135° = 45°$$

5.5.2. Ángulo entre planos

Consideremos dos planos no paralelos ni coincidentes π_1 y π_2 que se cortan según una recta. Los dos planos determinan dos ángulos diedros.

Como en el caso de rectas, para evitar confusiones, tomaremos como ángulo definido por los planos, al menor de ellos.

Por lo tanto: $\sphericalangle\left(\pi_1,\pi_2\right)=\alpha$ cuando $0 \le \alpha \le \pi/2$. O bien: $\sphericalangle\left(\pi_1,\pi_2\right)=\pi-\alpha$ si $\pi/2 < \alpha \le \pi$

Suponiendo conocidas sus ecuaciones cartesianas:

$$\pi_1:\quad a_1 x + a_2 y + a_3 z = c$$
$$\pi_2:\quad b_1 x + b_2 y + b_3 z = d$$

Según se ha visto, los coeficientes de las incógnitas pueden interpretarse como las componentes de un vector perpendicular al plano, y en consecuencia, se tiene que los vectores $\boldsymbol{a}=\left(a_1,a_2,a_3\right)$ y $\boldsymbol{b}=\left(b_1,b_2,b_3\right)$ son respectivamente perpendiculares a los planos π_1 y π_2. La **Fig. 5.18** interpreta el caso desde una situación en la que ambos planos son vistos "de canto" y por lo tanto su recta intersección es un punto $\boldsymbol{M}$.

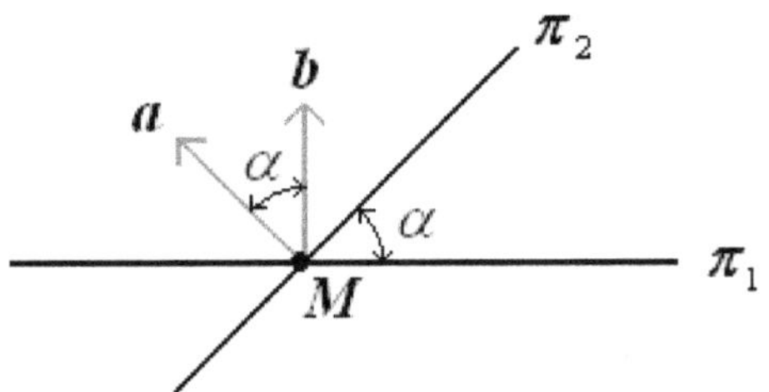

Fig.5.18

Por tener sus lados respectivamente perpendiculares, el ángulo definido por ambos planos (vistos de canto en la Fig. 5.18) y por los representantes con origen común ($\boldsymbol{M}$) de los vectores $\boldsymbol{a}$ y $\boldsymbol{b}$, son iguales, verificándose:

$$\sphericalangle\left(\pi_1,\pi_2\right)=\sphericalangle\left(\boldsymbol{a},\boldsymbol{b}\right)=\alpha$$

Si uno de los vectores tuviera sentido opuesto al asignado en la **Fig.5.18**, entonces se tendría:

$$\sphericalangle\left(\pi_1,\pi_2\right)=\pi-\sphericalangle\left(\boldsymbol{a},\boldsymbol{b}\right)=\alpha$$

Ejemplo

Determinar el ángulo que forman los siguientes planos:

$\pi_1:\ z=0$

$\pi_2:\ y-z=0$

Solución:

El vector $\boldsymbol{a}=\left(0,0,1\right)$ es perpendicular a π_1, en tanto que $\boldsymbol{b}=\left(0,1,-1\right)$ lo es a π_2.

Luego, llamando $\sphericalangle\left(\boldsymbol{a},\boldsymbol{b}\right)=\varphi$, se tiene:

$$\cos\varphi=\frac{\left(0,0,1\right)\cdot\left(0,1,-1\right)}{\left\|\left(0,0,1\right)\right\|\cdot\left\|\left(0,1,-1\right)\right\|}=\frac{-1}{\sqrt{2}}=-\frac{\sqrt{2}}{2}\Rightarrow\varphi=135°$$

Como $\pi/2\le\varphi=135°\le\pi$

El ángulo entre los planos es:

$$\sphericalangle\left(\pi_1,\pi_2\right)=\pi-\varphi=180°-135°=45°$$

Problemas de distancia

Para resolver este tipo de problemas en $\mathbb{R}^2$ ó $\mathbb{R}^3$ tendremos en cuenta la siguiente definición:

Sea P un punto y S un subconjunto de $\mathbb{R}^2$ ó $\mathbb{R}^3$; se denomina distancia de P a S y la denotamos $d(P,S)$ al ínfimo de las distancias entre P y los distintos puntos de S.

Analíticamente:

$$d(P,S) = \inf\left\{d(P,Q) \mid Q \in S\right\}$$

Se dice que Q es el punto de S más próximo de P.

5.5.3.1. Distancia de un punto a una recta en el plano

■ De acuerdo con la definición anterior, la distancia de un punto P a una recta ℓ es:

$$d(P,\ell) = \inf\left\{d(P,Q) \mid Q \in \ell\right\}$$

Según la geometría elemental, para determinar el punto $Q \in \ell$ más próximo de P, se debe trazar por P una perpendicular a la recta ℓ (Fig.5.19). La intersección de ambas rectas es el punto Q buscado.

Una manera de proceder consiste en lo siguiente:

i) Definir una recta ℓ' que contenga al punto P y sea perpendicular a ℓ.

Para dar una ecuación de la recta ℓ', es necesario observar qué ecuación se da como dato para ℓ; de donde es posible inducir inmediatamente un vector que será, según el caso, paralelo o perpendicular a ella, y a partir de éste, elegir un vector que permita definir adecuadamente ℓ'.

ii) Calcular la intersección de ℓ y ℓ', esto es: $\ell \cap \ell' = Q$ (punto de ℓ más próximo de P.

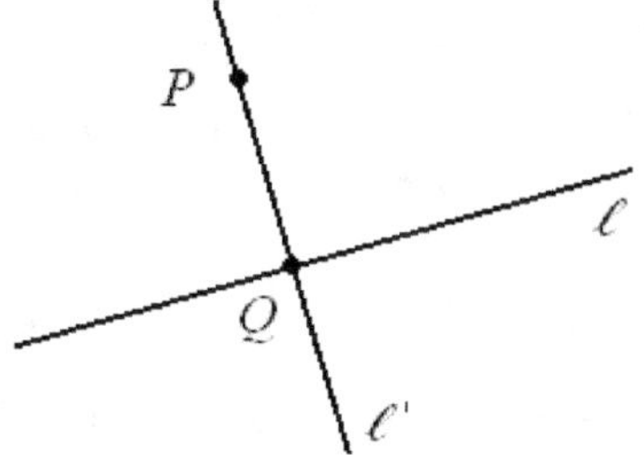

Fig.5.19

iii)   Finalmente distancia del punto P a la recta ℓ :

$$d(P,\ell)=d(P,Q)$$

Ejemplo

Dado el punto $P=(3,2)$ y la recta ℓ de ecuación: $(x,y)=(1,-4)+t(2,1)$, se pide determinar el punto de ℓ más próximo de P y la distancia de P a la recta ℓ .

SOLUCIÓN:

i)   En la **Fig. 5.20**, puede apreciarse que, de acuerdo a los datos, el vector $u=(2,1)$ es paralelo a la recta ℓ. En consecuencia ℓ' podría definirse tomando a u como vector perpendicular a ella, con lo que es posible escribir la ecuación implícita de la misma, teniendo en cuenta además que debe contener al punto P.

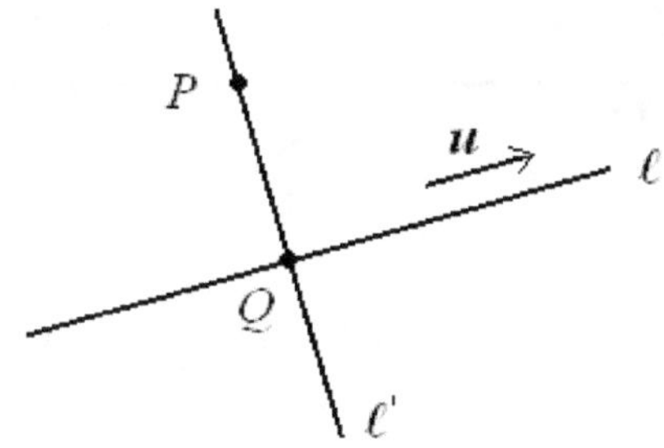

Fig.5.20

Luego: $\ell':\ 2x+y=8$

ii)   Para hallar la intersección de ambas rectas, optamos por escribir las ecuaciones paramétrica escalares de ℓ, para luego reemplazar los valores de x e y en la ecuación de ℓ':

$$\begin{cases} x=1+2t \\ y=-4+t \end{cases} \mapsto \quad 2(1+2t)-4+t=8 \Rightarrow t=2 \Rightarrow (x,y)=(5,-2)=Q$$

iii)   Por último:

$$d(P,\ell)=d(P,Q)=\big\|(5,-2)-(3,2)\big\|=\big\|(2,-4)\big\|=\sqrt{20}=2\sqrt{5}$$

5.5.3.2 *Distancia de un punto a una recta en el espacio*

En este caso, hay infinitas rectas que contienen a P y tienen dirección perpendicular a ℓ, por lo que no es aplicable el procedimiento usado en el plano.

Sin embargo, es posible definir un plano que contenga a P y sea perpendicular a ℓ. La intersección de este plano con la recta determina el punto Q, más próximo de P (Fig. 5.21).

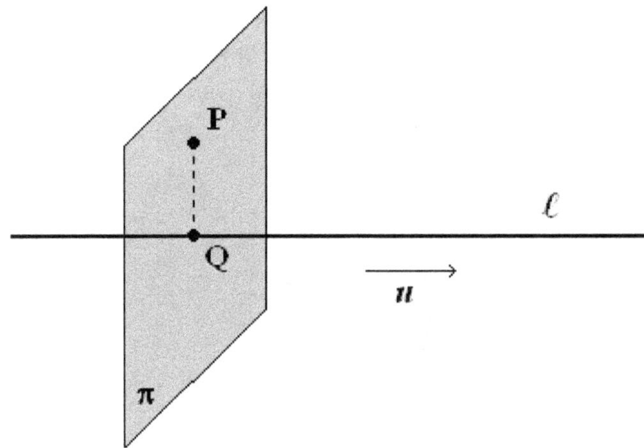

Fig. 5.21

Ejemplo

Dado el punto $P = (1,1,2)$ y la recta $\ell : (x,y,z) = (2,0,5) + t(2,-1,1)$, se pide determinar el punto de ℓ más próximo de P y la distancia de P a la recta ℓ.

i) En la **Fig. 5.21**, puede apreciarse que, de acuerdo a los datos, el vector $u = (2,-1,1)$ es paralelo a la recta ℓ. En consecuencia podría obtenerse el plano π definido por el vector u perpendicular a él y que contenga al punto P, escribiendo la ecuación cartesiana del mismo:

$$\pi : \quad 2x - y + z = 3$$

ii) Para hallar la intersección del plano y la recta, utilizaremos las ecuaciones paramétricas escalares de ℓ, para luego reemplazar los valores de x, y y z en la ecuación del plano.

$$\begin{cases} x = 2 + 2t \\ y = -t \\ z = 5 + t \end{cases} \quad \mapsto \quad 2(2+2t) - (-t) + (5+t) = 3 \Rightarrow t = -1 \Rightarrow Q = (0,1,4)$$

iii) Finalmente: distancia del punto P a la recta ℓ :

$$d(P,\ell) = d(P,Q) = \left\| (1,1,2) - (0,1,4) \right\| = \left\| (1,0,-2) \right\| = \sqrt{5}$$

5.5.3.3 *Distancia de un punto a un plano*

El modo de trabajar en el caso anterior, nos induce a resolver este problema.

1°) Construir una recta ℓ que contenga a P y sea perpendicular al plano π. (Fig.5.22)

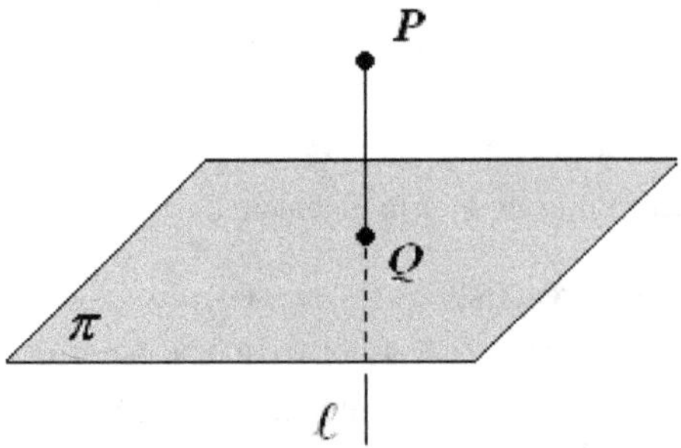

Fig.5.22

2°) Hallar la intersección de esa recta con el plano π, obteniendo: $\pi \cap \ell = Q$, punto del plano más próximo de P.

3°) Distancia del punto P al plano π : $d(\pi,P) = d(Q,P)$

Ejemplo

Sea el punto $P = (1,1,1)$ y el plano π: $x - y - z = 0$

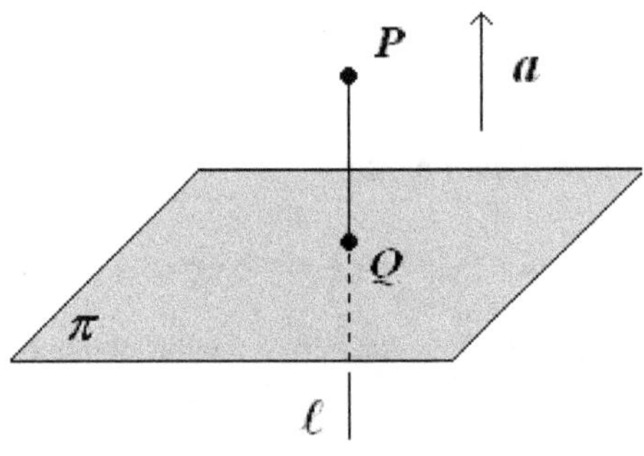

Fig.5.23

1º) Para definir la recta ℓ que contenga a P y sea perpendicular al plano π (Fig.5.23) usamos el vector $a = (1,-1,-1)$ perpendicular a π, como vector de dirección de la misma.

$$\ell: \quad (x,y,z) = (1,1,1) + t(1,-1,-1)$$

2º) Calcular intersección de π y ℓ:

$$\ell: \quad \begin{cases} x = 1+t \\ y = 1-t \\ z = 1-t \end{cases} \mapsto \quad (1+t)-(1-t)-(1-t) = \quad \Rightarrow \quad t = \frac{1}{3} \quad \Rightarrow \quad Q = \left(\frac{4}{3}, \frac{2}{3}, \frac{2}{3}\right)$$

3º) $d(\pi, P) = d(Q, P) = \|Q - P\| = \left\|\left(\frac{1}{3}, -\frac{1}{3}, -\frac{1}{3}\right)\right\| = \sqrt{\frac{3}{9}} = \frac{\sqrt{3}}{3}$

5.5.3.4 *Distancia entre dos rectas alabeadas*

Hay varias maneras de enfocar el problema, tal vez la más directa, es la siguiente:

i) Si las rectas son ℓ y ℓ', tomar dos puntos $P \in \ell$ y $Q \in \ell'$ que determinan el vector libre $Q - P$.

ii) A partir de los vectores de dirección de las rectas, $u \in \ell$ y $v \in \ell'$, construir $u \times v$ perpendicular a ambos.

iii) $d(\ell, \ell') = \left\|proy_{u \times v}(Q - P)\right\|$.

Ejemplo

En este ejemplo vamos a mostrar otro modo de proceder, que esperamos resulte más fácil de visualizar y además calcularemos cuál es el par de puntos más próximos de ambas rectas.

Sean las rectas alabeadas:

$$r: \quad (x,y,z) = (2,2,1) + t(1,1,1)$$
$$r': \quad (x,y,z) = (1,0,2) + s(1,-1,1)$$

1) Construir un plano π que contenga a r' y sea paralelo a r. (Fig. 5.24)

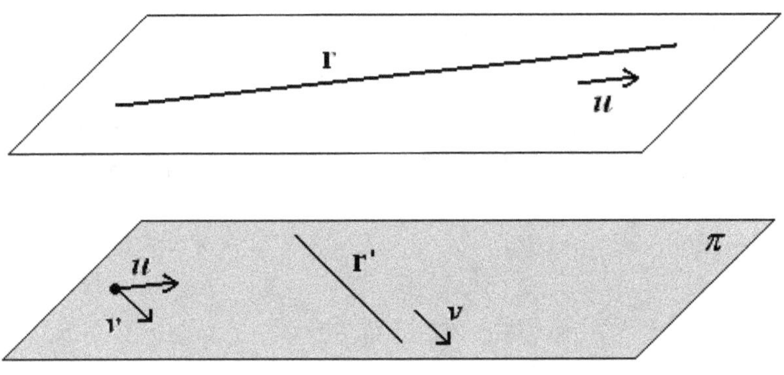

Fig. 5.24

$$\pi: \quad (x,y,z) = (1,0,2) + \alpha'(1,-1,1) + \beta'(1,1,1)$$

2) Dar la ecuación de un plano π' que contenga a r' y sea perpendicular a π. Para ello sólo es necesario cambiar en la ecuación de π' el segundo vector de dirección por otro que dé esa dirección perpendicular, por ejemplo: $u \times v = (-2,0,2)$ o cualquier múltiplo escalar de éste; por lo que elegimos al vector $w = (1,0,-1)$ y se tiene:

$$\pi': \quad (x,y,z) = (1,0,2) + \alpha(1,-1,1) + \beta(1,0,-1)$$

3) Calcular: $\pi' \cap r = P$, esto es , el punto de r más próximo de r'. (Fig. 5.25)

$$\begin{cases} x = 2+t = \alpha+\beta+1 \\ y = 2+t = -\alpha \\ z = 1+t = 2+\alpha-\beta \end{cases} \approx \begin{cases} t-\alpha-\beta = -1 \\ t+\alpha = -2 \\ t-\alpha+\beta = 1 \end{cases} \mapsto (t,\alpha,\beta) = (-1,-1,1) \Rightarrow P = (1,1,0)$$

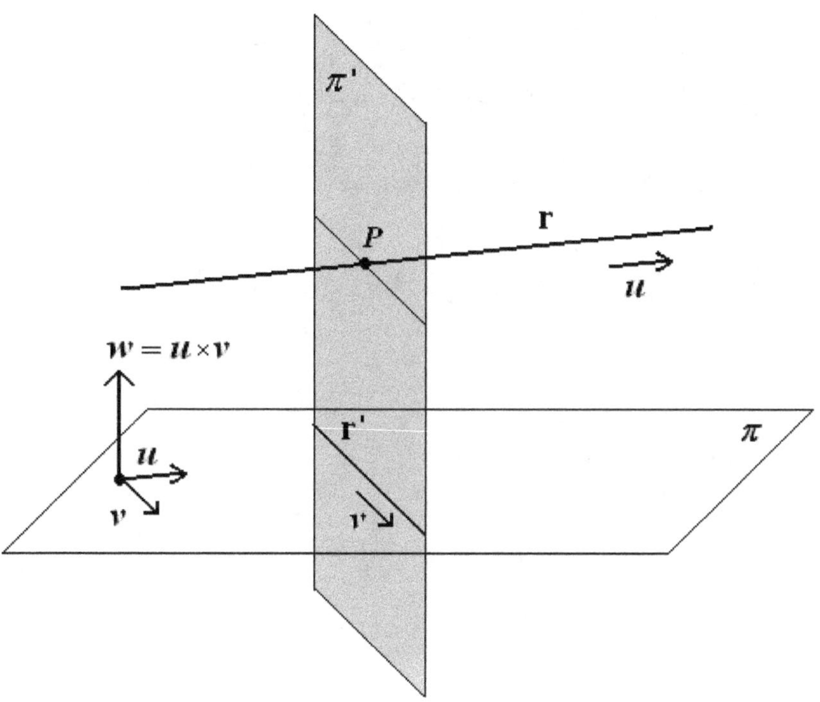

Fig. 5.25

Definir una recta ℓ que contenga a P y sea perpendicular al plano π. Observar que esta recta pertenece al plano π'. (Fig.5.26)

$$\ell:\quad (x,y,z)=(1,1,0)+t'(1,0,-1)$$

4) Calcular: $\ell \cap r' = Q$.

Este punto Q, es el punto de r' más próximo de P.

$$\begin{cases} x=1+t'=1+s \\ y=1 \quad = -s \\ z= \quad -t'=2+s \end{cases} \approx \begin{cases} t'-s=0 \\ \quad s=-1 \\ -t'-s=2 \end{cases} \mapsto (t',s)=(-1,-1) \ \Rightarrow\ Q=(0,1,1)$$

5) Por último:

$$d\left(\mathbf{r},\mathbf{r'}\right)=d\left(Q,P\right)=\left\|\left(P-Q\right)\right\|=\left\|\left(1,0,-1\right)\right\|=\sqrt{2}$$

Según el otro camino que indicamos, la distancia entre las rectas alabeadas puede calcularse:

$$P=\left(2,2,1\right)\in r \ , \ \ Q=\left(1,0,2\right)\in r' \ \therefore \ \ P-Q=\left(1,2,-1\right)$$

Además:

$$\boldsymbol{u}=\left(1,1,1\right)\in r \ \ , \ \ \boldsymbol{v}=\left(1,-1,1\right)\in r' \ \ , \ \ \boldsymbol{u}\times\boldsymbol{v}=\left(-2,0,2\right)$$

Por lo cual:

$$\boldsymbol{w}=\left(1,0,-1\right) \ \text{y se cumple} \ \ \boldsymbol{w}\perp\boldsymbol{u} \ \text{y} \ \boldsymbol{w}\perp\boldsymbol{v}$$

$$\left\|proy_{\boldsymbol{w}}\left(P-Q\right)\right\|=\left\|\frac{\left(1,2,-1\right)\cdot\left(1,0,-1\right)}{\left(1,0,-1\right)\cdot\left(1,0,-1\right)}\left(1,0,-1\right)\right\|=\left\|\left(1,0,-1\right)\right\|=\sqrt{2}$$

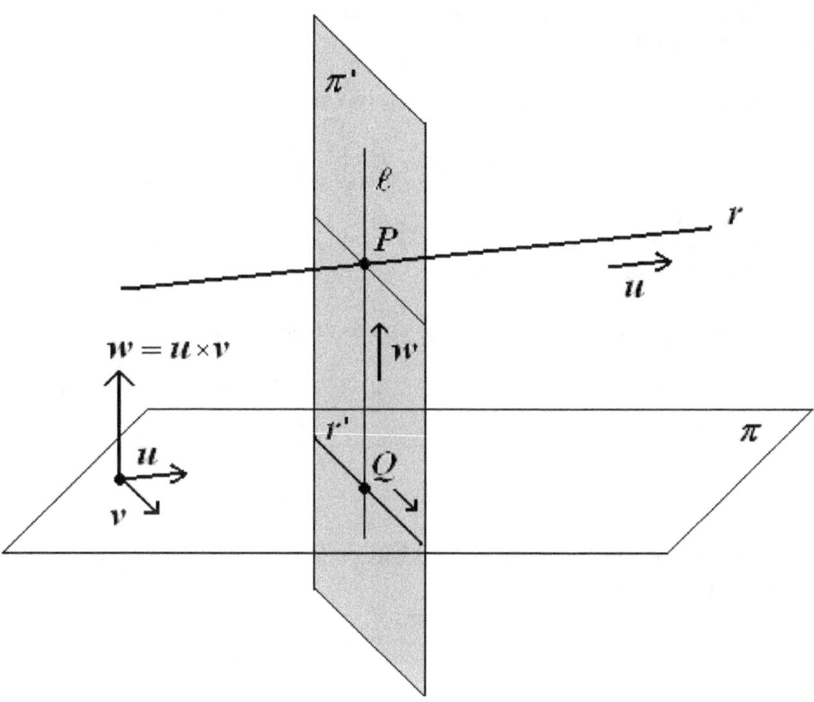

Fig.5.26

Los restantes problemas de distancias se incorporan como ejercicios que el alumno debe resolver.

Ejercicios

Ejercicio 1

Sea " ℓ " la recta que pasa por el punto $(-2,5)$ y tiene vector director $(3,-7)$.

    a)   Escriba una ecuación paramétrica vectorial de " ℓ ".

    b)   Determine sus ecuaciones paramétricas escalares.

  c)   Dar su ecuación cartesiana.

d) Haga un gráfico de la recta destacando los puntos correspondientes al valor del parámetro : $t = 0$; $t = 1$; $t = ¾$; $t = -2$.

e) Verifique si los puntos $(4,-9)$; $(2,5)$; $(3,8)$ y $(-5,2)$ pertenecen o no a "L".

Ejercicio 2

Sea "ℓ" la recta que pasa por los puntos $A = (2,-3)$ y $B = (5,7)$.Repita los items a), b) y c) del ejercicio anterior para esta recta. Además :

d) Haga un gráfico de "ℓ" destacando 5 puntos en particular.

e) Verificar si los puntos $(1,4/7)$; $(3,8)$; $(-2,11)$ y $(-1,-13)$ pertenecen o no a "ℓ".

Ejercicio 3

Determine ecuaciones paramétricas escalares y cartesiana para ;a recta que pasa por $(1,7)$ y es paralela a la recta del ejercicio 2.

Ejercicio 4

Repita los items a), b) y c) del ejercicio 1 para las siguientes rectas en R^3.

a) ℓ_1: recta por $(2,1,-5)$ que tiene vector director $(5,0,-3)$.

b) ℓ_2: recta por $A = (-1,4,7)$ y $B = (3,1,-4)$.

Ejercicio 5

Sea $\ell : \{(x,y)/\ 2x + 3y - 7 = 0\}$

Calcule las ecuaciones paramétricas vectoriales y escalares para "ℓ".

¿Es única la solución?

Ejercicio 6

Sea la recta de R^3 representada por las ecuaciones:

$$\frac{x-5}{3} = \frac{y+4}{5} = z - 1$$

Calcule ecuaciones paramétricas escalares y vectoriales.

Ejercicio 7

Demuestre que el conjunto de puntos $(x,y,z) \in R^3$, tales que :

$$\begin{cases} 2x - y + z = 8 \\ x + 7y - 4z = 1 \end{cases}$$

es una recta.

Ejercicio 8

Sea "π" el plano de R^3 que pasa por $A = (-8,5,-1)$ con vectores directores $u = (2,0,3)$ y $v = (1,-1,5)$. Calcule ecuaciones paramétricas (vectoriales y escalares) y cartesianas de π

Ejercicio 9

Sea "π" el plano de R^3 que pasa por $A = (1,-5,6)$, $B = (2,-3,7)$ y $C = (1,2,-3)$.

Repita lo que se pide en el ejercicio 8.

Ejercicio 9

Para los siguientes pares de rectas ℓ_1 y ℓ_2 en R^3, determine si son paralelas (iguales o distintas), concurrentes, o no concurrentes ni paraleleas (alabeadas).

a)
$$\begin{cases} \ell_1 : (x_1 , x_2 , x_3) = (2 , 3 , -1) + t\,(5 , -1 , 3) \\ \ell_2 : (x_1 , x_2 , x_3) = (-7, 2 , 0) + s\,(1 , 0 , 1) \end{cases}$$

b)
$$\begin{cases} \ell_1 : (x_1 , x_2 , x_3) = (0 , 2 , -3) + t\,(1 , 2 , -1) \\ \ell_2 : \dfrac{x_1 + 5}{3} = \dfrac{x_2 - 3}{-5} = -z \end{cases}$$

c)
$$\ell_1 : \begin{cases} x+2y-3z = 2 \\ x-y+z = 5 \end{cases}$$
$$\ell_2 : \ x-5 = \frac{y+2}{4} = \frac{z-1}{3}$$

d)
$$\ell_1 : (x_1,\ x_2,\ x_3) = (-1,\ 3,\ 0) + t\ (6,\ -10,\ 2)$$
$$\ell_2 : \begin{cases} 2x_1+x_2-x_3 = 1 \\ x_1+x_2+2x_3 = 2 \end{cases}$$

Ejercicio 10

$$(x_1, x_2, x_3) = (2,3,-1) + t(5,-1,3)$$

Para los siguientes pares de planos π_1 y π_2 en $\mathbb{R}^3$, determine si son paralelos (iguales o distintos) o se intersecan. En el último caso, calcule una ecuación paramétrica vectorial de la recta intersección :

a)
$$\pi_1 : (x,y,z) = (-2,7,1)+s(3,5,-2)+t(-1,1,0)$$
$$\pi_2 : (x,y,z) = (0,0,1)+\alpha(2,1,2)+\beta(4,4,-2)$$

b)
$$\pi_1 : (x,y,z) = (0,0,1)+\alpha(2,1,2)+\beta(4,4,-2)$$
$$\pi_2 : 10x-7y-8z = 39$$

c)
$$\pi_1 : (x,y,z) = (5,0,2)+s(2,-1,2)+t(3,4,1)$$
$$\pi_2 : (x,y,z) = (-2,3,-2)+\alpha(1,-6,3)+\beta(5,14,-1)$$

Ejercicio 11

Considere el plano en $\mathbb{R}^3$ dado por $\pi : (x,y,z) = (-6,1,0) + s\,(-1,1,3) + t\,(2,0,-5)$

Para las siguientes rectas determine en cada caso si es paralela (contenida o no) a π, o si interseca a π en un punto, calculando entonces tal punto:

a)
$$\ell_1 : (x,y,z) = (5,-2,0) + t\ (1,2,-1)$$

b)
$$\ell_2 : (x,y,z) = (-4,7,13) + s\ (-3,5,10)$$

c)
$$\begin{cases} -x + 3y + z = 9 \\ x + 7y + 4z = 1 \end{cases}$$

Ejercicio 12

Considere el mismo tipo de problema que el ejercicio anterior con respecto al plano

π: $x + 5y - 2z = 1$ y las rectas:

a) $\qquad \ell_1$: $(x, y, z) = (5, -2, 3) + t\ (-7, 2, 9)$

b) $\qquad \ell_2$: $\dfrac{x-2}{3} = y+1 = \dfrac{z-6}{4}$

c) $\qquad \ell_3$: $(x, y, z) = (-3, 6, 13) + T\ (7, -5, 9)$

d) $\qquad \ell_4$: $\begin{cases} x - 2y + 3z = 7 \\ 3x + y - 4z = 8 \end{cases}$

Problema 13

---

i. Calcular la distancia entre los puntos : $P = (2,3)$ y $Q = (3,7)$.

ii) Encontrar el punto de la recta $2x + 3y = 1$, más próximo del punto $(3,-6)$.

iii) Calcular la (menor) distancia de $P = (7,3)$ a la recta: $r = \{(3,0) + t(1,2)\}$.

Problema 14

---

i) Encontrar el punto del plano: $x + 2y - z = 5$, más próximo del punto

$P = (3,4,0)$ y la distancia de "P" al plano.

ii) Encontrar el punto de la recta: $\frac{x}{2} = \frac{y+2}{-2} = z+1$, más próximo de

$$P = (2,-1,3) \quad \text{y la distancia de “P” a la recta.}$$

Problema 15

Verificar si las rectas "r_1" y "r_2" son paralelas y, en caso afirmativo, encontrar la distancia entre ellas.

$$r_1 : 3x + 4y = 7 \quad ; \quad r_2 : (x,y) = (2,-1) + t(-4,3)$$

Problema 16

Encontrar la (menor) distancia entre las rectas alabeadas:

$$r_1 : (x,y,z) = (2,1,2) + t\,(2,1,0) \quad : r_2 : (x,y,z) = (6,-2,1) + s\,(-4,1,3)$$

Problema 17

i) Encuentre la distancia entre los planos paralelos:

$$\pi_1 : \quad 2x + 3y + 4z = 1 \quad ; \quad 4x + 6y + 8z = 1$$

ii) Dar la ecuación de un plano paralelo a los anteriores y que equidiste de ellos.

Problema 18

Encontrar el ángulo entre los planos:

$$\pi_1 : \quad x + y + \sqrt{2}\,z = 1 \quad ; \quad \pi_2 : \quad x + y = 5$$

6

Cambio de Sistemas de Coordenadas

Ya se ha visto que, en el plano, un sistema de coordenadas queda definido por un par de rectas numéricas que se cortan en un punto donde está ubicado el cero de ambas escalas.

En forma equivalente, se puede determinar un sistema de coordenadas en el plano, mediante la elección de un punto (que será el origen del sistema) y una base ordenada de vectores libres.

El sistema definido por el punto "O" y la base $B = (\mathbf{u} , \mathbf{v})$, lo denotaremos :

$$S_I =[\, O \,;\, \mathbf{u} \,,\, \mathbf{v} \,]$$

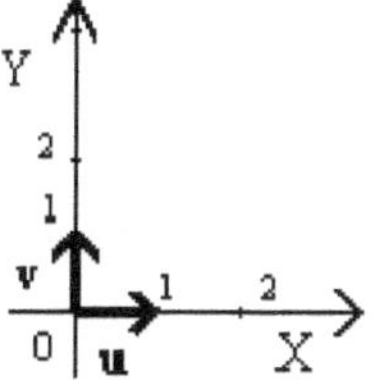

Figura 5.1

Por el punto "O", trazamos dos rectas con vectores de dirección **u** y **v**; luego dibujamos dos representantes de dichos vectores con su comienzo en "O", los extremos de estas flechas determinan puntos a los que asignamos el número "1 ; si el número "0" lo hacemos corresponder en ambas rectas, al punto de intersección, dichas rectas quedan ahora equipadas con una escala, y las llamaremos ejes coordenados "X" e "Y" respectivamente, con lo cual ha quedado construido un sistema de coordenadas en el plano.

Un punto genérico "P", determina con "O" un segmento dirigido, representante del vector libre "P-O" ; que, a su vez, puede escribirse como combinación lineal de los vectores **u** y **v** de la base

$$P\text{-}O = x\mathbf{u} + y\mathbf{v}$$

La columna formada con los escalares, x e y, de esta combinación lineal, según hemos visto, definen el "vector de coordenadas de P-O en la base B"

$$[P\text{-}O]_B = \begin{bmatrix} x \\ y \end{bmatrix}$$

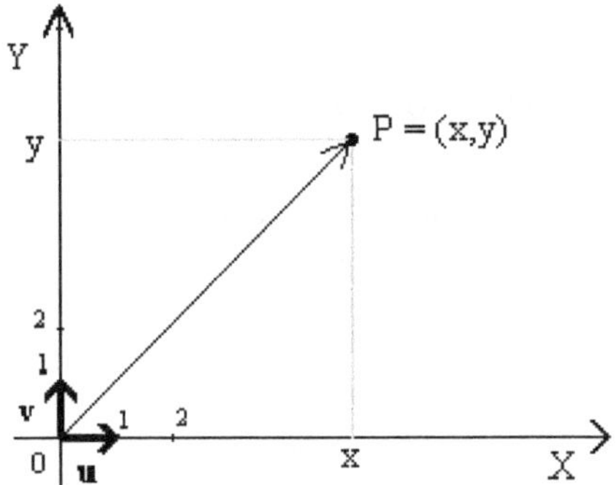

Figura 5.2

Obsérvese que los escalares x e y son también las coordenadas del punto "P" en el sistema S_1.

Además, en este sistema, las coordenadas del origen son O = (0 , 0).

El sistema original resulta modificado si, en S_1 se cambia el origen, la base o ambas cosas.

A) Consideremos primero que se modifica sólo el origen, de modo que, si el sistema original era $S_I = [\ O\ ;\ \mathbf{u}\ ,\ \mathbf{v}\ ]$, el nuevo sistema es $S_{II} = [\ O'\ ;\ \mathbf{u}\ ,\ \mathbf{v}\ ]$, siendo las coordenadas de O' en el sistema S_I : (h, k).

Si las coordenadas de "P" en el sistema S_{II} son $(x\,',\ y')$, nos proponemos analizar cómo quedan vinculadas con las del mismo punto "P" con respecto al sistemas S_I .

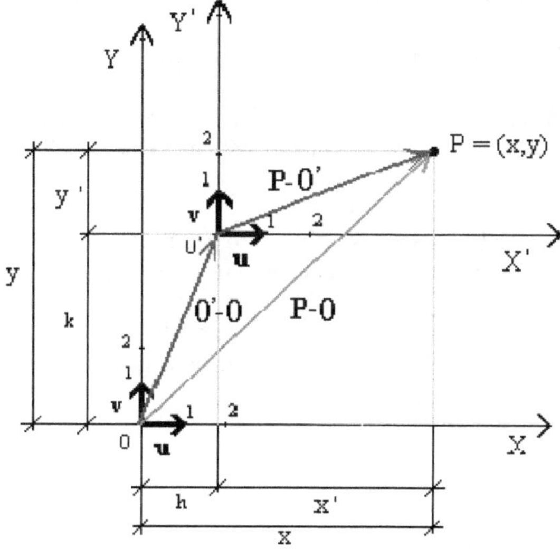

Figura 5.3

Según se aprecia en la figura, se tiene :

$$(P - O) = (O' - O) + (P - O')$$

Tomando coordenadas respecto de la base B

$$[(P - O)]_B = [(O' - O) + (P - O')]_B = [(O' - O)]_B + [(P - O')]_B$$

Esto es:

$$\begin{bmatrix} x \\ y \end{bmatrix} = \begin{bmatrix} h \\ k \end{bmatrix} + \begin{bmatrix} x' \\ y' \end{bmatrix}$$

o bien

$$\begin{bmatrix} x' \\ y' \end{bmatrix} = \begin{bmatrix} x \\ y \end{bmatrix} - \begin{bmatrix} h \\ k \end{bmatrix}$$

[7]

Expresiones que vinculan las coordenadas de un punto respecto de dos sistemas de coordenadas, cuando se pasa de uno al otro, cambiando solamente el origen.

Cuando esto sucede, se dice que se ha producido una ***traslación***.

B)   Consideremos ahora, el caso en que se modifica sólo la base, de modo que, si el sistema original era $S_I = [\ O\ ;\ \mathbf{u}\ ,\ \mathbf{v}\ ]$, el nuevo sistema es $S_{II} = [\ O\ ;\ \mathbf{u}'\ ,\ \mathbf{v}'\ ]$,donde : $B' = (\mathbf{u}'\ ,\ \mathbf{v}')$.

En la figura, se han dibujado ambos sistemas y un punto genérico "P", cuyas coordenadas en el sistema S_I son (x, y) mientras que en el sistema S_{II} son (x', y').

Nuevamente, "P" define, junto con el origen "O", un segmento dirigido, representante del vector libre P-O, el cual podrá escribirse como combinación lineal de los vectores de la base B, o bien según los vectores de B' :

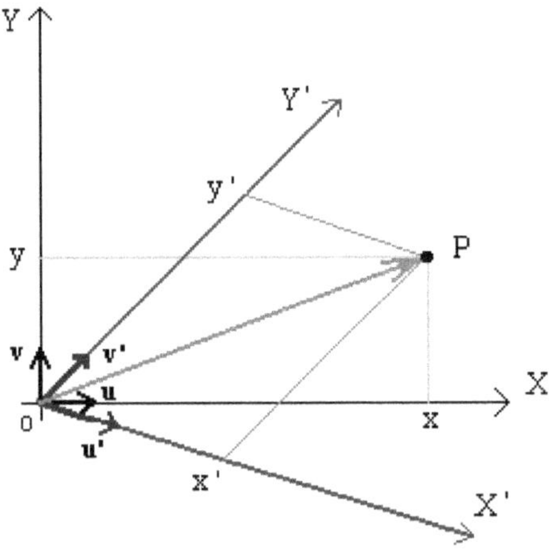

Figura 5.4

$$\text{P-O} = x\,\mathbf{u} + y\,\mathbf{v} = x'\mathbf{u}' + y'\,\mathbf{v}'$$

A su vez, los vectores de B' se escriben como combinación lineal. de los de B :

$$\mathbf{u'} = a_{11}\,\mathbf{u} + a_{21}\,\mathbf{v} \;\Rightarrow\; [\mathbf{u'}]_B = \begin{bmatrix} a_{11} \\ a_{21} \end{bmatrix} \;;\; \mathbf{v'} = a_{12}\,\mathbf{u} + a_{22}\,\mathbf{v} \;\Rightarrow\; [\mathbf{v'}]_B = \begin{bmatrix} a_{12} \\ a_{22} \end{bmatrix}$$

Reemplazando

$$P\text{-}O = x\,\mathbf{u} + y\,\mathbf{v} = x'\,(a_{11}\,\mathbf{u} + a_{21}\,\mathbf{v}) + y'\,(a_{12}\,\mathbf{u} + a_{22}\,\mathbf{v}) =$$

$$x\,\mathbf{u} + y\,\mathbf{v} = (a_{11}\,x' + a_{12}\,y')\,\mathbf{u} + (a_{21}\,x' + a_{22}\,y')\,\mathbf{v}$$

Luego se debe cumplir

$$\begin{cases} x = a_{11}\,x' + a_{12}\,y' \\ y = a_{21}\,x' + a_{22}\,y' \end{cases}$$

En notación matricial

$$\begin{bmatrix} x \\ y \end{bmatrix} = \begin{bmatrix} a_{11} & a_{12} \\ a_{21} & a_{22} \end{bmatrix} \begin{bmatrix} x' \\ y' \end{bmatrix} \qquad \therefore \qquad [P-O]_B = A[P-O]_{B'}$$

La matriz

$$A = \begin{bmatrix} a_{11} & a_{12} \\ a_{21} & a_{22} \end{bmatrix}$$

es la "matriz de cambio de base", de B a B'.

Llamaremos A' a la matriz de cambio de base de B' a B.

Sabemos que está garantizada la existencia de A^{-1}, por lo tanto :

$$\begin{bmatrix} x \\ y \end{bmatrix} = A \begin{bmatrix} x' \\ y' \end{bmatrix} \qquad\qquad [8]$$

o bien

$$\begin{bmatrix} x' \\ y' \end{bmatrix} = A^{-1} \begin{bmatrix} x \\ y \end{bmatrix}$$

Fórmulas que vinculan las coordenadas de un punto respecto de dos sistemas de coordenadas, cuando se pasa de uno al otro, sólo mediante un cambio de base.

C) Analicemos ahora el caso general en que, dado un sistema de coordenadas :

$S_I = [O ; B] = [O ; \mathbf{u} , \mathbf{v}]$, se cambian el origen y la base, para obtener un nuevo

sistema: $S_{II} = [O' ; B'] = [O' ; \mathbf{u'} , \mathbf{v'}]$.

El punto "P" determina con "O" y "O'", los segmentos dirigidos que se aprecian en la figura 5.5, quedando a la vista que

$$(P\text{-}O) = (O'\text{-}O) + (P\text{-}O') \qquad\qquad (9)$$

Tomando coordenadas respecto de la base B

$$[P-O]_B = \begin{bmatrix} x \\ y \end{bmatrix} ; \ [O'-O]_B = \begin{bmatrix} h \\ k \end{bmatrix} ; \ [P-O']_B = \begin{bmatrix} x' \\ y' \end{bmatrix}_B$$

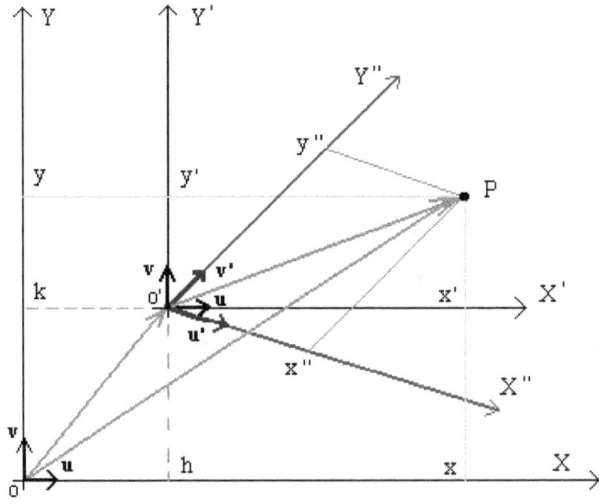

Figura 5.5

La expresión (9) se transforma en

$$\begin{bmatrix} x \\ y \end{bmatrix} = \begin{bmatrix} h \\ k \end{bmatrix} + \begin{bmatrix} x' \\ y' \end{bmatrix} \qquad (10)$$

Además $[\text{P-O'}]_{B'} = \begin{bmatrix} x'' \\ y'' \end{bmatrix}$. De acuerdo con (8), $[\text{P-O'}]_B$ y $[\text{P-O'}]_{B'}$, están vinculados

mediante la matriz de cambio de base A, de B a B' :

$$\begin{bmatrix} x' \\ y' \end{bmatrix} = A \begin{bmatrix} x'' \\ y'' \end{bmatrix} \qquad (11)$$

Donde, según ya se analizó, las columnas de A, son los coordenados de los vectores de la base B' con respecto a la base B, en su orden.

Reemplazando finalmente (11) en (10)

$$\begin{bmatrix} x \\ y \end{bmatrix} = \begin{bmatrix} h \\ k \end{bmatrix} + A \begin{bmatrix} x'' \\ y'' \end{bmatrix}$$

o bien

$$\begin{bmatrix} x'' \\ y'' \end{bmatrix} = A^{-1} \begin{bmatrix} x - h \\ y - k \end{bmatrix} \qquad [12]$$

Se ha obtenido así la expresión general para el cambio de sistemas de coordenadas en el plano.

Observaciones

i)   Cuando se trabaja en R^3, un análisis semejante al realizado, conduce a la fórmula, para cambio de sistemas de coordenadas en el espacio

$$\begin{bmatrix} x \\ y \\ z \end{bmatrix} = \begin{bmatrix} h \\ k \\ m \end{bmatrix} + A \begin{bmatrix} x'' \\ y'' \\ z'' \end{bmatrix} \qquad (13)$$

ii)   Cuando sólo se cambia el origen de coordenadas, esto corresponde, en la
        expresión (12), a una matriz de cambio de base A = I , lo que lleva nuevamente a
        la fórmula (7) como un caso particular.

iii)   Si se cambia únicamente la base, en (12) se tiene h = k = 0, obteniéndose como
        resultado, nuevamente (8) como caso particular.

iv)   Es importante tener claro que : si P, Q $\in$ $\mathbb{R}^2$ y B es una base de $\mathbb{R}^2$, *las
        coordenadas del punto "P", con respecto al sistema S = [Q ; B] ,coinciden con
        el coordenado del vector "P-Q" en la base B.*

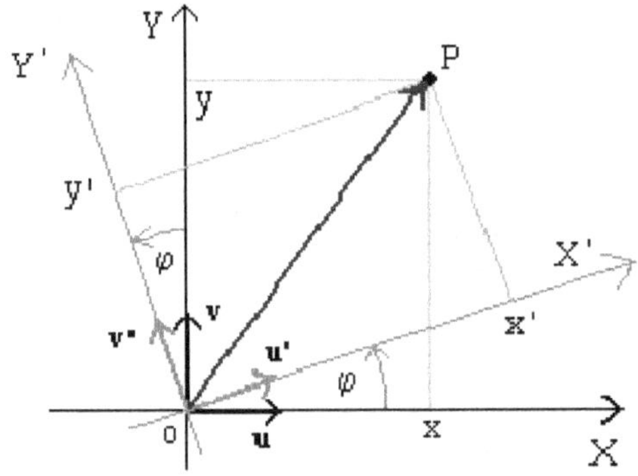

Figura 5.6

v)   Si un sistema de coordenadas S_I = [O ; B] con O = (0, 0) y B = (**u** , **v**) , se hace
        girar alrededor del origen en sentido contrario al de las agujas del reloj, tal como
        se indica en la figura, un ángulo φ, se obtiene un nuevo sistema de coordenadas

$$S_{II} = [O ; B']   \text{ con } B' = (\textbf{u}' , \textbf{v}')$$

Se ha producido uno de los "movimientos rígidos" posibles en el plano, denominado
rotación.

Para obtener la expresión que vincula las coordenadas de un punto genérico "P" respecto
de ambos sistemas, debido a que no hay cambio del origen, es posible aplicar (8) de
página 188, para lo cual es necesario construir la matriz A de cambio de base.

Según se ha visto, debemos calcular cada columna de A, para lo cual escribimos los vectores de la base B', como combinación lineal. de los de la base B

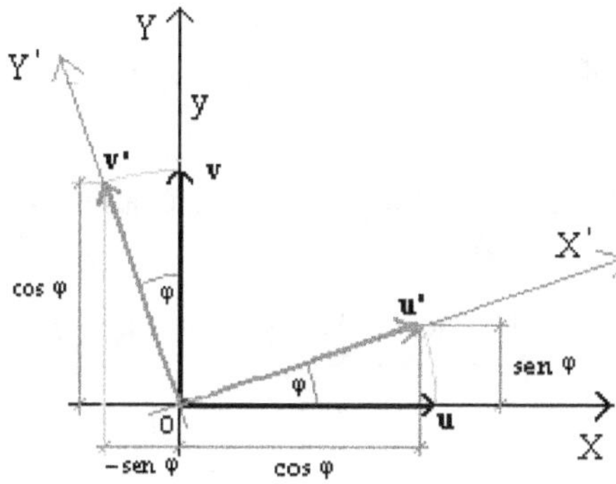

$$\mathbf{u}' = (\cos\varphi)\mathbf{u} + (\operatorname{sen}\varphi)\mathbf{v} \quad ; \quad \mathbf{v}' = (-\operatorname{sen}\varphi)\mathbf{u} + (\cos\varphi)\mathbf{v}$$

$$[\mathbf{u}']_B = \left[u'\right]_B = \begin{bmatrix} \cos\varphi \\ \operatorname{sen}\varphi \end{bmatrix} = A^1; \quad \left[v'\right]_B = \begin{bmatrix} -\operatorname{sen}\varphi \\ \cos\varphi \end{bmatrix} = A^2$$

Luego

$$A = \begin{bmatrix} \cos\varphi & -\operatorname{sen}\varphi \\ \operatorname{sen}\varphi & \cos\varphi \end{bmatrix}$$

Finalmente

$$\begin{bmatrix} x \\ y \end{bmatrix} = \begin{bmatrix} \cos\phi & -\operatorname{sen}\phi \\ \operatorname{sen}\phi & \cos\phi \end{bmatrix} \begin{bmatrix} x' \\ y' \end{bmatrix} \qquad [14]$$

Verifique el alumno que

i) Cualquiera sea el valor de la rotación "φ", det (A) = 1

ii) $A^t.A = A.A^t = I \implies A^t = A^{-1}$

Ejercicios

Problema 1

Considere el sistema obtenido del canónico poniendo $O' = (5, -8)$ y $\theta = \pi/6$ como ángulo para la rotación.

      a)   Dar las transformaciones directa e inversa. Graficar.

      b)   Calcular las ecuaciones, en el nuevo sistema, de las mismas rectas y circunferencias del ejercicio 4 de la sección anterior.

Problema 2

Sea $\mathscr{S} = [O; (\mathbf{e}_1, \mathbf{e}_2, \mathbf{e}_3)]$ el sistema de coordenadas canónico de $\mathbb{R}^3$ y definamos

$$\mathbf{v}_1 = a_{11}\mathbf{e}_1 + a_{21}\mathbf{e}_2 + a_{31}\mathbf{e}_3, \qquad\qquad \mathbf{v}_2 = a_{12}\mathbf{e}_1 + a_{22}\mathbf{e}_2 + a_{32}\mathbf{e}_3,$$

$$\mathbf{v}_3 = a_{13}\mathbf{e}_1 + a_{23}\mathbf{e}_2 + a_{33}\mathbf{e}_3.$$

a)   Demostrar que $(\mathbf{v}_1, \mathbf{v}_2, \mathbf{v}_3)$ es una base de $\mathbb{R}^3$ si y sólo si

$$A = \begin{bmatrix} a_{11} & a_{12} & a_{13} \\ a_{21} & a_{22} & a_{23} \\ a_{31} & a_{32} & a_{33} \end{bmatrix}$$

     es una matriz inversible.

b)   Supongamos A inversible y consideremos el sistema de coordenadas $\mathscr{S}' = [O'; (\mathbf{v}_1, \mathbf{v}_2, \mathbf{v}_3)]$, donde $O' = h\mathbf{e}_1 + k\mathbf{e}_2 + l\mathbf{e}_3$. Determinar el cambio de coordenadas de $\mathscr{S}$ a $\mathscr{S}'$.

c)   Sea, en particular

$$A = \begin{bmatrix} 1 & -2 & 3 \\ 2 & 2 & 1 \\ 1 & 4 & 5 \end{bmatrix}$$

y

$$O' = (1, -7, 10)$$

Dados los siguientes puntos y ecuaciones en el sistema canónico, expresarlos en el segundo sistema:

i) $\quad M = (3, 1, 0)$

ii) $\quad N = (-5, 3, 1)$

iii) $\quad Q = (0, 1, -6)$

iv) $\quad 2x_1 - 3x_2 + 5x_3 = 8$

v) $\quad 2x_1 - x_2 = 0$

vi) $\quad -7x_1 + 5x_2 + 6x_3 = 0$

Problema 3

Sea la transformación afín $X \to K + AX$ y la traslación $X \to L + X$. Demostrar que ambas transformaciones conmutan si, y, sólo si $A = I$, esto es, si, y, sólo si $X \to K + AX$ es una traslación.

Cónicas en el Plano Euclídeo

6.1. Curvas de segundo grado

Con el nombre genérico de cónicas se conocen a las curvas llamadas, circunferencia, parábola elipse e hipérbola. Se obtienen como intersección de un plano con un cono recto circular de dos hojas. Según la inclinación del plano respecto al eje del cono resultan las distintas curvas(secciones cónicas). Ya el matemático griego Apolonio las estudió usando estos conceptos. Nosotros, partiendo de una definición geométrica de dichas curvas, las analizaremos observando que son casos particulares de la llamada ecuación general de segundo grado $Ax^2 + Bxy + Cy^2 + Dx + Ey + F = 0$.

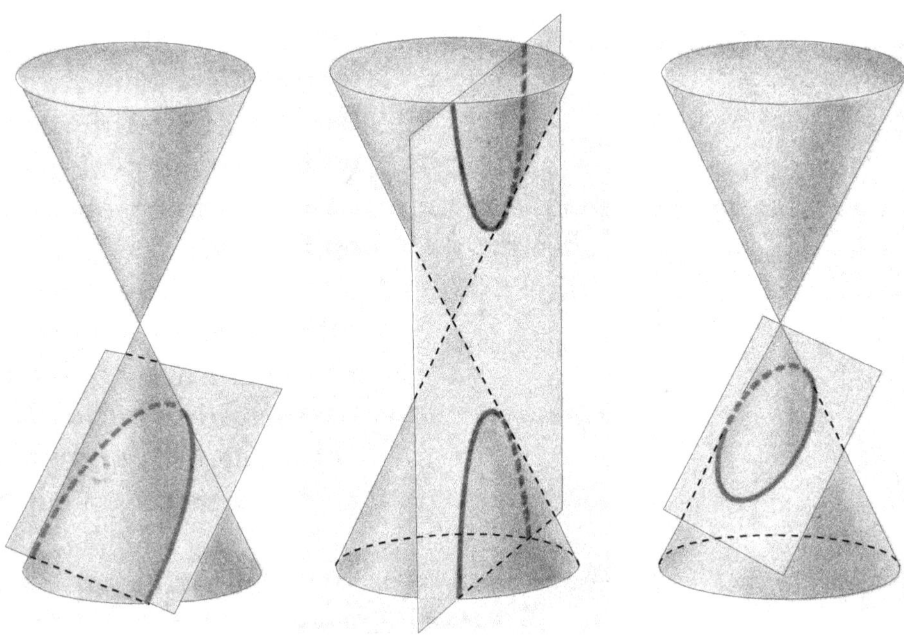

Figura 6.1. En estas figuras se ve como la intersección entre el cono y un plano, da como resultado una parábola, una hipérbola y una elipse. Dejamos para ejercicio del alumno encontrar otras figuras.

6.2. Circunferencia

6.2.1. Definición.

Circunferencia es el conjunto de puntos P del plano que se hallan a igual distancia de un punto fijo C llamado centro y la distancia es el radio de la circunferencia.

6.2.2. Proposición.

La circunferencia con centro en el punto $\mathbf{C} = (h,k)$ y radio r tiene como una ecuación a

6.2.3.

$$(x-h)^2 + (y-k)^2 = r^2$$

Demostración.

Sea $\mathbf{P} = (x,y)$ un punto cualquiera de la circunferencia de radio r, entonces, de acuerdo a la definición

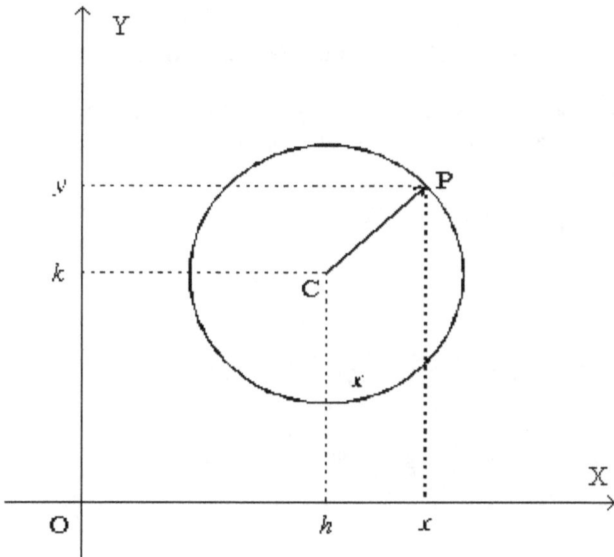

Figura 6.2

$$\|\mathbf{C} - \mathbf{P}\| = r$$

o sea

$$\sqrt{(x-h)^2 + (y-k)^2} = r\,.$$

Elevando al cuadrado ambos miembros tenemos:

6.2.4.

$$(x-h)^2 + (y-k)^2 = r^2$$

lo que completa la demostración.

La ecuación de la circunferencia toma la forma más simple cuando su centro está en el origen de coordenadas, esto es, $h = k = 0$ y la ecuación se escribe

$$x^2 + y^2 = r^2$$

expresión que recibe el nombre de **ecuación canónica de la circunferencia**.

Para caracterizar cuándo una ecuación de segundo grado representa una circunferencia, desarrollamos los cuadrados en la ecuación 6.2.4 para obtener

$$x^2 - 2hx + h^2 + y^2 - 2ky + k^2 = r^2$$

y reordenando

$$x^2 + y^2 - 2hx - 2ky + (h^2 + k^2 - r^2) = 0\,.$$

Comparando con la ecuación general de segundo grado vemos que

$$A = C = 1$$
$$B = 0$$
$$D = -2h$$
$$E = -2k$$
$$F = h^2 + k^2 - r^2$$

Entonces dada la ecuación de una circunferencia en la forma

6.2.5.

$$x^2 + y^2 + Dx + Ey + F = 0$$

usando las relaciones anteriores podemos determinar su centro y su radio, pués

$$h = -\frac{D}{2}, \quad k = -\frac{E}{2} \quad \text{y} \quad r^2 = h^2 + k^2 - F = \frac{D^2}{4} + \frac{E^2}{4} - F.$$

En realidad para que 6.2.5 represente una circunferencia D, E y F deben tener valores tales que resulte

$$\frac{D^2}{4} + \frac{E^2}{4} - F = r^2 > 0$$

pues si $r = 0$ o $r < 0$, la ecuación 6.2.5 representaría un punto o un conjunto vacío ya que

$$(x - h)^2 + (y - k)^2 = 0$$

solo se satisface para el punto $(x, y) = (h, k)$, y si

$$(x - h)^2 + (y - k)^2 < 0$$

ningún punto del plano satisface esta ecuación. Estos casos se denominan degenerados.

Otro modo de determinar el centro y el radio de una circunferencia, dada por una ecuación escrita en la forma 6.2.5, de uso más frecuente, es el método de completar cuadrados. Recordemos que

$$x^2 + bx = x^2 + bx + \left(\frac{b}{2}\right)^2 - \left(\frac{b}{2}\right)^2 = \left(x + \frac{b}{2}\right)^2 - \left(\frac{b}{2}\right)^2$$

6.2.6 Ejemplo.

Encontrar la ecuación de segundo grado que represente a la circunferencia de centro $C = (2,3)$ y radio $r = 5$.

Solución

En este caso h=2 y k=3. Sustituyendo estos valores en la ecuación 6.2.5 de la circunferencia tenemos

$$(x-2)^2 + (y-3)^2 = 5^2.$$

Desarrollando los cuadrados y combinando se tiene

$$x^2 + y^2 - 4x - 6y - 12 = 0$$

$$\textit{de donde}: A = C = 1,\ B = 0,\ D = -4,\ E = -6,\ \textit{y}\ F = -1\,2.$$

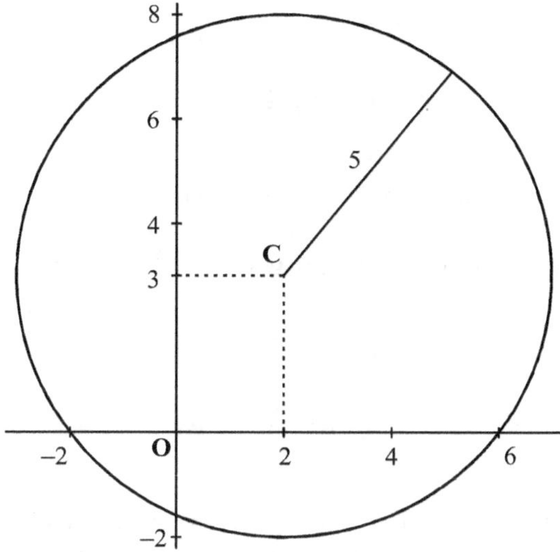

Figura 6.3

6.2.7 Ejemplo.

Demostrar que la ecuación

$$x^2 + y^2 - 4x + 2y = 0$$

representa una circunferencia y encontrar su centro y su radio.

Solución

Sumando y restando los coeficientes necesarios para completar los cuadrados en x e y la ecuación se escribe como

$$(x^2 - 2x + 22) - 22 + (y^2 + 2y + 1) - 1 = 0$$

o equivalentemente

$$(x-2)^2 + (y+1)^2 = 5$$

Comparando con la ecuación de la circunferencia

$$(x-h)^2 + (y-k)^2 = r^2$$

Vemos que es una circunferencia con centro $\mathbf{C} = (2,-1)$ y radio $r = \sqrt{5}$.

Cabe observar que la condición esencial para que una ecuación de segundo grado de la forma

6.2.8.

$$Ax^2 + Cy^2 + Dx + Ey + F = 0$$

represente una circunferencia, es que sea $A = C \neq 0$, ya que siempre podemos hacer que los coeficientes de los términos cuadráticos sean 1, dividiendo la ecuación por A .

O sea que la ecuación 6.2.8 es similar a la 6.2.5, con tres coeficiente independientes. La llamaremos **forma general de la circunferencia.**

Entonces una circunferencia queda determinada dando su centro y su radio o imponiendo por ejemplo que pase por tres puntos distintos.

6.2.9 Ejemplo.

Hallar la ecuación de la circunferencia $\mathscr{C}$ que pasa por los puntos $\mathbf{A} = (4,5)$, $\mathbf{B} = (3,-2)$ y $\mathbf{C} = (1,-4)$.

Solución

Para que estos puntos estén sobre la circunferencia, sus coordenadas deben satisfacer la ecuación general

$$x^2 + y^2 + Dx + Ey + F = 0$$

esto es,

$$\begin{cases} 4^2 + 5^2 + 4D + 5E + F = 0 \\ 3^2 + (-2)^2 + 3D - 2E + F = 0 \\ 1^2 + (-4)^2 + D - 4E + F = 0 \end{cases}$$

Ordenando

$$\begin{cases} 4D + 5E + F = -41 \\ 3D - 2E + F = -13 \\ D - 4E + F = -17 \end{cases}$$

Resolviendo este sistema de 3 ecuaciones con 3 incógnitas, resulta

$$D = 7, \; E = -5 \; \text{y} \; F = -44$$

Entonces la ecuación buscada es

$$x^2 + y^2 + 7x - 5y - 44 = 0 \, .$$

6.3. La Parábola

6.3.1. Definición.

La parábola está formada por el conjunto de puntos del plano que se hallan a igual distancia de un punto $\mathbf{F}$ llamado foco y de una recta que no pasa por $\mathbf{F}$ llamada directriz.

6.3.2 Proposición.

La ecuación de la parábola que tiene por foco el punto $\mathbf{F} = (0, p)$ y por directriz la recta L de ecuación cartesiana $y = -p$, es

6.3.3.

$$x^2 = 4py$$

Demostración

Tal como están dados el foco $\mathbf{F}$ y la directriz L, la parábola pasa por el origen, (ver figura 6.4)

De acuerdo a la definición, para que un punto $\mathbf{P}=(x,y)$ pertenezca a la parábola, debe hallarse a igual distancia de $\mathbf{F}$ y L, esto es, si llamamos $\mathbf{Q}=(x,-p)$ al pie de la perpendicular trazada desde $\mathbf{P}$ a la directriz L, debe verificarse

$$d(\mathbf{F},\mathbf{P})=d(\mathbf{F},\mathbf{Q})$$

o sea

$$\sqrt{x^2+(y-p)^2}=y+p\,.$$

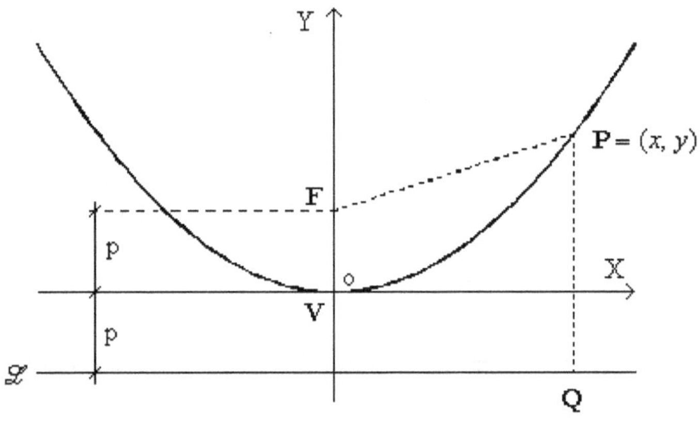

Figura 6.4

Elevando al cuadrado ambos miembros y desarrollando obtenemos

$$x^2+y^2-2py+p^2=y^2+2py+p^2$$

de donde

6.3.4.

$$x^2 = 4py$$

quedando demostrada la proposición.

La forma simple de la ecuación 6.3.4 se debe a la particular elección de los ejes de coordenadas y se la conoce como **ecuación canónica de la parábola**.

6.3.5. Estudio de la parábola

La fig. 6.4. es la grafica de la parábola de ecuación $x^2 = 4py$, para $p > 0$. En este caso, las ramas de la parábola se abren hacia arriba, ya que la coordenada "y" no puede tomar valores negativos, además tiene al eje y como eje de simetría pues x está elevado a una potencia par.

Al punto medio $\mathbf{V}$, entre el foco y la recta directriz se lo llama **vértice** de la parábola y al eje de simetría de la parábola, se lo denomina **eje de la parábola**.

Si $p < 0$, las ramas de la parábolas se dirigirán hacia abajo, de modo que $x^2 = 4py$ no sea negativo. En la figura 6.5 se muestra la gráfica de una parábola cuando $p < 0$. Observe que ahora la directriz se halla en el semiplano superior.

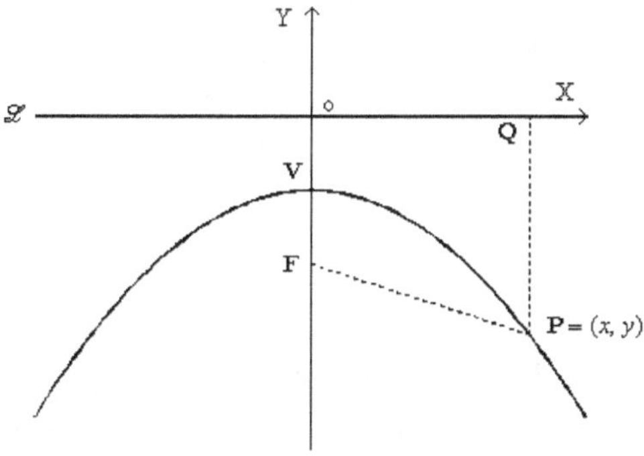

Figura 6.5

Es obvio que si permutamos los roles de los ejes de coordenadas, esto es, tomamos como foco al punto $\mathbf{F} = (p, 0)$ sobre el eje horizontal y como directriz la recta de ecuación $x = -p$, la ecuación de la parábola es

6.3.6.

$$y^2 = 4px$$

que representa también una parábola que es simétrica respecto al eje horizontal, porque ahora es la coordenada y la que tiene el exponente par.

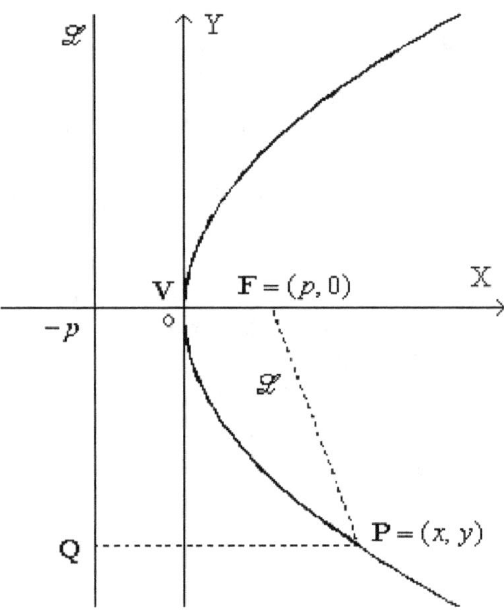

Figura 6.6

En la figura 6.6 aparece la gráfica de este tipo de parábolas para $p > 0$. Si $p > 0$, la parábola se abre hacia la derecha (ya que debemos tener $x \geq 0$) y si $p < 0$, se abre hacia la izquierda.

6.3.7 Ejemplo.

Hallar la ecuación de la parábola que tiene su foco en $\mathbf{F} = (0, -5)$ y como directriz la recta de ecuación $y = 5$.

Solución

Como el foco esta debajo de la directriz y sobre el eje vertical, con $p = -5$, la parábola se abre hacia abajo. Por tanto, reemplazando este valor de p en la ecuación canónica correspondiente se obtiene

$$x^2 = -20y$$

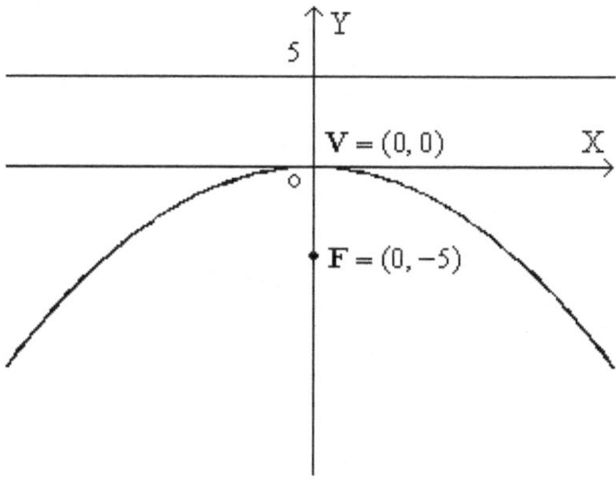

Figura 6.7

6.3.8 Ejemplo.

Dada la parábola que tiene ecuación

$$y^2 = 7x$$

encontrar las coordenadas del foco, la ecuación de la recta directriz y trazar la gráfica.

Solución

La ecuación dada es de la forma 6.3.3., entonces, por comparación

$$4p = 7$$

de donde

$$p = \frac{7}{4}.$$

Como $p > 0$, la parábola se abre hacia la derecha. El foco está en el punto

$$\mathbf{F} = \left(\frac{7}{4}, 0\right)$$

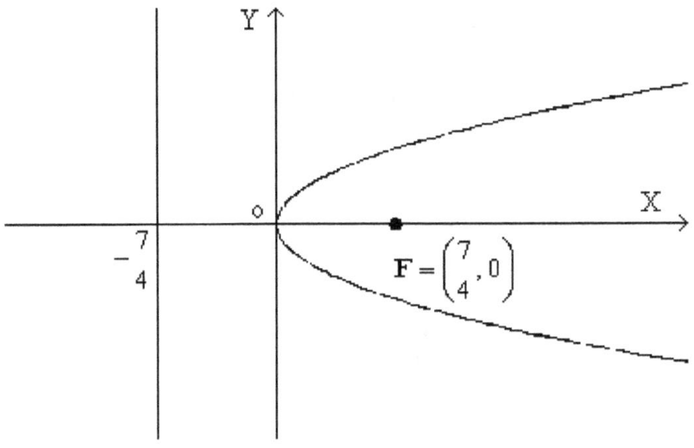

Figura 6.8

6.3.9. Ecuación general de la parábola

Las ecuaciones que obtuvimos son la formas más sencillas de la parábolas y se llaman **ecuaciones canónicas**. Se obtienen **cuando el vértice V de la parábola está en el origen de coordenadas y uno de los ejes es de simetría**. Veremos ahora que forma toma la ecuación de la parábola cuando su vértice no coincide con el origen.

Supongamos que su vértice está en el punto (h, k) y su eje de simetría es paralelo al eje vertical, figura 6.9.

Por lo que vimos anteriormente, respecto al sistema de ejes x', y', con origen en $\mathbf{O}' = (h, k)$, la ecuación de la parábola tomará la forma canónica, esto es,

6.3.10

$$x'^2 = 4py'$$

Observando que si conocemos las coordenadas de cualquier punto $\mathbf{P} = (x, y)$ respecto al origen $\mathbf{O}$, podemos conocer las coordenadas x', y' respecto al origen $\mathbf{O}' = (h, k)$ ya que el cambio de coordenadas es una simple traslación.

Esto es,

$$\begin{bmatrix} x \\ y \end{bmatrix} = \begin{bmatrix} h \\ k \end{bmatrix} + \begin{bmatrix} 1 & 0 \\ 0 & 1 \end{bmatrix} \begin{bmatrix} x' \\ y' \end{bmatrix}$$

de donde

$$\begin{bmatrix} x' \\ y' \end{bmatrix} = \begin{bmatrix} x - h \\ y - k \end{bmatrix}.$$

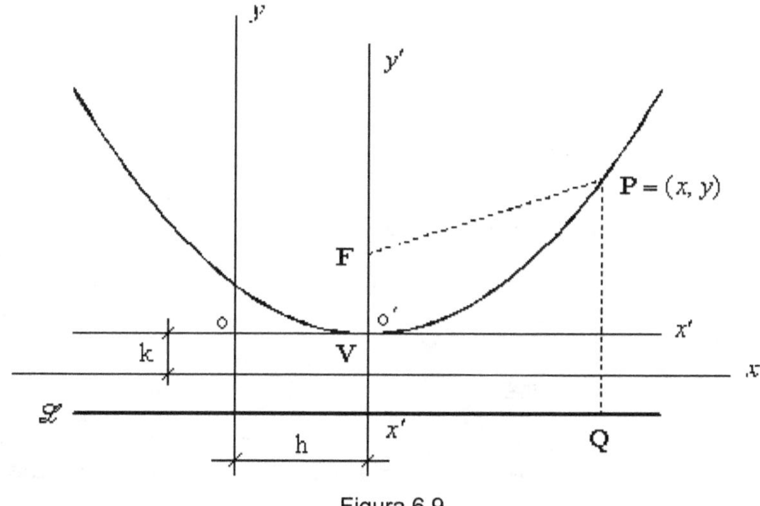

Figura 6.9

Para obtener la ecuación de la parábola en las coordenadas x e y tenemos que remplazar x' por $x-h$ e y' por $y-k$ en la ecuación 6.3.7, lo que resulta

6.3.11.

$$(x-h)^2 = 4p(y-k).$$

Esta parábola tiene su foco en $\mathbf{F} = (h, k+p)$ y la ecuación de su recta directriz es $y = k - p$.

De modo análogo se obtiene la ecuación para la parábola que tiene el mismo vértice con eje paralelo al eje horizontal:

6.3.12.

$$(y-k)^2 = 4p(x-h)$$

6.3.13. La parábola como ecuación de segundo grado.

Si consideramos las distintas ecuaciones de la parábola que obtuvimos hasta el momento, podemos observar que aparece **solo una de las coordenadas elevada al cuadrado**, por ejemplo, desarrollando las ecuaciónes 6.3.8 y 6.3.9 y ordenando, se obtiene

6.3.14.

$$x^2 - 2hx - 4py + h^2 = 0$$
$$y^2 - 2ky - 4py + k^2 = 0$$

De esto sigue que dada la ecuación de segundo grado

6.3.15.

$$Ax^2 + Cy^2 + Dx + Ey + F = 0,$$

para que represente una parábola debemos tener $A = 0$ o $C = 0$, que se resume poniendo $AC = 0$.

Álgebra y Geometría

Cuando se tiene una ecuación escrita en la forma 6.3.12, para realizar su gráfico, es conveniente llevarla a su forma canónica.

Para ubicar la posición de su vértice y foco, necesitamos conocer los valores de h, k y p. Estos pueden determinarse al comparar los coeficientes de la ecuación dada con los de la ecuación 6.3.12, aunque también puede utilizarse la técnica de completar cuadrados.

6.3.16 Ejemplo.

Dada la parábola que tiene por ecuación

$$x^2 + 6x - 8y + 1 = 0$$

llevarla a la forma canónica, dar su vértice y directriz . Dibujarla.

Solución

Reescribimos la ecuación dada completando cuadrados para los términos en x, resultando

$$(x-3)^2 = 8(y-1).$$

Comparando con la ecuación 6.3.8 vemos que $h = 3$, $k = 1$ y $p = 2$.

El cambio de coordenadas entre el sistema original $\mathscr{S} = \{\mathbf{O}; \mathbf{e}_1, \mathbf{e}_2\}$ y el nuevo sistema

$\mathscr{S}' = \{\mathbf{V}; \mathbf{e}_1', \mathbf{e}_2'\}$ con centro en el vértice de la parábola está dado por

$$\begin{bmatrix} x \\ y \end{bmatrix} = \begin{bmatrix} 3 \\ 1 \end{bmatrix} + \begin{bmatrix} 1 & 0 \\ 0 & 1 \end{bmatrix} \begin{bmatrix} x' \\ y' \end{bmatrix}$$

entonces

$$\mathbf{V} = (3,1)$$

y

$$\mathbf{F} = \mathbf{V} + p\mathbf{e}_1' = (3,1) + 2(0,1) = (3,3)$$

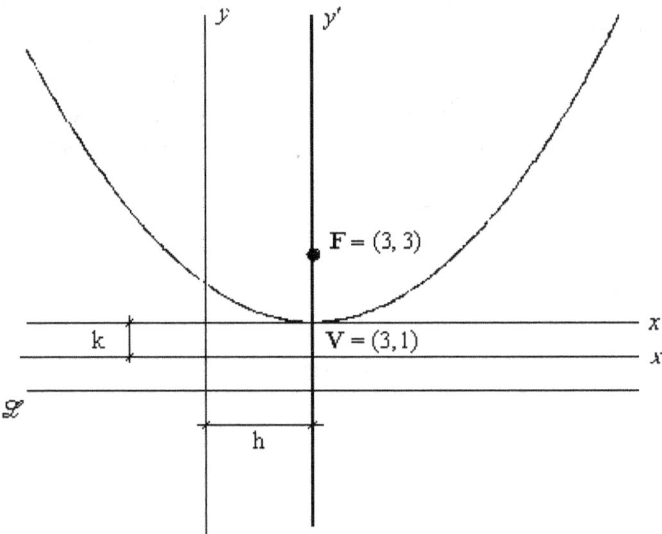

Figura 6.10

6.4. La Elipse

6.4.1. Definición.

Una elipse es el conjunto de puntos $\mathbf{P}$ del plano tal que la suma de sus distancias a dos puntos fijos llamados focos, es constante.

6.4.2 Proposición.

La ecuación de la elipse que tiene por focos los puntos $\mathbf{F}_1 = (-c, 0)$ y $\mathbf{F}_2 = (c, 0)$ si a la distancia constante se la designa por $2a$ es

6.4.3.

$$\frac{x^2}{a^2} + \frac{y^2}{b^2} = 1 \quad \text{donde} \quad b^2 = a^2 - c^2$$

Demostración

Por definición, para cualquier punto $\mathbf{P} = (x, y)$ de la elipse, debe verificarse

$$d(\mathbf{P}, \mathbf{F}_1) + d(\mathbf{P}, \mathbf{F}_2) = 2a$$

o sea

$$\sqrt{(c+x)^2 + y^2} + \sqrt{(c-x)^2 + y^2} = 2a$$

de donde

$$\sqrt{(c+x)^2 + y^2} = 2a - \sqrt{(c-x)^2 + y^2}$$

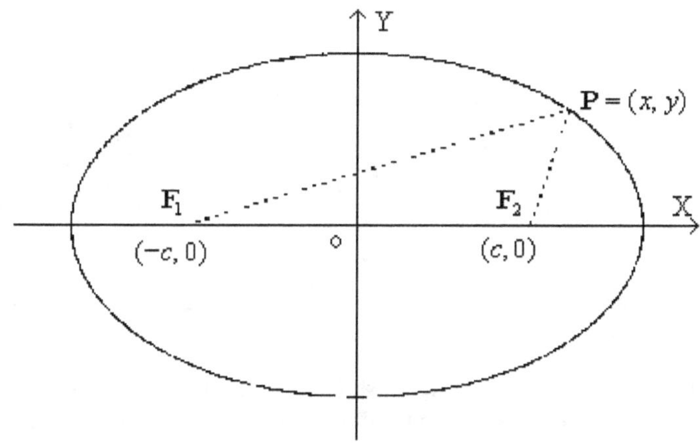

Figura 6.11

Elevando al cuadrado ambos miembros y simplificando se obtiene

$$a - \frac{c}{a}x = \sqrt{(c-x)^2 + y^2}$$

volviendo a elevar al cuadrado

$$a^2 - 2cx + \frac{c^2}{a^2}x^2 = (c-x)^2 + y^2 = c^2 - 2cx + x^2 + y^2$$

reduciendo y reagrupando

$$a^2 - c^2 = x^2 - \frac{c^2}{a^2}x^2 + y^2 = \frac{(a^2 - c^2)}{a^2}x^2 + y^2$$

Finalmente dividiendo ambos miembros por $a^2 - c^2$ llegamos a

$$\frac{x^2}{a^2} + \frac{y^2}{b^2} = 1 \quad \text{donde} \quad b^2 = a^2 - c^2$$

con lo que queda demostrada la proposición.

6.4.4. Discusión

Considerando la ecuación 6.4.3 de la elipse

$$\frac{x^2}{a^2} + \frac{y^2}{b^2} = 1$$

se deduce fácilmente lo siguiente

1. La curva tiene su centro en el origen ya que es simétrica respecto de los ejes de coordenadas elegidos; si el punto $\mathbf{P} = (x, y)$ es un punto de la elipse, el punto $-\mathbf{P} = (-x, -y)$ también lo es.

2. Las intersecciones de la elipse con el eje horizontal se llaman vértices de la elipse. Tomando $y = 0$ en la ecuación 6.4.3 encontramos las intersecciones con el eje de coordenadas x en los puntos $\mathbf{V}_1 = (-a, 0)$ y $\mathbf{V}_2 = (a, 0)$. De igual modo, (tomando $x = 0$) hallamos las intersecciones con el eje de coordenadas y en $\mathbf{B}_1 = (0, -b)$ y $\mathbf{B}_2 = (0, b)$.

3. Al segmento de recta que une los vértices $\mathbf{V}_1$ y $\mathbf{V}_2$ de longitud $2a$ se lo denomina **eje principal o mayor** de la elipse y el segmento de recta de longitud $2b$ que une los puntos $\mathbf{B}_1$ y $\mathbf{B}_2$ recibe el nombre de **eje (o diámetro) menor**.

4. Si expresamos y como función de x de acuerdo a la ecuación 6.4.3 resulta la expresión

$$y = \pm \frac{b}{a}\sqrt{a^2 - x^2}$$

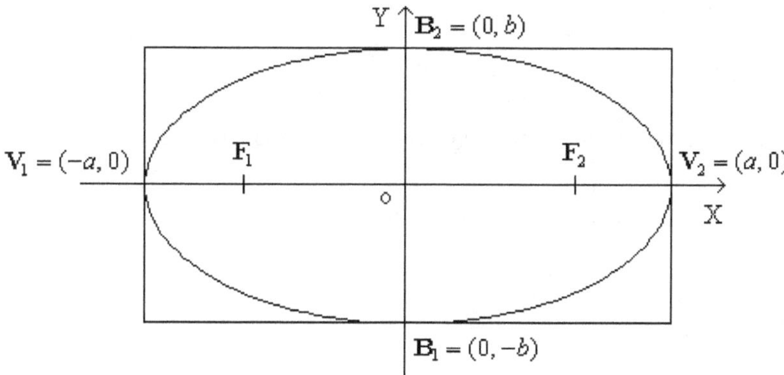

Figura 6.12

donde se ve que x puede tomar valores sólo en el intervalo $[-a, a]$ y en consecuencia, los valores de y permanecen en el intervalo $[-b, b]$. De esto, resulta que la gráfica de la elipse está **acotada** por el rectángulo limitado por las rectas de ecuaciones $x = \pm a$ e $y = \pm b$.

Cuando los focos se toman sobre el eje de coordenadas y, la ecuación canónica que resulta para la elipse es

$$\frac{x^2}{b^2} + \frac{y^2}{a^2} = 1$$

donde

$$b^2 = a^2 - c^2.$$

6.4.5 Ejemplo.

Dibujar la elipse cuyos semiejes son $a = 4$ y $b = 3$ en los casos siguientes:

i)   Cuando los focos están sobre el eje horizontal.

ii)   Cuando los focos están sobre el eje vertical.

Solución

i)   En este caso la ecuación canónica es de la forma 6.4.3, esto es,

$$\frac{x^2}{4^2} + \frac{y^2}{3^2} = 1$$

y

$$c = \sqrt{a^2 - b^2} = \sqrt{16-9} = \sqrt{7}$$

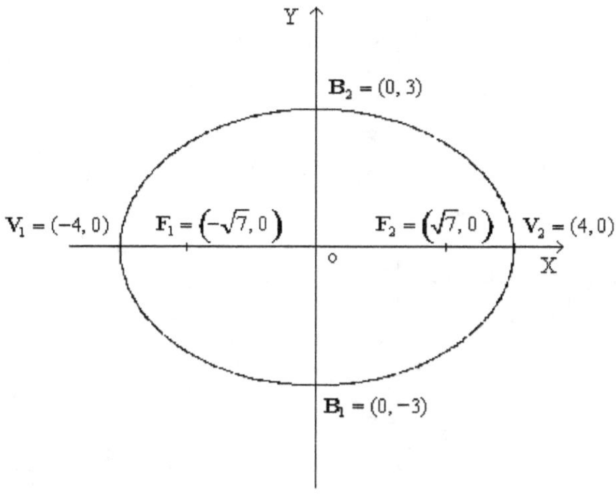

Figura 6.13

Los vértices son

$$\mathbf{V}_1 = (-4, 0) \ \text{y} \ \mathbf{V}_2 = (4, 0).$$

Los puntos de intersección con el eje menor son

$$\mathbf{B}_1 = (0, -3) \ \text{y} \ \mathbf{B}_2 = (0, 3)$$

y los focos se ubican en

$$\mathbf{F}_1 = \left(-\sqrt{7}, 0\right) \ \text{y} \ \mathbf{F}_2 = \left(\sqrt{7}, 0\right).$$

su gráfica está en la figura 6.13

ii)   Cuando los focos están sobre el eje y la ecuación es

$$\frac{x^2}{b^2} + \frac{y^2}{a^2} = 1$$

La gráfica se muestra en la figura 6.14 que se obtiene permutando los ejes x e y en la figura 6.13.

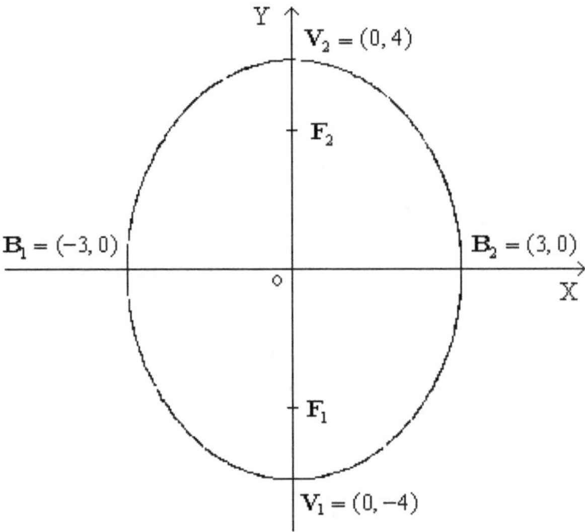

Figura 6.14

6.4.6. Elipse cuyo centro no está en el origen

Queremos obtener la ecuación de la elipse con semiejes mayor y menor de valores a y b respectivamente, cuando su centro de simetría esta en un punto cualquiera $\mathbf{C} = (h, k)$, pero **sus ejes de simetría se mantienen paralelos** a los vectores de la base canónica de $\mathbb{R}^2$. (Figura 6.15).

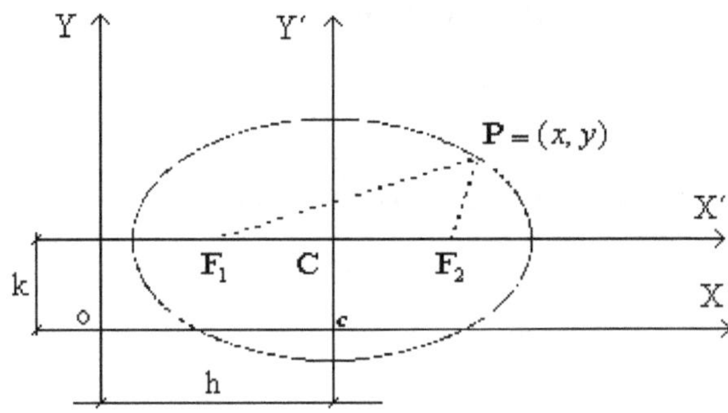

Figura 6.15

Si tomamos un sistema de coordenadas $\mathscr{S}' = \{\mathbf{C}; \mathbf{e}_1, \mathbf{e}_2\}$, la ecuación de la elipse en este sistema es

6.4.7.

$$\frac{x'^2}{a^2} + \frac{y'^2}{b^2} = 1,$$

Para obtenerla en el sistema original recordemos que el cambio de coordenadas está dado por

$$\begin{bmatrix} x \\ y \end{bmatrix} = \begin{bmatrix} h \\ k \end{bmatrix} + \begin{bmatrix} 1 & 0 \\ 0 & 1 \end{bmatrix}\begin{bmatrix} x' \\ y' \end{bmatrix} = \begin{bmatrix} h \\ k \end{bmatrix} + \begin{bmatrix} x' \\ y' \end{bmatrix} = \begin{bmatrix} h + x' \\ k + y' \end{bmatrix}$$

de donde

$$\begin{bmatrix} x' \\ y' \end{bmatrix} = \begin{bmatrix} x - h \\ y - k \end{bmatrix}.$$

Reemplazando en 6.4.5 obtenemos

6.4.8.

$$\frac{(x-h)^2}{a^2} + \frac{(y-k)^2}{b^2} = 1.$$

Desarrollando los cuadrados y multiplicando por $a^2 b^2$ ambos miembros se tiene

$$b^2(x^2 - 2h + h\overset{2}{x}) + a^2(y^2 - 2ky + k^2) = a^2 b^2.$$

Reordenando llegamos a

6.4.9.

$$b^2 x^2 + a^2 y^2 - 2hx - 2ky + (h^2 + k^2 - a^2 b^2) = 0$$

que al compararla con la ecuación de segundo grado $Ax^2 + Cy^2 + Dx + Ey + F = 0$

podemos observar lo siguiente:

La característica esencial para que una ecuación de segundo grado con $B = 0$ represente una elipse (si es que no degenera en un punto o conjunto vacío) es que los coeficientes A y C sean del mismo signo ò sea $AC > 0$.

Si tenemos la ecuación de una elipse en la forma 6.4.7, para determinar la posición de su centro y la longitud a y b de sus semiejes, podemos hacerlo comparando los coeficientes de la ecuación 6.4.7 con la ecuación de segundo grado, aunque es preferible usar la técnica de completar cuadrados.

6.4.10 Ejemplo.

Dada la elipse de ecuación

$$6x^2 + 9y^2 - 24x - 54y + 51 = 0$$

hallar la posición de su centro y la longitud a y b de sus semiejes.

Solución

Con el fin de completar cuadrados, agrupamos por separados los términos en x y en y :

$$6x^2 + 9y^2 - 24x - 54y + 51 = 0 \iff 6(x^2 - 4x) + 9(y^2 - 6y) + 51 = 0 \iff$$

$$6\left[(x-2)^2 - 4\right] + 9\left[(y-3)^2 - 9\right] + 51 = 0 \iff 6(x-2)^2 - 24 + 9(y-3)^2 - 81 + 51 = 0$$

$$\iff 6(x-2)^2 + 9(y-3)^2 = 54 \iff \frac{(x-2)^2}{9} + \frac{(y-3)^2}{6} = 1$$

que al compararla con 6.4.6 resulta

$$h = 2, \ \ k = 3, \ \ a = 3, \ \ b = \sqrt{6} \ \text{ y } \ c = \sqrt{15} .$$

Entonces,

$$V_1 = C - ae_1 = (2,3) - 3(1,0) = (-1,3), \quad V_2 = C + ae_1 = (2,3) + 3(1,0) = (5,3),$$
$$F_1 = C - ce_1 = (2,3) - \sqrt{15}(1,0) = (2 - \sqrt{15}, 3),$$
$$F_2 = C + ce_1 = (2,3) + \sqrt{15}(1,0) = (2 + \sqrt{15}, 3),$$
$$B_1 = C - be_2 = (2,3) - \sqrt{6}(0,1) = \left(2, 3 - \sqrt{6}\right),$$
$$B_2 = C + be_2 = (2,3) + \sqrt{6}(0,1) = \left(2, 3 + \sqrt{6}\right).$$

6.5. La Hipérbola

6.5.1. Definición.

Una **hipérbola** es el conjunto de puntos del plano tales que la diferencia de sus distancias a dos puntos fijos dados es, en valor absoluto, una constante.

Los puntos fijos F_1 y F_2 se llaman **focos** de la hipérbola.

6.5.2 Proposición.

La ecuación de la hipérbola que tiene por focos los puntos $F_1 = (-c,0)$ y $F_2 = (c,0)$, donde a la distancia constante se la designa por $2a$ es

$$\frac{x^2}{a^2} - \frac{y^2}{b^2} = 1, \text{ donde } b^2 = c^2 - a^2.$$

Demostración

Por definición si $P = (x,y)$ es un punto de la hipérbola debe verificarse (véase figura 6.5.1)

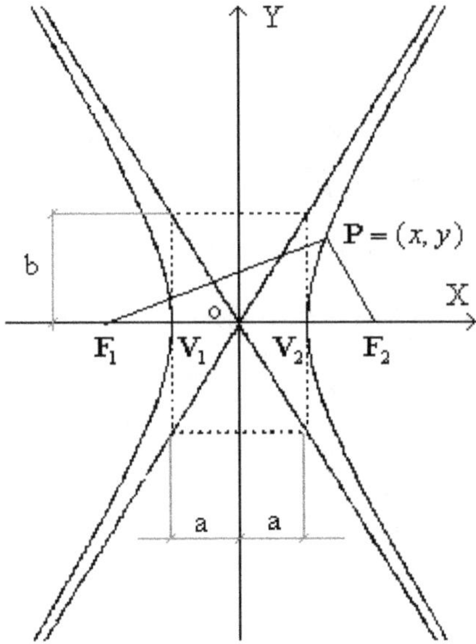

Figura 6.16

$$\left| d(\mathbf{F}_1, \mathbf{P}) - d(\mathbf{F}_2, \mathbf{P}) \right| = 2a$$

o sea

$$\left| \sqrt{(c+x)^2 + y^2} - \sqrt{(c-x)^2 + y^2} \right| = 2a$$

que equivale a

$$\sqrt{(c+x)^2 + y^2} - \sqrt{(c-x)^2 + y^2} = \pm 2a$$

Operando de modo análogo a lo que se hizo en el caso de la elipse se llega a la tésis. (Ejercicio).

6.5.3. Análisis

La ecuación de la hipérbola en su forma canónica

6.5.4.

$$\frac{x^2}{a^2} - \frac{y^2}{b^2} = 1$$

Puede apreciarse su parecido con la de la elipse, difiere de ésta en la ubicación del signo menos y en que ahora el valor de c resulta mayor que el de a y b, al ser $c^2 = a^2 + b^2$, pudiendo ser $a \leq b$ o $a \geq b$. Si $a = b$, se dice que la hipérbola es equilátera.

También es simétrica respecto a ambos ejes, o sea, tiene al origen de coordenadas como centro de simetría.

Sólo interseca al eje horizontal (eje-x) en los puntos $\mathbf{V}_1 = (-a, 0)$ y $\mathbf{V}_2 = (a, 0)$, llamados vértices. Si buscamos la intersección con el eje vertical (eje-y), tomando $x = 0$ en 6.5.4 resulta $y^2 = -b^2$ lo que no es posible para valores reales.

Al segmento de recta de longitud $2a$ que une los vértices se lo denomina **eje principal** y el segmento de recta de longitud $2b$ que une los puntos $\mathbf{B}_1 = (0, -b)$ y $\mathbf{B}_2 = (0, b)$ recibe el nombre de **eje conjugado**.

De la ecuación 6.5.4, si despejamos la variable y obtenemos

$$y = \pm \frac{b}{a}\sqrt{x^2 - a^2}$$

que representa un par de funciones reales de variable real cuyos gráficos son dos curvas no acotadas, cada una de las cuales recibe el nombre de rama de la hipérbola y cuyo dominio es el conjunto $(-\infty, a) \cup (a, \infty)$, esto es, no existe curva en la franja limitada por las rectas $x = -a$ y $x = a$. La rama que contiene al vértice $\mathbf{V}_2 = (a, 0)$, se extiende indefinidamente hacia la derecha de $\mathbf{V}_2$, y la otra rama contiene al vértice $\mathbf{V}_1 = (-a, 0)$ y se extiende indefinidamente hacia la izquierda de $\mathbf{V}_1$.

Se puede demostrar, y es lo que ahora haremos, que la hipérbola tiene dos asíntotas.

6.5.5 Proposición.

La hipérbola de ecuación

$$\frac{x^2}{a^2} - \frac{y^2}{b^2} = 1$$

tiene por asíntotas las rectas de ecuaciones $y = \dfrac{b}{a}x$ e $y = -\dfrac{b}{a}x$.

Demostración

Recordemos que una función tiene como asíntota la recta $y = mx + n$, cuando el valor de $f(x)$ se acerca al valor $mx + n$ tanto como se quiera tomando x suficientemente grande o más precisamente cuando

$$\lim_{x \to \infty}\left[f(x) - (mx + n)\right] = 0 \, .$$

Trabajando con la rama de la derecha donde $f(x) = \pm\dfrac{b}{a}\sqrt{x^2 - a^2}$ resulta

$$\lim_{x \to \infty}\left[f(x) - (mx + n)\right] = \lim_{x \to \infty}\left[\frac{b}{a}\sqrt{x^2 - a^2} - \frac{b}{a}x \right] = \lim_{x \to \infty}\frac{b}{a}\left[\sqrt{x^2 - a^2} - x \right]$$

$$= \frac{b}{a}\lim_{x \to \infty}\left[\frac{\left(\sqrt{x^2 - a^2} - x\right)\left(\sqrt{x^2 - a^2} + x\right)}{\sqrt{x^2 - a^2} + x} \right]$$

$$= \frac{b}{a}\lim_{x \to \infty}\left[\frac{x^2 - a^2 - x^2}{\sqrt{x^2 - a^2} + x} \right] = \frac{b}{a}\lim_{x \to \infty}\left[\frac{-a^2}{\sqrt{x^2 - a^2} + x} \right]$$

$$= 0$$

de donde sigue que las rectas de ecuaciones

$$y = \frac{b}{a}x \ \text{ e } \ y = -\frac{b}{a}x$$

son efectivamente asíntotas de las ramas de la derecha. Haciendo lo mismo con las ramas de la izquierda cuando $x \to -\infty$ se encuentra que tienen por asíntotas las mismas rectas.

La figura 6.16. muestra una hipérbola junto con sus asíntotas. En la misma se observa que las diagonales del rectángulo que tiene vértices (a,b), $(-a,b)$, $(-a,-b)$ y $(a,-b)$ están en las asíntotas de la hipérbola. Este rectángulo se llama **rectángulo auxiliar de la hipérbola**.

Hasta ahora hemos tratado con la ecuación 6.5.4, de la hipérbola que tiene sus focos sobre el eje-x. Si tomamos los focos sobre el eje-y (o permutamos los ejes) la ecuación canónica correspondiente resulta

6.5.6.

$$\frac{y^2}{a^2} - \frac{x^2}{b^2} = 1$$

Está es una hipérbola con centro en el origen y su eje principal sobre el eje-y. Sus ramas se abren hacia arriba (ver figura 6.17).

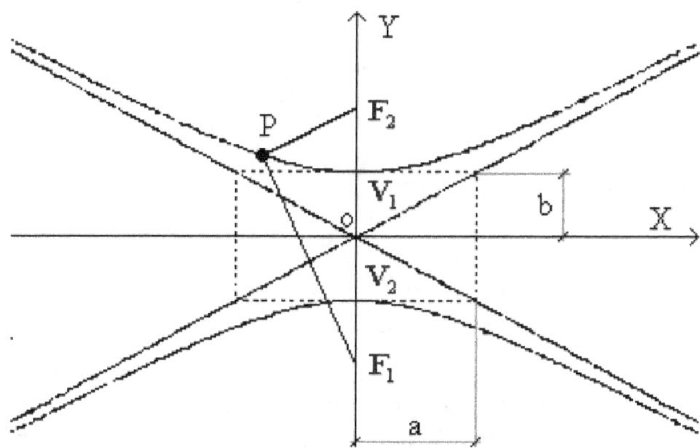

Figura 6.17

Sus asíntotas son las rectas de ecuaciones $y = \dfrac{a}{b}x$ e $y = -\dfrac{a}{b}x$, focos en $\mathbf{F}_1 = (0,-c)$ y $\mathbf{F}_2 = (0,c)$ y vértices en $\mathbf{V}_1 = (0,-a)$ y $\mathbf{V}_2 = (0,a)$.

Cabe observar que las hipérbolas de ecuaciones

$$\frac{y^2}{a^2} - \frac{x^2}{b^2} = 1 \quad \text{y} \quad \frac{x^2}{b^2} - \frac{y^2}{a^2} = 1$$

tienen las mismas rectas asíntotas.

6.5.7. Hipérbola cuyo centro no está en el origen

Queremos obtener la ecuación de la hipérbola con su eje principal paralelo al eje-x cuando su centro está en un punto cualquiera $\mathbf{F}_0 = (h,k)$ (ver figura 6.18)

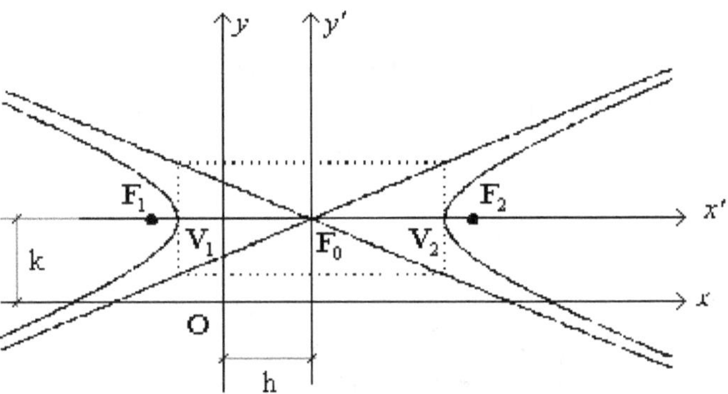

Figura 6.18

Igual que en los casos anteriores, sabemos que respecto al sistema cuyas coordenadas denotamos con x' e y', y cuyo origen coincide con el centro de la hipérbola la ecuación canónica de la parábola es:

6.5.8.

$$\frac{x'^2}{a^2} - \frac{y'^2}{b^2} = 1$$

Para obtenerla en el sistema original, hacemos la transformación (que es sólo una traslación) de coordenadas

$$\begin{bmatrix} x' \\ y' \end{bmatrix} = \begin{bmatrix} x - h \\ y - k \end{bmatrix}$$

para lograr la ecuación

6.5.9.

$$\frac{x'^2 + y'^2 + 2xy}{2} - \frac{x'^2 + y'^2 - 2xy}{2} = 1$$

Para la hipérbola con focos sobre el $\frac{x'^2+y'^2+2xy}{2}-\frac{x'^2+y'^2-2xy}{2}=1$, la forma trasladada resulta

$$\frac{(y - k)^2}{a^2} - \frac{(x - k)^2}{b^2} = 1$$

desarrollando los cuadrados y multiplicando por $a^2 b^2$ obtenemos

$$b^2(x^2 - 2h + h\overset{2}{x}) - a^2(y^2 - 2ky + k^2) = a^2 b^2$$

Reordenando llegamos a

$$b^2 x^2 - a^2 y^2 - 2hx + 2ky + (h^2 - k^2 - a^2 b^2) = 0$$

Que al compararla con la ecuación de segundo grado (con $B = 0$) podemos observar lo siguiente:

La característica esencial para que la ecuación de segundo grado represente una hipérbola, es que los coeficientes A y C tengan signos distintos, esto es, $AC < 0$.

6.5.10 Ejemplo.

Dada la hipérbola de ecuación

$$9x^2 - 4y^2 - 18x - 16y + 29 = 0$$

dar la posición de sus vértices, focos y la ecuación de las asíntotas.

Solución

Completando cuadrados en la ecuación obtenemos

$$9(x-1)^2 - 4(y+2)^2 = -36$$

y dividiendo ambos miembros por -36 resulta

$$\frac{(y+2)^2}{9} - \frac{(x-1)^2}{4} = 1$$

que es una hipérbola con sus focos sobre el eje-y. De aquí también vemos que

$$h=1, \;\; k=-2, \; a=3, \; b=2 \; \text{y} \; c=\sqrt{13}$$

y por lo tanto

$$\mathbf{F}_0 = (1,-2) \, ,$$

$$\mathbf{V}_1 = \mathbf{F}_0 - a\mathbf{e}_1' = (1,-2) - 3(0,1) = (1,-5) \, ,$$

$$\mathbf{V}_2 = \mathbf{F}_0 + a\mathbf{e}_1' = (1,-2) + 3(0,1) = (1,1) \, ,$$

$$\mathbf{F}_1 = \mathbf{F}_0 - c\mathbf{e}_1' = (1,-2) - \sqrt{13}(0,1) = \left(1,-2-\sqrt{13}\right) ,$$

$$\mathbf{F}_2 = \mathbf{F}_0 + c\mathbf{e}_1' = (1,-2) + \sqrt{13}(0,1) = \left(1,-2+\sqrt{13}\right) .$$

Las asíntotas están dadas por las ecuaciones

Álgebra y Geometría

$$y' = \frac{b}{a}x' \text{ e } y' = -\frac{b}{a}x'$$

de donde

$$x - 1 = \frac{2}{3}(y+2) \text{ y } x - 1 = -\frac{2}{3}(y+2)$$

o equivalentemente

$$y = \frac{3}{2}(x-1) - 2 \text{ e } y = -\frac{3}{2}(x-1) - 2.$$

6.5.11. Resumen

Por lo que vimos hasta ahora, si tenemos una ecuación de segundo grado $Ax^2 + Cy^2 + Dx + Ey + F = 0$, (con $B = 0$) que representa una cónica, podemos afirmar que:

i) La cónica es una parábola si $AC = 0$.

ii)   La cónica es una elipse si $AC > 0$.

iii)   La cónica es una hipérbola si $AC < 0$.

6.6. Cónica representada por una ecuación de segundo grado completa.

La ecuación general de segundo grado en dos variables es

6.6.1.

$$Ax^2 + Bxy + Cy^2 + Dx + Ey + F = 0.$$

Hasta ahora el término Bxy denominado **mixto** no había hecho su aparición. Es fácil ver que esto se debió a que siempre hemos considerado cónicas con su o sus ejes de simetría paralelos a los ejes de coordenadas. Cuando este no es el caso, veremos que el término mixto se encuentra siempre.

Consideremos, por simplicidad, la hipérbola equilátera de semiejes $a = b = 1$ y focos sobre el eje-y. Su ecuación es

$$y^2 - x^2 = 1$$

Queremos obtener su ecuación en un sistema $\mathscr{S}' = \{O'; e_1', e_2'\}$, donde $O' = O$ y la base $\{e_1', e_2'\}$ está rotada un ángulo de $\pi/4$ radianes respecto de la base canónica $\{e_1', e_2'\}$. En la figura 6.19, que es la gráfica de esta hipérbola, podemos ver que la misma no corta a los ejes cuyas coordenadas denotamos x', y'.

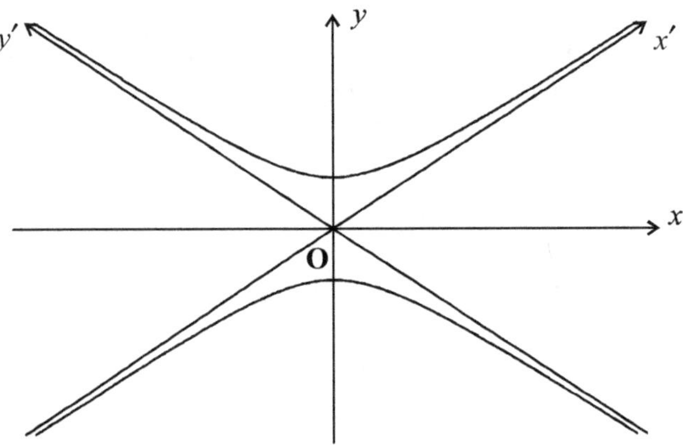

Figura 6.19

Recordemos que un cambio de coordenadas que es una rotación en el plano, podemos expresarla matricialmente como

$$X = AX'$$

donde A es la matriz ortogonal de la transformación que tiene por columnas **las componentes de los vectores** $\mathbf{e}'_1$ **y** $\mathbf{e}'_2$ **de la nueva base**. (ver figura 6.20).

$$\mathbf{e}'_1 = \cos(\theta)\mathbf{e}_1 + \sin(\theta)\mathbf{e}_2$$
$$\mathbf{e}'_2 = -\sin(\theta)\mathbf{e}_1 + \cos(\theta)\mathbf{e}_2$$

Entonces

$$A = \begin{bmatrix} \cos(\theta) & -\sin(\theta) \\ \sin(\theta) & \cos(\theta) \end{bmatrix}$$

Reemplazando en la ecuación matricial

$$\begin{bmatrix} x \\ y \end{bmatrix} = \begin{bmatrix} \cos(\theta) & -\sin(\theta) \\ \sin(\theta) & \cos(\theta) \end{bmatrix}\begin{bmatrix} x' \\ y' \end{bmatrix}$$

de donde

6.6.2.

$$\begin{cases} x = \cos(\theta)x' - \sin(\theta)y' \\ y = \sin(\theta)x' + \cos(\theta)y' \end{cases}$$

Estas son las fórmulas correspondientes a una rotación de ejes en un ángulo θ.

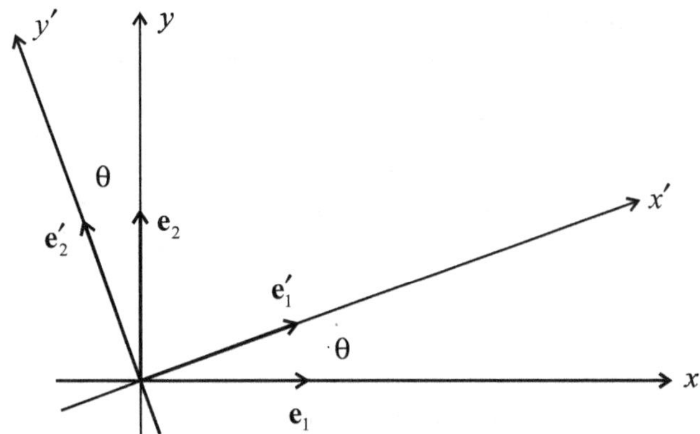

Figura 6.20

En particular cuando $\theta = \pi/4$, substituyendo

$$\cos(\theta) = \sin(\theta) = \frac{\sqrt{2}}{2}$$

Resulta

$$x = \frac{x'-y'}{\sqrt{2}}$$

$$y = \frac{x'+y'}{\sqrt{2}}$$

Para hallar la forma que tendrá la ecuación de la hipérbola en el sistema rotado hacemos esta sustitución en la ecuación

$$y^2 - x^2 = 1$$

esto es,

$$\left(\frac{x'+y'}{\sqrt{2}}\right)^2 - \left(\frac{x'-y'}{\sqrt{2}}\right)^2 = 1$$

Desarrollando los cuadrados

$$\frac{x'^2 + y'^2 + 2xy}{2} - \frac{x'^2 + y'^2 - 2xy}{2} = 1 .$$

Simplificando, la ecuación de la hipérbola equilátera resulta

$$2x'y' = 1$$

En esta ecuación **aparece el término mixto** (con $B = 2$).

Ud. puede verificar que siempre que los ejes del sistema de coordenada no son paralelos a los ejes de simetría de la cónica aparece el término Bxy con $B \neq 0$.

6.7. Caracterización de las cónicas

i)   Cuando la ecuación de una cónica aparece como una expresión de segundo grado en las variables x e y, sin término mixto, podemos reconocer de que curva se trata usando las relaciones 6.5.3,

Queremos determinar ahora un criterio para reconocer una cónica cuando aparece el término mixto Bxy con $B \neq 0$.

Consideremos la ecuación completa de segundo grado en las variables x e y

6.7.1.

$$Ax^2 + Bxy + Cy^2 + Dx + Ey + F = 0$$

Si efectuamos una rotación de coordenadas, usando la transformación 6.6.2, luego de agrupar términos obtenemos la ecuación en el sistema cuyas coordenadas denotamos x' e y' en la forma

6.7.2.

$$A'x'^2 + B'x'y' + C'y'^2 + D'x' + E'y' + F' = 0$$

donde los nuevos coeficientes, están relacionados con los anteriores de la manera siguiente:

6.7.3.

$$A' = A\cos^2(\theta) + B\cos(\theta)\sin(\theta) + C\sin^2(\theta)$$
$$B' = B\cos(2\theta) - (A-C)\sin(2\theta)$$
$$C' = A\sin^2(\theta) - B\sin(\theta)\cos(\theta) + C\cos^2(\theta)$$
$$D' = D\cos(\theta) - E\sin(\theta)$$
$$E' = -D\sin(\theta) + E\cos(\theta)$$
$$F' = F$$

Por la expresión obtenida para B', vemos que si partimos de una ecuación que contenga el término mixto ($B \neq 0$), siempre podemos encontrar una ecuación en donde $B' = 0$, eligiendo un ángulo de rotación de modo tal que

$$B' = B\cos(2\theta) - (A-C)\sin(2\theta) = 0$$

de donde

6.7.4.

$$\cot(2\theta) = \frac{A-C}{B}.$$

6.7.5 Ejemplo.

Estudiar la curva dada por la siguiente ecuación de segundo grado en las variables x e y.

$$x^2 + xy + y^2 = 3.$$

Solución

En este caso $A = B = C = 1$

Eligiendo el ángulo conforme a 6.7.4 tenemos

$$\cot(2\theta) = \frac{1-1}{1} = 0 \;\Rightarrow\; 2\theta = \frac{\pi}{2} \;\Rightarrow\; \theta = \frac{\pi}{4}$$

La transformación de coordenadas es entonces

$$\begin{bmatrix} x \\ y \end{bmatrix} = \frac{\sqrt{2}}{2}\begin{bmatrix} 1 & -1 \\ 1 & 1 \end{bmatrix}\begin{bmatrix} x' \\ y' \end{bmatrix}$$

esto es,

$$x = \frac{\sqrt{2}}{2}(x' - y')$$
$$y = \frac{\sqrt{2}}{2}(x' + y')$$

y al reemplazar en la ecuación dada se obtiene

$$\frac{x'^2}{2/3} + \frac{y'^2}{2} = 1$$

En donde se reconoce la ecuación de una elipse.

6.8. Invariantes. El discriminante

Si bien siempre podemos identificar una cónica eliminando previamente el doble producto como en el ejemplo visto, existe otro procedimiento más sencillo.

Vimos que cuando se lleva a cabo un cambio de coordenadas que es una rotación, (en un ángulo cualquiera), la ecuación 6.7.1 se transforma en 6.7.2 donde los nuevos coeficientes están relacionados con los de la ecuación anterior mediante las expresiones 6.7.3, en las cuales es fácil probar, que los coeficientes A, B y C , A', B' y C' satisfacen la relación

$$B^2 - 4AC = B'^2 - 4A'C'$$

para cualquier ángulo de rotación, es decir que la cantidad $B^2 - 4AC$ es un invariante por rotación.

En particular para la rotación en que $B' = 0$, como la cónica es una parábola si $A'C' = 0$, una elipse si $A'C' > 0$ y una hipérbola si $A'C' < 0$ tenemos que:

i)   Si $B^2 - 4AC = 0$ la cónica es una parábola.

ii)   Si $B^2 - 4AC < 0$ la cónica es una elipse.

iii)   Si $B^2 - 4AC > 0$ la cónica es una hipérbola.

La expresión (invariante por rotaciones) $B^2 - 4AC$ recibe el nombre de **discrimante** de la ecuación de segundo grado.

Otro invariante asociado a las ecuaciones 6.7.3 es la suma de los coeficientes de los términos cuadráticos. Esto es de fácil demostración, usando las expresiones 6.7.3 tenemos

$$A' + C' = A(\cos^2(\theta) + \sin^2(\theta)) + C(\sin^2(\theta) + \cos^2(\theta))$$
$$= A + C$$

esto es,

$$A' + C' = A + C .$$

Este invariante junto con el discriminante, se puede utilizar para comprobar si hubo error al hacer una rotación de ejes en una ecuación cuadrática; también cabe utilizarlos para determinar los nuevos coeficientes de los términos cuadráticos.

6.8.1 Ejemplo.

Determinar la ecuación transformada de

$$x^2 + xy + y^2 = 1$$

cuando se rotan los ejes para eliminar el término mixto.

Solución

Aplicando los dos invariantes a la ecuación original se obtiene $B^2 - 4AC = -3$ y $A + C = 2$. Tomando $B' = 0$ se tiene

$$\begin{cases} 4A'C' = 3 \\ A' + C' = 2 \end{cases}$$

Resolviendo este sistema obtenemos $(A', C') = \left(\dfrac{3}{2}, \dfrac{1}{2}\right)$ y $(A', C') = \left(\dfrac{1}{2}, \dfrac{3}{2}\right)$. La ecuación reducida en las nuevas coordenadas es, pues,

$$\frac{3}{2}x'^2 + \frac{1}{2}y'^2 = 1$$

o bien

$$\frac{1}{2}x'^2 + \frac{3}{2}y'^2 = 1.$$

Es de hacer notar que cuando en la ecuación original no existen términos con primeras potencias, tampoco existirán en la nueva ecuación. Esto es debido a que la rotación de ejes conserva el grado de cada término de la ecuación. También puede verse esto mediante las ecuaciones 6.7.3 que nos indican que D' y E' son ambos nulos si los son D y E.

6.9. Ejercicios

Problema 1.

Calcule vértice, directriz, foco y dibuje un gráfico de cada una de las parábolas dadas por las ecuaciones siguientes:

a) $y^2 + 4x = 6$

b) $x^2 - 8y = 14$

c) $x^2 + 2x - 4y - 8 = 0$

d) $y^2 + x + 2y = 0$

Problema 2

Demuestre, por una rotación de ejes, que la ecuación

$$x^2 + y^2 - 2xy + 2\sqrt{2}(x + y) = 8$$

representa una parábola. Grafique

Problema 3

Determine la ecuación de la parábola que pasa por los puntos $\mathbf{A} = (-1, 2)$, $\mathbf{B} = (1, -1)$ y $\mathbf{C} = (2, 1)$ con eje paralelo al eje y.

Problema 4

Dar la ecuación de la parábola que tiene foco en $\mathbf{F} = (2, 1)$ y vértice en $\mathbf{V} = (-4, -4)$.

Problema 5

Calcule y grafique las ecuaciones de las circunferencias siguientes:

e)   Centro en $\mathbf{C} = (-2, 3)$ y radio $r = 5$.

f)   Extremos de un diámetro $\mathbf{A} = (2, 5)$ y $\mathbf{B} = (7, -3)$.

g)   Centro en $\mathbf{C} = (1, -5)$ y tangente a la recta de ecuación $x = -2$.

Problema 6

Calcule el centro y el radio, y grafique las circunferencias dadas por las ecuaciones siguientes:

Álgebra y Geometría

    h) $x^2 + y^2 - 2x = 7$

    i) $3x^2 + 3y^2 + 6x = 3$

    j) $x^2 + y^2 + 9x - 4y = 2$

Problema 7

Calcule centro, vértices, focos y grafique las elipses dadas por las ecuaciones siguientes:

    k) $25x^2 + 9y^2 - 100x + 54y = 44$

    l) $9x^2 + y^2 = 36$

    m) $16(x+5)^2 + 9(y-7)^2 = 144$

Problema 8

Hallar las ecuaciones y graficar las elipses siguientes:

    n)   Focos en $(-1,1)$ y $(1,1)$, y distancia entre vértices igual a 4.

    o)   Focos en $(3,2)$ y $(3,7)$, y vértices en $(3,0)$ y $(3,9)$.

    p)   Focos en $\left(1-\sqrt{5},-2\right)$ y $\left(1+\sqrt{5},-2\right)$, y pasa por $(1,0)$

    q)   Focos en $(1,2)$ y $(-3,-1)$ y distancia entre vértices igual a 7.

Problema 9

Aplicando una rotación de ejes apropiada. Demuestre que la ecuación

$$7x^2 + 5y^2 + 2\sqrt{3}xy = 32$$

representa una elipse. Grafique los dos sistemas y la curva.

Problema 10

Calcule centro, vértices, focos, asíntotas y grafique las hipérbolas dadas por las siguientes ecuaciones:

r) $\quad 9(x-2)^2 - 4(y+5)^2 = 36$

s) $\quad 25y^2 - 4(x+2)^2 = 100$

t) $\quad 5x^2 - 4y^2 + 20x + 8y = 4$

Problema 11

Calcule las ecuaciones y grafique las hipérbolas siguientes:

u) $\quad$ Focos en $(0,1)$ y $(4,1)$ y vértices en $(1,1)$ y $(3,1)$

v) $\quad$ Vértices en $(-4,0)$ y $(4,0)$ y asíntotas de ecuación $y = \pm 2x$

w) $\quad$ Focos en $(0,0)$ y $(0,4)$, y pasa por $(12,9)$

x) $\quad$ Focos en $(3,1)$ y $(0,4)$ y distancia entre vértices igual a 3.

Problema 12

Realice una rotación de ejes apropiada para demostrar que la ecuación

$$x^2 + 4xy + y^2 = 12$$

representa una hipérbola. Represente la curva y ambos pares de ejes

Problema 13

Utilice el discriminante para clasificar las siguientes ecuaciones cuadráticas, según representen circunferencia, elipse, hipérbola o parábola

y) $\quad x^2 - 3xy + 3y^2 - 6x + 7y = 20$

z) $\quad 3x^2 + 6xy + 3y^2 + 6x - 2y = 15$

Álgebra y Geometría

    aa) $5x^2 - 12xy + 5y^2 + 20y = 11$

    bb) $2xy + 7y^2 - 3x - 8x = 15$

    cc) $4x^2 + 4xy + y^2 - 7x + 11y = 16$

    dd) $x^2 + 2y^2 + 4xy + 5x + 2y = 9$

    ee) $2x^2 + y^2 + 2xy + 3x - 7y = 13$

Problema 14

La cuerda de una elipse que pasa por un foco y es perpendicular al eje mayor se llama **cuerda focal**. Demostrar que la longitud de la cuerda focal es $\dfrac{2b^2}{a}$.

7

Espacios Vectoriales

En el transcurso de los primeros capítulos, hemos definido la suma de matrices como así también el producto de una matriz por un escalar; hemos analizado asimismo la suma de vectores libres (en el plano y en el espacio) y el producto de un vector libre por un escalar. Llamamos ahora la atención sobre el hecho de que, operaciones realizadas mediante mecanismos diferentes, con objetos matemáticos distintos, tienen las mismas propiedades. Esto nos induce a generalizar el caso a otras situaciones posibles, tanto en la misma Matemática, como en las más variadas disciplinas: Ingeniería, Física, Economía, etc. Definiremos así, una nueva estructura algebraica, y la estudiaremos en forma genérica, sin hacer referencia a los elementos que integran el conjunto considerado. Todas las consecuencias que resulten de este estudio tendrán validez cualquiera sea el caso concreto motivo de nuestro trabajo.

7.1. Espacio Vectorial. Definición.

Sea $\mathbb{K}$ un cuerpo y V un conjunto con dos operaciones, $V \times V \to V$, $(u,v) \to u+v$ y $\mathbb{K} \times V \to V$; $(c,u) \to cu$ llamadas suma (o adición) y multiplicación por escalar respectivamente. Diremos que V es un **espacio vectorial sobre el cuerpo** $\mathbb{K}$ si:

a) $(u+v)+w = u+(v+w)$ para todo $u,v,w \in V$. (Asociatividad).

b) $u+v = v+u$ para todo $u,v \in V$. (Conmutatividad).

c) Existe un elemento 0 en V tal que $v+0 = v$ para todo $v \in V$. (Existencia de elemento neutro para la suma).

d) Para cada elemento v en V, existe un elemento de V que denotamos $-v$, denominado "opuesto de v", tal que $v+(-v) = 0$. (Existencia del opuesto aditivo).

    e) $1v = v$ para todo $v \in V$.

    f) $(c_1 c_2)v = c_1(c_2 v)$ para todo $c_1, c_2 \in \mathbb{K}$ y todo $v \in V$

    g) $c(u + v) = cu + cv$ para todo $c \in \mathbb{K}$ y para todo $u, v \in V$

    h) $(c_1 + c_2)v = c_1 v + c_2 v$ para todo $c_1, c_2 \in \mathbb{K}$ y para todo $v \in V$.

Llamaremos **vectores** a los elementos de un espacio vectorial

7.1.1. Ejemplos.

Los siguientes son ejemplos de espacios vectoriales:

1. Sea $\mathbb{K}$ un cuerpo y sea $\mathbb{K}^n = \{(x_1, x_2, \ldots, x_n) \mid x_j \in \mathbb{K}, \ j = 1, 2, \ldots, n\}$. Con la suma y multiplicación escalar dadas por

$$(x_1, x_2, \ldots, x_n) + (y_1, y_2, \ldots, y_n) = (x_1 + y_1, x_2 + y_2, \ldots, x_n + y_n)$$

$$c(x_1, x_2, \ldots, x_n) = (cx_1, cx_2, \ldots, cx_n)$$

$\mathbb{K}^n$ es un espacio vectorial.

2. $\mathbb{K}^{m \times n}$ con las operaciones de suma y multiplicación por escalar ya definidas es un espacio vectorial.

3. Denotemos por $\mathbb{K}[X]$ al conjunto de todos los polinomios a coeficientes en el cuerpo $\mathbb{K}$ en la indeterminada X, esto es, el conjunto de todas las expresiones de la forma $a_0 + a_1 X + a_2 X^2 + \cdots + a_n X^n$, con $a_0, a_1, \ldots, a_n \in \mathbb{K}$. Con las operaciones de suma y multiplicación por un escalar de $\mathbb{K}$ definidas en la forma habitual, $\mathbb{K}[X]$ es un espacio vectorial.

4. Si denotamos por $\mathbb{R}^{\mathbb{R}}$ al conjunto de todas las funciones de $\mathbb{R}$ en $\mathbb{R}$ con las operaciones habituales de suma y multiplicación por un número real, tenemos que $\mathbb{R}^{\mathbb{R}}$ es espacio vectorial.

En cada uno de los casos anteriores, para demostrar el cumplimiento de los axiomas de la definición, es necesario tener en cuenta la definición de **igualdad** de elementos en cada conjunto y las propiedades de las operaciones de suma y multiplicación para cada situación.

Veamos la forma de trabajar, demostrando el cumplimiento de los axiomas *b)* y *g)* para los ítems 3. y 4. 7.1.1.

Observemos en primer lugar que, en 4. se debe demostrar una **igualdad de funciones**, la función del primer miembro y la función del segundo miembro de los axiomas en cuestión, mientras que en 3. se debe demostrar una **igualdad de polinomios**.

Para mostrar que dos funciones son iguales, es necesario hacer ver que tienen el mismo dominio y que a cada elemento del dominio hacen corresponder la misma imagen. En forma simbólica, si f y g son funciones, entonces $f = g$ si $D_f = D_g = D$ y $f(x) = g(x)$ para todo $x \in D$.

En nuestro caso particular del axioma *b)* queremos demostrar que $f + g = g + f$. Si $f, g \in \mathbb{R}^{\mathbb{R}}$, entonces $D_f = D_g = \mathbb{R}$, de donde $D_{f+g} = D_f \cap D_g = \mathbb{R} \cap \mathbb{R} = \mathbb{R}$ y $D_{g+f} = D_g \cap D_f = \mathbb{R} \cap \mathbb{R} = \mathbb{R}$, de modo que $D_{f+g} = D_{g+f}$.

Por otro lado $[f + g](x) = f(x) + g(x) = g(x) + f(x) = [g + f](x)$ para todo $x \in \mathbb{R}$, por lo tanto $f + g = g + f$.

Sean ahora $f, g \in \mathbb{R}^{\mathbb{R}}$ y $c \in \mathbb{R}$, entonces $D_{c(f+g)} = \mathbb{R} = D_{cf+cg}$ y si $x \in \mathbb{R}$ tenemos

$$
\begin{aligned}
[c(f + g)](x) &= c(f + g)(x) = c(f(x) + g(x)) \\
&= cf(x) + cg(x) = (cf)(x) + (cg)(x) \\
&= (cf + cg)(x)
\end{aligned}
$$

lo que demuestra que $c(f + g) = cf + cg$.

7.1.2. Observación.

El elemento neutro en el conjunto $\mathbb{R}^{\mathbb{R}}$ es la **función nula** que denotamos por 0, esto es, la función de $\mathbb{R}$ en $\mathbb{R}$ que hace corresponder el número real 0 a cada $x \in \mathbb{R}$. De manera simbólica $0(x) = 0$. Notemos que aún cuando usemos el mismo símbolo 0 estamos representando objetos distintos, en la igualdad $0(x) = 0$, el cero que aparece a la izquierda representa una función, mientras que el de la derecha es el número cero, (el neutro aditivo). El contexto en el cual se esté desarrollando el tema nos prevendrá de cualquier confusión.

Para analizar el caso 3. partimos de la definición de igualdad de polinomios, esto es:

7.1.3. Definición.

Dos polinomios p y q en $\mathbb{K}[X]$ son iguales si, y sólo si, todos los coeficientes de los términos del mismo grado son iguales. En forma simbólica, si

$$p = p_0 + p_1 X + \cdots + p_m X^m + \cdots \ \text{ y } \ q = q_0 + q_1 X + \cdots + q_n X^n + \cdots, \text{ entonces } \ p = q \text{ si y}$$

sólo si $p_i = q_i$ para todo $i \in \mathbb{N}$.

7.1.4. Observación.

El elemento neutro en el espacio vectorial $\mathbb{K}[X]$ es el polinomio nulo, que es aquel cuyos coeficientes son todos nulos. No se le asigna grado a este polinomio. (En ciertas teorías es conveniente atribuirle grado igual a -1).

Sean $p, q \in \mathbb{K}[X]$. Sea $m = grd(p)$, $n = grd(q)$ y asumamos, sin pérdida de generalidad, que $m < n$. Si $p = a_0 + a_1 X + \cdots + a_m X^m$ y $q = b_0 + b_1 X + \cdots + b_n X^n$, entonces

$$\begin{aligned}
p + q &= a_0 + a_1 X + \cdots + a_m X^m + b_0 + b_1 X + \cdots + b_m X^m + b_{m+1} X^{m+1} + \cdots + b_n X^n \\
&= (a_0 + b_0) + (a_1 + b_1) X + \cdots + (a_m + b_m) X^m + b_{m+1} X^{m+1} + \cdots + b_n X^n
\end{aligned}$$

y

$$\begin{aligned}
q + p &= b_0 + b_1 X + \cdots + b_m X^m + b_{m+1} X^{m+1} + \cdots + b_n X^n + a_0 + a_1 X + \cdots + a_m X^m \\
&= (b_0 + a_0) + (b_1 + a_1) X + \cdots + (b_m + a_m) X^m + b_{m+1} X^{m+1} + \cdots + b_n X^n
\end{aligned}$$

Como $a_i + b_i = b_i + a_i$ para $i = 0, 1, 2, \ldots, m$, de las dos últimas expresiones tenemos que $p + q = q + p$.

Sean ahora p y q como antes y sea $c \in \mathbb{K}$, entonces

$$c(p+q) = c[a_0 + a_1 X + \cdots + a_m X^m + b_0 + b_1 X + \cdots + b_m X^m + b_{m+1} X^{m+1} + \cdots + b_n X^n]$$
$$= c[(a_0 + b_0) + (a_1 + b_1)X + \cdots + (a_m + b_m)X^m + b_{m+1} X^{m+1} + \cdots + b_n X^n]$$
$$= c(a_0 + b_0) + c(a_1 + b_1)X + \cdots + c(a_m + b_m)X^m + cb_{m+1} X^{m+1} + \cdots + cb_n X^n$$

y

$$cp + cq = c(a_0 + a_1 X + \cdots + a_m X^m) + c(b_0 + b_1 X + \cdots + b_m X^m + b_{m+1} X^{m+1} + \cdots + b_n X^n)$$
$$= ca_0 + ca_1 X + \cdots + ca_m X^m + cb_0 + cb_1 X + \cdots + cb_m X^m + cb_{m+1} X^{m+1} + \cdots + cb_n X^n$$
$$= (ca_0 + cb_0) + (ca_1 + cb_1)X + \cdots + (ca_m + cb_m)X^m + cb_{m+1} X^{m+1} + \cdots + cb_n X^n$$
$$= c(a_0 + b_0) + c(a_1 + b_1)X + \cdots + c(a_m + b_m)X^m + cb_{m+1} X^{m+1} + \cdots + cb_n X^n$$

Comparando estas expresiones vemos que $c(p+q) = cp + cq$.

Son una consecuencia inmediata de la definición las propiedades enunciadas en el teorema siguiente.

7.1.5. Teorema.

Sea V un espacio vectorial sobre el cuerpo $\mathbb{K}$, entonces:

i) $0v = 0$ para todo $v \in V$.

ii) $c0 = 0$ para todo $c \in \mathbb{K}$.

iii)   Si $cv = 0$, entonces $c = 0$ o $v = 0$.

iv) $-v = (-1)v$.

Demostración.

i) $0v = (0+0)v = 0v + 0v$ y sumando en ambos miembros el opuesto de $0v$ tenemos $0v + (-0v) = 0v + 0v + (-0v)$, esto es, $0 = 0 + 0v = 0v$ como se quería demostrar.

ii) $c0 = c(0+0) = c0 + c0$. Sumando ahora en ambos miembros el opuesto de $c0$ nos queda $c0 + (-c0) = c0 + c0 + (-c0)$, de donde resulta $0 = 0 + c0 = c0$.

iii)   Ejercicio.

iv)   Ejercicio.

7.2. Subespacios Vectoriales

7.2.1. Definición.

Sea V un espacio vectorial sobre el cuerpo $\mathbb{K}$. Si W es un subconjunto no vacío de V, que con las operaciones de suma y multiplicación por escalar definidas en V es él mismo un espacio vectorial, se dice que W es un **subespacio vectorial** de V.

7.2.2. Lema.

Sea V un espacio vectorial sobre el cuerpo $\mathbb{K}$ y W un subconjunto no vacío de V. Entonces, W es un subespacio de V, si y sólo si, para todo escalar c de $\mathbb{K}$ y para todo $u, v \in W$

Se cumple :

$$1) \quad u + v \in W$$
$$2) \quad cu \in W$$

Demostración.

Supongamos primero que W es subespacio de V y sean $u, v \in W$ y $c \in \mathbb{K}$, entonces $u + v \in W$ y $cu \in W$.

Recíprocamente, asumamos el cumplimiento de ambas condiciones. No es necesario demostrar la validez de $a) - h)$ en la definición 7.1. puesto que como W es subconjunto de V y las operaciones son las definidas en V (que es un espacio vectorial) se cumplen trivialmente estas propiedades. Lo que si hay que demostrar es que tanto la suma como la multiplicación por escalar tiene como resultado vectores de W cuando los vectores se toman en W. Como W es no vacío, existe un vector u en W, y por lo tanto $(-1)u + u = 0 \in W$, de modo que el vector nulo pertenece a W. Si $c \in \mathbb{K}$ y $u \in W$, entonces $cu = cu + 0 \in W$, lo que muestra que $cu \in W$ si $c \in \mathbb{K}$ y $u \in W$. Finalmente, si $u, v \in W$ tenemos que $u + v = 1u + v \in W$, esto es, $u + v \in W$ si $u, v \in W$. Queda demostrado el lema.

7.2.3. Ejemplos.

i) Sea V un espacio vectorial sobre el cuerpo $\mathbb{K}$, entonces V es un subespacio de V (trivialmente). Este es un subespacio maximal, en el sentido que cualquier otro subespacio de V está incluido en él.

ii) Sea V un espacio vectorial sobre el cuerpo $\mathbb{K}$. $W = \{0\}$ es un subespacio minimal de V, en el sentido que está incluido en cualquier subespacio de V.

iii) Sea $A \in \mathbb{K}^{m \times n}$. El conjunto de soluciones del sistema homogéneo $AX = 0$ es un subespacio de $\mathbb{K}^{n \times 1}$. Sean X_1 y X_2 soluciones de $AX = 0$ y $c \in \mathbb{K}$, entonces

$$1) \quad \begin{cases} A.X_1 = 0 \\ A.X_2 = 0 \end{cases} \Rightarrow A.(X_1 + X_2) = A.X_1 + A.X_2 = 0 + 0 = 0$$

$$2) \quad A.(c.X_1) = c.(A.X_1) = c.0 = 0$$

Observación. El conjunto de soluciones de un sistema de ecuaciones lineales no homogéneo, compatible, no es un subespacio de $\mathbb{K}^{n \times 1}$. ¿Por que?

iv) Sea $V = \mathbb{R}^{\mathbb{R}}$, $a \in \mathbb{R}$ y $W = \{ f \in V \mid f(a) = 0 \}$. W es un subespacio de V. En efecto, si $f, g \in W$ y $c \in \mathbb{R}$, entonces

$$1) \quad (f + g)(a) = f(a) + g(a) = 0 + 0 = 0$$
$$2 \quad (c.f)(a) = c.f(a) = c.\ 0 = 0$$

7.3. Combinaciones Lineales

Las operaciones definidas en un espacio vectorial, permiten definir el siguiente concepto.

7.3.1. Definición.

Sea V un espacio vectorial sobre el cuerpo $\mathbb{K}$ y $v_1,...,v_r$ vectores de V. Se dice que el vector v es **combinación lineal** de los vectores $v_1,...,v_r$, si existen escalares $c_1,...,c_r$ en $\mathbb{K}$ tales que

$$v = c_1 v_1 + c_2 v_2 + \cdots + c_r v_r = \sum_{k=1}^{r} c_k v_k \,.$$

En conexión con este tema, con frecuencia resulta de interés averiguar cuál es el subconjunto W de un espacio vectorial V, formado por vectores que son combinaciones lineales de ciertos vectores. Se desea analizar cómo deben ser los vectores para que éstos pertenezcan a dicho subconjunto. Llamaremos a esto "caracterización algebraica de W".

7.3.2. Ejemplo.

Sea $V = \mathbb{R}^3$ y $v_1 = (1,-1,-1)$, $v_2 = (0,1,2)$, $v_3 = (1,1,3)$, $v_4 = (2,-1,0)$ vectores de V. Nos proponemos caracterizar el conjunto de todas las combinaciones lineales de los vectores v_1, v_2, v_3, v_4, esto es, caracterizar el conjunto

$$W = \left\{ c_1 v_1 + c_2 v_2 + c_3 v_3 + c_4 v_4 \mid c_1, c_2, c_3, c_4 \in \mathbb{R} \right\}$$

Si $v = (y_1, y_2, y_3) \in W$, entonces

$$c_1(1,-1,-1) + c_2(0,1,2) + c_3(1,1,3) + c_4(2,-1,0) = (y_1, y_2, y_3)$$

y, como sabemos, esta ecuación vectorial es equivalente al sistema de ecuaciones lineales siguiente:

$$\begin{cases} c_1 + c_3 + 2c_4 = y_1 \\ -c_1 + c_2 + c_3 - c_4 = y_2 \\ -c_1 + 2c_2 + 3c_3 = y_3 \end{cases}$$

De donde deducimos, mediante la reducción por filas de matrices, que la condición que deben cumplir y_1, y_2, y_3 para que $(y_1, y_2, y_3) \in W$ es $-y_1 - 2y_2 + y_3 = 0$, luego

$$W = \left\{ (y_1, y_2, y_3) \mid -y_1 - 2y_2 + y_3 = 0 \right\}$$

7.3.3. Teorema.

Sea V un espacio vectorial sobre el cuerpo $\mathbb{K}$ y $v_1, \ldots v_r$ vectores de V. Si W es el conjunto de todas las combinaciones lineales de los vectores $v_1, \ldots v_r$, entonces:

    i) W es un subespacio de V.

    ii)   Si W' es cualquier subespacio que contiene a $v_1, \ldots, v_r$, entonces $W \subset W'$.

Demostración

i) Sean $u, v \in W$, de modo que existen escalares $x_1, \ldots, x_r, y_1, \ldots, y_r$ en $\mathbb{K}$ tales que

$$u = x_1 v_1 + x_2 v_2 + \ldots + x_r v_r = \sum_{i=1}^{r} x_i v_i \quad \text{y} \quad v = y_1 v_1 + y_2 v_2 + \ldots + y_r v_r = \sum_{j=1}^{r} y_j v_j.$$

Luego :

$$1) \quad u + v = (x_1 + y_1) v_1 + (x_2 + y_2) v_2 + \ldots (x_r + y_r) v_r \quad \Rightarrow \quad u + v \in W$$

$$2) \quad cu = (cx_1) v_1 + (cx_2) v_2 + \ldots (cx_r) v_r \quad \Rightarrow \quad cu \in W$$

ii) Sea $v \in W$ entonces $v = c_1 v_1 + c_2 v_2 + \cdots + c_r v_r$ para ciertos escalares $c_1, \ldots, c_r$ en $\mathbb{K}$. Como W' es subespacio tenemos que $c_i v_i \in W'$ para $i = 1, 2, \ldots, r$ y por la misma razón $c_1 v_1 + \cdots + c_r v_r \in W'$, es decir, $v \in W'$, lo cual significa que $W \subset W'$.

Observación. Llamaremos a W **subespacio generado** por los vectores $v_1, \ldots, v_r$ y lo denotaremos $W = \langle v_1, v_2, \ldots, v_r \rangle$ o $W = gen\{v_1, v_2, \ldots, v_r\}$. También se dice que los vectores $v_1, \ldots, v_r$ generan a W, o que el conjunto $\{v_1, \ldots, v_r\}$ es un generador de W.

7.3.4. Ejemplo.

1. Si v es un vector fijo de $\mathbb{R}^2$ o $\mathbb{R}^3$, entonces el subespacio $W = gen\{v\}$, es una recta por el origen cuyo vector de dirección es v.

2. Si u y v son dos vectores no paralelos de $\mathbb{R}^3$, entonces el subespacio $W = gen\{u,v\}$ es un plano por el origen.

7.4. Generadores de un Espacio Vectorial

7.4.1. Definición.

Sea V un espacio vectorial sobre el cuerpo $\mathbb{K}$ y S un subconjunto de V. Se dice que S es un **conjunto generador** de V si $V = gen(S)$, esto es, si todo vector de V es combinación lineal de vectores de S.

Cuando $S = \{v_1, v_2, ..., v_r\}$, decimos simplemente que V es generado por los vectores $v_1, v_2, ..., v_r$.

7.4.2. Ejemplos.

1. Resulta evidente que el conjunto $\{(1,0),(0,1)\}$ genera $\mathbb{R}^2$, puesto que siempre es posible hacer

$$(x,y) = (x,0) + (0,y) = x(1,0) + y(0,1)$$

2. El conjunto $S = \{(1,0),(0,1),(3,-2),(4,5)\}$ es otro generador de $\mathbb{R}^2$, ya que podemos hacer

$$(x,y) = c_1(1,0) + c_2(0,1) + c_3(3,-2) + c_4(4,5)$$

tomando $c_1 = x$, $c_2 = y$, $c_3 = 0$ y $c_4 = 0$.

En general, para saber si un subconjunto $S = \{v_1, v_2, ..., v_r\}$ de vectores de V, **genera** todo el espacio vectorial, es necesario caracterizar el subespacio $W = gen(S)$, procediendo de manera similar a lo hecho en el ejemplo 7.3.2. Si al resolver el sistema de ecuaciones lineales que queda planteado, no se anula ninguna fila de la matriz escalón reducida por filas de la matriz de coeficientes, esto indica que **no hay ninguna condición** a cumplir por parte de los escalares usados para la combinación lineal, de modo que la combinación lineal siempre es posible, significando esto que $V = gen(S)$.

7.4.3. Ejemplo.

Sea $V = \mathbb{R}_2[X]$ el espacio vectorial de polinomios de grado menor o igual a 2 y $S = \left\{1 - X, 2X, 1 + X^2, X + X^2\right\}$. ¿Es S un generador de V?

Sea $p = a_0 + a_1 X + a_2 X^2 \in V$. El vector $p \in gen(S)$ si existen escalares c_1, c_2, c_3, c_4 en $\mathbb{R}$ tales que

$$a_0 + a_1 X + a_2 X^2 = c_1(1 - X) + c_2 2X + c_3(1 + X^2) + c_4(X + X^2)$$
$$= c_1 + c_3 + (-c_1 + 2c_2 + c_4)X + (c_3 + c_4)X^2$$

de donde se obtiene el sistema de ecuaciones lineales siguiente:

$$\begin{cases} c_1 + c_3 = a_0 \\ -c_1 + 2c_2 + c_4 = a_1 \\ c_3 + c_4 = a_2 \end{cases}$$

Pasando a la forma matricial

$$\begin{bmatrix} 1 & 0 & 1 & 0 & | & a_0 \\ -1 & 2 & 0 & 1 & | & a_1 \\ 0 & 0 & 1 & 1 & | & a_2 \end{bmatrix} \sim \begin{bmatrix} 1 & 0 & 0 & -1 & | & a_0 - a_2 \\ 0 & 1 & 0 & 0 & | & \frac{1}{2}a_0 + \frac{1}{2}a_1 - \frac{1}{2}a_2 \\ 0 & 0 & 1 & 1 & | & a_2 \end{bmatrix}$$

Como no hay ninguna condición específica que deban cumplir los escalares c_1, c_2, c_3, c_4, tenemos que

$$\mathbb{R}_2[X] = gen\left\{1 - X, 2X, 1 + X^2, X + X^2\right\}.$$

Una propiedad de los conjuntos de generadores de un espacio vectorial, que resultará de interés práctico cuando haya que elegir uno de ellos, se pone de manifiesto mediante el siguiente

7.4.4. Teorema

Sea V un espacio vectorial sobre el cuerpo $\mathbb{K}$ y $v_1,\dots,v_r$ vectores de V. Si v_1 es combinación lineal de $v_2,\dots,v_r$, entonces

$$gen\{v_1,v_2,\dots,v_r\} = gen\{v_2,\dots,v_r\}.$$

Demostración

La tesis del teorema implica una igualdad de conjuntos, por lo tanto, debemos demostrar las dos inclusiones correspondientes.

Veamos primero que $gen\{v_1,v_2,\dots,v_r\} \subset gen\{v_2,\dots,v_r\}$: sea $v \in gen\{v_1,v_2,\dots,v_r\}$, entonces, existen escalares $c_1,c_2,\dots,c_r$ en $\mathbb{K}$ tales que

7.4.5.

$$v = c_1 v_1 + \cdots + c_r v_r.$$

Además, por hipótesis, existen escalares $x_2,\dots,x_r$ en $\mathbb{K}$ tales que

7.4.6.

$$v_1 = x_2 v_2 + \cdots + x_r v_r.$$

Reemplazando 7.4.6 en 7.4.5 se obtiene

$$
\begin{aligned}
v &= c_1(x_2 v_2 + \cdots + x_r v_r) + c_2 v_2 \cdots + c_r v_r \\
&= c_1 x_2 v_2 + c_1 x_3 v_3 + \cdots + c_1 x_r v_r + c_2 v_2 + c_3 v_3 + \cdots + c_r v_r \\
&= (c_1 x_2 + c_2) v_2 + (c_1 x_3 + c_3) v_3 + \cdots + (c_1 x_r + c_r) v_r
\end{aligned}
$$

lo que significa que $v \in gen\{v_2,v_3,\dots,v_r\}$, y $gen\{v_1,v_2,\dots,v_r\} \subset gen\{v_2,\dots,v_r\}$.

Veamos ahora que $gen\{v_2,...,v_r\} \subset gen\{v_1,v_2,...,v_r\}$: sea $v \in gen\{v_2,...,v_r\}$, entonces,

existen escalares $c_2,...,c_r$ en $\mathbb{K}$ tales que $v = c_2 v_2 + \cdots + c_r v_r$, de manera que

$$v = c_2 v_2 + \cdots + c_r v_r$$
$$= 0 v_1 + c_2 v_2 + \cdots + c_r v_r$$

esto es, v es combinación lineal de $v_1,...,v_r$ y por lo tanto $v \in gen\{v_1,v_2,...,v_r\}$, lo que demuestra que $gen\{v_2,...,v_r\} \subset gen\{v_1,v_2,...,v_r\}$.

Concluimos entonces que $gen\{v_2,...,v_r\} = gen\{v_1,v_2,...,v_r\}$ como se quería demostrar.

Como consecuencia de este teorema, si entre los vectores de un conjunto generador, uno de ellos es combinación lineal de los demás, éste vector puede ser eliminado y los restantes siguen generando el mismo subespacio.

7.4.7. Ejemplo.

El espacio vectorial $\mathbb{R}^2$ está generado por el conjunto $S = \{(1,0),(0,1),(3,-2),(4,5)\}$, (ejemplo 7.4.2). Como

$$(3,-2) = 3(1,0) + (-2)(0,1) + 0(4,5)$$

también se tiene

$$\mathbb{R}^2 = gen\{(1,0),(0,1),(4,5)\}.$$

Nota. Es claro que si tenemos un conjunto finito de vectores $v_1,...,v_r$ y realizamos una combinación lineal con ellos tomando todos los escalares iguales a cero se obtiene el vector nulo, esto es,

$$0 = 0 v_1 + 0 v_2 + \cdots + 0 v_r$$

en este caso, la combinación lineal recibe el nombre de **combinación lineal trivial**.

7.5. Dependencia e Independencia Lineal

7.5.1. Definición.

Sea V un espacio vectorial sobre el cuerpo $\mathbb{K}$ y $v_1,...,v_r$ vectores de V. El conjunto $\{v_1,...,v_r\}$ es linealmente dependiente si existen escalares $c_1,...,c_r$ en $\mathbb{K}$, no todos nulos, tales que

$$c_1 v_1 + c_2 v_2 + \cdots + c_r v_r = 0.$$

El conjunto $\{v_1,...,v_r\}$ es **linealmente independiente** si no es linealmente dependiente, o equivalentemente, si la única manera de escribir el vector nulo de V como combinación lineal de los vectores $v_1,...,v_r$ es la combinación lineal trivial.

7.5.2. Ejemplos.

i)   Sea $V = \mathbb{R}^3$ y $A = \{(1,0,1),(2,1,0),(1,1,-1)\}$. Para responder si A es linealmente dependiente o linealmente independiente, hacemos una combinación lineal genérica con los correspondientes vectores, igualamos al vector nulo y analizamos finalmente cómo deben ser los escalares de la misma.

$$c_1(1,0,1) + c_2(2,1,0) + c_3(1,1,-1) = (0,0,0)$$

De esta ecuación vectorial obtenemos el sistema de ecuaciones lineales siguiente:

$$\begin{cases} c_1 + 2c_2 + c_3 = 0 \\ \quad\;\; c_2 + c_3 = 0 \\ \quad c_1 - c_3 = 0 \end{cases}$$

con sistema resolvente asociado

$$\begin{cases} c_1 - c_3 = 0 \\ c_2 + c_3 = 0 \end{cases}$$

de modo que la solución es

$$S = \left\{ (c_3, -c_3, c_3) \mid c_3 \in \mathbb{R} \right\}$$

por lo que existen escalares c_1, c_2, c_3 no todos nulos tales que

$$c_1(1,0,1)+c_2(2,1,0)+c_3(1,1,-1)=(0,0,0)$$

y, en consecuencia, el conjunto $A=\{(1,0,1),(2,1,0),(1,1,-1)\}$ es linealmente dependiente.

ii)   Sea $V=\mathbb{R}^{\mathbb{R}}$ y $A=\{\sin,\cos\}$. Trabajando como en el ejemplo anterior,

$$c_1\sin+c_2\cos=0$$

Como esta es una igualdad funcional, significa que

$$c_1\sin(x)+c_2\cos(x)=0$$

para todo $x\in\mathbb{R}$. En particular, si $x=\dfrac{\pi}{2}$, tenemos

$$1c_1+0c_2=0$$

y para $x=0$

$$0c_1+1c_2=0$$

de donde se ve claramente que $c_1=c_2=0$ y esto dice que el conjunto A es linealmente independiente.

7.5.3. Teorema.

Sea V un espacio vectorial sobre el cuerpo $\mathbb{K}$ y sean $v_1,v_2,...,v_r$ vectores de V con $r\geq 2$. Entonces el conjunto $\{v_1,v_2,...,v_r\}$ es linealmente dependiente si y sólo si alguno de los v_i es combinación lineal de los restantes.

Demostración. Supongamos que el conjunto $\{v_1,v_2,...,v_r\}$ es linealmente dependiente, entonces, existen escalares $c_1,c_2,...,c_r$ no todos nulos tales que

$$c_1 v_1 + c_2 v_2 + \cdots + c_r v_r = 0.$$

Sin pérdida de generalidad podemos suponer que $c_1 \neq 0$, entonces

$$v_1 = -c_1^{-1}\left(c_2 v_2 + \cdots + c_r v_r\right)$$
$$= b_2 v_2 + \cdots + b_r v_r$$

donde $b_j = -c_1^{-1} c_j$, para $j = 2,3,\ldots,r$, quedando a la vista que v_1 es combinación lineal de los restantes.

Recíprocamente, supongamos que

$$v_j = x_1 v_1 + \cdots + x_{j-1} v_{j-1} + x_{j+1} v_{j+1} + \cdots + x_r v_r$$

de donde

$$x_1 v_1 + \cdots + x_{j-1} v_{j-1} + (-1)v_j + x_{j+1} v_{j+1} + \cdots + x_r v_r = 0$$

y vemos aquí que el vector nulo se escribe como combinación lineal de los vectores $v_1, v_2, \ldots, v_r$ con escalares no todos nulos (el que multiplica a v_j es -1), por lo que el conjunto $\{v_1, v_2, \ldots, v_r\}$ es linealmente dependiente.

7.5.4. Teorema.

Sea V un espacio vectorial sobre el cuerpo $\mathbb{K}$ y $\{v_1, v_2, \ldots, v_r\}$ un conjunto de vectores de V. El conjunto $\{v_1, v_2, \ldots, v_r\}$ es linealmente independiente, si y sólo si, todo $v \in gen\{v_1, v_2, \ldots, v_r\}$ se escribe como combinación lineal de los $v_1, v_2, \ldots, v_r$ de forma única.

Demostración.

Asumamos que el conjunto $\{v_1, v_2, \ldots, v_r\}$ es linealmente independiente y supongamos que $v \in gen\{v_1, v_2, \ldots, v_r\}$ se escribe como $v = c_1 v_1 + \cdots + c_r v_r$ y como $v = c_1' v_1 + \cdots + c_r' v_r$, entonces

$$c_1 v_1 + \cdots + c_r v_r = c_1' v_1 + \cdots + c_r' v_r$$

o equivalentemente

$$(c_1 - c_1')v_1 + (c_2 - c_2')v_2 + \cdots + (c_r - c_r')v_r = 0$$

y por la independencia lineal de $v_1, v_2, ..., v_r$ tenemos que

$c_i - c_i' = 0$ para $i = 1, 2, ..., r$, o bien $c_i = c_i'$ para todo $i = 1, 2, ..., r$, demostrando que el vector v se escribe de manera única como combinación lineal de los vectores $v_1, v_2, ..., v_r$.

Recíprocamente, si cada vector de $gen\{v_1, v_2, ..., v_r\}$ se escribe de manera única como combinación lineal de los $v_1, v_2, ..., v_r$ y si

$$c_1 v_1 + \cdots + c_r v_r = 0$$

debemos tener $c_1 = \cdots = c_r = 0$ por la unicidad, puesto que también

$$0v_1 + 0v_2 + \cdots + 0v_r = 0.$$

Queda como ejercicio para el alumno demostrar las siguientes afirmaciones.

I) El conjunto $\{v\}$ es linealmente independiente si $v \neq 0$ y es linealmente dependiente si $v = 0$.

II) Un conjunto de dos vectores es linealmente dependiente si y sólo si uno de ellos es múltiplo escalar del otro.

III) Si a un conjunto de vectores linealmente dependiente se agrega otro vector, el nuevo conjunto es linealmente dependiente.

IV) Si a un conjunto de vectores linealmente independiente se le extrae un vector, el nuevo conjunto es linealmente independiente.

7.6. Bases y Dimensión

Como ya hemos visto en algunos de los ejemplos, puede haber muchos generadores de un espacio vectorial. Pondremos nuestra atención en aquellos que constituyan un conjunto linealmente independiente.

7.6.1. Definición.

Sea V un espacio vectorial sobre el cuerpo $\mathbb{K}$ y $\mathcal{B}$ un subconjunto de V. Diremos que $\mathcal{B}$ es una **base** de V si $\mathcal{B}$ es linealmente independiente y $V = \text{gen}(\mathcal{B})$. El espacio V es de **dimensión finita** si tiene una base finita.

7.6.2. Ejemplos.

i. $\mathcal{B} = \{(1,0),(0,1)\}$ es una base de $\mathbb{R}^2$.

ii. $\mathcal{B} = \{(1,0,0),(0,1,0),(0,0,1)\}$ es una base de $\mathbb{R}^3$.

iii. $\mathcal{B} = \left\{ \begin{bmatrix} 1 & 0 \\ 0 & 0 \end{bmatrix}, \begin{bmatrix} 0 & 1 \\ 0 & 0 \end{bmatrix}, \begin{bmatrix} 0 & 0 \\ 1 & 0 \end{bmatrix}, \begin{bmatrix} 0 & 0 \\ 0 & 1 \end{bmatrix} \right\}$ es una base de $\mathbb{R}^{2\times 2}$.

iv. $\mathcal{B} = \{1, X, X^2, ..., X^n, ...\}$ es una base de $\mathbb{K}[X]$

v. $\mathcal{B} = \{1, X, X^2, ..., X^n\}$ es una base de $\mathbb{K}_n[X]$, donde con $\mathbb{K}_n[X]$ denotamos al espacio de todos los polinomios a coeficientes en el cuerpo $\mathbb{K}$ de grado menor o igual a n al cual se le agrega el polinomio nulo.

vi.   Como los subespacios son espacios vectoriales en sí mismos, es legítimo hablar de bases de un subespacio. Consideremos, por ejemplo, el subespacio W de $\mathbb{R}^3$ siguiente:

$$W = \left\{ (y_1, y_2, y_3) \mid y_1 = y_2 + 2y_3 \right\}$$

de donde puede verse que

$$W = \left\{ c_1(1,1,0) + c_2(2,0,1) \mid c_1, c_2 \in \mathbb{R} \right\}.$$

Se comprueba además inmediatamente que $\left\{ (1,1,0),(2,0,1) \right\}$ es linealmente independiente, por lo tanto $\mathcal{B}_W = \left\{ (1,1,0),(2,0,1) \right\}$ es una base de W.

7.6.3. Teorema.

Sea V un espacio vectorial sobre el cuerpo $\mathbb{K}$ generado por los vectores $v_1, v_2, ..., v_m$. Entonces, cualquier conjunto que contenga más de m vectores es linealmente dependiente.

Demostración

Sean $w_1, w_2, ..., w_n$ vectores arbitrarios de V con $n > m$. Debemos demostrar que el conjunto $\{w_1, w_2, ..., w_n\}$ es linealmente dependiente.

Sean $c_1, c_2, ..., c_n$ escalares de $\mathbb{K}$, tales que

7.6.4.
$$c_1 w_1 + c_2 w_2 + \cdots + c_n w_n = 0$$

Como $V = gen\{v_1, v_2, ..., v_m\}$ cada uno de los vectores w_j para $j = 1, 2, ..., n$ puede escribirse como combinación lineal de los vectores $v_1, v_2, ..., v_m$, esto es, para cada $j = 1, 2, ..., n$, existen escalares $a_{1j}, a_{2j}, ..., a_{mj}$ tales que

7.6.5.
$$w_j = a_{1j} v_1 + a_{2j} v_2 + \cdots + a_{mj} v_m.$$

Reemplazando en 7.6.4 los vectores w_j por las expresiones dadas en 7.6.5 tenemos

$$c_1(a_{11}v_1 + a_{21}v_2 + \cdots + a_{m1}v_m) + c_2(a_{12}v_1 + a_{22}v_2 + \cdots + a_{m2}v_m) + \cdots$$
$$\cdots + c_n(a_{1n}v_1 + a_{2n}v_2 + \cdots + a_{mn}v_m) = 0$$

y reagrupando

7.6.6.
$$(a_{11}c_1 + a_{12}c_2 + \cdots + a_{1n}c_n)v_1 + (a_{21}c_1 + a_{22}c_2 + \cdots + a_{2n}c_n)v_2 + \cdots$$
$$\cdots + (a_{m1}c_1 + a_{m2}c_2 + \cdots + a_{mn}c_n)v_m = 0$$

Para que se verifique la ecuación 7.6.6, es suficiente que

$$7.6.7. \qquad \begin{cases} a_{11}c_1 + a_{12}c_2 + \cdots + a_{1n}c_n = 0 \\ a_{21}c_1 + a_{22}c_2 + \cdots + a_{2n}c_n = 0 \\ \cdots\cdots\cdots\cdots\cdots\cdots\cdots = 0 \\ \cdots\cdots\cdots\cdots\cdots\cdots\cdots = 0 \\ a_{m1}c_1 + a_{m2}c_2 + \cdots + a_{mn}c_n = 0 \end{cases}$$

Pero 7.6.7 es un sistema de ecuaciones lineales homogéneo con más incógnitas que ecuaciones ya que por hipótesis $n > m$ y por lo tanto admite soluciones distintas de la trivial, luego existen escalares $c_1, c_2, ..., c_n$ no todos nulos que verifican el sistema 7.6.7 y consecuentemente la ecuación 7.6.4, por lo que, de acuerdo con la definición, resulta que el conjunto $\{w_1, w_2, ..., w_n\}$ es linealmente dependiente.

Observaciones

1. Si un espacio vectorial tiene una base de n vectores, cualquier subconjunto con más de n vectores es linealmente dependiente.

2. Si un espacio vectorial tiene una base de n vectores y un subconjunto de V con m vectores es linealmente independiente, entonces $n \geq m$.

7.6.8. Teorema.

Sea V un espacio vectorial sobre el cuerpo $\mathbb{K}$. Si V tiene una base de n vectores, entonces toda base de V tiene n vectores.

Demostración

Sean $\mathcal{B} = \{v_1, ..., v_n\}$ y $\mathcal{B}' = \{v_1', ..., v_m'\}$ bases de V. Debemos demostrar que $n = m$. Si $n > m$, por el teorema 7.6.3 el conjunto $\{v_1, ..., v_n\}$ es linealmente dependiente contradiciendo la definición de base, por lo tanto debemos tener $n \leq m$. Si $n < m$, usando nuevamente el teorema 7.6.3 podemos afirmar que el conjunto $\{v_1', ..., v_m'\}$ es linealmente dependiente, contradiciendo nuevamente la definición de base. Concluimos entonces que $n = m$ como queríamos demostrar.

El teorema 7.6.8 garantiza que todas las bases de un espacio vectorial de dimensión finita tienen exactamente el mismo número de vectores. Ese número recibe el nombre de **dimensión** (algebraica) del espacio vectorial V.

7.6.9. Ejemplo.

i) $\mathcal{B} = \{(1,0),(0,1)\}$ es una base de $\mathbb{R}^2$, por lo que $\dim(\mathbb{R}^2) = 2$.

ii) $\mathcal{B} = \{(1,0,0),(0,1,0),(0,0,1)\}$ es una base de $\mathbb{R}^3$, por lo que $\dim(\mathbb{R}^3) = 3$.

iii) $\mathcal{B} = \left\{ \begin{bmatrix} 1 & 0 \\ 0 & 0 \end{bmatrix}, \begin{bmatrix} 0 & 1 \\ 0 & 0 \end{bmatrix}, \begin{bmatrix} 0 & 0 \\ 1 & 0 \end{bmatrix}, \begin{bmatrix} 0 & 0 \\ 0 & 1 \end{bmatrix} \right\}$ es una base de $\mathbb{R}^{2\times 2}$, de donde

$\dim(\mathbb{R}^{2\times 2}) = 4$.

iv)   Sea $\mathbb{K}$ un cuerpo y sean m y n dos enteros positivos. Para cada par de enteros positivos (i,j) con $1 \le i \le m$ y $1 \le j \le n$ sea $E^{i,j}$ la matriz en $\mathbb{K}^{m\times n}$ dada por

$$(E^{i,j})_{kr} = \begin{cases} 1 & \text{si } k = i \text{ y } r = j \\ 0 & \text{en los casos restantes} \end{cases}$$

entonces $\mathcal{B} = \left\{ E^{i,j} \ \middle| \ (i,j) \in \{1,2,...,m\} \times \{1,2,...,n\} \right\}$ es una base de $\mathbb{K}^{m\times n}$ y de aquí $\dim(\mathbb{K}^{m\times n}) = mn$

v)   Sea W el subespacio de $\mathbb{R}^3$ dado en vi) del ejemplo 7.6.2. En este caso tenemos $\mathcal{B}_W = \{(1,1,0),(2,0,1)\}$, por lo que $\dim(W) = 2$.

Para cualquier espacio vectorial V, se conviene en que el subespacio nulo $\{0\}$ tiene dimensión cero.

Si un espacio vectorial tiene una base finita, como en los ejemplos anteriores, se dice que ese espacio vectorial es de **dimensión finita**. En caso contrario diremos que el espacio vectorial es de **dimensión infinita**, tal como ocurre con los espacios vectoriales $\mathbb{R}[X]$ y $\mathbb{C}[X]$.

Queda como ejercicio para el alumno demostrar que, si V es un espacio vectorial de dimensión n, entonces se cumple:

a)   Un conjunto de más de n vectores es linealmente dependiente.

b)   Un conjunto de menos de n vectores no es generador de V.

    c)   Todo subconjunto de n vectores linealmente independiente es una base de V.

    d)   Todo subconjunto de n vectores que genera a V es una base de V.

Con el objetivo de construir bases de un espacio vectorial, resulta importante el siguiente

7.6.10. Teorema.

Sea V un espacio vectorial sobre el cuerpo $\mathbb{K}$. Si el subconjunto $S = \{v_1,...,v_r\}$ de V es linealmente independiente y $w \notin \text{gen}(S)$, entonces $S \cup \{w\}$ es un subconjunto linealmente independiente.

Demostración

Queremos ver que el conjunto $S \cup \{w\} = \{v_1,...,v_r,w\}$ es linealmente independiente. Si

    7.6.11. $c_1 v_1 + c_2 v_2 + \cdots + c_r v_r + cw = 0$

debemos tener $c = 0$, ya que si $c \neq 0$, de la expresión anterior

$$w = \left(-\frac{c_1}{c}\right)v_1 + \left(-\frac{c_2}{c}\right)v_2 + \cdots + \left(-\frac{c_r}{c}\right)v_r$$

contradiciendo que $w \notin \text{gen}(S)$. La ecuación 7.6.11 queda entonces

$$c_1 v_1 + c_2 v_2 + \cdots + c_r v_r = 0$$

y como el conjunto $\{v_1,...,v_r\}$ es linealmente independiente, tenemos $c_1 = c_2 = \cdots = c_r = 0$, entonces $c_1 = c_2 = \cdots = c_r = c = 0$ por lo que el conjunto $\{v_1,...,v_r,w\}$ es linealmente independiente.

Teniendo en cuenta que en un espacio vectorial de dimensión finita, todo subconjunto no vacío linealmente independiente es parte de una base estamos en condiciones de construir bases en cualquier espacio vectorial V conociendo alguna base de un subespacio de V y extendiendo a una base de V agregando los vectores que fueran necesarios.

7.7. Coordenadas. Cambio de Base.

A continuación pondremos nuestro interés en bases donde el **orden** en que se presentan los vectores, tiene especial importancia.

7.7.1. Definición.

Sea V un espacio vectorial de dimensión finita sobre el cuerpo $\mathbb{K}$. Llamaremos base ordenada de V a una sucesión finita de vectores linealmente independiente que generan a V.

Haciendo un abuso de notación denotaremos con $\mathcal{B} = \{v_1,...,v_n\}$ una base ordenada.

Sea $\mathcal{B} = \{v_1,...,v_n\}$ una base ordenada del espacio vectorial de dimensión finita V, entonces todo vector de V se expresa en forma única como combinación lineal de los vectores de la base, esto es, si $v \in V$ existen escalares únicos $x_1, x_2,..., x_n$ de $\mathbb{K}$ tales que

$$v = x_1 v_1 + \cdots + x_n v_n$$

Se llama al escalar x_i la $i-$**ésima coordenada de** v **respecto de la base ordenada** $\mathcal{B}$. Con estos escalares x_i, para $i = 1, 2,..., n$, se puede armar una $n-$upla que recibe el nombre de $n-$**upla de coordenadas del vector** v **respecto de la base** $\mathcal{B}$ y se denota

$$(v)_{\mathcal{B}} = (x_1,..., x_n)$$

Es muy útil también escribir estas coordenadas en forma de matriz columna, que se denomina **matriz de coordenadas del vector** v **respecto de la base** $\mathcal{B}$ y se denota

$$[v]_{\mathcal{B}} = \begin{bmatrix} x_1 \\ x_2 \\ \vdots \\ x_n \end{bmatrix}$$

OBSERVACIÓN: Fijada una base ordenada $\mathcal{B}$ en un espacio vectorial V, cada vector del mismo queda en correspondencia uno a uno con su $n-$upla (o matriz) de coordenadas.

7.7.2. Ejemplo.

Sea V el espacio vectorial de los polinomios de grado menor o igual que dos a coeficientes reales en la indeterminada X, esto es, $V = \mathbb{R}_2[X]$ y sea $\mathfrak{B} = \{1, X, X^2\}$ una base ordenada de V. El polinomio $p = 3 - 4X + 2X^2$ tiene, en dicha base, la n–upla de coordenadas

$$(p)_{\mathfrak{B}} = (3, -4, 2)$$

Si la base es $\mathfrak{B}' = \{1, 1+X, 1+X+X^2\}$, las coordenadas de p respecto de $\mathfrak{B}'$ son los escalares c_1, c_2, c_3 tales que

$$3 - 4X + 2X^2 = c_1 + c_2(1+X) + c_3(1+X+X^2)$$

de donde obtenemos el sistema de ecuaciones lineales siguiente:

$$\begin{cases} c_1 + c_2 + c_3 = 3 \\ c_2 + c_3 = -4 \\ c_3 = 2 \end{cases}$$

cuya solución es $(c_1, c_2, c_3) = (7, -6, 2)$, por lo tanto

$$(p)_{\mathfrak{B}'} = (7, -6, 2)$$

o bien

$$[p]_{\mathfrak{B}'} = \begin{bmatrix} 7 \\ -6 \\ 2 \end{bmatrix}$$

Cuando se ha determinado una base $\mathfrak{B}$ en un espacio vectorial V, se puede establecer una función que tiene por conjunto de partida a dicho espacio vectorial V, conjunto de llegada $\mathbb{K}^n$ o $\mathbb{K}^{n\times 1}$, cuya regla de asignación consiste en hacer corresponder a cada vector $v \in V$

su $n-$upla de coordenadas respecto de la base $\mathcal{B}$ o su matriz de coordenadas respecto de dicha base, (la unicidad de las coordenadas garantiza la buena definición), esto es,

$$v \rightarrow (v)_{\mathcal{B}}$$

o

$$v \rightarrow [v]_{\mathcal{B}}$$

Podemos imaginar que, fijar una base, es como "poner un espejo" de manera tal que, en lugar de "mirar" los vectores (en el espacio vectorial V), "miramos" las imágenes de ellos (en $\mathbb{K}^n$ o $\mathbb{K}^{n\times 1}$).

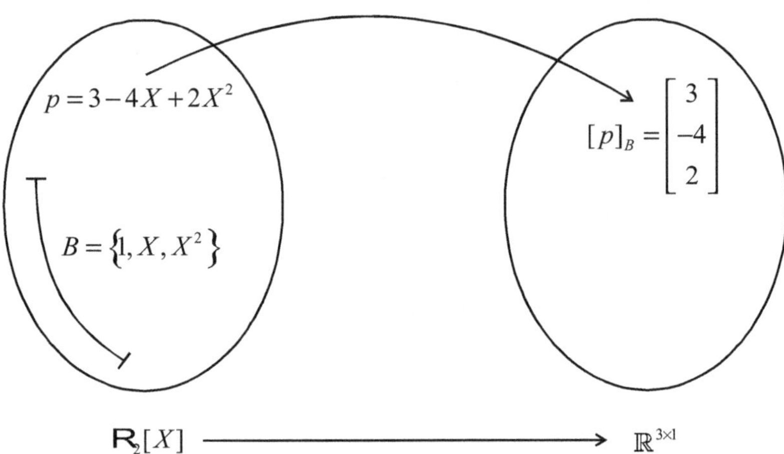

Más aún, en lugar de operar en V, que puede ser un espacio vectorial donde no nos sentimos cómodos, podemos hacerlo en $\mathbb{K}^n$ o $\mathbb{K}^{n\times 1}$.

Cuando decimos operar, tanto en V como en $\mathbb{K}^n$ ó $\mathbb{K}^{n\times 1}$, nos referimos, evidentemente, a sumar vectores o multiplicar un vector por un escalar, pero con ello estamos habilitados ya a realizar muchas otras cosas, como por ejemplo, combinaciones lineales, estudiar dependencia o independencia lineal, construir bases, analizar dimensiones, etc.

Con esta idea veremos, cuando operamos en V, cómo se comportan las respectivas matrices de coordenadas.

Sea V un espacio vectorial sobre el cuerpo $\mathbb{K}$ y $\mathcal{B} = \{v_1, v_2, ..., v_n\}$ una base ordenada de V. Si $u, v \in V$ existen escalares $x_1, x_2, ..., x_n$ y $y_1, y_2, ..., y_n$ en $\mathbb{K}$ tales que

$$u = x_1 v_1 + x_2 v_2 + \cdots + x_n v_n \quad \text{y} \quad v = y_1 v_1 + y_2 v_2 + \cdots + y_n v_n$$

$$u + v = x_1 v_1 + x_2 v_2 + ... + x_n v_n + y_1 v_1 + y_2 v_2 + ... + y_n v_n =$$

$$= (x_1 + y_1) v_1 + (x_2 + y_2) v_2 + ... + (x_n + y_n) v_n$$

La última expresión pone en evidencia que:

$$\left(u + v\right)_{\mathcal{B}} = \left(x_1 + y_1, \ x_2 + y_2, ..., x_n + y_n\right)$$

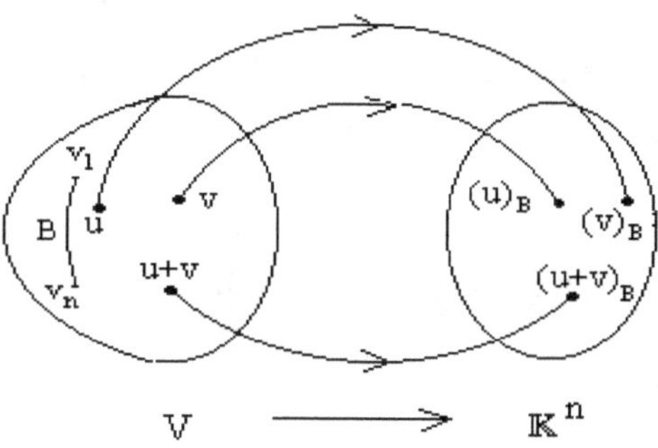

Pero por otra parte, se tiene

$$\begin{aligned}
\left(u\right)_{\mathcal{B}} + \left(v\right)_{\mathcal{B}} &= \left(x_1, ..., x_n\right) + \left(y_1, ..., y_n\right) \\
&= \left(x_1 + y_1, ..., x_n + y_n\right) \\
&= \left(u + v\right)_{\mathcal{B}}
\end{aligned}$$

de modo que

$$\left(u + v\right)_{\mathcal{B}} = \left(u\right)_{\mathcal{B}} + \left(v\right)_{\mathcal{B}} . \ \text{(Similarmente } \left[u + v\right]_{\mathcal{B}} = \left[u\right]_{\mathcal{B}} + \left[v\right]_{\mathcal{B}})$$

Por lo tanto, para sumar dos vectores, tenemos ahora dos caminos:

a) Sumar directamente los vectores u y v.

b) Tomar los coordenados $(u)_{\mathcal{B}}$ y $(v)_{\mathcal{B}}$ de los vectores, sumarlos para obtener $(u+v)_{\mathcal{B}}$ y finalmente reconstruir el vector $u+v$ mediante la correspondiente combinación lineal de los vectores de la base $\mathcal{B}$ según los escalares dados por $(u+v)_{\mathcal{B}}$.

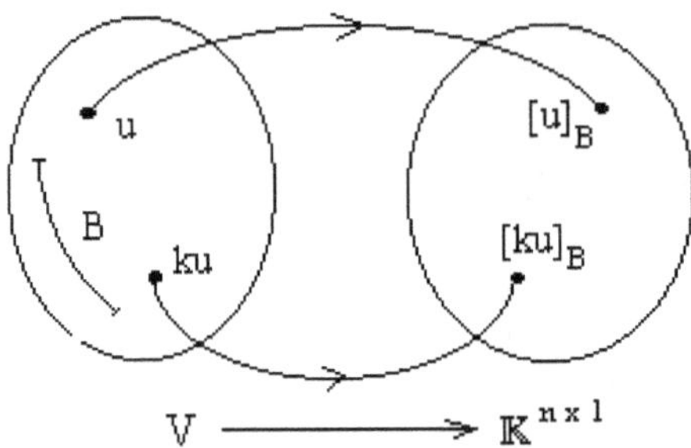

De manera similar procedemos para analizar la segunda operación posible en un espacio vectorial, esto es,

$$ku = k(x_1 v_1 + \ldots + x_n v_n)$$
$$= (kx_1)v_1 + \ldots + (kx_n)v_n$$

Pero también

$$k(u)_{\mathcal{B}} = k(x_1, \ldots, x_n)$$
$$= (kx_1, \ldots, kx_n)$$

de manera que

$$(ku)_{\mathcal{B}} = k(u)_{\mathcal{B}}.$$

Para multiplicar un vector v por un escalar k, podemos hacerlo directamente en el espacio vectorial V, o bien, buscamos el vector de coordenadas $(v)_{\mathcal{B}}$ $([v]_{\mathcal{B}})$ en $\mathbb{K}^n$ $(\mathbb{K}^{n \times 1})$ y a este vector lo multiplicamos por k para obtener $(kv)_{\mathcal{B}}$. Por último, realizando la correspondiente combinación lineal de vectores de la base con los escalares suministrados por $(kv)_{\mathcal{B}}$, se reconstruye en V, el vector kv.

7.7.3. Ejemplo.

Sea V el espacio vectorial de los polinomios de grado menor o igual que dos a coeficientes reales, esto es, $V = \mathbb{R}_2[X]$, y sea $\mathcal{B} = \{1, X, X^2\}$ una base de V. Dados los polinomios $p = 3 - 4X + 2X^2$ y $q = 5 + 3X - X^2$, se pide:

i) $(p)_{\mathcal{B}}$

ii) $(q)_{\mathcal{B}}$

iii) $(2p + 3q)_{\mathcal{B}}$

iv) $2p + 3q$

Solución.

Es inmediato que $(p)_{\mathcal{B}} = (3, -4, 2)$ y $(q)_{\mathcal{B}} = (5, 3, -1)$, entonces

$$
\begin{aligned}
(2p + 3q)_{\mathcal{B}} &= 2(p)_{\mathcal{B}} + 3(q)_{\mathcal{B}} \\
&= 2(3, -4, 2) + 3(5, 3, -1) \\
&= (6, -8, 4) + (15, 9, -3) \\
&= (21, 1, 1)
\end{aligned}
$$

de donde

$$
2p + 3q = 21 + X + X^2
$$

Es útil tener presente los siguientes resultados, cuya demostración queda como ejercicio para el alumno.

El conjunto $\{v_1, \ldots, v_r\}$ es linealmente dependiente si y sólo si $\{[v_1]_B, \ldots, [v_r]_B\}$ es linealmente dependiente.

El conjunto $\{v_1,...,v_r\}$ es linealmente independiente si y sólo si $\{[v_1]_B,...,[v_r]_B\}$ es linealmente independiente.

En el ejemplo 7.7.2., puede observarse que la matriz de coordenadas del mismo polinomio, con respecto a bases distintas, es diferente.

En forma general, si $\mathscr{B} = \{v_1,...,v_n\}$ y $\mathscr{B}' = \{u_1,...,u_n\}$ son bases ordenadas de un espacio vectorial V y v un vector cualquiera de V, estamos interesados en descubrir si existe, alguna expresión que vincule a las matrices de coordenadas $[v]_{\mathscr{B}}$ y $[v]_{\mathscr{B}'}$.

Para $v \in V$, existen escalares (únicos) $x_1,...,x_n$ tales que

$$7.7.4. \qquad v = x_1 v_1 + x_2 v_2 + \cdots + x_n v_n$$

esto es,

$$[v]_{\mathscr{B}} = \begin{bmatrix} x_1 \\ x_2 \\ \vdots \\ x_n \end{bmatrix}.$$

También existen escalares $y_1, y_2,...,y_n$ tales que

$$7.7.5. \qquad v = y_1 u_1 + y_2 u_2 + \cdots + y_n u_n$$

es decir,

$$[v]_{\mathscr{B}'} = \begin{bmatrix} y_1 \\ y_2 \\ \vdots \\ y_n \end{bmatrix}$$

Por otra parte, como $u_1, u_2,...,u_n$ son vectores de V, para cada $j = 1, 2,...,n$ existen escalares (únicos) $p_{1j}, p_{2j},..., p_{nj}$, tales que

7.7.6.
$$u_j = p_{1j}v_1 + p_{2j}v_2 + \cdots + p_{nj}v_n$$

o sea,

$$[u_j]_{\mathcal{B}} = \begin{bmatrix} p_{1j} \\ p_{2j} \\ \vdots \\ p_{nj} \end{bmatrix} \quad \text{para} \quad j = 1, 2, \ldots, n.$$

Usando las fórmulas anteriores y las propiedades algebraicas de las matrices de coordenadas tenemos que

7.7.7.
$$\begin{aligned}
[v]_{\mathcal{B}} &= [y_1 u_1 + y_2 u_2 + \cdots + y_n u_n]_{\mathcal{B}} \\
&= y_1 [u_1]_{\mathcal{B}} + y_2 [u_2]_{\mathcal{B}} + \cdots + y_n [u_n]_{\mathcal{B}} \\
&= y_1 \begin{bmatrix} p_{11} \\ p_{21} \\ \vdots \\ p_{n1} \end{bmatrix} + y_2 \begin{bmatrix} p_{12} \\ p_{22} \\ \vdots \\ p_{n2} \end{bmatrix} + \cdots + y_n \begin{bmatrix} p_{1n} \\ p_{2n} \\ \vdots \\ p_{nn} \end{bmatrix}
\end{aligned}$$

que también puede escribirse en la forma

$$[v]_{\mathcal{B}} = \begin{bmatrix} p_{11} & p_{12} & \cdots & p_{1n} \\ p_{21} & p_{22} & \cdots & p_{2n} \\ \vdots & \vdots & \ddots & \vdots \\ p_{n1} & p_{n2} & \cdots & p_{nn} \end{bmatrix} \begin{bmatrix} y_1 \\ y_2 \\ \vdots \\ y_n \end{bmatrix}$$

Llamando P a la matriz de elementos p_{ij} tenemos

7.7.8.
$$[v]_{\mathcal{B}} = P[v]_{\mathcal{B}'}$$

La matriz P se denomina **matriz de cambio de base de** $\mathcal{B}$ a $\mathcal{B}'$, y según puede apreciarse, la $j-$ésima columna P^j de P está dada por

$$P^j = [u_j]_B$$

esto es, la columna $j-$ésima de la matriz P es la matriz de coordenadas del $j-$ésimo vector de la base $\mathcal{B}'$ con respecto a la base $\mathcal{B}$.

Toda matriz de cambio de base P, es una matriz inversible debido a que sus columnas son un conjunto linealmente independiente (¿por qué?), luego, está garantizada la existencia de P^{-1}. por lo que a partir de 7.7.8 se obtiene

$$[v]_{\mathcal{B}'} = P^{-1}[v]_{\mathcal{B}}$$

7.7.9. Ejemplo.

Sea $V = \mathbb{R}_2[X]$, $\mathcal{B} = \{1, X, X^2\}$ y $\mathcal{B}' = \{1 + X + X^2, X + X^2, X^2\}$. Se pide

   a)   Calcular la matriz P de cambio de base de $\mathcal{B}$ a $\mathcal{B}'$.

   b)   Sabiendo que $[p]_{\mathcal{B}'} = \begin{bmatrix} 3 \\ -5 \\ 2 \end{bmatrix}$, calcular $[p]_{\mathcal{B}}$. ¿Cuál es el polinomio p?

Para calcular la matriz P de cambio de base de $\mathcal{B}$ a $\mathcal{B}'$ debemos encontrar los escalares que permiten escribir los vectores de la base $\mathcal{B}'$ como combinación lineal de los vectores de la base $\mathcal{B}$, obteniendo sucesivamente las columnas de P.

$$1 + X + X^2 = c_1 + c_2 X + c_3 X^2 \text{, de donde } c_1 = c_2 = c_3 = 1$$

$$X + X^2 = c_1 + c_2 X + c_3 X^2 \text{, lo que implica } c_1 = 0,\ c_2 = c_3 = 1$$

Por último, de $X^2 = c_1 + c_2 X + c_2 X^2$ obtenemos $c_1 = c_2 = 0$ y $c_3 = 1$.

La matriz P es entonces

$$P = \begin{bmatrix} 1 & 0 & 0 \\ 1 & 1 & 0 \\ 1 & 1 & 1 \end{bmatrix}$$

de donde

$$[p]_B = P[p]_{B'} = \begin{bmatrix} 1 & 0 & 0 \\ 1 & 1 & 0 \\ 1 & 1 & 1 \end{bmatrix}\begin{bmatrix} 3 \\ -5 \\ 2 \end{bmatrix} = \begin{bmatrix} 3 \\ -2 \\ 0 \end{bmatrix}$$

y por lo tanto

$$p = 3 - 2X + 0X^2$$
$$= 3 - 2X$$

7.8. Ejercicios

Problema 1

Demuestre que $\mathbb{R}^2$ y $\mathbb{R}^3$ son espacios vectoriales sobre $\mathbb{R}$, con las operaciones de suma y multiplicación por escalar definidas en la forma usual. (ejemplo 7.1.2).

Problema 2

Sea $\mathbb{R}_+^2 = \left\{(x_1, x_2) \mid x_1, x_2 \in \mathbb{R} \quad y_1, x_2 > 0\right\}$ con las operaciones de suma y multiplicación escalar dadas como sigue:

$$(x_1, x_2) + (y_1, y_2) = (x_1 y_1, x_2 y_2)$$
$$c(x_1, x_2) = (x_1^c, x_2^c)$$

Mostrar que $\mathbb{R}_+^2$ con estas operaciones es un espacio vectorial. Dar una base de este espacio vectorial.

Problema 3

Sea $\mathbb{R}_+^2 = \left\{(x_1, x_2) \mid x_1, x_2 \in \mathbb{R} \quad y_1, x_2 > 0\right\}$ con las operaciones de suma y multiplicación escalar siguientes:

$$(x_1, x_2) + (y_1, y_2) = (x_1 y_1, x_2 y_2)$$
$$c(x_1, x_2) = (cx_1, cx_2)$$

Mostrar que $\mathbb{R}_+^2$ no es espacio vectorial.

Problema 4

Sea V el conjunto de pares ordenados (x, y) de números reales. Se define

$$(x, y) + (x_1, y_1) = (x + x_1, 0)$$
$$c(x, y) = (cx, 0)$$

¿Es V, con estas operaciones, un espacio vectorial?

Problema 5

Verificar que $\mathbb{K}^{m \times n}$, el conjunto de matrices de m filas y n columnas a elementos en el cuerpo $\mathbb{K}$, con las operaciones usuales de suma y multiplicación por escalar es un espacio vectorial.

Problema 6

En cada caso, analizar si los subconjuntos dados, son subespacios de V:

I. $\quad V = \mathbb{R}^2$

    i) $\quad \left\{(x, y) \in V \mid y = 2x\right\}$

    ii) $\quad \left\{(x, y) \in V \mid y = x + 1\right\}$

    iii) $\quad \left\{(x, y) \in V \mid yx = 0\right\}$

    iv) $\quad \left\{(x, y) \in V \mid y \geq 0\right\}$

v) $\left\{(x+1, x+1) \mid x \in \mathbb{R}\right\}$

vi) $\left\{(0,0)\right\}$

II. $V = \mathbb{R}^3$

i) $\left\{(x, y, z) \in V \mid z = 0\right\}$

ii) $\left\{(x, y, z) \in V \mid z = 3\right\}$

iii) $\left\{(2t, t, t) \mid t \in \mathbb{R}\right\}$

iv) $\left\{(t+1, 2t+2, t+1) \mid t \in \mathbb{R}\right\}$

v) $\left\{(x, y, z) \in V \mid x = y - z\right\}$

vi) $\left\{(t, t^2, 0) \in V \mid t \in \mathbb{R}\right\}$

III. $V = \mathbb{R}^3$

i) $\left\{(x, y, z, t) \in V \mid y = 0\right\}$

ii) $\left\{(x, y, z, t) \in V \mid y = 0, z = x+1,\right\}$

iii) $\left\{(x, y, z, t) \in V \mid x + y = 0\right\}$

IV. $V = \mathbb{R}^{2 \times 2}$

i) Conjunto de las matrices inversibles.

ii) $\left\{A \in V \mid A = A^t\right\}$

iii) $\left\{A \in V \mid \operatorname{tr}(A) = 0\right\}$

iv) $\left\{A \in V \mid A^2 = A\right\}$

V. $V = \mathbb{R}[X]$

i) $\{$Polinomios con término independiente igual a cero$\}$.

ii) $\{$Polinomios de grado n y el polinomio nulo$\}$

iii) $\{$Polinomios de grado menor o igual a n y el polinomio nulo$\}$.

iv) Polinomios que se anulan en $X = 1$

VI. $V = \mathbb{R}^{\mathbb{R}}$

i) $\{f \in V \mid f(2) = 0\}$

ii) $\{f \in V \mid f(2) = 1\}$

iii) $\{$funciones constantes$\}$

iv) $\{$funciones continuas$\}$

v) $\{f \in V \,/\, f(3) = 1 + f(-5)\}$

Problema 7

Sea $V = \mathbb{R}^{\mathbb{R}}$. En cada caso, analizar si W es un subespacio de V.

vi) $\{f \in V \mid f(0) = f(1)\}$

vii) $\{f \in V \mid f(x^2) = [f(x)]^2\}$

Problema 8

Sea $V = \mathbb{R}^{\mathbb{R}}$; Sea V_p el subconjunto de las funciones pares y sea V_i el subconjunto de las funciones impares, esto es,

$$V_p = \{f \in V \,/\, f(-x) = f(x)\} \quad \text{y} \quad V_i = \{f \in V \,/\, f(-x) = -f(x)\}.$$

a) Demostrar que V_p y V_i son subespacios de V.

b) Demostrar que $V_p + V_i = V$.

c)   Demostrar que $V_p \cap V_i = \{0\}$

Problema 9

Sea $V = \mathbb{R}^3$, $v_1 = (1,1,1)$ y $v_2 = (2,1,3)$

i)   Verificar si cada uno de los vectores siguientes es combinación lineal de v_1 y v_2.

a) $(1,7,8)$

b) $(2,4,6)$

c) $(3,9,4)$

ii)   Caracterizar los vectores de $W = gen\{v_1, v_2\}$

Problema 10

Sea $V = \mathbb{R}^4$ y sean

$$W_1 = gen\{(1,2,3,6),(4,-1,3,6)\}$$
$$W_2 = gen\{(1,-1,1,1),(2,-1,4,5)\}$$

a)   Definir estos subespacios por medio de sistemas de ecuaciones lineales homogéneas.

b)   Dar un conjunto generador y sistema de ecuaciones lineales homogéneas que definan el subespacio $W_1 + W_2$.

c)   Idem para el subespacio $W_1 \cap W_2$.

Problema 11

En cada caso, determinar si los vectores dados son linealmente dependientes o linealmente independientes. Cuando sean linealmente dependientes, dar una relación de dependencia no trivial y expresar uno de ellos como combinación lineal de los demás.

i) $V = \mathbb{R}^2$, $v_1 = (1,-1)$, $v_2 = (0,1)$, $v_3 = (2,-5)$

ii) $V = \mathbb{R}^3$, $v_1 = (1,2,3)$, $v_2 = (0,1,-2)$

iii) $\quad V = \mathbb{R}^{2\times 2}$, $A_1 = \begin{bmatrix} 2 & -5 \\ 5 & 1 \end{bmatrix}$, $A_2 = \begin{bmatrix} 1 & 2 \\ 3 & -3 \end{bmatrix}$, $A_3 = \begin{bmatrix} 1 & -16 \\ 1 & 7 \end{bmatrix}$

iv) $\quad V = \mathbb{R}[X]$, $p_1 = 2 + 3X - 5X^2$, $p_2 = X + X^2 - 2X^3$

v) $\quad V = \mathbb{R}^{\mathbb{R}}$, $f_1 = \sin$, $f_2 = \cos$, $f_3 = I^2$

Problema 12

Probar que, en cada uno de los casos, el conjunto dado es una base del espacio vectorial V.

i) $\quad V = \mathbb{R}^2$, $B = \{(2,1),(1,0)\}$

ii) $\quad V = \mathbb{R}^3$, $B = \{(1,1,0),(1,0,1),(0,1,1)\}$

iii) $\quad V = \mathbb{R}_2[X]$, $B = \{1, X, X^2\}$

Problema 13

Demostrar que los vectores $v_1 = (1,0,-1)$, $v_2 = (1,2,1)$, $v_3 = (0,-3,2)$ forman una base para $\mathbb{R}^3$. Expresar cada uno de los vectores de la base canónica como combinación lineal de v_1, v_2 y v_3.

Problema 14

Demostrar que $B = \{1, X, X^2, X^3, ..., X^n\}$ es una base de $\mathbb{R}_n[X]$. ¿Cuál es su dimensión?

Problema 15

Sea $V = \mathbb{R}^{2\times 2}$. Demostrar que V tiene dimensión 4, encontrando una base de V.

Problema 16

Sea V el espacio vectorial del Ejercicio 17. Sea W_1 el conjunto de las matrices de la forma

$$\begin{bmatrix} x & -x \\ y & z \end{bmatrix}$$

y sea W_2 el conjunto de las matrices de la forma

$$\begin{bmatrix} a & b \\ -a & c \end{bmatrix}.$$

a)   Demostrar que W_1 y W_2 son subespacios de V.

b)   Hallar la dimensión de W_1, W_2, $W_1 + W_2$ y $W_1 \cap W_2$.

Problema 17

En cada caso, determinar si los vectores dados son linealmente dependientes o linealmente independientes. En el primero, dar una relación de dependencia no trivial.

i) $V = \mathbb{R}^3$, $v_1 = (1,2,0)$, $v_2 = (2,3,1)$, $v_3 = (-1,1,0)$

ii) $V = \mathbb{R}^4$, $v_1 = (1,1,2,4)$, $v_2 = (2,1,1,6)$, $v_3 = (1,-1,1,0)$, $v_4 = (2,-1,-5,2$.

iii) $V = \mathbb{R}_2[X]$, $p_1 = 1 + X + X^2$, $p_2 = X$, $p_3 = -2 - X + X^2$, $p_4 = -1 + X$.

Problema 18

En cada caso, probar que los vectores dados forman una base de V.

i) $V = \mathbb{R}^{2\times 2}$, $v_1 = \begin{bmatrix} 1 & 0 \\ 1 & 0 \end{bmatrix}$, $v_2 = \begin{bmatrix} 0 & 2 \\ 0 & 0 \end{bmatrix}$, $v_3 = \begin{bmatrix} 1 & 0 \\ 0 & 1 \end{bmatrix}$, $v_4 = \begin{bmatrix} 1 & 2 \\ 3 & 4 \end{bmatrix}$

ii) $V = \mathbb{R}_2[X]$, $p_1 = 1$, $p_2 = 1 - X$, $p_3 = (1 - X)^2$

Problema 19

Encontrar la condición (o condiciones) que debe cumplir el escalar a para que los vectores $v_1 = (1,a,1)$, $v_2 = (0,1,a)$, $v_3 = (a,1,0)$ formen una base de $\mathbb{R}^3$. Idem para $\mathbb{Q}^3$.

Problema 20

Sea $V = \mathbb{R}^{\mathbb{R}}$ y $W = gen\{f_1, f_2\}$, donde $f_1(x) = \sin(x)$ y $f_2(x) = \cos(x)$. Demostrar que $\{f_1, f_2\}$ es una base de W.

Problema 21

Sea $V = \mathbb{R}_2[X]$ y $B = \{1, 1+X, 1+X^2\}$ una base ordenada de V.

I. Dar las matrices de corrdenadas respecto de la base B de los vectores siguientes:

i) $p_1 = 2 - 3X + 5X^2$

ii) $p_2 = 3 + X + X^2$

iii) $p_3 = 1 + X$

iv) $p_4 = 2p_1 - p_2$

v) $p_5 = 0$

II. Idem parte I con respecto a la base $B' = \{1, X, X^2\}$.

III. Dar p_1 y p_2 sabiendo que

$$[p_1]_B = \begin{bmatrix} 1 \\ 2 \\ -3 \end{bmatrix} \quad \text{y} \quad [p_2']_{B'} = \begin{bmatrix} 1 \\ 2 \\ -3 \end{bmatrix}$$

Problema 22

Sea $V = \mathbb{R}_2[X]$ y sea t un número real fijo. Se define $p_1 = 1$, $p_2 = t + X$, $p_3 = (t+X)^2$. Demostrar que $B = \{p_1, p_2, p_3\}$ es una base de V. Si $f = c_0 + c_1 I + c_2 I^2$, ¿Cuáles son las coordenadas de f respecto de B?

Problema 23

Sea $V = \mathbb{R}^2$ y sea B_1 la base ordenada $B_1 = \{(1,2), (3,-1)\}$.

i) Encontrar las $2-$uplas de coordenadas respecto de la base B_1 de los vectores siguientes: $v_1 = (3,-1)$, $v_2 = (1,0)$, $v_3 = (0,0)$, $v_4 = (3,-8)$.

ii)   Idem i) pero respecto a las bases ordenadas $B_2 = \{(1,0),(0,1)\}$ y $B_3 = \{(0,1),(1,0)\}$.

iii)   Encontrar los vectores (x,y) tales que

a) $[(x,y)]_{B_1} = \begin{bmatrix} 3 \\ 2 \end{bmatrix}$

b) $[(x,y)]_{B_2} = \begin{bmatrix} 3 \\ 2 \end{bmatrix}$

c) $[(x,y)]_{B_3} = \begin{bmatrix} 3 \\ 2 \end{bmatrix}$

Problema 24

Sea V un espacio vectorial de dimensión 2. Si B y B' son bases ordenadas de V y la matriz de cambio de base de B a B' es

$$P = \begin{bmatrix} 2 & 3 \\ 3 & 5 \end{bmatrix}$$

se pide:

i) Si $v \in V$ y $[v]_{B'} = \begin{bmatrix} 1 \\ 1 \end{bmatrix}$, hallar $[v]_B$.

ii) Si $v \in V$ y $[v]_B = \begin{bmatrix} 1 \\ 3 \end{bmatrix}$, calcular $[v]_{B'}$.

25. Sea $V = \mathbb{R}_2[X]$ y $B = \{1, X, X^2\}$, $B' = \{1 + X + X^2, -2 - X + X^2, -1 + X + X^2\}$ bases ordenadas de V . Calcular la matriz de cambio de base de B a B'.

26. Sea $V = \mathbb{R}^2$ y $B = \{(1,1),(0,1)\}$ una base ordenada de V . Encontrar la base ordenada B' sabiendo que la matriz P de cambio de base de B a B' es

$$P = \begin{bmatrix} 2 & 3 \\ 1 & 5 \end{bmatrix}$$

8

Funciones Lineales

8.1 Funciones Lineales

8.1.1. Definición.

Sean V y W espacios vectoriales sobre el cuerpo $\mathbb{K}$ y F una función de V en W. Diremos que F es una **función lineal**, si se cumple que

$$1) \ F(u+v) = F(u) + F(v)$$
$$2) \ F(cu) = cF(u)$$

para todo $u, v \in V$ y para todo $c \in \mathbb{K}$.

8.1.2. Ejemplos.

I) La **función identidad** $i_V : V \to V$ es lineal, puesto que

$$1) \ i_V(u+v) = u+v = i_V(u) + i_V(v)$$
$$2) \ i_V(cu) = cu = ci_V(u)$$

II) La **función nula** $0 : V \to W$ de un espacio vectorial V en un espacio vectorial W es lineal pues

$$1) \ 0(u+v) = 0 = 0+0 = 0(u) + 0(v)$$
$$2) \ 0(cu) = 0 = c0 = cu(0)$$

III) La elección de una base ordenada $\mathcal{B}$ en un espacio vectorial V de dimensión n nos permite definir una función lineal $\varphi_{\mathcal{B}} : V \to \mathbb{K}^{n\times 1}$, cuya regla de asignación es $\varphi_{\mathcal{B}}(v) = [v]_{\mathcal{B}}$

$$1)\ \varphi_{\mathcal{B}}(u+v) = [u+v]_{\mathcal{B}} = [u]_{\mathcal{B}} + [v]_{\mathcal{B}} = \varphi_{\mathcal{B}}(u) + \varphi_{\mathcal{B}}(v)$$
$$2)\ \varphi_{\mathcal{B}}(cu) = [cu]_{\mathcal{B}} = c[u]_{\mathcal{B}} = c\varphi_{\mathcal{B}}(u)$$

IV) La elección de una base ordenada $\mathcal{B}$ en un espacio vectorial V de dimensión n nos permite definir una función lineal $\varphi_{\mathcal{B}} : V \to \mathbb{K}^{n\times 1}$, cuya regla de asignación es $\varphi_{B}(v) = [v]_{B}$

V) Una matriz $A \in \mathbb{K}^{m\times n}$ puede utilizarse para definir una función lineal $L_{A} : \mathbb{K}^{n\times 1} \to \mathbb{K}^{m\times 1}$ de la manera siguiente:

$$L_{A}(X) = AX \ .$$

$$1)\ L_{A}(X + X') = A(X + X') = AX + AX' = L_{A}(X) + L_{A}(X')$$
$$2)\ L_{A}(cX) = A(cX) = c(AX) = cL_{A}(X)$$

8.1.3. Ejemplo.

a) Determinar si es lineal la función $f : \mathbb{R} \to \mathbb{R}$ dada por

$$f(x) = ax + b$$

donde $a, b \in \mathbb{R}$, fijos.

$$f(x + x') = a(x + x') + b = ax + ax' + b$$

y

$$f(x) + f(x') = ax + b + ax' + b = ax + ax' + 2b$$

de modo que en general $f(x + x') \neq f(x) + f(x')$.

Por otro lado $f(cx) = a(cx) + b = cax + b$ y $cf(x) = c(ax + b) = cax + cb$, de donde resulta que en general $f(cx) \neq cf(x)$.

Concluimos entonces que la aplición f no es lineal, a menos que $b = 0$.

b)   Sea $F : \mathbb{R}^2 \to \mathbb{R}^2$ dada por $F(x, y) = (x, m)$, con $m \in \mathbb{R}$ fijo.

1) $F((x, y) + (x', y')) = F(x + x', y + y') = (x + x', m)$

2) $F(x, y) + F(x', y') = (x, m) + (x', m) = (x + x', 2m)$

De 1) y 2) resulta, en general

$$F((x, y) + (x', y')) \neq F(x, y) + F(x', y')$$

3) $F(c(x, y)) = F(cx, cy) = (cx, m)$

4) $cF(x, y) = c(x, m) = (cx, cm)$

Las expresiones 3) y 4) muestran que, en general

$$F(c(x, y)) \neq cF(x, y)$$

Consecuentemente, F no es una función lineal.

8.1.4. Teorema.

Sea $F : V \to W$ lineal, entonces:

i) $F(0_v) = 0_w$

ii) $F(-v) = -F(v)$

iii) $F\left(\sum_{k=1}^{m} c_k v_k\right) = \sum_{k=1}^{m} c_k F(v_k)$

Demostración.

i) $\qquad F(0_v) = F(0v) = 0F(v) = 0_w$

ii) $\qquad F(-v) = F((-1)v) = (-1)F(v) = -F(v)$

iii) $\qquad$ A cargo del lector.

EJERCICIO

Sea $F : \mathbb{R}^2 \to \mathbb{R}^3$ una función lineal tal que: $F(1,0) = (2,3,1)$ y $F(0,1) = (1,-1,1)$.

Calcular: a) $F(5,2)$; b) $F(x,y)$

a) $F(5,2) = F(5(1,0) + 2(0,1)) = 5F(1,0) + 2F(0,1) = 5(2,3,1) + 2(1,-1,1) = (9,13,7)$

b) $F(x,y) = F(x(1,0) + y(0,1)) = x(2,3,1) + y(1,-1,1) = (2x+y, 3x-y, x+y)$

Debe observarse que, entre dos espacios vectoriales, V y W, siempre es posible definir muchas funciones que asignen a los vectores de una base de V, vectores arbitrarios de W.

Por ejemplo, consideremos $V = \mathbb{R}^2$, $W = \mathbb{R}^3$ y $B = \{(1,0),(0,1)\}$ una base ordenada de V. Si tomamos los vectores $(1,2,3)$ y $(5,4,3)$ de W podemos definir una función de V en W haciendo

$$\begin{cases} (1,0) \to (2,3,1) \\ (0,1) \to (1,-1,1) \\ (x,y) \to (a,b,c) \quad \text{si} \quad (x,y) \neq (1,0 \ \text{y} \ (x,y) \neq (0,1) \end{cases}$$

Eligiendo distintos valores a, b y c se obtienen distintas funciones de $\mathbb{R}^2$ en $\mathbb{R}^3$ que asignan a los vectores $(1,0)$ y $(0,1)$ las ternas indicadas. Nos preguntamos si alguna de estas funciones es lineal. La respuesta está en el teorema siguiente.

8.1.5. Teorema.

Sean V y W espacios vectoriales sobre el cuerpo $\mathbb{K}$. Si $\mathcal{B} = \{v_1, ..., v_n\}$ es una base ordenada de V y $w_1, ..., w_n$ son vectores arbitrarios de W, entonces existe una única función lineal $F : V \to W$ tal que $F(v_i) = w_i$, para $i = 1, 2, ..., n$.

Demostración.

Existencia

$$\forall v \in V : v = x_1 v_1 + x_2 v_2 + ... + x_n v_n$$

Siempre es posible con los escalares x_i hacer una combinación lineal de los vectores w_i:

$$w = x_1 w_1 + w_2 v_2 + ... + x_n w_n$$

Utilizando esto podemos definir la siguiente función $F : V \to W$ como sigue:

$$x_1 v_1 + x_2 v_2 + ... + x_n v_n \to x_1 w_1 + w_2 v_2 + ... + x_n w_n \qquad \text{(I)}$$

Claramente, F está bien definida a causa de la independencia lineal del conjunto $\{v_1, ..., v_n\}$. Además

$$F(v_i) = F(0v_1 + \cdots + 1v_i + \cdots + 0v_n) = 0w_1 + \cdots + 1w_i + \cdots + 0w_n = w_i$$

para $i = 1, 2, ..., n$.

Linealidad

1. Consideremos además de v, el vector $v' = y_1 v_1 + y_2 v_2 + ... + y_n v_n$. Entonces

$$v + v' = x_1 v_1 + x_2 v_2 + ... + x_n v_n + y_1 v_1 + y_2 v_2 + ... + y_n v_n$$
$$= (x_1 + y_1) v_1 + (x_2 + y_2) v_2 + ... + (x_n + y_n) v_n$$

Luego :

$$F(v+v') = F\big((x_1+y_1)v_1 + (x_2+y_2)v_2 + \ldots + (x_n+y_n)v_n\big) =$$
$$= (x_1+y_1)w_1 + (x_2+y_2)w_2 + \ldots + (x_n+y_n)w_n =$$
$$= x_1w_1 + w_2v_2 + \ldots + x_nw_n + y_1w_1 + y_2v_2 + \ldots + y_nw_n =$$
$$= F(v) + F(v')$$

2. Analicemos ahora la imagen por F del vector kv, para $k \in \mathbb{K}$.

$$kv = k\left(x_1v_1 + x_2v_2 + \ldots + x_nv_n\right)$$

entonces

$$F(kv) = F\big(k\left(x_1v_1 + x_2v_2 + \ldots + x_nv_n\right)\big) =$$
$$= F\big((kx_1)v_1 + (kx_2)v_2 + \ldots + (kx_n)v_n\big) =$$
$$= (kx_1)w_1 + (kx_2)w_2 + \ldots + (kx_n)w_n =$$
$$= k\left(x_1w_1 + x_2w_2 + \ldots + x_nw_n\right) = kF(v)$$

Unicidad

Sea $G : V \rightarrow W$ otra función lineal tal que $G(v_i) = w_i$ para . Entonces

$$G(v) = G\left(x_1v_1 + x_2v_2 + \ldots + x_nv_n\right) =$$
$$= x_1G(v_1) + x_2G(v_2) + \ldots + x_nG(v_n)$$
$$= x_1w_1 + x_2w_2 + \ldots + x_nw_n = F(v)$$

donde se aplicó *linealidad* y *definición* de G. Como v es arbitrario, $G(v) = F(v)$ para todo $v \in V$, por lo que $F = G$.

8.2. Imagen y Núcleo de una Función Lineal

En general si A y B son dos conjuntos y f es una función de A en B, se llama imagen de f y la denotamos I_f al conjunto

$$I_f = \{ f(x) \mid x \in A \}$$

que obviamente es un subconjunto de B.

8.2.1 Ejemplo.

a) $f : \mathbb{R} \to \mathbb{R}$, $f(x) = \sin x) \;\Rightarrow\; I_f = [-1,1]$

b) $F : \mathbb{R}^2 \to \mathbb{R}^2$, $F(x,y) = (x,0 \;\Rightarrow\; I_F = \{ (x,y) \mid y = 0 \} = \mathbb{R} \times \{0\}$, (el eje horizontal)

c) Si $i_V : V \to V$ entonces $I_{i_V} = \{ i_V(v) \mid v \in V \} = \{ v \mid v \in V \} = V$.

d) Si $0 : V \to W$ entonces $I_0 = \{ 0(v) \mid v \in V \} = \{0\}$

8.2.2. Definición.

Sea $F : V \to W$ una función lineal. La imagen de F, que denotamos I_F es el conjunto $\{ F(v) \mid v \in V \}$.

8.2.3. Teorema.

Sea $F : V \to W$ una función lineal. Entonces:

i) I_F es un subespacio de W.

ii) Si $V = \text{gen}\{ v_1, ..., v_n \}$, entonces $I_F = \text{gen}\{ F(v_1), ..., F(v_n) \}$.

iii) Si $\dim(V) = n$, entonces $\dim(I_F) \le n$.

Demostración.

i) Sean $w_1, w_2 \in I_F$, entonces existen vectores $v_1, v_2 \in V$ tales que $w_1 = F(v_1)$ y $w_2 = F(v_2)$, de manera que

$$w_1 + w_2 = F(v_1) + F(v_2) = F(v_1 + v_2)$$

y

$$cw_1 = cF(v_1) = F(cv_1)$$

esto es, $w_1 + w_2$ y $cw_1 \in I_F$ lo que muestra que I_F es un subespacio de W.

ii) Sólo hay que demostrar que $I_F \subset \text{gen}\{F(v_1), ..., F(v_n)\}$ ya que obviamente $\text{gen}\{F(v_1), ..., F(v_n)\} \subset I_F$. Sea $w \in I_F$, esto es, $w = F(v)$ para algún $v \in V$. Como $\{v_1, ..., v_n\}$ es un conjunto generador de V, existen escalares $c_1, ..., c_n$ tales que

$$v = \sum_{k=1}^{n} c_k v_k$$

entonces

$$w = F(v) = F\left(\sum_{k=1}^{n} c_k v_k \right) = \sum_{k=1}^{n} c_k F(v_k)$$

por lo tanto $w \in \text{gen}\{F(v_1), ..., F(v_n)\}$

iii) Obvio.

8.2.4. Definición.

Se llama **rango** de una función lineal F a la dimensión de I_F.

8.2.5. Ejemplo.

Para la función lineal $F : \mathbb{R}^3 \to \mathbb{R}^4$ dada por

$$F(x_1, x_2, x_3) = (x_1 - 2x_2, x_1 + x_2 + x_3, 2x_1 - x_2 + x_3, 3x_1 - 3x_2 + x_3)$$

se pide:

a) Caracterizar I_F como subespacio de $\mathbb{R}^4$

b) Si es posible, determinar una base de I_F

c) Determinar el rango de F

Sea $w = (y_1, y_2, y_3, y_4) \in I_F$, entonces

$$(y_1, y_2, y_3, y_4) = F(x_1, x_2, x_3) = (x_1 - 2x_2, x_1 + x_2 + x_3, 2x_1 - x_2 + x_3, 3x_1 - 3x_2 + x_3)$$

de modo que para caracterizar la imagen de F buscamos la condición, o condiciones que deben cumplir y_1, y_2, y_3, y_4 para que se cumpla la igualdad anterior. Esta es equivalente a que el sistema

$$\begin{cases} x_1 - 2x_2 = y_1 \\ x_1 + x_2 + x_3 = y_2 \\ 2x_1 - x_2 + x_3 = y_3 \\ 3x_1 - 3x_2 + x_3 = y_4 \end{cases}$$

admita solución, y para ello reduciendo por filas tenemos

$$\left[A | Y \right] = \begin{bmatrix} 1 & -2 & 1 & | & y_1 \\ 1 & 1 & 1 & | & y_2 \\ 2 & -1 & 1 & | & y_3 \\ 3 & -3 & 1 & | & y_4 \end{bmatrix} \sim \begin{bmatrix} 1 & 0 & \frac{2}{3} & | & \frac{1}{3}y_1 + \frac{2}{3}y_2 \\ 0 & 1 & \frac{1}{3} & | & \frac{1}{3}(-y_1 + y_2) \\ 0 & 0 & 0 & | & -y_1 - y_2 + y_3 \\ 0 & 0 & 0 & | & -2y_1 - y_2 + y_4 \end{bmatrix} = \left[R_A | Y' \right]$$

de modo que $w = (y_1, y_2, y_3, y_4)$ pertenece a I_F si $y_1 + y_2 - y_3 = 0$ y $2y_1 + y_2 - y_4 = 0$, por lo tanto

$$I_F = \left\{ (y_1, y_2, y_3, y_4) \mid y_1 + y_2 - y_3 = 0 \text{ y } 2y_1 + y_2 - y_4 = 0 \right\}.$$

Poniendo estas condiciones como un sistema de ecuaciones lineales homogéneo tenemos

$$\begin{cases} y_1 + y_2 - y_3 = 0 \\ 2y_1 + y_2 - y_4 = 0 \end{cases} \sim \begin{cases} y_3 = y_1 + y_2 \\ y_4 = 2y_1 + y_2 \end{cases}$$

Los elementos de I_F serán entonces de la forma

$$(y_1, y_2, y_1 + y_2, 2y_1 + y_2) = y_1(1, 0, 1, 2) + y_2(0, 1, 1, 1)$$

lo que pone en evidencia que

$$I_F = \mathrm{gen}\{(1, 0, 1, 2), (0, 1, 1, 1)\}$$

de modo que una base de I_F es $\mathcal{B}_{I_F} = \{(1, 0, 1, 2), (0, 1, 1, 1)\}$, y es obvio que $\mathrm{rango}(F) = 2$.

8.2.6 Definición

Si f es una función entre los conjuntos A y B, entonces para todo elemento $y \in I_f$, existen elementos $x \in A$, tales que $f(x) = y$. Estos elementos constituyen un subconjunto de A, que se denomina **contraimagen** o **imagen inversa** de y por la función f. La notación usual es $f^{-1}(y)$, esto es, $f^{-1}(y) = \left\{ x \in A \mid f(x) = y \right\}$.

8.2.7 Ejemplo.

Sea $f : \mathbb{R} \to \mathbb{R}$ dada por $f(x) = \cos(x)$. El elemento 1 pertenece a I_f. La imagen inversa de 1 por f es

$$f^{-1}(1) = \left\{ x \in \mathbb{R} \mid f(x) = 1 \right\} = \left\{ k\pi \mid k \in \mathbb{Z} \right\}$$

Analizaremos, en particular, el caso de una función lineal $F:V \to W$. Una de las propiedades ya vistas de este tipo de funciones es que $F(0)=0$, por lo que el conjunto $\{v \in V \mid F(v)=0\}$ es no vacío, y esto nos permite dar la definición siguiente:

8.2.8 Definición.

Sea $F:V \to W$ una función lineal. El conjunto $\{v \in V \mid F(v)=0\}$ que denotaremos por N_F recibe el nombre de **núcleo** de la función lineal F.

8.2.9. Ejemplo.

I) Sea $F:\mathbb{R}^2 \to \mathbb{R}^2$ la función lineal dada por $F(x_1,x_2)=(x_1,0$, entonces $N_F = \{(x_1,x_2) \mid x_1 = 0\} = \{0\} \times \mathbb{R}$. (Verificar)

II) Sea $i_V : V \to V$ la función identidad, entonces $N_{i_V} = \{0\}$. (Verificar)

III) Sea $0:V \to W$ la función nula, entonces $N_0 = V$. (Verificar)

8.2.10. Teorema.

Sea $F:V \to W$ una función lineal, entonces

1) N_F es un subespacio de V.

2)   Si $\dim(V)=n$, entonces $\dim(N_F) \le n$

Demostración.

1.   Sean $v_1, v_2 \in N_F$ y $c \in \mathbb{K}$, entonces

$$F(v_1 + v_2) = F(v_1) + F(v_2) = 0 + 0 = 0$$

y

$$F(cv_1) = cF(v_1) = c0 = 0$$

de manera que cv_1 y $v_1 + v_2$ pertenecen a N_F lo que muestra que es un subespacio de V.

2. Como $N_F \subset V$, si $\dim(V) = n$, entonces $\dim(N_F) \leq n$ ya que en V no puede haber conjuntos de más de n vectores linealmente independientes.

8.2.11. Definición.

Se llama **nulidad** de una función lineal $F : V \to W$ a la dimensión de N_F.

8.2.12. Ejemplo.

Para la función lineal del ejemplo 8.2.5 se pide:

a) Caracterizar N_F como subespacio de $\mathbb{R}^3$

b) Si es posible, determinar una base de N_F.

c) Determinar la nulidad de F.

Sea $v = (x_1, x_2, x_3) \in N_F$, entonces

$$F(x_1, x_2, x_3) = (x_1 - 2x_2, x_1 + x_2 + x_3, 2x_1 - x_2 + x_3, 3x_1 - 3x_2 + x_3) = (0,0,0,0)$$

o equivalentemente

$$\begin{cases} x_1 - 2x_2 = 0 \\ x_1 + x_2 + x_3 = 0 \\ 2x_1 - x_2 + x_3 = 0 \\ 3x_1 - 3x_2 + x_3 = 0 \end{cases}.$$

Para resolver este sistema recurrimos a la forma matricial

$$\begin{bmatrix} 1 & -2 & 0 \\ 1 & 1 & 1 \\ 2 & -1 & 1 \\ 3 & -3 & 1 \end{bmatrix} \sim \begin{bmatrix} 1 & 0 & \frac{2}{3} \\ 0 & 1 & \frac{1}{3} \\ 0 & 0 & 0 \\ 0 & 0 & 0 \end{bmatrix}$$

El sistema resolvente es

$$\begin{cases} x_1 + \dfrac{2}{3}x_3 = 0 \\[2mm] x_2 + \dfrac{1}{3}x_3 = 0 \end{cases}$$

de donde vemos que $v = (x_1, x_2, x_3) \in N_F$ si

$$v = \left(-\tfrac{2}{3}x_3, -\tfrac{1}{3}x_3, x_3\right) = \tfrac{1}{3}x_3(-2, -1, 3).$$

Por lo tanto $N_F = \text{gen}\{(-2,-1,3)\}$, $\mathcal{B}_{N_F} = \{(-2,-1,3)\}$ y $\dim(N_F) = 1$.

En los teoremas 8.2.3 y 8.2.10 se vió, que el rango y la nulidad de una función lineal están acotados por la dimensión del espacio vectorial V de partida. Veremos a continuación un teorema que nos da información adicional al respecto.

8.2.13. Teorema.

Sea $F : V \to W$ una función lineal. Si V es de dimensión finita, entonces

$$\dim(V) = \dim(N_F) + \dim(I_F).$$

Demostración. Sea $\mathcal{B}_{N_F} = \{u_1, ..., u_k\}$ una base de N_F, que es parte de una base $\mathcal{B} = \{u_1, ..., u_k, v_1, ..., v_r\}$ del espacio vectorial V. Como $V = \text{gen}(\mathcal{B})$, tenemos que $I_F = \text{gen}\left(F(u_1), ..., F(u_k), F(v_1), ..., F(v_r)\right)$. Pero puesto que $u_1, ..., u_k \in N_F$, resulta $F(u_1) = F(u_2) = ... = F(u_k) = 0$, por lo tanto: $I_F = \text{gen}\left(F(v_1), ..., F(v_r)\right)$.

Veamos que $\{F(v_1), ..., F(v_r)\}$ es un conjunto linealmente independiente. Para ello, sea

$$x_1 F(v_1) + x_2 F(v_2) + \cdots + x_r F(v_r) = 0$$

entonces, por linealidad

$$F\left(x_1 v_1 + \cdots + x_r v_r\right) = 0$$

lo que dice que $x_1v_1 + \cdots + x_rv_r$ es un vector de N_F, de modo que existen escalares $y_1,\ldots,y_k$ tales que

$$x_1v_1 + \cdots + x_rv_r = y_1u_1 + \cdots + y_ku_k$$

o equivalentemente

$$y_1u_1 + \cdots + y_ku_k - x_1v_1 - \cdots - x_rv_r = 0$$

de donde $y_1 = \cdots = y_k = x_1 = \cdots = x_r = 0$, lo que muestra que el conjunto de vectores $F(v_1),\ldots,F(v_r)$ es linealmente independiente y por lo tanto $\{F(v_1),\ldots,F(v_r)\}$ es una base de I_F, de modo que $\dim(I_F) = r$.

Finalmente

$$\dim(V) = n = k + r = \dim(N_F) + \dim(I_F)$$

completando la demostración del teorema.

8.2.14. Ejemplo.

Usando los ejemplos 8.1.10 y 8.1.15 vemos que

$$\dim(\mathbb{R}^3) = 3 = 1 + 2 = \dim(N_F) + \dim(I_F)$$

8.3. Algebra de Funciones Lineales

Sean V y W espacios vectoriales sobre el cuerpo $\mathbb{K}$. Denotaremos con $L(V,W)$ al conjunto de todas las funciones lineales de V en W. Definimos la suma de elementos de $L(V,W)$ y el producto de un escalar c por un elemento de $L(V,W)$ de la siguiente manera: si $F,T \in L(V,W)$ y $c \in \mathbb{K}$, entonces,

$$(F+T)(v) = F(v) + T(v)$$
$$(cF)(v) = cF(v)$$

8.3.1. Teorema.

Sean V y W espacios vectoriales sobre el cuerpo $\mathbb{K}$. El conjunto $L(V,W)$ es un espacio vectorial con la suma y el producto definidos anteriormente.

Demostración.

Sean $F,T \in L(V,W)$ y $c,d \in \mathbb{K}$, entonces

$$
\begin{aligned}
(F+T)(u+v) &= F(u+v)+T(u+v) \\
&= F(u)+F(v)+T(u)+T(v) \\
&= [F(u)+T(u)]+F(v)+T(v) \\
&= (F+T)(u)+(F+T)(v).
\end{aligned}
$$

y

$$
\begin{aligned}
(F+T)(cu) &= F(cu)+T(cu) \\
&= cF(u)+cT(u) \\[6pt]
&= c[F(u)+T(u)] \\
&= c(F+T)(u).
\end{aligned}
$$

Similarmente se demuestra (ejercicio) que $cF \in L(V,W)$ si $F \in L(V,W)$ y $c \in \mathbb{K}$.

Esto pone en evidencia que la suma y la multiplicación por escalar son operaciones interna y externa respectivamente en $L(V,W)$.

Debemos ver ahora que se cumplen las propiedades de la suma de vectores y la multiplicación por escalar.

i)   Si $F,G,T \in L(V,W)$, entonces

$$
\begin{aligned}
[F+(G+T)](v) &= F(v)+(G+T)(v) \\
&= F(v)+G(v)+T(v) \\
&= (F+G)(v)+T(v) \\
&= [(F+G)+T](v)
\end{aligned}
$$

por lo tanto $F+(G+T)=(F+G)+T$

ii)   Si $F,G\in L(V,W)$, entonces

$$(F+G)(v)=F(v)+G(v)$$
$$=G(v)+F(v)$$
$$=(G+F)(v)$$

de modo que $F+G=G+F$.

iii)   La función nula $0:V\to W$ es el elmento neutro de la suma. (Verificar).

iv)   Para todo $F\in L(V,W)$ existe un elemento en $L(V,W)$ que es opuesto de F para la operación de suma dada. Dicha operación que denotamos por $-F$ está dada por

$$(-F)(v)=-F(v)$$

y es claro que $F+(-F)=0$, puesto que

$$[F+(-F)](v)=F(v)+(-F)(v)=F(v)-F(v)=0=0\,(v).$$

v)   Si $F,G\in L(V,W)$, y $c\in\mathbb{K}$, entonces

$$[c(F+G)](v)=c(F+G)(v)$$
$$=c(F(v)+G(v))$$
$$=cF(v)+cG(v)$$

$$=(cF)(v)+(cG)(v)$$
$$=(cF+cG)(v)$$

de modo que $c(F+G)=cF+cG$.

vi)   Si $F\in L(V,W)$, y $c,c'\in\mathbb{K}$, entonces

$$[(c+c')F](v) = (c+c')F(v)$$
$$= cF(v)+c'F(v)$$
$$= (cF)(v)+(c'F)(v)$$
$$= (cF+c'F)(v)$$

por lo tanto $(c+c')F = cF+c'F$.

    vii)   Si $F \in L(V,W)$, y $c,c' \in \mathbb{K}$, entonces

$$[(cc')F](v) = (cc')F(v)$$
$$= c(c'F(v))$$
$$= c(c'F)(v)$$
$$= (c(c'F))(v)$$

esto es. $(cc')F = c(c'F)$.

    viii)   Si $F \in L(V,W)$, entonces

$$(1F)(v) = 1F(v) = F(v)$$

de donde $1F = F$.

Queda demostrado entonces que $L(V,W)$ es un espacio vectorial.

8.3.2. Ejemplo.

Sean las funciones lineales $F,G : \mathbb{R}^2 \rightarrow \mathbb{R}_2[X]$ dadas por

$$F(a,b) = (a+b)+(a-b)X+(2a-5b)X^2$$
$$G(a,b) = b+aX+(4a+b)X^2$$

Definir las funciones siguientes:

    i) $2F$

    ii) $3G$

    iii) $2F + 3G$

En todos los casos calcular la imagen del par $(-2,5)$ para cada función.

i) $(2F)(a,b) = 2F(a,b) = (2a + 2b) + (2a - 2b)X + (4a - 10b)X^2$ y

    $(2F)(-2,5) = 6 - 14X - 58X^2$.

ii) $(3G)(a,b) = 3G(a,b) = 3b + 3a\,X + (12a + 3b)X^2$ y

    $(3G)(-2,5) = 15 - 6X - 9X^2$.

iii) $(2F + 3G)(a,b) = 2a + 5b + (5a - 2b)X + (1\ a - 67b)X^2$ y

    $(2F + 3G)(-2,5) = 21 - 20X - 67X^2$

8.4. Composición de Funciones Lineales

Definición. Sea $\mathbb{K}$ un cuerpo, V, W y Z espacios vectoriales sobre $\mathbb{K}$ y $F : V \to W$, $G : W \to Z$ funciones lineales. La composición de G y F, que denotamos $G \circ F$ (o simplemente GF), es la función $GF : V \to Z$ dada por $(GF)(v) = G(F(v))$.

8.4.2. Teorema.

Si $F \in L(V,W)$ y $G \in L(W,Z)$ son funciones lineales, entonces la composición de F y G, GF, es también una función lineal.

Demostración

Sean $v_1, v_2 \in V$ y $c \in \mathbb{K}$, entonces,

$$\begin{aligned}
(GF)(cv_1 + v_2) &= G(F(cv_1 + v_2)) \\
&= G(cF(v_1) + F(v_2)) \\
&= cG(F(v_1)) + G(F(v_2)) \\
&= c(GF)(v_1) + (GF)(v_2)
\end{aligned}$$

lo que muestra que GF es lineal y completa la demostración.

8.4.3. Ejemplo.

Dada $A \in \mathbb{K}^{m \times n}$, la función (lineal) $L_A : \mathbb{K}^{n \times 1} \to \mathbb{K}^{m \times 1}$ está dada por $L_A(X) = AX$. Si $B \in \mathbb{K}^{n \times p}$, entonces tiene sentido la composición de L_A y L_B:

$$\begin{aligned}
(L_A L_B)(X) &= L_A\left(L_B(X)\right) \\
&= L_A(BX) \\
&= A(BX) \\
&= (AB)X \\
&= L_{AB}(X)
\end{aligned}$$

de donde $L_A L_B = L_{AB}$

Las principales propiedades de la composición de funciones lineales están enunciadas en el siguiente teorema.

8.4.4. Propiedades.

Si F, G y H son funciones lineales, entonces:

(i) $F(GH) = (FG)H$

(ii) $(F + G)H = FH + GH$

(iii) $H(F + G) = HF + HG$

(iv) $(cF)G = F(cG) = c(FG)$

Demostración

Ejercicio teórico a cargo del alumno.

8.4.5. Definición.

Sea $F \in L(V,W)$. Diremos que F es **inyectiva** (o uno a uno) si $v_1 \neq v_2$ implica que $F(v_1) \neq F(v_2)$ para todo $v_1, v_2 \in V$. (Equivalentemente, si $F(v_1) = F(v_2)$ implica que $v_1 = v_2$ para todo $v_1, v_2 \in V$).

8.4.6. Teorema.

Sea $F \in L(V,W)$. F es inyectiva si y sólo si $N_F = \{0\}$.

Demostración

Supongamos que F es inyectiva y sea $v \in N_F$, entonces $F(v) = 0 = F(0)$, de donde $v = 0_v$ por la inyectividad de F, de modo que $N_F = \{0\}$.

Recíprocamente, asumamos que $N_F = \{0\}$. Si $F(v_1) = F(v_2)$ tenemos lo siguiente:

$$F(v_1) = F(v_2) \implies F(v_1) - F(v_2) = 0_w \implies F(v_1 - v_2) = 0_w \implies v_1 - v_2 \in N_F = \{0_v\} \implies$$
$$v_1 - v_2 = 0_v \implies v_1 = v_2$$

lo que demuestra que F es inyectiva.

Una propiedad interesante de las funciones inyectivas surge del siguiente

8.4.7. Teorema.

Sea $F : V \to W$ una función lineal. F hace corresponder a todo subconjunto de vectores linealmente independiente de V, un subconjunto linealmente independiente de W, formado por las imágenes de aquellos, si y sólo si F es inyectiva.

Demostración

Si suponemos se cumple el antecedente en el teorema, resulta que para todo vector no nulo v de V, se verifica $F(v) \neq 0$, de modo que $F(v) = 0$ si y sólo si $v = 0$, esto es, $N_F = \{0_v\}$ y por teorema 8.4.6. F es inyectiva.

Sea ahora F inyectiva y $\{v_1, v_2, \ldots, v_r\}$ un subconjunto linealmente independiente de vectores de V. Debemos demostrar que $\{F(v_1), F(v_2), \ldots, F(v_r)\}$ es también linealmente independiente. Para ello y como de costumbre en estos casos, haremos una combinación lineal con los vectores, igualamos al vector nulo y analizamos qué valores de los escalares verifican esa igualdad:

$$x_1 F\left(v_1\right) + x_2 F\left(v_2\right) + \ldots + x_r F\left(v_r\right) = 0 \qquad (1)$$

Por ser F lineal, la expresión anterior puede escribirse en la forma:

$$F\left(x_1 v_1 + x_2 v_2 + \ldots + x_r v_r\right) = 0$$

Pero esto implica que $x_1 v_1 + x_2 v_2 + \ldots + x_r v_r \in N_F$ y como se ha supuesto que F es inyectiva, $N_F = \left\{0_v\right\}$, por lo tanto

$$x_1 v_1 + x_2 v_2 + \ldots + x_r v_r = 0 \qquad (2)$$

Finalmente por haber supuesato que $\left\{v_1, v_2, \ldots, v_r\right\}$ es linealmente independiente, $x_1 = x_2 = \ldots = x_r = 0$ es la única forma en que se cumple (2) y por lo tanto también (1) con lo que concluye la demostración.

8.4.8. Definición.

Sea $F \in L(V, W)$. Se dice que F es **suryectiva** si $I_F = W$.

8.4.9. Definición.

$F \in L(V, W)$ es **biyectiva** si es inyectiva y suryectiva.

8.4.10. Teorema.

Si $F : V \to W$ es una función lineal biyectiva, entonces $\dim(V) = \dim(W)$.

Demostración

Por el teorema 8.4.6 tenemos que $N_F = \{0\}$, entonces por el teorema 8.2.13 y la suryectividad de F

$$\dim(W) = \dim(I_F) = \dim(V) - \dim(N_F) = \dim(V)$$

puesto que $\dim(N_F) = 0$. Esto completa la demostración.

Sean V y W espacios vectoriales sobre el cuerpo $\mathbb{K}$. Si $F \in L(V,W)$ diremos que F es inversible si existe $G \in L(W,V)$ tal que $FG = i_W$ y $GF = i_V$.

Sabemos que F es inversible si y sólo si F es biyectiva y se representa su inversa por F^{-1}.

8.4.11. Teorema.

Sea $F \in L(V,W)$. Si F es inversible, entonces $F^{-1} \in L(W,V)$, esto es, F^{-1} es una función lineal de W en V.

Demostración.

Sean $w_1, w_2 \in W$ y $c \in \mathbb{K}$. Como F es suryectiva existen $v_1, v_2 \in V$ tales que $w_1 = F(v_1)$ y $w_2 = F(v_2)$ o equivalentemente, $v_1 = F^{-1}(w_1)$ y $v_2 = F^{-1}(w_2)$. Entonces

$$\begin{aligned}
F^{-1}(cw_1 + w_2) &= F^{-1}(cF(v_1) + F(v_2)) = F^{-1}(F(cv_1 + v_2)) \\
&= (F^{-1}F)(cv_1 + v_2) = i_V(cv_1 + v_2) = cv_1 + v_2 \\
&= cF^{-1}(w_1) + F^{-1}(w_2)
\end{aligned}$$

lo que demuestra que F^{-1} es lineal.

8.4.12. Ejemplo.

Sea $F : \mathbb{R}^3 \to \mathcal{P}_2(\mathbb{R})$ dada por

$$F(a,b,c) = a + 2b\,X + (3a - b - 2c)X^2.$$

Determinar si F es inversible y en caso afirmativo calcular F^{-1}.

Si $F(a,b,c) = 0$, entonces $a = b = c = 0$ (verificar), de modo que $N_F = \{(0,0,0)\}$, es decir, F es inyectiva.

Por otro lado, usando el teorema 8.2.13 vemos que $\dim(I_F) = \dim(\mathbb{R}^3) = 3$, esto es, F es suryectiva. De manera que F es biyectiva y por lo tanto existe F^{-1}.

Ahora:

$$F^{-1}(a_0 + a_1 X + a_2 X^2) = (x_1, x_2, x_3) \;\Rightarrow\; FF^{-1}(a_0 + a_1 X + a_2 X^2) = F(x_1, x_2, x_3) \;\Rightarrow$$
$$a_0 + a_1 X + a_2 X^2 = F(x_1, x_2, x_3) \;\Rightarrow$$
$$a_0 + a_1 X + a_2 X^2 = x_1 + 2x_2 X + (3x_1 - x_2 - 2x_3)X^2$$

de donde

$$\begin{cases} x_1 = a_0 \\ 2x_2 = a_2 \\ 3x_1 - x_2 - 2x_3 = a_2 \end{cases}$$

cuya solución es

$$\begin{cases} x_1 = a_0 \\ x_2 = \dfrac{1}{2}a_1 \\ x_3 = \dfrac{3}{2}a_0 - \dfrac{1}{4}a_1 - \dfrac{1}{2}a_2 \end{cases}$$

entonces

$$F^{-1}(a_0 + a_1 X + a_2 X^2) = \left(a_0, \tfrac{1}{2}a_1, \tfrac{3}{2}a_0 - \tfrac{1}{4}a_1 - \tfrac{1}{2}a_2\right).$$

8.4.13. Teorema.

Sean V y W espacios vectoriales de dimensión finita sobre el cuerpo $\mathbb{K}$ tales que $\dim(V) = \dim(W)$. Si $F \in L(V,W)$, las siguientes afirmaciones son equivalentes:

i) F es inyectiva.

ii) F es suryectiva.

Demostración.

i) $\Rightarrow$ ii). Sea $n = \dim(V) = \dim(W)$. Por el teorema 8.1.16

$$n = \dim(V) = \dim(N_F) + \dim(I_F).$$

Como F es inyectiva, tenemos $N_F = \{0_v\}$ (teorema 8.4.6), por lo tanto $\dim(N_F) = 0$, entonces

$$\dim(I_F) = n = \dim(W)$$

lo que demuestra que $I_F = W$, esto es, F es suryectiva.

ii) $\Rightarrow$ i). F suryectiva implica que $\dim(I_F) = \dim(W) = n$, entonces

$$n = \dim(V) = \dim(N_F) + \dim(I_F) = \dim(N_F) + n$$

de donde $\dim(N_F) = 0$, lo que indica que $N_F = \{0_v\}$, es decir, F es inyectiva.

8.4.14. Definición.

Sean V y W espacios vectoriales sobre el cuerpo $\mathbb{K}$. Si F es una función lineal inversible de V en W, se dice que es un **isomorfismo de V sobre W**, y los espacios V y W se llaman **isomorfos.**

Veremos a continuación que, en dimensión finita, los únicos espacios vectoriales isomorfos son los que tienen igual dimensión.

8.4.15. Teorema.

Sean V y W espacios vectoriales de dimensión finita sobre el cuerpo $\mathbb{K}$. V y W son isomorfos, si y sólo si, $\dim V = \dim W$

Demostración.

Supongamos que V y W son isomorfos, esto es, existe entre ellos un isomorfismo $F : V \rightarrow W$. En consecuencia:

$$F \text{ es biyectiva} \Rightarrow \begin{cases} F \text{ es inyectiva} \Rightarrow N_F = \{0_v\} \Rightarrow \dim N_F = 0 \\ F \text{ es suryectiva} \Rightarrow I_F = W \Rightarrow \dim I_F = \dim W \end{cases}$$

Luego:

$$\left.\begin{array}{l} \dim N_F = 0 \\ \dim I_F = \dim W \end{array}\right\} \Rightarrow \underline{\dim V} = \dim N_F + \dim I_F = \underline{\dim W}$$

Sea ahora $\dim V = \dim W$.

Supongamos $\{v_1, v_2, \ldots, v_n\}$ y $\{w_1, w_2, \ldots, w_n\}$ bases de V y W respectivamente.

Por teorema **8.1.5.** existe una única función lineal tal que: $F(v_i) = w_i$ con $i = 1, 2, \ldots, n$.

Pero entonces, por teorema **8.4.7.** F es inyectiva y por ser función entre vectoriales de igual dimensión, inyectividad implica suryectividad (Teorema **8.4.13.**) , por lo que F es biyectiva, pero entonces $F : V \to W$ es un isomorfismo y por lo tanto V y W son isomorfos.

Podría considerarse como un corolario de este teorema la siguiente afirmación.

8.4.16. Corolario.

Sea V un espacio vectorial de dimensión n sobre el cuerpo $\mathbb{K}$. Entonces V es isomorfo a $\mathbb{K}^{n\times 1}$.

8.5 Operadores Lineales

8.5.1. Definición.

Sea V un espacio vectorial sobre el cuerpo $\mathbb{K}$. Un **operador lineal** sobre V es una función lineal de V en V. Denotaremos por $L(V)$ al espacio de todos los operadores lineales sobre V.

Está claro que $L(V)$ es sólo un caso particular, de $L(V,W)$. Ya se ha visto que $L(V,W)$ es un espacio vectorial sobre el cuerpo $\mathbb{K}$, por lo que $L(V)$ hereda esta propiedad.

Si F y G son operadores lineales sobre V, es claro que también FG y GF lo son (aunque en general $FG \neq GF$), en particular, podemos componer F con si mismo obteniendo FF que denotamos por F^2, y en general $\underbrace{FF\cdots F}_{k \text{ veces}} = F^k$ para $k \in \mathbb{Z}^+$. Si $F \neq 0$ definimos $F^0 = i_V$.

8.6. Matriz de una Función Lineal

8.6.1 Teorema.

Sea $\mathbb{K}$ un cuerpo, V y W espacios vectoriales de dimensión finita sobre $\mathbb{K}$ y $F \in L(V,W)$. Si $\mathscr{B} = \{v_1, v_2, \ldots, v_n\}$ y $\mathscr{B}' = \{w_1, w_2, \ldots, w_m\}$ son bases ordenadas de V y W respectivamente, entonces existe una única matriz $A \in \mathbb{K}^{m \times n}$, tal que

$$A[v]_B = \left[F(v)\right]_{B'}$$

NOTA. La matriz A del teorema 8.6.1, se denomina matriz de la función lineal F (o que representa a la función F) respecto de las bases $\mathscr{B}$ y $\mathscr{B}'$ y la denotaremos

$$A = M_{\mathscr{B}'}^{\mathscr{B}}(F)$$

Demostración

Sea $v \in V$, entonces existen escalares (únicos) $x_1, \ldots, x_n$ tales que $v = x_1 v_1 + \cdots + x_n v_n$, de donde

$$[v]_{\mathscr{B}} = \begin{bmatrix} x_1 \\ \vdots \\ x_n \end{bmatrix}.$$

Por otro lado

$$\left[F(v)\right]_{\mathcal{B}'} = \left[F\left(\sum_{j=1}^{n} x_j v_j\right)\right]_{\mathcal{B}'}$$

$$= \left[\sum_{j=1}^{n} x_j F(v_j)\right]_{\mathcal{B}'}$$

$$= \sum_{j=1}^{n} x_j \left[F(v_j)\right]_{\mathcal{B}'}$$

$$= \left[\left[F(v_1)\right]_{\mathcal{B}'}, \ldots, \left[F(v_n)\right]_{\mathcal{B}'}\right] \begin{bmatrix} x_1 \\ \vdots \\ x_n \end{bmatrix}$$

donde la última igualdad es consecuencia de una propiedad de la multiplicación de matrices. Denotando con A la matriz de columnas $\left[F(v_j)\right]_{\mathcal{B}'}$, tenemos

$$\left[F(v)\right]_{\mathcal{B}'} = A[v]_{\mathcal{B}}.$$

Para la unicidad, supongamos que existe una matriz $B \in \mathbb{K}^{m\times n}$ tal que $\left[F(v)\right]_{\mathcal{B}'} = B[v]_{\mathcal{B}}$ para todo $v \in V$, entonces

$$c_j(A) = \left[F(v_j)\right]_{\mathcal{B}'} = B[v_j]_{\mathcal{B}} = B\,c_j(I) = c_j(BI) = c_j(B)$$

para $j = 1, 2, \ldots, n$, de modo que $A = B$.

Observación

En el caso de ser F un *operador lineal*, y se toma la misma base $\mathcal{B}$ en el espacio vectorial de partida y en la llegada, como es lo natural, entonces se usa $M_{\mathcal{B}}(F)$ como notación para la matriz de la transformación.

Adviértase que la matriz del operador identidad en V, respecto de cualquier base es la matriz identidad.

Con las notaciones del ejemplo 8.1.2, la conclusión del teorema puede escribirse abreviadamente como

$$\varphi_{\mathcal{B}'} F = L_A \varphi_{\mathcal{B}}$$

La matirz $A = M_{\mathcal{B}}^{\mathcal{B}}(F)$, permite hallar la imagen de un vector v de un modo indirecto, pero, en muchas ocasiones más simple. Considerando el gráfico mostrado en la **Fig. 8.2.**

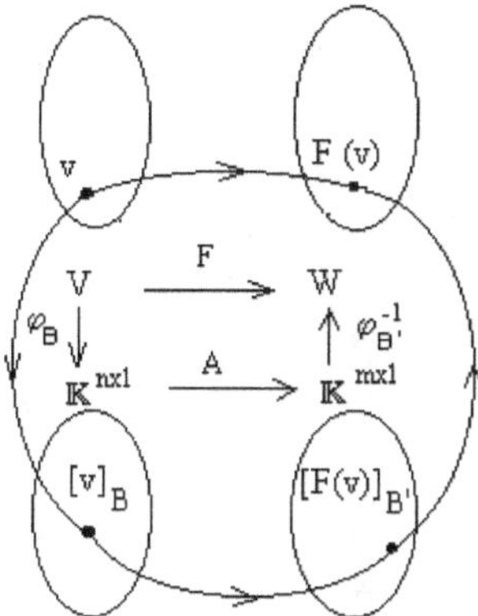

Fig. 8.2.

F envía directamente el vector v a su imagen $F(v)$, que parece lo mas natural.

En forma alternativa, se podría hacer actuar primero al isomorfismo $\varphi_{\mathcal{B}}$, que aplica v en su matriz de coordenadas respecto de la base $\mathcal{B}$, $[v]_{\mathcal{B}}$, a continuación, la multiplicación a izquierda por la matriz A, permite obtener

$$A[v]_B = \left[F(v)\right]_{B'}$$

que pertenece a $\mathbb{K}^{m \times 1}$, según se muestra en la figura. Finalmente, conociendo la base $\mathcal{B}'$, es posible, reconstruir el vector $F(v)$ a partir de la acción de la inversa de la función

$$\varphi_{\mathcal{B}'} : W \to \mathbb{K}^{m \times 1}$$

esto es,

$$\varphi_{\mathcal{B}'}^{-1} : \mathbb{K}^{m \times 1} \to W .$$

8.6.2 Ejemplo

Consideremos los espacios vectoriales $V = \mathbb{R}_2[X]$ y $W = \mathbb{R}_1[X]$, y la función $F : V \to W$ dada por $F\left(a + b\ X + cX^2\right) = (a - b + c) + (2a + 3b - c)X$. Sean las bases ordenadas $\mathcal{B} = \left\{1, X, X^2\right\}$ y $\mathcal{B}' = \left\{1 + X, 1 - X\right\}$ de V y W respectivamente.

Calcular:

1) La matriz $A = M_{\mathcal{B}'}^{\mathcal{B}}(F)$.

2) $F\left(5 - 2X + 3X^2\right)$

Solución:

1) $A^1 = \left[F(1)\right]_{\mathcal{B}'} = \left[1 + 2X\right]_{\mathcal{B}'}$

$$1 + 2X = \alpha(1 + X) + \beta(1 - X) = (\alpha + \beta) + (\alpha - \beta)X \implies \begin{cases} \alpha + \beta = 1 \\ \alpha - \beta = 2 \end{cases}$$

Luego

$$\alpha = \frac{3}{2} \ ; \ \beta = -\frac{1}{2} \implies A^1 = \begin{bmatrix} \frac{3}{2} \\ -\frac{1}{2} \end{bmatrix}$$

En forma similar calculamos

$$A^2 = \left[F(X)\right]_{\mathcal{B}'} = \left[-1\ \ +3X\right]_{\mathcal{B}'}$$

$$-1 + 3X = \alpha(1 + X) + \beta(1 - X) = (\alpha + \beta) + (\alpha - \beta)X \implies \begin{cases} \alpha + \beta = -1 \\ \alpha - \beta = 3 \end{cases}$$

Luego

$$\alpha = 1 \;\; ; \;\; \beta = -2 \;\; \Rightarrow \;\; A^2 = \begin{bmatrix} 1 \\ -2 \end{bmatrix}$$

Finalmente

$$A^3 = \left[F(X^2) \right]_{\mathcal{B}'} = \left[1 - X \right]_{\mathcal{B}'}$$

$$1 - X = \alpha(1+X) + \beta(1-X) = (\alpha+\beta) + (\alpha-\beta)X \;\; \Rightarrow \begin{cases} \alpha+\beta = 1 \\ \alpha-\beta = -1 \end{cases}$$

Luego

$$\alpha = 0 \;\; ; \;\; \beta = 1 \;\; \Rightarrow \;\; A^3 = \begin{bmatrix} 0 \\ 1 \end{bmatrix}$$

$$A = M_{\mathcal{B}'}^{\mathcal{B}}(F) = \begin{bmatrix} \frac{3}{2} & 1 & 0 \\ -\frac{1}{2} & -2 & 1 \end{bmatrix}$$

Camino directo:

$$F\left(5 - 2X + 3X^2\right) = (5+2+3) + (1 - 6 - 3)X = 1 - 0X$$

Usando la matriz de la función:

$$\left[5 - 2X + 3X^2 \right]_{\mathcal{B}} = \begin{bmatrix} 5 \\ -2 \\ 3 \end{bmatrix}$$

$$\left[F(5 - 2X + 3X^2) \right]_{\mathcal{B}'} = \begin{bmatrix} \frac{3}{2} & 1 & 0 \\ -\frac{1}{2} & -2 & 1 \end{bmatrix} \begin{bmatrix} 5 \\ -2 \\ 3 \end{bmatrix} = \begin{bmatrix} \frac{11}{2} \\ \frac{9}{2} \end{bmatrix}$$

Luego:

$$F(5-2X+3X^2)=\frac{11}{2}(1+X)+\frac{9}{2}(1-X)=10+X$$

Un hecho a destacarse es que, por la forma en que está definida, la matriz de una función lineal, depende de las bases elegidas.

En el ejemplo anterior, si se elige $\mathcal{B}''=\{1,X\}$ como base ordenada de W, sin cambiar la base de V, se tendrá

$$M_{\mathcal{B}''}^{\mathcal{B}}(F)=\begin{bmatrix} 1 & -1 & 1 \\ 2 & 3 & -1 \end{bmatrix}$$

Como se puede apreciar, una misma función lineal es representada por distintas matrices respecto de pares de bases distintas.

8.6.3. Cambio de Base

Nos preguntamos si habrá alguna expresión que vincule las matrices de una misma función lineal cuando se cambian las bases.

Para responder al interrogante, consideremos una función lineal $F:V\to W$

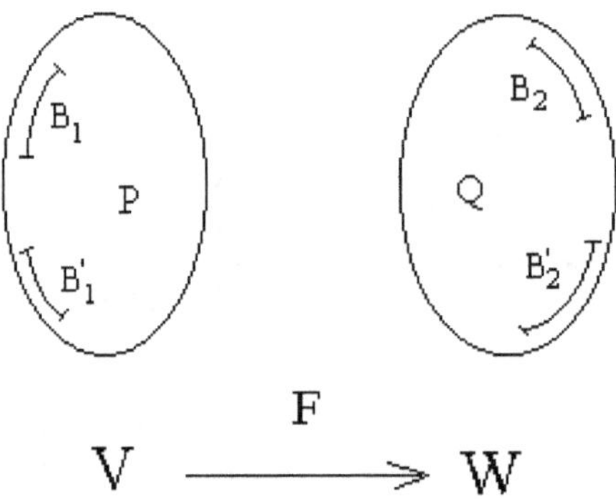

La matriz de F respecto de las bases $\mathcal{B}_1$ en V y $\mathcal{B}_2$ en W, es

$$M_{\mathcal{B}_2}^{\mathcal{B}_1}(F)$$

Si en V, se cambia la base $\mathcal{B}_1$ por $\mathcal{B}_1'$, donde P es la matriz de cambio de base entre ellas, y en W se sustituye $\mathcal{B}_2$ por $\mathcal{B}_2'$, siendo Q la matriz de cambio de base, en este caso, la matriz de F respecto de las nuevas bases $\mathcal{B}_1'$ en V y $\mathcal{B}_2'$ en W, es

$$M_{\mathcal{B}_2'}^{\mathcal{B}_1'}(F)$$

Estas matrices cumplen respectivamente con las expresiones

$$M_{B_2}^{B_1}(F).[v]_{B_1} = [F(v)]_{B_2} \qquad [\text{I}]$$

$$M_{B_2'}^{B_1'}(F).[v]_{B_1'} = [F(v)]_{B_2'} \qquad [\text{II}]$$

Además recordamos que las matrices de coordenadas de un vector $v \in V$, respecto de las bases tomadas en V, están vinculadas por

$$[v]_{\mathcal{B}_1} = P[v]_{\mathcal{B}_1'} \qquad [\text{III}]$$

De manera similar, las matrices de coordenadas de un vector $F(v) \in W$, respecto de las bases $\mathcal{B}_2$ y $\mathcal{B}_2'$ de W, están relacionadas por la fórmula

$$[F(v)]_{B_2} = Q.[F(v)]_{B_2'} \qquad [\text{IV}]$$

Reemplazando en [I] las expresiones [III] y [IV], se tiene

$$M_{\mathcal{B}_2}^{\mathcal{B}_1}(F)P[v]_{\mathcal{B}_1'} = Q[F(v)]_{\mathcal{B}_2'}$$

de donde

$$[F(v)]_{\mathcal{B}_2'} = \left(Q^{-1}M_{\mathcal{B}_2}^{\mathcal{B}_1}(F)P\right)[v]_{\mathcal{B}_1'}$$

comparando [V] con [II] y teniendo en cuenta la unicidad de la matriz de una función

$$M_{\mathcal{B}_2'}^{\mathcal{B}_1'}(F) = Q^{-1} M_{\mathcal{B}_2}^{\mathcal{B}_1}(F) P \qquad \text{[VI]}$$

Si el cambio de bases ha tenido lugar sólo en el espacio vectorial V, (de partida), esto corresponde al caso en que $\mathcal{B}_2 = \mathcal{B}_2'$, lo cual implica $Q = I$, motivo por el cual la fórmula (VI), toma el aspecto más simple

$$M_{\mathcal{B}_2}^{\mathcal{B}_1'}(F) = M_{\mathcal{B}_2}^{\mathcal{B}_1}(F) P \qquad \text{[VII]}$$

Si el cambio de bases sólo se realizó en el espacio vectorial de llegada W, entonces $\mathcal{B}_1 = \mathcal{B}_1'$, y por lo tanto $P = I$, de donde

$$M_{\mathcal{B}_2'}^{\mathcal{B}_1}(F) = Q^{-1} M_{\mathcal{B}_2}^{\mathcal{B}_1}(F) \qquad \text{[VIII]}$$

Finalmente, si F es un ***operador lineal***, (VI) admite otra simplificación, a condición de considerar que, la base tomada en V, como espacio vectorial de partida, es la misma que se fija en V como espacio vectorial de llegada. En la situación general de la expresión (VI), esto equivale a $\mathcal{B}_1 = \mathcal{B}_2$ y $\mathcal{B}_1' = \mathcal{B}_2'$; luego las matrices de cambio de base P y Q son iguales, lo que lleva a

$$M_{\mathcal{B}_1'}(F) = P^{-1} M_{\mathcal{B}_1}(F) P \qquad \text{[IX]}$$

8.6.4. Ejemplo

Consideremos los espacios vectoriales $V = \mathbb{R}_2[X]$ y $W = \mathbb{R}_1[X]$, la función $F : V \to W$ dada por $F\left(a + b\,X + cX^2\right) = (a - b + c) + (2a + 3b - c)X$, y las bases $\mathcal{B}_1 = \left\{1, X, X^2\right\}$ y $\mathcal{B}_2 = \left\{1, X\right\}$ de V y W respectivamente. Se pide:

a)   Calcular la matriz de F con respecto a estas bases.

b) Calcular la matriz de F cuando en V se cambia la base $\mathcal{B}_1$ por $\mathcal{B}_1' = \left\{ 1, 1+X, 1+X+X^2 \right\}$.

c) Calcular la matriz de F cuando se cambia en W la base $\mathcal{B}_2$ por $\mathcal{B}_2' = \left\{ 1, 1+X, \right\}$.

d) Calcular la matriz de F cuando se cambia en V la base $\mathcal{B}_1$ por $\mathcal{B}_1' = \left\{ 1, 1+X, 1+X+X^2 \right\}$ y W, la base $\mathcal{B}_2$ por $\mathcal{B}_2' = \left\{ 1, 1+X, \right\}$.

Solución:

a) Según el procedimiento ya explicado, resulta inmediato:

$$M_{\mathcal{B}_2}^{\mathcal{B}_1}(F) = \begin{bmatrix} 1 & -1 & 1 \\ 2 & 3 & -1 \end{bmatrix}$$

b) La matriz cambio de base de $\mathcal{B}_1$ a $\mathcal{B}_2$ es

$$P = \begin{bmatrix} 1 & 1 & 1 \\ 0 & 1 & 1 \\ 0 & 0 & 1 \end{bmatrix}$$

Luego:

$$M_{\mathcal{B}_2}^{\mathcal{B}_1'}(F) = M_{\mathcal{B}_2}^{\mathcal{B}_1}(F)P = \begin{bmatrix} 1 & -1 & 1 \\ 2 & 3 & -1 \end{bmatrix} \begin{bmatrix} 1 & 1 & 1 \\ 0 & 1 & 1 \\ 0 & 0 & 1 \end{bmatrix} = \begin{bmatrix} 1 & 0 & 1 \\ 2 & 5 & 4 \end{bmatrix}$$

c) La matriz Q de cambio de base de $\mathcal{B}_2$ a $\mathcal{B}_2'$ es

$$Q = \begin{bmatrix} 1 & 1 \\ 0 & 1 \end{bmatrix} \Rightarrow Q^{-1} = \begin{bmatrix} 1 & -1 \\ 0 & 1 \end{bmatrix}$$

Entonces

$$M_{\mathcal{B}_2'}^{\mathcal{B}}(F) = \begin{bmatrix} 1 & -1 \\ 0 & 1 \end{bmatrix}\begin{bmatrix} 1 & -1 & 1 \\ 2 & 3 & -1 \end{bmatrix} = \begin{bmatrix} -1 & -4 & 2 \\ 2 & 3 & -1 \end{bmatrix}$$

d)   Ahora se tiene:

$$M_{\mathcal{B}_2'}^{\mathcal{B}'}(F) = \begin{bmatrix} 1 & -1 \\ 0 & 1 \end{bmatrix}\begin{bmatrix} 1 & -1 & 1 \\ 2 & 3 & -1 \end{bmatrix}\begin{bmatrix} 1 & 1 & 1 \\ 0 & 1 & 1 \\ 0 & 0 & 1 \end{bmatrix} = \begin{bmatrix} -1 & -5 & -3 \\ 2 & 5 & 4 \end{bmatrix}$$

8.6.5. Matriz de la suma de dos funciones lineales

Consideremos ahora los espacios vectoriales V y W sobre el cuerpo $\mathbb{K}$ y sean

$\mathcal{B} = \{v_1,...,v_n\}$ y $\mathcal{B}' = \{w_1,...,w_m\}$ bases ordenadas de V y W respectivamente, y

además, $F, G, F+G \in L(V,W)$, cuyas matrices respecto de las bases indicadas son

$M_{\mathcal{B}'}^{\mathcal{B}}(F)$, $M_{\mathcal{B}'}^{\mathcal{B}}(G)$ y $M_{\mathcal{B}'}^{\mathcal{B}}(F+G)$ respectivamente.

En consecuencia

$$M_{\mathcal{B}'}^{\mathcal{B}}(F)[v]_{\mathcal{B}} = \left[F(v)\right]_{\mathcal{B}'} \qquad (1)$$
$$M_{\mathcal{B}'}^{\mathcal{B}}(G)[v]_{\mathcal{B}} = \left[G(v)\right]_{\mathcal{B}'} \qquad (2)$$
$$M_{\mathcal{B}'}^{\mathcal{B}}(F+G)[v]_{\mathcal{B}} = \left[(F+G)(v)\right]_{\mathcal{B}'} \qquad (3)$$

Si partimos de

$$(F+G)(v) = F(v)+G(v)$$

Tomando coordenadas respecto de la base $\mathcal{B}'$ se tiene:

$$\left[(F+G)(v)\right]_{\mathcal{B}'} = \left[F(v)+G(v)\right]_{\mathcal{B}'} = \left[F(v)\right]_{\mathcal{B}'} + \left[G(v)\right]_{\mathcal{B}'}$$

Y reemplazando en ésta las expresiones (1), (2) y (3) resulta:

$$M_{\mathcal{B}'}^{\mathcal{B}}(F+G)[v]_B = M_{\mathcal{B}'}^{\mathcal{B}}(F)[v]_B + M_{\mathcal{B}'}^{\mathcal{B}}(G)[v]_B = \left(M_{\mathcal{B}'}^{\mathcal{B}}(F) + M_{\mathcal{B}'}^{\mathcal{B}}(G)\right)[v]_B$$

Teniendo en cuenta la unicidad de la matriz de una función lineal, debe cumplirse:

$$\boxed{M_{\mathcal{B}'}^{\mathcal{B}}(F+G) = M_{\mathcal{B}'}^{\mathcal{B}}(F) + M_{\mathcal{B}'}^{\mathcal{B}}(G)} \tag{4}$$

8.6.6. Matriz del producto de un escalar por una función lineal.

Sean V y W espacios vectoriales sobre el cuerpo $\mathbb{K}$. Sean $\mathcal{B} = \{v_1,...,v_n\}$ y

$\mathcal{B}' = \{w_1,...,w_m\}$ bases ordenadas de V y W respectivamente y $F, \alpha F \in L(V,W)$,

($\alpha \in \mathbb{K}$), donde, $M_{\mathcal{B}'}^{\mathcal{B}}(F)$ y $M_{\mathcal{B}'}^{\mathcal{B}}(\alpha F)$ son respectivamente sus matrices en las bases

indicadas.

Trabajando en forma similar al caso precedente:

$$(\alpha F)(v) = \alpha F(v)$$

Lo que implica:

$$\left[(\alpha F)(v)\right]_{\mathcal{B}'} = \left[\alpha F(v)\right]_{\mathcal{B}'} = \alpha\left[F(v)\right]_{\mathcal{B}'} \tag{5}$$

Reemplazando (1) y $\left[(\alpha F)(v)\right]_{\mathcal{B}'} = M_{\mathcal{B}'}^{\mathcal{B}}(\alpha F)[v]_{\mathcal{B}}$ en (5)

Se tiene

$$M_{\mathcal{B}'}^{\mathcal{B}}(\alpha F)[v]_B = \left(M_{\mathcal{B}'}^{\mathcal{B}}(F)\right)[v]_B$$

Por unicidad de la matriz de αF

$$\boxed{M_{\mathcal{B}'}^{\mathcal{B}}(\alpha F) = \alpha\, M_{\mathcal{B}'}^{\mathcal{B}}(F)}$$

8.6.7. Matriz de la composición de dos funciones lineales

Sean ahora U, V y W espacios vectoriales de dimensión finita sobre $\mathbb{K}$; $\mathcal{B}, \mathcal{B}'$ y $\mathcal{B}''$ bases ordenadas de U, V y W respectivamente. Sean $F \in L(U,V)$, $G \in L(V,W)$ y $GF \in L(U,W)$ y $M_{\mathcal{B}'}^{\mathcal{B}}(F)$, $M_{\mathcal{B}''}^{\mathcal{B}'}(G)$ y $M_{\mathcal{B}''}^{\mathcal{B}}(GF)$, sus respectivas matrices de manera tal que:

$$M_{\mathcal{B}'}^{\mathcal{B}}(F)[u]_{\mathcal{B}} = \left[F(u)\right]_{\mathcal{B}'} \tag{7}$$

$$M_{\mathcal{B}''}^{\mathcal{B}'}(G)\left[F(u)\right]_{\mathcal{B}'} = \left[G(F(u))\right]_{\mathcal{B}''} \tag{8}$$

$$M_{\mathcal{B}''}^{\mathcal{B}}(GF)[u]_{B} = \left[(GF)(u)\right]_{\mathcal{B}''} \tag{9}$$

Por definición de composición de funciones

$$(GF)(u) = G(F(u))$$

Y tomando coordenadas en la base $\mathcal{B}''$

$$\left[(GF)(u)\right]_{\mathcal{B}''} = \left[G(F(u))\right]_{\mathcal{B}''} \tag{10}$$

Reemplazando (8) y (9) en (10)

$$M_{\mathcal{B}''}^{\mathcal{B}}(GF)[u]_{B} = \left[(GF)(u)\right]_{\mathcal{B}''} = \left[G(F(u))\right]_{\mathcal{B}''} = M_{\mathcal{B}''}^{\mathcal{B}'}(G)\left[F(u)\right]_{\mathcal{B}'}$$

Finalmente considerando (7) y la propiedad de unicidad de la matriz de una función

$$M_{\mathcal{B}''}^{\mathcal{B}}(GF)[u]_{\mathcal{B}''} = M_{\mathcal{B}''}^{\mathcal{B}'}(G)\left[F(u)\right]_{\mathcal{B}'} = \left(M_{\mathcal{B}''}^{\mathcal{B}'}(G)M_{\mathcal{B}'}^{\mathcal{B}}(F)\right)[u]_{B}$$

Es decir

$$\boxed{M_{\mathcal{B}''}^{\mathcal{B}}(GF)=M_{\mathcal{B}''}^{\mathcal{B}'}(G)M_{\mathcal{B}'}^{\mathcal{B}}(F)}\qquad(11)$$

8.6.8. Ejemplo

Sean los espacios vectoriales $U=\mathbb{R}^2$, $V=\mathbb{R}^3$ y $W=\mathbb{R}_2[X]$ con sus respectivas bases

$\mathcal{B}_1=\{(1,0),(0,1)\}$, $\mathcal{B}_2=\{(1,0,0),(0,1,0),(0,0,1)\}$ y $\mathcal{B}_3=\{1,X,X^2\}$ y las funciones

lineales $F,T:U\to V$ y $G:V\to W$ dadas por las fórmulas $F(x,y)=(x+y,x-y,y)$,

$T(x,y)=(2x+3y,4x-y,x+y)$ y $G(a,b,c)=a+(a+b)X+(a+b+c)X^2$.

Se pide:

a) Calcular las matrices $M_{\mathcal{B}_2}^{\mathcal{B}_1}(F)$, $M_{\mathcal{B}_2}^{\mathcal{B}_1}(T)$, $M_{\mathcal{B}_3}^{\mathcal{B}_2}(G)$, $M_{\mathcal{B}_3}^{\mathcal{B}_1}(GF)$.

b) Calcular las matrices $M_{\mathcal{B}_2}^{\mathcal{B}_1}(F+T)$ y $M_{\mathcal{B}_2}^{\mathcal{B}_1}(5F)$.

c) Verificar que $M_{\mathcal{B}_3}^{\mathcal{B}_1}(GF)=M_{\mathcal{B}_3}^{\mathcal{B}_2}(G)M_{\mathcal{B}_2}^{\mathcal{B}_1}(F)$.

Solución:

a) $M_{\mathcal{B}_2}^{\mathcal{B}_1}(F)=\begin{bmatrix}1 & 1\\ 1 & -1\\ 0 & 1\end{bmatrix}$, $M_{\mathcal{B}_2}^{\mathcal{B}_1}(T)=\begin{bmatrix}2 & 3\\ 4 & -1\\ 1 & 1\end{bmatrix}$, $M_{\mathcal{B}_3}^{\mathcal{B}_2}(G)=\begin{bmatrix}1 & 0 & 0\\ 1 & 1 & 0\\ 1 & 1 & 1\end{bmatrix}$

$$(GF)(a,b)=G(F(a,b))=G(a+b,a-b,b)=(a+b)+(2a)X+(2a+b)X^2$$

Luego

$$M_{\mathcal{B}_3}^{\mathcal{B}_1}(GF)=\begin{bmatrix}1 & 1\\ 2 & 0\\ 2 & 1\end{bmatrix}$$

b) $\quad M^{\mathcal{B}_1}_{\mathcal{B}_2}\left(F+T\right)=\begin{bmatrix}1 & 1\\ 1 & -1\\ 0 & 1\end{bmatrix}+\begin{bmatrix}2 & 3\\ 4 & -1\\ 1 & 1\end{bmatrix}=\begin{bmatrix}3 & 4\\ 5 & -2\\ 1 & 2\end{bmatrix}$ y

$$M^{\mathcal{B}_1}_{\mathcal{B}_2}\left(5F\right)=5\begin{bmatrix}1 & 1\\ 1 & -1\\ 0 & 1\end{bmatrix}=\begin{bmatrix}5 & 5\\ 5 & -5\\ 0 & 5\end{bmatrix}$$

c) $\quad M^{\mathcal{B}_1}_{\mathcal{B}_3}\left(GF\right)=M^{\mathcal{B}_2}_{\mathcal{B}_3}\left(G\right)M^{\mathcal{B}_1}_{\mathcal{B}_2}\left(F\right)=\begin{bmatrix}1 & 0 & 0\\ 1 & 1 & 0\\ 1 & 1 & 1\end{bmatrix}\begin{bmatrix}1 & 1\\ 1 & -1\\ 0 & 1\end{bmatrix}=\begin{bmatrix}1 & 1\\ 2 & 0\\ 2 & 1\end{bmatrix}$

8.6.9. Aplicación lineal asociada a una Matriz

Se ha visto que si V y W son espacios vectoriales sobre $\mathbb{K}$, de dimensiones n y m respectivamente, dada un función lineal $F:V\to W$, si se fijan bases ordenadas $\mathcal{B}$ y $\mathcal{B}'$ en V y W respectivamente, entonces existe una matriz $A\in\mathbb{K}^{m\times n}$ tal que

$$A[v]_{\mathcal{B}}=\left[F\left(v\right)\right]_{\mathcal{B}'}$$

Pondremos ahora en evidencia que recíprocamente, en las condiciones indicadas, dada una matriz $A\in\mathbb{K}^{m\times n}$, existe una función $F\in L\left(V,W\right)$ tal que $\left[F\left(v\right)\right]_{\mathcal{B}'}=A[v]_{\mathcal{B}}$.

En efecto, dada una $A\in\mathbb{K}^{m\times n}$, ésta define la función lineal $L_A:\mathbb{K}^{n\times 1}\to\mathbb{K}^{m\times 1}$, (ver Ejemplo 8.1.2.iv), dada por

$$L_A\left(X\right)=AX \tag{1}$$

Por otra parte, fijar una base ordenada $\mathcal{B}=\left\{v_1,...,v_n\right\}$ en V, es equivalente a definir el isomorfismo $\varphi_{\mathcal{B}}:V\to\mathbb{K}^{n\times 1}$ dado por

$$\varphi_{\mathcal{B}}\left(v\right)=[v]_{\mathcal{B}} \tag{2}$$

Análogamente considerando una base ordenada $\mathcal{B}' = \{w_1, ..., w_m\}$ en W, se tiene

$\psi_{\mathcal{B}'} : W \to \mathbb{K}^{m\times 1}$ dado por $\psi_{\mathcal{B}'}(w) = [w]_{\mathcal{B}'}$.

Como $\psi_{\mathcal{B}'}$ es un isomorfismo y por lo tanto es inversible, tenemos $\psi_{\mathcal{B}'}^{-1} : \mathbb{K}^{m\times 1} \to W$ dado por

$$\psi_{\mathcal{B}'}^{-1}(X) = \sum_{j=1}^{m} x_j w_j \,, \tag{3}$$

donde $X = \begin{bmatrix} x_1 \\ \vdots \\ x_m \end{bmatrix}$.

En consecuencia, podemos considerar los cuatro espacios vectoriales vectoriales V, W, $\mathbb{K}^{n\times 1}$ y $\mathbb{K}^{m\times 1}$ vinculados por las funciones definidas en (1), (2) y (3) como puede apreciarse en la **Fig. 8.3**

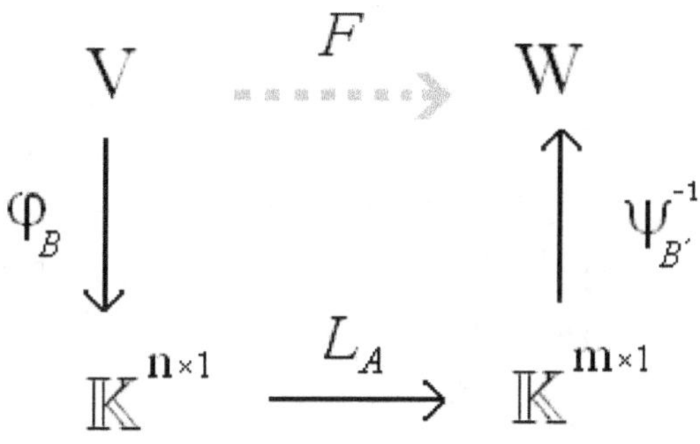

Fig. 8.3.

Y utilizar la composición de funciones para definir la siguiente aplicación:

$$F : V \to W$$

dada por

$$F(v) = \left(\psi_{\mathcal{B}'}^{-1} L_A \varphi_{\mathcal{B}}\right)(v)$$

Luego

$$F(v) = \left(\psi_{\mathcal{B}'}^{-1} L_A \varphi_B\right)(v) = \psi_{\mathcal{B}'}^{-1}\left(L_A\left(\varphi_{\mathcal{B}}(v)\right)\right) = \psi_{\mathcal{B}'}^{-1}\left(L_A\left([v]_{\mathcal{B}}\right)\right) = \psi_{\mathcal{B}'}^{-1}\left(A[v]_{\mathcal{B}}\right)$$

Aplicando, a continuación, $\psi_{\mathcal{B}'}$ en ambos miembros, se tiene

$$\psi_{\mathcal{B}'}\left(F(v)\right) = \psi_{\mathcal{B}'}\left(\psi_{\mathcal{B}'}^{-1}\left(A[v]_{\mathcal{B}}\right)\right) = \left(\psi_{\mathcal{B}'} \circ \psi_{\mathcal{B}'}^{-1}\right)\left(A[v]_{\mathcal{B}}\right) = A[v]_{\mathcal{B}}$$

Esto es,

$$\left[F(v)\right]_{\mathcal{B}'} = A[v]_{\mathcal{B}}$$

8.6.10. Isomorfismo entre los espacios vectoriales $L(V,W)$ y $\mathbb{K}^{m\times n}$

Teorema.

Sea $\mathbb{K}$ un cuerpo, $m, n \in \mathbb{Z}^+$, V y W espacios vectoriales sobre el cuerpo $\mathbb{K}$, de dimensiones n y m respectivamente. Para cada par de bases ordenadas $\mathcal{B} = \{v_1, ..., v_n\}$ y $\mathcal{B}' = \{w_1, ..., w_m\}$ de V y W respectivamente, la función $\Phi_{\mathcal{B},\mathcal{B}'} : \mathbb{K}^{m\times n} \to L(V,W)$ dada por

$$\Phi_{\mathcal{B},\mathcal{B}'}(A) = \psi_{\mathcal{B}'}^{-1} L_A \varphi_{\mathcal{B}}$$

es un isomorfismo entre los espacios vectoriales $\mathbb{K}^{m\times n}$ y $L(V,W)$, donde $\varphi_{\mathcal{B}}$ y $\psi_{\mathcal{B}'}$ son

los isomorfismos canónicos $\varphi_{\mathcal{B}}(v) = [v]_{\mathcal{B}}$ y $\psi_{\mathcal{B}'}(w) = [w]_{\mathcal{B}'}$.

Álgebra y Geometría

Demostración

Es necesario demostrar: a) Linealidad, b) Suryectividad y c) Inyectividad de la función.

a) Linealidad: Sean $A, B \in \mathbb{K}^{m \times n}$ y $k \in \mathbb{K}$, entonces

$$\Phi_{\mathcal{B},\mathcal{B}'}(kA+B) = \psi_{\mathcal{B}'}^{-1} L_{kA+B} \varphi_{\mathcal{B}} = \psi_{\mathcal{B}'}^{-1}(kL_A + L_B)\varphi_{\mathcal{B}}$$
$$= k\psi_{\mathcal{B}'}^{-1} L_A \varphi_{\mathcal{B}} + \psi_{\mathcal{B}'}^{-1} L_B \varphi_{\mathcal{B}} = k\Phi_{\mathcal{B},\mathcal{B}'}(A) + \Phi_{\mathcal{B},\mathcal{B}'}(B)$$

donde utilizamos $L_{kA+B} = kL_A + L_B$.

b) Suryectividad

Sea $F \in L(V,W)$, entonces, si $A = M_{\mathcal{B}'}^{\mathcal{B}}(F)$, es inmediato (por unicidad), que $\Phi_{\mathcal{B},\mathcal{B}'}(A) = F$.

c) Inyectividad

Podemos estudiar la inyectividad de $\Phi_{\mathcal{B},\mathcal{B}'}$ analizando el núcelo de esta función. Para ello

sea $A \in N_{\Phi_{\mathcal{B},\mathcal{B}'}}$, entonces $\Phi_{\mathcal{B},\mathcal{B}'}(A) = \psi_{\mathcal{B}'}^{-1} L_A \varphi_{\mathcal{B}} = 0$, de modo que, $L_A = 0$, y por lo tanto

$A = 0$, esto es, $N_{\Phi_{\mathcal{B},\mathcal{B}'}} = \{0\}$ y la función $\Phi_{\mathcal{B},\mathcal{B}'}$ es inyectiva.

Luego los espacios vectoriales $L(V,W)$ y $\mathbb{K}^{m \times n}$ son isomorfos.

Como consecuencia inmediata de este teorema y del estudiado en *8.4.15.*, se deduce que

$$\dim(L(V,W)) = \dim(\mathbb{K}^{m \times n}) = mn$$

También resulta simple su aplicación para cálculo de una base de $L(V,W)$.

Ejemplo

Dado el espacio vectorial $L(V,W)$, con $V = \mathbb{R}_2[X]$ y $W = \mathbb{R}^2$, se pide dar su dimensión y una base del mismo.

Solución

El espacio (vectorial) $L(V,W)$ es isomorfo a $\mathbb{R}^{2\times 3}$. Sea la base (ordenada)

$$\mathcal{B}_{\mathbb{R}^{2\times 3}} = \left\{ E^{11}, E^{12}, E^{13}, E^{21}, E^{22}, E^{23} \right\}$$

de $\mathbb{R}^{2\times 3}$, donde E^{ij} es la matriz que tiene un 1 en la fila i y columna j y ceros en las entradas restantes.

Considerando las bases $\mathcal{B} = \left\{1, X, X^2\right\}$ y $\mathcal{B}' = \left\{(1,0),(0,1)\right\}$ en V y W respectivamente,

$\left\{ \Phi_{\mathcal{B},\mathcal{B}'}\left(E^{11}\right), \Phi_{\mathcal{B},\mathcal{B}'}\left(E^{12}\right), \Phi_{\mathcal{B},\mathcal{B}'}\left(E^{13}\right), \Phi_{\mathcal{B},\mathcal{B}'}\left(E^{21}\right), \Phi_{\mathcal{B},\mathcal{B}'}\left(E^{22}\right), \Phi_{\mathcal{B},\mathcal{B}'}\left(E^{23}\right) \right\}$ es una base

de $L(V,W)$.

$$\left(\Phi_{\mathcal{B},\mathcal{B}'}\left(E^{11}\right)\right)\left(a+bX+cX^2\right) = \left(\psi_{\mathcal{B}'}^{-1} L_{E^{11}} \varphi_{\mathcal{B}}\right)\left(a+bX+cX^2\right) = \psi_{\mathcal{B}'}^{-1}\left(L_{E^{11}}\left(\varphi_{\mathcal{B}}\left(a+bX+cX^2\right)\right)\right)$$

$$= \psi_{\mathcal{B}'}^{-1}\left(E^{11}\begin{bmatrix} a \\ b \\ c \end{bmatrix}\right) = \psi_{\mathcal{B}'}^{-1}\begin{bmatrix} a \\ 0 \end{bmatrix} = a(1,0)+0(0,1) = (a,0)$$

esto es, $\left(\Phi_{\mathcal{B},\mathcal{B}'}\left(E^{11}\right)\right)\left(a+bX+cX^2\right) = (a,0)$. De manera similar, obtenemos

$$\left(\Phi_{\mathcal{B},\mathcal{B}'}\left(E^{12}\right)\right)\left(a+bX+cX^2\right) = (b,0)$$

$$\left(\Phi_{\mathcal{B},\mathcal{B}'}\left(E^{13}\right)\right)\left(a+bX+cX^2\right) = (c,0)$$

$$\left(\Phi_{\mathcal{B},\mathcal{B}'}\left(E^{21}\right)\right)\left(a+bX+cX^2\right) = (0,a)$$

$$\left(\Phi_{\mathcal{B},\mathcal{B}'}\left(E^{22}\right)\right)\left(a+bX+cX^2\right) = (0,b)$$

$$\left(\Phi_{\mathscr{B},\mathscr{B}'}\left(E^{23}\right)\right)\left(a+bX+cX^2\right)=\left(0,c\right).$$

Un caso particular resulta cuando se considera los espacios vectoriales $L\left(V\right)$ y $\mathbb{K}^{n\times n}$. Como cuestión práctica y de notación hacemos notar que, siendo V el espacio vectorial tanto de partida como de llegada, es lo usual utilizar la misma base $\mathscr{B}$, por lo que la matriz de un operador lineal F, se denota $M_{\mathscr{B}}\left(F\right)$, y el isomorfismo $\Phi_{\mathscr{B}}:\mathbb{K}^{n\times n}\to L\left(V\right)$ que los vincula es denotado $\Phi_{\mathscr{B}}\left(A\right)=\varphi_{\mathscr{B}}^{-1}L_{A}\varphi_{\mathscr{B}}$, lo cual es sólo una formalidad.

Debe observarse que en $\mathbb{K}^{n\times n}$, la multiplicación es una operación interna y, como se vió en su momento (1.9.15), tiene las propiedades de asociatividad, distributividad a izquierda y a derecha sobre la suma y homogeneidad.

Este conjunto con las dos operaciones internas y la operación externa que conocemos que cumplen con los axiomas estudiados, constituye una estructura algebraica denominada **Álgebra Lineal**.

Ocurre que en el espacio vectorial $L\left(V\right)$, la composición de operadores lineales es también una operación interna y como se demostró en 8.4.4., cumple con las propiedades de asociatividad, distributividad y homogeneidad. Por este hecho $L\left(V\right)$ es también un **Álgebra Lineal**.

8.6.11. Teorema.

Sea V es un espacio vectorial de dimensión n sobre el cuerpo $\mathbb{K}$. Entonces las álgebras lineales $L\left(V\right)$ y $\mathbb{K}^{n\times n}$ son isomorfas.

Para demostrar esta afirmación nos fundamentamos en el teorema anterior (*8.6.10.*), siendo necesario solamente demostrar que el isomorfismo que vincula los espacios vectoriales $L\left(V\right)$ y $\mathbb{K}^{n\times n}$ también preserva las segundas operaciones internas (multiplicación y composición) definidas en estos conjuntos.

En efecto, usando la expresión (11) de 8.6.7

$$\Phi_{\mathscr{B}}\left(AB\right)=\varphi_{\mathscr{B}}^{-1}L_{AB}\varphi_{\mathscr{B}}\doteq\varphi_{\mathscr{B}}^{-1}L_{A}L_{B}\varphi_{\mathscr{B}}=\left(\varphi_{\mathscr{B}}^{-1}L_{A}\varphi_{\mathscr{B}}\right)\left(\varphi_{\mathscr{B}}^{-1}L_{B}\varphi_{\mathscr{B}}\right)=\Phi_{\mathscr{B}}\left(A\right)\Phi_{\mathscr{B}}\left(B\right)$$

Una consecuencia inmediata es, que un operador lineal es inversible, si y sólo si, es inversible su matriz en cualquier base. Además, si $M_{\mathcal{B}}(F) = A$, entonces $M_{\mathcal{B}}(F^{-1}) = A^{-1}$, (ejercicio), lo que facilita el trabajo con operadores lineales.

8.6.12. Ejemplo

Sea el operador lineal $F : \mathbb{R}_2[X] \to \mathbb{R}_2[X]$ dado por

$$F\left(a + b\,X + cX^2\right) = \left(3a - 2b + 2c\right) + \left(-a + b - c\right)X + \left(-3a + 2b - 3c\right)X^2$$

Analizar si F es inversible y en caso afirmativo obtener F^{-1}.

Solución

Calculamos la matriz de F respecto de la base ordenada $\mathcal{B} = \left\{1, X, X^2\right\}$:

$$M_{\mathcal{B}}(F) = A = \begin{bmatrix} 3 & -2 & 2 \\ -1 & 1 & -1 \\ -3 & 2 & -3 \end{bmatrix}$$

de donde

$$A^{-1} = \begin{bmatrix} 1 & 2 & 0 \\ 0 & 3 & -1 \\ -1 & 0 & -1 \end{bmatrix}$$

Por ser A, también lo es F y

$$M_{\mathcal{B}}\left(F^{-1}\right) = A^{-1} = \begin{bmatrix} 1 & 2 & 0 \\ 0 & 3 & -1 \\ -1 & 0 & -1 \end{bmatrix}$$

Por lo tanto:

$$\left[F^{-1}(1)\right]_{\mathcal{B}} = \begin{bmatrix} 1 \\ 0 \\ -1 \end{bmatrix}, \quad \left[F^{-1}(X)\right]_{\mathcal{B}} = \begin{bmatrix} 2 \\ 3 \\ 0 \end{bmatrix}, \quad \left[F^{-1}\left(X^2\right)\right]_{\mathcal{B}} = \begin{bmatrix} 0 \\ -1 \\ -1 \end{bmatrix}$$

Luego:

$$\left[F^{-1}\left(a+bX+cX^2\right)\right]_{\mathcal{B}} = a\left[F^{-1}(1)\right]_{\mathcal{B}} + b\left[F^{-1}(X)\right]_{\mathcal{B}} + c\left[F^{-1}\left(X^2\right)\right]_{\mathcal{B}}$$

$$= a\begin{bmatrix} 1 \\ 0 \\ -1 \end{bmatrix} + b\begin{bmatrix} 2 \\ 3 \\ 0 \end{bmatrix} + c\begin{bmatrix} 0 \\ -1 \\ -1 \end{bmatrix} = \begin{bmatrix} a+2b \\ 3b-c \\ -a-c \end{bmatrix}$$

por lo tanto,

$$F^{-1}\left(a+b\,X+cX^2\right) = (a+2b)+(3b-c)X-(a+c)X^2$$

Problema 1

a)   Sea $F:\mathbb{R}^3 \to \mathbb{R}^2$ una función lineal. Sabiendo que $F(1,1,3)=(1,2)$ y $F(2,3,5)=(3,-1)$ Calcular las imágenes de los siguientes vectores: $2(1,1,3)$, $4(1,1,3)+7(2,3,5)$, $(-2,-3,-5)$ y $(0,0,0)$.

b)   Sea $F:\mathbb{R}^{2\times1} \to \mathbb{R}^{3\times1}$ una función lineal tal que:

$$F\left(\begin{bmatrix} 1 \\ 0 \end{bmatrix}\right) = \begin{bmatrix} 2 \\ 1 \\ 3 \end{bmatrix} \quad \text{y} \quad F\left(\begin{bmatrix} 0 \\ 1 \end{bmatrix}\right) = \begin{bmatrix} 3 \\ -2 \\ 1 \end{bmatrix}$$

    Calcular $F\left(\begin{bmatrix} 1 \\ 1 \end{bmatrix}\right)$, $F\left(\begin{bmatrix} 3 \\ 2 \end{bmatrix}\right)$ y $F\left(\begin{bmatrix} x_1 \\ x_2 \end{bmatrix}\right)$.

c)   Sea $F:\mathscr{P}_2(\mathbb{R}) \to \mathscr{P}_2(\mathbb{R})$ el operador lineal tal que

$$F(1)=1+X, \quad F(X)=X+X^2 \quad \text{y} \quad F(X^2)=1$$

Calcular $F(5+2X-3X^2)$ y $F(a_0+a_1X+a_2X^2)$

d) Sea $F:\mathbb{R}^2 \to \mathbb{R}^2$ una función lineal definida por $F(1,3)=(2,3)$ y $F(2,1)=(-1,5)$. Calcular $F(4,6)$ y $F(x,y)$.

e) Sea $F:\mathbb{R}^2 \to \mathbb{R}^2$ una función tal que $F(1,0)=(2,5)$, $F(0,1)=(-1,3)$ y $F(1,1)=(3,8)$. ¿Es F una función lineal? Justificar la respuesta.

Problema 2

Determinar en cada uno de los casos siguientes, si F es función lineal.

a) $F:\mathbb{R}^2 \to \mathbb{R}^2$ dada por $F(x,y)=(x,0$

b) $F:\mathbb{R}^2 \to \mathbb{R}^2$ dada por $F(x,y)=(x,3)$

c) $F:\mathbb{R}^3 \to \mathbb{R}^3$ dada por $F(x,y,z)=(x,3y,2z)$

d) $F:\mathbb{R}^3 \to \mathbb{R}$ dada por $F(x,y,z)=8$

e) $F:\mathbb{R}^{2\times 2} \to \mathbb{R}$ dada por $F\left(\begin{pmatrix} a_{11} & a_{12} \\ a_{21} & a_{22} \end{pmatrix}\right)=a_{11}+a_{22}$

f) $F:\mathbb{R}^{2\times 2} \to \mathbb{R}$ dada por $F\left(\begin{pmatrix} a_{11} & a_{12} \\ a_{21} & a_{22} \end{pmatrix}\right)=a_{11}a_{22}-a_{12}a_{21}$

g) $F:\mathcal{P}_2(\mathbb{R}) \to \mathcal{P}_3(\mathbb{R})$ dada por $F(p)=pX$

Problema 3

¿Cuáles de los siguientes operadores T de $\mathbb{R}^2$ en $\mathbb{R}^2$ son lineales?

a) $T(x_1,x_2)=(1+x_1,x_2)$

b) $T(x_1,x_2)=(x_2,x_1)$

c) $T(x_1,x_2)=(x_1^2,x_2)$

$$d) \quad T(x_1, x_2) = (\sin(x_1), x_2)$$

$$e) \quad T(x_1, x_2) = (x_1 - x_2, 0)$$

Problema 4

Sea $V = \mathscr{P}_n(\mathbb{R})$ y $D: V \to V$ la función derivación. Demostrar que D es una función lineal. Hallar el núcleo y la imagen de D.

Problema 5

Sea $T: \mathbb{R}^3 \to \mathbb{R}^3$ dada por

$$T(x_1, x_2, x_3) = (x_1 - x_2 + 2x_3, 2x_1 + x_2, -x_1 - 2x_2 + 2x_3).$$

$a)$ Comprobar que T es una función lineal.

$b)$ Si (a, b, c) es un vector de $\mathbb{R}^3$, ¿cuáles son las condiciones para a, b, c de modo que (a, b, c) pertenezca a la imagen de T?

$c)$ ¿Cuáles son las condiciones para a, b, c de modo que (a, b, c) pertenezca al núcleo de T.

Problema 6

Describir explícitamente una función lineal de $\mathbb{R}^3$ en $\mathbb{R}^3$ que tenga como imagen el subespacio generado por $(1, 0, -1)$ y $(1, 2, 2)$.

Problema 7

Sea $V = \mathbb{R}^{n \times n}$ y sea B una matriz $n \times n$ dada. Si $T(A) = AB - BA$, verificar que T es una función lineal de V en V.

Problema 8

En cada uno de los siguientes casos, determinar cuáles de los vectores dados pertenecen al núcleo y cuáles a la imagen de la función lineal dada.

$a)$ $F: \mathbb{R}^2 \to \mathbb{R}^3$, $\quad F(x, y) = (2x - y, -8x + 4y, 0)$, $\quad u = (5, 10)$, $w = (1, 1)$, $v = (1, -4, 0)$, $z = (0, 0, 1)$.

b) $\quad F_A : \mathbb{R}^{3\times1} \to \mathbb{R}^{3\times1}, \ F_A(X) = AX$, donde

$$A = \begin{bmatrix} 1 & 1 & 2 \\ 0 & 1 & -1 \\ 1 & 1 & 2 \end{bmatrix}$$

$$u = \begin{bmatrix} 1 \\ 3 \\ 1 \end{bmatrix}, \ v = \begin{bmatrix} 1 \\ 0 \\ 0 \end{bmatrix}, \ w = \begin{bmatrix} 0 \\ 0 \\ 0 \end{bmatrix}$$

c) $\quad F : \mathscr{P}_2(\mathbb{R}) \to \mathscr{P}_3(\mathbb{R}), \quad F(p) = pX, \quad p_1 = X + X^2, \quad p_2 = 1 + X,$
$p_3 = 2X + X^2 - 3X^3, \quad p_4 = 0$.

Problema 9

Determinar el rango de las siguientes funciones lineales:

i) $\quad F : \mathbb{R}^3 \to \mathbb{R}^4$ y $\dim(N_F) = 0$

ii) $\quad F : \mathbb{R}^{2\times2} \to \mathbb{R}^{2\times2}$ y $\dim(N_F) = 2$

Problema 10

Determinar la nulidad de las siguientes funciones lineales:

iii) $\quad F : \mathbb{R}^5 \to \mathbb{R}^7$ y $\text{rango}(F) = 3$

iv) $\quad F : \mathscr{P}_2(\mathbb{R}) \to \mathscr{P}_3(\mathbb{R})$ y $\text{rango}(F) = 1$

Problema 11

En cada uno de los casos siguientes, se pide:

- Caracterizar la imagen y el núcleo de la función.

- Si es posible, dar bases para la imagen y el núcleo.

- Determinar el rango y la nulidad de la función.

a) $\qquad F:\mathbb{R}^2 \to \mathbb{R}^2,\ \ F(x,y)=(x+y,0)$.

b) $\qquad F:\mathbb{R}^2 \to \mathbb{R}^3$ tal que $F(1,0)=(1,0,0)$ y $F(0,1)=(1,0,1)$.

c) $\qquad F:\mathbb{R}^3 \to \mathbb{R}^3,\ \ F(x,y,z)=(x-y,x+y+z,2y+z)$

d) $\qquad F_A:\mathbb{R}^{2\times1} \to \mathbb{R}^{2\times1},\ \ F_A(X)=AX$, donde

$$A=\begin{bmatrix} 1 & -3 \\ 2 & -6 \end{bmatrix}$$

e) $\qquad F_A:\mathbb{R}^{3\times1} \to \mathbb{R}^{3\times1},\ \ F_A(X)=AX$, donde

$$A=\begin{bmatrix} 1 & 2 & -1 \\ 2 & 4 & 6 \\ 0 & 0 & -8 \end{bmatrix}$$

f) $\qquad F:\mathbb{R}^{2\times2} \to \mathbb{R}^{2\times2},\ \ F(A)=\begin{bmatrix} 1 & -1 \\ 2 & -2 \end{bmatrix}A$

g) $\qquad F:\mathscr{P}_2(\mathbb{R}) \to \mathscr{P}_2(\mathbb{R}),\ \ F(a_0+a_1X+a_2X^2)=a_0X^2$

Problema 12

Sean las funciones lineales $F,T:\mathbb{R}^2 \to \mathbb{R}^2$ dadas por $F(x,y)=(x,0)$ y $T(x,y)=(y,x)$. Calcular las funciones lineales que se indican a continuación.

d) $\quad F+T$

e) $\quad 5T$

f) $\quad 2F-5T$

g) $\quad TF$

h) $\quad FT$

i) $\quad T^2$

j) $\quad T^5$

Problema 13

Sea V un espacio vectorial de dimensión n sobre el cuerpo $\mathbb{K}$ y sea $T \in L(V)$ tal que $I_T = N_T$. Demostrar que n es par. (¿Puede dar un ejemplo de tal función lineal T?).

Problema 14

Sean T y F operadores lineales en $\mathbb{R}^2$ definidos por

$$T(x_1, x_2) = (x_2, x_1) \quad \text{y} \quad F(x_1, x_2) = (x_1, 0 \ .$$

  a) Hallar las transformaciones $F + T$, FT, TF, T^2, F^2

  b) Obtener las transformaciones $p(T)$, $p(F)$ y $p(T)q(F)$, donde $p = 2 + X^2$ y $q = 3 - X + 2X^3$.

Problema 15

Sea $T \in L(\mathbb{R}^3)$ dado por

$$T(x_1, x_2, x_3) = (3x_1, x_1 - x_2, 2x_1 + x_2 + x_3)$$

¿Es T inversible? En caso afirmativo hallar T^{-1}.

Problema 16

Sea $V = \mathscr{P}_3(\mathbb{R})$. Hallar la matriz de D en la base ordenada $B = (1, X, X^2, X^3)$.

Problema 17

Sea $T \in L(\mathbb{R}^3, \mathbb{R}^2)$ definida por $T(x_1, x_2, x_3) = (x_1 + x_2, 2x_3 - x_1)$.

  a) Si B es la base ordenada canónica de $\mathbb{R}^3$ y B' es la base ordenada canónica de $\mathbb{R}^2$, ¿cuál es la matriz de T respecto al par B, B'?

  b) Si $B = \{v_1, v_2, v_3\}$ y $B' = \{w_1, w_2\}$, donde $v_1 = (1, 0, -1)$, $v_2 = (1, 1, 1)$, $v_3 = (1, 0, 0)$, $w_1 = (0, 1)$, $w_2 = (1, 0)$, ¿cuál es la matriz de T respecto al par B, B'?

Problema 18

Sea V un espacio vectorial de dimensión 2 sobre el cuerpo $\mathbb{K}$ y sea B una base ordenada de V. Si T es un operador lineal en V y

$$M_B(T) = \begin{bmatrix} a & b \\ c & d \end{bmatrix}$$

demostrar que $T^2 - (a+d)T + (ad-bc)I = 0$.

Problema 19

Sea $T \in L(\mathbb{R}^3)$ cuya matriz en la base canónica es

$$\begin{bmatrix} 1 & 2 & 1 \\ 0 & 1 & 1 \\ -1 & 3 & 4 \end{bmatrix}.$$

Encontrar una base de la imagen de T y una base del núcleo de T.

Problema 20

Sea $T \in L(\mathbb{R}^2)$ definido por $T(x_1, x_2) = (-x_2, x_1)$.

a)   ¿Cuál es la matriz de T en la base ordenada canónica de $\mathbb{R}^2$?

c)   ¿Cuál es la matriz de T en la base ordenada $B = \{v_1, v_2\}$, donde $v_1 = (1,2)$ y $v_2 = (1,-1)$?

d)   Demostrar que para cada número real c el operador $(T - cI)$ es inversible.

e)   Demostrar que si B es cualquier base ordenada para $\mathbb{R}^2$ y $M_B(T) = A$, entonces $a_{12}a_{21} \neq 0$.

Problema 21

Sea $T \in L(\mathbb{R}^3)$ definido por $T(x_1, x_2, x_3) = (3x_1 + x_3, -2x_1 + x_2, -x_1 + 2x_2 + 4x_3)$.

a)   ¿Cuál es la matriz de T en la base ordenada canónica de $\mathbb{R}^3$?

b)   ¿Cuál es la matriz de T en la base ordenada $B = \{v_1, v_2, v_3\}$, donde $v_1 = (1,0,1)$, $v_2 = (-1,2,1)$ y $v_3 = (2,1,1)$.

c)   Demostrar que T es inversible y encontrar una expresión de T^{-1} tal como la que definió a T.

Problema 22

Sea $T \in L(\mathbb{R}^{2\times 1}, \mathbb{R}^{3\times 1})$ definida por

$$T\left(\begin{bmatrix} 1 \\ 0 \end{bmatrix}\right) = \begin{bmatrix} 1 \\ 2 \\ 3 \end{bmatrix} \quad \text{y} \quad T\left(\begin{bmatrix} 0 \\ 1 \end{bmatrix}\right) = \begin{bmatrix} 2 \\ 0 \\ 1 \end{bmatrix}.$$

Calcular $T\left(\begin{bmatrix} x_1 \\ x_2 \end{bmatrix}\right)$. Dar una matriz A tal que $T(X) = AX$, donde $X \in \mathbb{R}^{2\times 1}$.

Hallar la matriz de T relativa a las bases ordenadas

$$B = \left(\begin{bmatrix} 1 \\ 0 \end{bmatrix}, \begin{bmatrix} 0 \\ 1 \end{bmatrix}\right)$$

y

$$B' = \left(\begin{bmatrix} 1 \\ 0 \\ 0 \end{bmatrix}, \begin{bmatrix} 0 \\ 1 \\ 0 \end{bmatrix}, \begin{bmatrix} 0 \\ 0 \\ 1 \end{bmatrix}\right).$$

Problema 23

En cada uno de los casos siguientes calcular la matriz de la función lineal dada relativa a las bases que se indican:

a) $T \in L(\mathbb{R}^2, \mathbb{R}^2)$, $T(x_1, x_2) = (x_1, 0$, $B = \{(2,1),(3,4)\}$, $B' = \{(1,1),(0,3)\}$.

b) $T \in L(\mathbb{R}^2, \mathbb{R}^2)$, $T(x_1, x_2) = (x_1, 0$, $B = \{(1,0),(0,1)\}$, $B' = \{(1,0),(0,1)\}$.

Problema 24

$T \in L(\mathbb{R}^{2\times2}, \mathbb{R}^{2\times2})$,

$$T\left(\begin{bmatrix} a & b \\ c & d \end{bmatrix}\right) = \begin{bmatrix} 1 & -1 \\ 2 & -2 \end{bmatrix}\begin{bmatrix} a & b \\ c & d \end{bmatrix},$$

$$B = B' = \left(\begin{bmatrix} 1 & 0 \\ 0 & 1 \end{bmatrix}, \begin{bmatrix} 0 & 1 \\ 0 & 0 \end{bmatrix}, \begin{bmatrix} 0 & 0 \\ 1 & 0 \end{bmatrix}, \begin{bmatrix} 0 & 0 \\ 0 & 1 \end{bmatrix}\right).$$

Problema 25

Sea $T \in L(\mathcal{P}_2(\mathbb{R}))$ tal que

$$M_{B'}^{B}(T) = \begin{bmatrix} 1 & 0 & 1 \\ 0 & 1 & 1 \\ -1 & 0 & -1 \end{bmatrix}$$

donde $B = \{1, X, X^2\}$ y $B' = \{1+X, 1-X, 1+X+X^2\}$.

Calcular $[T(X^2)]_{B'}$, $[T(2+3X-5X^2)]_{B'}$, $T(X^2)$, $T(2+3X-5X^2)$.

Problema 26

Sean $T_1, T_2 \in L(V, W)$ y $F \in L(W, Z)$ tales que

$$M_{B'}^{B}(T_1) = \begin{bmatrix} 1 & 2 & 3 \\ 0 & 1 & 2 \end{bmatrix}, \quad M_{B'}^{B}(T_2) = \begin{bmatrix} 0 & 1 & -2 \\ 2 & 1 & 3 \end{bmatrix}, \quad M_{B''}^{B'}(F) = \begin{bmatrix} 1 & 0 \\ 2 & -1 \end{bmatrix},$$

donde B, B' y B'' son bases ordenadas de V, W y Z respectivamente.

a)   Calcular $M_{B'}^{B}(T_1 + T_2)$, $M_{B'}^{B}(2T_1)$, $M_{B''}^{B}(FT_1)$, $M_{B''}^{B}(F(2T_1 + T_2))$.

b)   Si $V = \mathcal{P}_2(\mathbb{R})$, $W = \mathbb{R}^2$ y $Z = \mathcal{P}_1(\mathbb{R})$, con $B = \{1, X, X^2\}$, $B' = \{\varepsilon_1, \varepsilon_2\}$ y $B'' = \{1, 1+X\}$, calcular la imagen de $p = 2 - 3X + X^2$ mediante la función $F(2T_1 + T_2)$.

Problema 27

Sea $T \in L(V)$ tal que

$$M_B(T) = \begin{bmatrix} 1 & 2 \\ 1 & 3 \end{bmatrix}$$

donde B es una base ordenada de V.

a)   Verificar si T es inversible y, en tal caso calcular $M_B(T^{-1})$.

b)   Si $B = \{v_1, v_2\}$, hallar $[T^{-1}(2v_1 - 3v_2)]_B$.

Problema 28

Sea $T \in L(\mathbb{R}^3, \mathbb{R}^2)$ tal que

$$M_{B_1'}^{B_1}(T) = \begin{bmatrix} 1 & 2 & 3 \\ 0 & 1 & 2 \end{bmatrix}$$

donde B_1 y B_1' son las bases canónicas de $\mathbb{R}^3$ y $\mathbb{R}^2$ respectivamente.

a)   Hallar la matriz de T relativa a las bases B_1 y B_2' cuando en $\mathbb{R}^2$ se cambia de base de B_1' a B_2' con matriz de cambio de base $Q = \begin{bmatrix} 3 & 5 \\ 1 & 2 \end{bmatrix}$.

b)   Hallar la matriz de T relativa a las bases B_2 y B_1' cuando en $\mathbb{R}^3$ se cambia de base de B_1 a B_2 con matriz de cambio de base $P = \begin{bmatrix} 1 & 0 & 1 \\ 0 & 1 & 1 \\ 2 & 1 & 0 \end{bmatrix}$.

c)   Calcular $M_{B_2'}^{B_2}(T)$.

d)   Dar las bases B_2 y B_2'.

Problema 29

Sea $T \in L(\mathbb{R}^4, \mathbb{R}^3)$ definida como sigue:

$$T(\varepsilon_1) = (1,3,2)\,, \qquad T(\varepsilon_2) = (1,0,0)\,, \qquad T(\varepsilon_3) = (2,3,2)\,, \qquad T(\varepsilon_4) = (4,3,2)\,.$$
$$(B = \{\varepsilon_1, \varepsilon_2, \varepsilon_3, \varepsilon_4\}$$

es la base canónica de $\mathbb{R}^4$). Dar bases del espacio nulo y de la imagen de T y las respectivas dimensiones.

Problema 30

En los casos siguientes encontrar la matriz de la función lineal T respecto de las bases que se indican.

a) $\quad T \in L(\mathscr{P}_2(\mathbb{R}), \mathscr{P}_1(\mathbb{R}))\,, \qquad T(a+b\ XcX^2) = (a+b) + (b-c)X\,,$
$\quad B = \{1, X, X^2\}\,,\ B = \{1, X\}\,.$

b) $\quad T \in L(\mathbb{R}^{2\times2}, \mathbb{R}^{2\times2})\,,\quad B = B' = \left\{ \begin{bmatrix} 1 & 0 \\ 0 & 0 \end{bmatrix}, \begin{bmatrix} 1 & 1 \\ 0 & 0 \end{bmatrix}, \begin{bmatrix} 1 & 1 \\ 1 & 0 \end{bmatrix}, \begin{bmatrix} 1 & 1 \\ 1 & 1 \end{bmatrix} \right\}\,,$ y
$\quad T$ dada por $T(A) = A^t\,.$

c) $\quad T \in L(\mathscr{P}_1(\mathbb{R}), \mathscr{P}_3(\mathbb{R}))\,, \qquad T(p) = pX^2\,, \qquad B = \{1, 1+X\}\,,$
$\quad B' = \{1, X, X^2, X^3\}\,.$

Problema 31

Sean

$$T_1, T_2, T_3 \in L(\mathbb{R}^3)$$

definidas por

$$T_1(x_1, x_2, x_3) = (x_1 - x_3, x_2 - x_3, x_3)\,,$$

$$T_2(x_1, x_2, x_3) = (x_2, 2x_1, x_3 - x_1 - x_2)$$

y

$$T_3(x_1, x_2, x_3) = (x_1 + x_2, x_2 + x_3, -x_3)\,.$$

Calcular $(2T_1 + T_2 - T_3)(1,-1,1)$ y $(T_3T_2T_1)(1,-1,1)$.

Problema 32

Sea $T \in L(\mathscr{P}_2(\mathbb{R}), \mathbb{R}^3)$ definida por

$$T(1) = (1,1,1)_, \; T(I) = (0,1,1)_, \; T(I^2) = (0,0,1)_.$$

Mostrar que T es inversible y obtener T^{-1}.

9

Vectores y Valores Propios

9.1 Introducción

Por lo que se ha visto en los capítulos de funciones lineales, sabemos ahora que la matriz de una función lineal respecto de un par de bases ordenadas tiene mucha información acerca de dicha función. En particular, estamos interesados en estudiar con un poco mas de profundidad los operadores lineales, y, como su matriz respecto de alguna base ordenada nos provee importantes conocimientos sobre él, quisiéramos, si ello fuera posible, hallar alguna base ordenada en la cual la matriz del operador adquiera una forma relativamente sencilla. Si excluimos los múltiplos escalares de la matriz identidad, quizás las matrices de las cuales uno puede extraer información de manera casi inmediata son las matrices diagonales, por lo tanto, dado un espacio vectorial V de dimensión n sobre un cuerpo $\mathbb{K}$, estamos interesados en ver si existe alguna base ordenada $\mathcal{B} = \{v_1, v_2, ..., v_n\}$ de V en la cual $F(v_j) = c_j v_j$, para $j = 1, 2, ..., n$ ya que en este caso tendríamos

$$M_{\mathcal{B}}(F) = \begin{bmatrix} c_1 & 0 & \cdots & 0 \\ 0 & c_2 & \cdots & 0 \\ \vdots & \vdots & \ddots & \vdots \\ 0 & 0 & \cdots & c_n \end{bmatrix}$$

Esto nos sugiere que debemos encontrar aquellos vectores (no nulos) v para los cuales existen escalares c en $\mathbb{K}$ tales que $F(v) = cv$.

9.2 Valores propios.

Sea V un espacio vectorial de dimensión finita sobre el cuerpo $\mathbb{K}$. Sabemos que $i_V \in L(V)$, y tenemos también operadores del tipo $ci_V : V \to V$, esto es

$(ci_V)(v) = ci_V(v) = cv$, que se denominan "homotecias de razón c", de manera tal que $c \in \mathbb{K}$ y $ci_V \in L(V)$.

Si tenemos ahora $F, ci_V \in L(V)$, nos preguntamos: ¿Existen vectores no nulos tales que

$F(v) = (ci_V)(v)$, es decir, $F(v) = cv$?

Sea el conjunto $V_c = \{v \in V \mid F(v) = cv\}$, que podemos escribir

$$\begin{aligned} V_c &= \{v \in V \mid F(v) - cv = 0\} \\ &= \{v \in V \mid (F - ci_V)(v) = 0\} \\ &= N_{F - ci_V} \end{aligned}$$

lo que demuestra que V_c es un subespacio de V.

Teniendo en cuenta lo expresado hasta aquí, daremos las siguientes definiciones:

9.2.1 Definición.

Sea V un espacio vectorial sobre un cuerpo $\mathbb{K}$, $F \in L(V)$ y $c \in \mathbb{K}$. El escalar c es un **valor propio** de F si existe un vector no nulo $v \in V$ tal que $F(v) = cv$.

9.2.2 Definición.

Sea V un espacio vectorial sobre el cuerpo $\mathbb{K}$, $F \in L(V)$ y $c \in \mathbb{K}$. El vector no nulo v de V tal que $F(v) = cv$ se denomina **vector propio** de F asociado al valor propio c.

Debe quedar claro que, si c es un valor propio de F, entonces $V_c \neq \{0\}$.

9.2.3 Definición.

El subespacio $V_c = N_{F-ci_V}$ se denomina **subespacio propio** asociado al valor propio c.

Observaciones.

a) En vez de valores y vectores propios, suele hablarse de **valores** y **vectores característicos**, o **autovalores** y **autovectores**, o **eigenvalores** y **eigenvectores**.

b) Para nosotros, de acuerdo con la definición 9.2.2, el vector 0 no es un vector propio asociado a un valor propio $c \in \mathbb{K}$.

c) Todo vector propio de un operador F está asociado a un único valor propio. En efecto, si v es un vector propio asociado a los valores propios c_1 y c_2 tenemos que

$$F(v) = c_1 v = c_2 v,\ \text{de donde}\ (c_1 - c_2)v = 0,\ \text{y como}\ v \neq 0\ \text{se cumple que}\ c_1 - c_2 = 0.$$

9.2.4 Ejemplo.

Sea $V = \mathbb{R}^2$ y $F \in L(V)$ dado por $F(x_1, x_2) = (x_1 + 4x_2, x_1 + x_2)$

Un vector $v = (x_1, x_2)$, es vector propio de F si es no nulo y si existe un escalar $c \in \mathbb{R}$ tal que

$$F(x_1, x_2) = c(x_1, x_2)$$

o equivalentemente, si $v \in N_{F-ci_V}$. En cualquier caso tenemos

$$(x_1 + 4x_2, x_1 + x_2) = c(x_1, x_2)$$

de donde obtenemos el sistema

9.2.5.

$$\begin{cases} (1-c)x_1 + 4x_2 = 0 \\ x_1 + (1-c)x_2 = 0 \end{cases}$$

cuya matriz de coeficientes es

$$A = \begin{bmatrix} 1-c & 4 \\ 1 & 1-c \end{bmatrix}$$

Esta matriz es equivalente por filas a

$$\begin{bmatrix} 1 & 1-c \\ 0 & 4-(1-c)^2 \end{bmatrix}$$

Para que el sistema resolvente admita soluciones distintas de la trivial y se cumpla entonces la definición 9.2.1, debe anularse alguna fila, lo que ocurre sólo en caso que $4-(1-c)^2 = 0$. Las raíces de esta ecuación son $c_1 = -1$ y $c_2 = 3$ y son los valores propios de F.

Queremos obtener ahora los subespacios propios V_{c_1} y V_{c_2}. Para ello resolvemos el sistema 9.2.5 para $c = c_1 = -1$ y para $c = c_2 = 3$.

En el caso $c = -1$ la solución del sistema es

$$\begin{aligned} S &= \left\{ (x_1, x_2) \mid x_1 = -2x_2 \right\} \\ &= \left\{ (-2x_2, x_2) \mid x_2 \in \mathbb{R} \right\} \\ &= \left\{ x_2(-2,1) \mid x_2 \in \mathbb{R} \right\} \\ &= \operatorname{gen}\left\{ (-2,1) \right\} \end{aligned}$$

Similarmente, para $c = 3$, la solución es

$$S = \left\{ (x_1, x_2) \mid x_1 = 2x_2 \right\}$$
$$= \left\{ (2x_2, x_2) \mid x_2 \in \mathbb{R} \right\}$$
$$= \left\{ x_2(2,1) \mid x_2 \in \mathbb{R} \right\}$$
$$= \operatorname{gen} \left\{ (2,1) \right\}$$

Observación

Es inmediato comprobar que $\mathscr{B}' = \left\{ (-2,1), (2,1) \right\}$ es una base de V. Sabemos también que la base canónica de $\mathbb{R}^2$ es $\mathscr{B} = \left\{ (1,0), (0,1) \right\}$. Se calcula fácilmente que

$$M_{\mathscr{B}}(F) = \begin{bmatrix} 1 & 4 \\ 1 & 1 \end{bmatrix} \quad \text{y} \quad M_{\mathscr{B}'}(F) = \begin{bmatrix} -1 & 0 \\ 0 & 3 \end{bmatrix}$$

Esta última, es una matriz diagonal, uno de los tipos más simples de matrices con que nos podemos encontrar y $\mathscr{B}'$ es una **base de vectores propios** del operador $F \in L(\mathbb{R}^2)$.

El siguiente resultado nos provee de una caracterización algebraica de los valores propios de un operador lineal.

9.2.6 Teorema.

Sea V un espacio vectorial de dimensión finita n sobre el cuerpo $\mathbb{K}$ y $\mathscr{B}$ una base ordenada de V. Si $F \in L(V)$, $A = M_{\mathscr{B}}(F)$ y c un escalar, entonces, c es un valor propio de F si y sólo si $\det(cI - A) = 0$.

Demostración

Sea c un valor propio de F, entonces existe un vector no nulo v en V tal que $F(v) = cv$, o equivalentemente, $(F - ci_V)(v) = 0$.

Tomando coordenadas respecto de la base $\mathscr{B}$ tenemos

$$0 = [0]_B = [(F - ci_V)(v)]_B$$
$$= [F(v) - cv]_B = [F(v)]_B - [cv]_B$$
$$= A[v]_B - c[v]_B = (A - cI)[v]_B$$

esto es,

9.2.7.

$$(A - cI)[v]_B = 0$$

y como $v \neq 0$ la expresión 9.2.7 dice que el sistema de ecuaciones lineales homogéneo $(A - cI)X = 0$ admite solución distinta de la trivial, lo que equivale a decir que la matriz $A - cI$ no es inversible, o que $\det(A - cI) = 0$ (o $\det(cI - A) = 0$). La recíproca es inmediata.

Según el teorema 9.2.6 podemos calcular los valores propios de un operador lineal F resolviendo la ecuación $\det(xI - A) = 0$ llamada **ecuación característica** de F, que resulta ser siempre una ecuación polinómica de grado igual a la dimensión del espacio vectorial V. Las soluciones en $\mathbb{K}$ de esta ecuación son los valores propios del operador F. El polinomio $p = \det(xI - A)$ se denomina **polinomio característico** de F. No obstante, una duda queda flotando: la matriz A a la cual estamos haciendo referencia en el cálculo del polinomio característico es la matriz de F respecto de la base ordenada $\mathcal{B}$, entonces, ¿qué ocurre con el polinomio característico si se toma otra base ordenada $\mathcal{B}'$ y la matriz de F se calcula respecto de $\mathcal{B}'$? La respuesta está en el teorema siguiente.

9.2.8 Teorema.

Sea V un espacio vectorial sobre el cuerpo $\mathbb{K}$ y $F \in L(V)$. Si $\mathcal{B}$ y $\mathcal{B}'$ son bases ordenadas de V, entonces

$$\det\left(xI - A\right) = \det\left(xI - A'\right)$$

donde $A = M_{\mathcal{B}}(F)$ y $A' = M_{\mathcal{B}'}(F)$.

Demostración

Si P es la matriz de cambio de base de $\mathcal{B}$ a $\mathcal{B}'$, entonces

$$A' = P^{-1}AP$$

por lo tanto

$$
\begin{aligned}
\det\left(xI - A'\right) &= \det\left(xP^{-1}P - P^{-1}AP\right) \\
&= \det\left(P^{-1}xIP - P^{-1}AP\right) \\
&= \det\left(P^{-1}\left(xI - A\right)P\right) \\
&= \det(P^{-1})\det\left(xI - A\right)\det(P) \\
&= \det(P^{-1})\det(P)\det\left(xI - A\right) \\
&= \det(P^{-1}P)\det\left(xI - A\right) \\
&= \det(I)\det\left(xI - A\right) \\
&= \det\left(xI - A\right).
\end{aligned}
$$

9.2.9 Ejemplo.

Caracterizaremos los valores propios del operador F del ejemplo 9.2.4 utilizando este nuevo criterio.

Si $\mathcal{B}$ es la base canónica de $\mathbb{R}^2$

$$M_{\mathcal{B}}(F) = A = \begin{bmatrix} 1 & 4 \\ 1 & 1 \end{bmatrix} \quad \text{y} \quad xI - A = \begin{bmatrix} x-1 & -4 \\ -1 & x-1 \end{bmatrix}$$

entonces, el polinomio característico f es

$$f = \det\begin{bmatrix} x-1 & -4 \\ -1 & x-1 \end{bmatrix} = (x-1)^2 - 4$$

y la ecuación característica

$$(x-1)^2 - 4 = 0$$

cuyas raices son $c_1 = -1$ y $c_2 = 3$.

9.2.10 Ejemplo.

Sea $V = \mathbb{R}^2$ y F el operador lineal sobre $\mathbb{R}^2$ dado por

$$F(x, y) = (-y, x)$$

Si $\mathcal{B}$ es la base canónica de $\mathbb{R}^2$, tenemos

$$M_{\mathcal{B}}(F) = A = \begin{bmatrix} 0 & -1 \\ 1 & 0 \end{bmatrix} \quad \text{y} \quad xI - A = \begin{bmatrix} x & 1 \\ -1 & x \end{bmatrix}$$

de donde vemos que la ecuación característica es

$$\det \begin{bmatrix} x & 1 \\ -1 & x \end{bmatrix} = x^2 + 1 = 0$$

que no tiene raíces en $\mathbb{R}$, por lo que F carece de valores propios en $\mathbb{R}$.

Si el mismo operador lineal estuviese definido en $\mathbb{C}^2$, los valores propios serían i y $-i$, que son las raíces en $\mathbb{C}$ de la ecuación $x^2 + 1 = 0$.

Veamos, a continuación, cómo determinar los subespacios propios asociados a un valor propio dado.

Sea $\mathbb{K}$ un cuerpo y V un espacio vectorial de dimensión n sobre $\mathbb{K}$. Según hemos visto, si $F : V \rightarrow V$ es un operador lineal, los vectores propios asociados al escalar c son aquellos vectores v de V no nulos para los cuales

9.2.11
$$F(v) = cv$$

Tomando en V una base ordenada $\mathcal{B}$ y tomando coordenadas respecto de esta base en la expresión 9.2.11 tenemos

9.2.12
$$[F(v)]_{\mathcal{B}} = c[v]_{\mathcal{B}}$$

Sabemos también que, siendo $M_{\mathcal{B}}(F) = A$ y $M_{\mathcal{B}}(i_V) = I$ se cumple

$$[F(v)]_{\mathcal{B}} = A[v]_{\mathcal{B}} \quad \text{y} \quad [i_V(v)]_{\mathcal{B}} = I[v]_{\mathcal{B}} = [v]_{\mathcal{B}}.$$

Reemplazando en 9.2.12 se tiene

9.2.13
$$A[v]_{\mathcal{B}} = cI[v]_{\mathcal{B}}$$

o equivalentemente

$$(A - cI)[v]_{\mathcal{B}} = 0.$$

Haciendo $[v]_B = X$, resulta finalmente:

9.2.14
$$(A - cI)X = 0.$$

Como puede apreciarse en la figura, la expresión 9.2.13 permite analizar el núcleo del operador $F - ci_V$, mientras que 9.2.14 cumple un rol semejante para el operador representado por la matriz $A - cI$.

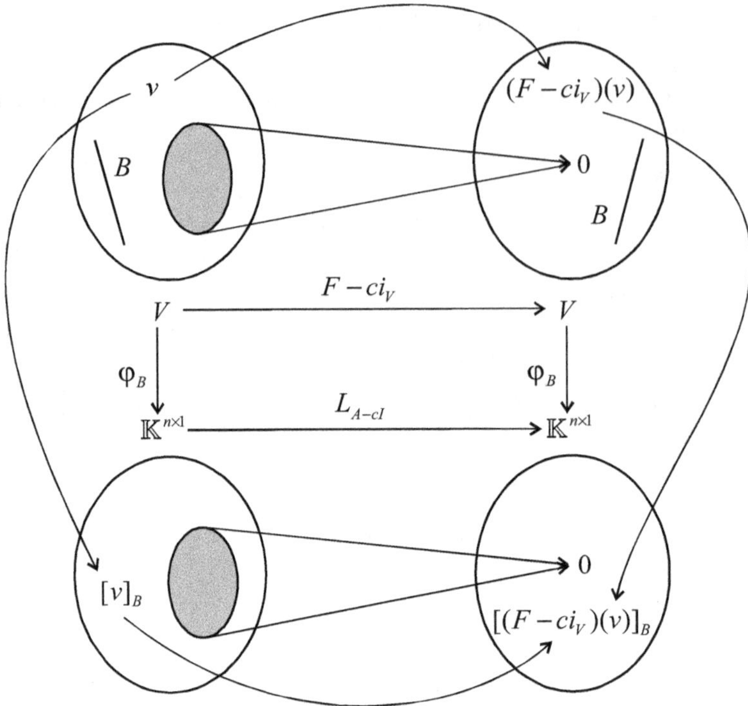

Considerando las funciones $\varphi_{\mathcal{B}} : V \to \mathbb{K}^{n \times 1}$ y su inversa $\varphi_{\mathcal{B}}^{-1} : \mathbb{K}^{n \times 1} \to V$ y llamando S al conjunto de soluciones del sistema 9.2.14 se tiene

$$\varphi_{\mathcal{B}}^{-1}(S) = N_{F - ci_V}$$

Es decir, las soluciones del sistema 9.2.14 son las coordenadas respecto de la base $\mathcal{B}$ de los vectores propios asociados al valor propio c.

9.2.14 Ejemplo.

Sea $V = \mathbb{R}_1[X]$ y $F : V \to V$ el operador lineal dado por

$$F(a + b\,X) = (a + 4b) + (a + b)X .$$

En la base ordenada $\mathcal{B} = \{1, X\}$, el operador está representado por la matriz

$$A = \begin{bmatrix} 1 & 4 \\ 1 & 1 \end{bmatrix}.$$

Los valores propios de F, según ya se calculó, son $c_1 = -1$ y $c_2 = 3$.

Caracterización de V_{c_1} :

$$(A - c_1 I)X = 0 \quad \Rightarrow \quad \begin{bmatrix} 2 & 4 \\ 1 & 2 \end{bmatrix}\begin{bmatrix} x_1 \\ x_2 \end{bmatrix} = \begin{bmatrix} 0 \\ 0 \end{bmatrix}$$

Llamando S_{c_1} al conjunto de soluciones de este sistema de ecuaciones lineales tenemos que

$$S_{c_1} = \operatorname{gen}\left\{\begin{bmatrix} -2 \\ 1 \end{bmatrix}\right\}$$

entonces

$$V_{c_1} = \varphi_{\mathcal{B}}^{-1}\left(S_{c_1}\right) = \left\{\varphi_{\mathcal{B}}^{-1}\left(t\begin{bmatrix} -2 \\ 1 \end{bmatrix}\right)\ \middle|\ t \in \mathbb{R}\right\}$$
$$= \left\{t\varphi_{\mathcal{B}}^{-1}\left(\begin{bmatrix} -2 \\ 1 \end{bmatrix}\right)\ \middle|\ t \in \mathbb{R}\right\}$$
$$= \left\{t(-2 + X)\ \middle|\ t \in \mathbb{R}\right\}$$
$$= \operatorname{gen}\left\{-2 + X\right\}$$

Similarmente, para $c_2 = 3$ hallamos que

$$V_{c_2} = \operatorname{gen}\left\{2 + X\right\}.$$

El resultado que aparece en el lema siguiente es de suma utilidad.

9.2.15 Lema.

Sea V un espacio vectorial sobre el cuerpo $\mathbb{K}$ y F un operador lineal sobre V. Si $v \in V$ y $c \in \mathbb{K}$ tal que $F(v) = cv$ entonces $p(F)(v) = p(c)v$ para todo polinomio $p \in \mathbb{K}[X]$.

Demostración

Ejercicio 6.

9.3 Diagonalización

Sea V un espacio vectorial de dimensión finita sobre el cuerpo $\mathbb{K}$ y F un operador lineal sobre V. Si $\mathcal{B} = \{v_1, v_2, ..., v_n\}$ es una base ordenada de V formada por vectores propios de F asociados a los valores propios $c_1, c_2, ..., c_n$ respectivamente, esto es, para cada $i = 1, 2, ..., n$ tenemos $F(v_i) = c_i v_i$, resulta (evidentemente), que

$$M_{\mathcal{B}}(F) = \begin{bmatrix} c_1 & 0 & \cdots & 0 \\ 0 & c_2 & \cdots & 0 \\ \vdots & \vdots & \ddots & \vdots \\ 0 & 0 & \cdots & c_n \end{bmatrix}$$

Recíprocamente, si la matriz de F, respecto de alguna base ordenada, es una matriz diagonal, entonces la base ordenada está formada por vectores propios de F y los escalares que forman la diagonal, son sus valores propios.

Resulta así natural, llamar diagonalizable a un operador lineal que puede representarse, en alguna base ordenada por una matriz diagonal.

9.3.1 Definición.

Sea V un espacio vectorial de dimensión finita sobre el cuerpo $\mathbb{K}$ y F un operador lineal sobre V. Se dice que F es **diagonalizable** si existe una base de V conformada por vectores propios de F.

Luego, dado un operador lineal F, para saber si es diagonalizable, procedemos de la siguiente manera:

1)   Calcular los valores propios de F.

2)   Determinar los subespacios propios.

3)   Analizar si es posible construir una base de V con vectores propios de F.

4)   Si esto último es posible, entonces F es diagonalizable. La matriz de F con respecto a la base ordenada de vectores propios, es una matriz diagonal, donde los elementos de la diagonal principal, son los valores propios asociados a los vectores propios de F.

Finalmente, resulta evidente que, si $\mathcal{B}$ es una base ordenada de V con $M_{\mathcal{B}}(F) = A$ y $\mathcal{B}'$ es una base ordenada de vectores propios de F con $M_{\mathcal{B}'}(F) = D$, entonces existe una matriz P de cambio de base de $\mathcal{B}$ a $\mathcal{B}'$ tal que

$$D = P^{-1}AP$$

9.3.2 Ejemplo.

Sea $V = \mathbb{R}^2$ y F el operador lineal del ejemplo 9.2.4. Ya vimos que $\mathcal{B}' = \{(-2,1),(2,1)\}$ es una base ordenada de vectores propios de F. Si $\mathcal{B}$ es la base canónica de $\mathbb{R}^2$, la matriz de F en esta base ordenada es

$$A = M_{\mathcal{B}}(F) = \begin{bmatrix} 1 & 4 \\ 1 & 1 \end{bmatrix}$$

La matriz P de cambio de base de $\mathcal{B}$ a $\mathcal{B}'$ es

$$P = \begin{bmatrix} -2 & 2 \\ 1 & 1 \end{bmatrix}$$

entonces

$$P^{-1}AP = \begin{bmatrix} -\frac{1}{4} & \frac{1}{2} \\ \frac{1}{4} & \frac{1}{2} \end{bmatrix}\begin{bmatrix} 1 & 4 \\ 1 & 1 \end{bmatrix}\begin{bmatrix} -2 & 2 \\ 1 & 1 \end{bmatrix} = \begin{bmatrix} -1 & 0 \\ 0 & 3 \end{bmatrix}.$$

Un hecho importante relacionado con los subespacios propios asociados a distintos valores propios es que son independientes uno de otro. Esto es lo que afirma el teorema siguiente cuya demostración puede verse en [1].

9.3.3 Teorema.

Sea V un espacio vectorial de dimensión finita sobre el cuerpo $\mathbb{K}$ y F un operador lineal sobre V. Si $c_1, c_2, ..., c_k$ son los valores propios distintos de F y $W_{c_1}, W_{c_2}, ..., W_{c_k}$ los subespacios propios asociados a $c_1, c_2, ..., c_k$ respectivamente, entonces la suma $W_{c_1} + W_{c_2} + \cdots + W_{c_k}$ es directa.

9.4. Ejercicios

Problema 1

Sea el operador lineal $F : \mathbb{R}^{2\times 1} \to \mathbb{R}^{2\times 1}$ dado por

$$F\begin{bmatrix} x_1 \\ x_2 \end{bmatrix} = \begin{bmatrix} 1 & 2 \\ 3 & 2 \end{bmatrix}\begin{bmatrix} x_1 \\ x_2 \end{bmatrix}$$

Indicar cuáles de los siguientes vectores son vectores propios de F y cuáles son sus valores propios correspondientes:

$$\begin{bmatrix} 1 \\ 2 \end{bmatrix}, \begin{bmatrix} 2 \\ 3 \end{bmatrix}, \begin{bmatrix} 1 \\ 0 \end{bmatrix}, \begin{bmatrix} -1 \\ 1 \end{bmatrix}, \begin{bmatrix} 0 \\ 1 \end{bmatrix}, \begin{bmatrix} 2 \\ 3/2 \end{bmatrix}, \begin{bmatrix} 2 \\ -2 \end{bmatrix}$$

Problema 2

Para cada uno de los operadores lineales siguientes, se pide:

i) Elegir una base y determinar la matriz del operador en dicha base.

ii) Determinar la ecuación característica.

iii) Calcular los valores propios.

iv) Calcular los subespacios propios.

v) Si es posible, determinar una base de vectores propios del espacio vectorial y la matriz del operador lineal en esta base.

vi) Calcular la matriz de cambio de base.

a) $F : \mathbb{R}^{2\times 1} \to \mathbb{R}^{2\times 1}$, $\quad F\begin{bmatrix} x_1 \\ x_2 \end{bmatrix} = \begin{bmatrix} 3 & 0 \\ 8 & -1 \end{bmatrix}\begin{bmatrix} x_1 \\ x_2 \end{bmatrix}$

b) $F : \mathbb{R}^2 \to \mathbb{R}^2$, $\quad F(x_1, x_2) = (-2x_1 - 7x_2, x_1 + 2x_2)$

c) $F : \mathbb{R}_2[X] \to \mathbb{R}_2[X]$,

$$F\left(a + b\ X + cX^2\right) = -a + (a + 3b + 2c)X - (a+b)X^2$$

Problema 3

Verificar si son diagonalizables los operadores representados por las siguientes matrices:

i) $A = \begin{bmatrix} 2 & 0 \\ 1 & 2 \end{bmatrix}$

ii) $A = \begin{bmatrix} 2 & -3 \\ 1 & -1 \end{bmatrix}$

iii) $\quad A = \begin{bmatrix} -1 & 4 & -2 \\ -3 & 4 & 0 \\ -3 & 1 & 3 \end{bmatrix}$

iv) $\quad A = \begin{bmatrix} 5 & 0 & 0 \\ 1 & 5 & 0 \\ 0 & 1 & 5 \end{bmatrix}$

Problema 4

Para cada una de las siguientes matrices se pide:

i)   La ecuación característica.

ii)   Los valores propios.

iii)   Los subespacios propios.

iv)   Si es posible, determinar una matriz P tal que $P^{-1}AP = D$, donde D es una matriz diagonal.

a) $\quad A = \begin{bmatrix} -14 & 12 \\ -20 & 17 \end{bmatrix}$

b) $\quad A = \begin{bmatrix} 3 & 0 & 0 \\ 0 & 2 & 0 \\ 0 & 1 & 2 \end{bmatrix}$

Problema 5

En cada uno de los casos siguientes se considera el espacio vectorial equipado con el producto interno canónico. Se pide determinar, si es posible, una base **ortonormal** que diagonalice al operador lineal T.

c) $\quad T \in L(\mathbb{R}^2)$, $\quad T(x_1, x_2) = (3x_1 + x_2, x_1 + 3x_2)$.

d) $T \in L(\mathbb{R}^3)$,

$T(x_1, x_2, x_3) = (2x_1 + x_2 + x_3, x_1 + 2x_2 + x_3, x_1 + x_2 + 2x_3)$.

Problema 6

Sea $F \in L(V)$ y v un vector de V tal que $T(v) = cv$. Si $p \in \mathbb{K}[X]$, entonces demostrar que $p(F)(v) = p(c)v$.

Problema 7

Sea $T \in L(\mathbb{R}^3)$ representado en la base ordenada canónica por la matriz

$$A = \begin{bmatrix} -9 & 4 & 4 \\ -8 & 3 & 4 \\ -16 & 8 & 7 \end{bmatrix}$$

Demostrar que T es diagonalizable construyendo una base para $\mathbb{R}^3$, cada vector de la cual es un vector propio de T.

Problema 8

Sea $A \in \mathbb{R}^{2 \times 2}$ tal que $A = A^t$. Demostrar que A es semejante , sobre $\mathbb{R}$, a una matriz diagonal. (Dos matrices cuadradas A y B se dice que son semejantes si existe una matriz inversible P tal que $B = P^{-1}AP$).

Problema 9

Sea V el espacio vectorial de funciones continuas de $\mathbb{R}$ en $\mathbb{R}$. Sea $T \in L(V)$ definido por

$$(T(f))(x) = \int_0^x f(t)dt \, .$$

Demostrar que T no tiene valores propios.

Problema 10

Sea $T \in L(\mathbb{R}^2)$ dado por $T(x_1, x_2) = (x_1, 3x_1 + 2x_2)$. Calcular los valores propios y los correspondientes subespacios propios de $p(T)$ para los polinomios p que se dan a continuación:

a) $\quad p = 2 + 3I$

b) $\quad p = 1 - I^2$

c) $\quad p = 2 + 3I + 4I^2$

d) $\quad p = \sqrt{2} + \pi I$

Problema 11

Demostrar las afirmaciones siguientes:

a) El escalar $c = 0$ es un valor propio de $T \in L(V)$ si y sólo si T es no inversible.

b) Si T es inversible y $c \neq 0$, entonces c es valor propio de T si, y sólo si c^{-1} es valor propio de T^{-1}.

10

Producto Interno

10.1 Producto Interno

Al estudiar el producto "punto" en $\mathbb{R}^2$ y $\mathbb{R}^3$, surgieron, como aplicaciones sencillas del mismo, entre otras, el cálculo de longitudes, ángulos y distancias.

Surge ahora el interés de poder introducir estas nociones en un espacio vectorial real cualquiera.

Para ello será necesario equipar al vectorial en cuestión con una operación (o función) que se comporte de manera similar a aquel, es decir, que tenga las mismas propiedades que caracterizaron al producto punto.

10.1.1. Definición.

Sea V un espacio vectorial sobre el cuerpo $\mathbb{R}$ de los números reales. Un **producto interno** sobre V, es una función $h:V\times V \to \mathbb{R}$ que denotaremos $h(u,v)=(u\,|\,v)$ tal que para todo $u,u',v,v'\in V$ y para todo $k\in\mathbb{R}$ se cumple:

1) $\qquad (u\,|\,v)=(v\,|\,u)$ $\qquad\qquad$ (Simetría)

2) $\qquad (u\,|\,v+v')=(u\,|\,v)+(u\,|\,v')$ $\qquad$ (Aditividad)

3) $\qquad (ku\,|\,v)=k(u\,|\,v)$ $\qquad\qquad$ (Homogeneidad)

4) $\qquad (u\,|\,u)\geq 0$ y $(u\,|\,u)=0$ $\qquad\quad$ (Positividad)

Álgebra y Geometría

Un espacio vectorial V sobre el cuerpo $\mathbb{R}$ de los números reales con un producto interno, constituye un objeto algebraico que se suele denominar ***espacio euclídeo*** o un espacio producto interno.

Observación.

Con algunas leves modificaciones es posible también definir productos internos en espacios vectoriales sobre el cuerpo $\mathbb{C}$ de los números complejos, que no analizaremos aquí.

10.1.2. Ejemplos.

i) El ***producto punto*** definido en $\mathbb{R}^2$ y $\mathbb{R}^3$, es ahora un caso particular de ***producto interno***. Extendiendo lo hecho en su oportunidad a $\mathbb{R}^n$, definimos ***producto punto*** en $\mathbb{R}^n$ de manera tal que $x = (x_1, x_2, \ldots, x_n)$ y $y = (y_1, y_2, \ldots, y_n)$, entonces

$$x \cdot y = (x_1, x_2, \ldots, x_n) \cdot (y_1, y_2, \ldots, y_n) = \sum_{i=1}^{n} x_i y_i \qquad (1)$$

Queda como ejercicio la verificación del cumplimiento de los axiomas de la definición. Observar que si se considera la base canónica de $\mathbb{R}^n$, $\mathscr{B}_c = \{e_1, \ldots, e_n\}$, entonces

$$[x]_{\mathscr{B}_c} = \begin{bmatrix} x_1 \\ \vdots \\ x_n \end{bmatrix} \quad \text{y} \quad [y]_{\mathscr{B}_c} = \begin{bmatrix} y_1 \\ \vdots \\ y_n \end{bmatrix}$$

de manera que

$$x \cdot y = \left([x]_{\mathscr{B}_c} \right)^t [y]_{\mathscr{B}_c} = [x_1, \ldots, x_n] \begin{bmatrix} y_1 \\ \vdots \\ y_n \end{bmatrix} = \sum_{i=1}^{n} x_i y_i \qquad (2)$$

que suele denominarse "expresión matricial del producto punto" en $\mathbb{R}^n$ o $\mathbb{R}^{n \times 1}$.

ii) Otros productos internos pueden definirse utilizando en la sumatoria de (1) coeficientes positivos arbitrarios, que se denominan **pesos**:

$$\left(x\mid y\right)=\sum_{i=1}^{n}\alpha_i x_i y_i$$

Un **producto interno** se dice **euclideano**, si en cada término los subíndices de los vectores x e y coinciden. Si además los coeficientes de todos los términos son la unidad, el **producto interno** se llama **canónico** o **estándar**.

iii) En $\mathbb{R}^2$,

$$\left(x\mid y\right)=\left(\left(x_1,x_2\right)/\left(y_1,y_2\right)\right)=x_1\,y_1-x_1y_2-x_2\,y_1+5x_2y_2$$

es un producto interno. El cumplimiento de los tres primeros axiomas no presenta dificultad y quedan como ejercicio. Demostraremos el cumplimiento del cuarto:

$$\left(x\mid x\right)=\left(\left(x_1,x_2\right)/\left(x_1,x_2\right)\right)=x_1\,x_1-x_1x_2-x_2x_1+5x_2x_2=\left(x_1-x_2\right)^2+4x_2^2$$

expresión que por ser suma de cuadrados, es siempre positiva; y su igualdad a cero sólo tiene lugar para $x=\left(x_1,x_2\right)=\left(0,0\right)$.

Debe advertirse que no toda expresión de la forma: $\displaystyle\sum_{i=1}^{n}\alpha_{ij}x_i y_j$ es un producto interno.

Por ejemplo,

$$\left(x\mid y\right)=\left(\left(x_1,x_2\right)\mid\left(y_1,y_2\right)\right)=x_1\,y_1-x_1y_2-x_2\,y_1+x_2y_2$$

no es un producto interno, ya que

$$\left(x\mid x\right)=\left(\left(x_1,x_2\right)\mid\left(x_1,x_2\right)\right)=x_1\,x_1-x_1x_2-x_2x_1+x_2x_2=\left(x_1-x_2\right)^2$$

de modo que para todo vector de la forma $\left(a,a\right)$ tenemos

$$\big((a,a)\,|\,(a,a)\big)=(a-a)^2=0$$

aun cuando $(a,a)\neq(0,0)$.

iv) Sean $A=\begin{bmatrix} 1 & -1 \\ -1 & 5 \end{bmatrix}$, $X=\begin{bmatrix} x_1 \\ x_2 \end{bmatrix}$ e $Y=\begin{bmatrix} y_1 \\ y_2 \end{bmatrix}$. La fórmula $X^{t}AY$ define un producto

interno en $\mathbb{R}^{2\times 1}$.

v) Sea $V=C[0,1]$ el espacio vectorial de las funciones a valores reales, continuas en el intervalo $[0,1]$. La expresión

$$(f\,|\,g)=\int_0^1 f(x)g(x)dx$$

es un producto interno en el espacio vectorial considerado. Las propiedades de la integral definida, permiten probar el cumplimiento de los axiomas de la definición, tarea que se deja como ejercicio para el lector.

vi) En cualquier espacio vectorial V de dimensión finita, la elección de una base permite definir de manera muy simple un producto interno en el mismo, mediante el producto punto de los vectores de coordenadas, esto es, si $\mathcal{B}$ es una base ordenada de V, entonces $(u\,|\,v)=[u]^{t}_{\mathcal{B}}\,[v]_{\mathcal{B}}$ define un producto interno en V. A tales productos internos, también los llamaremos – por extensión – canónicos.

Tal como se indicó al comienzo del capítulo, el equipar a un espacio vectorial con un producto interno, permite introducir en él una **métrica**, es decir los conceptos de longitud de un vector, ángulo entre dos vectores, distancia entre un par de vectores y ortogonalidad.

10.1.3. Definiciones métricas.

Sea V un espacio producto interno, entonces:

- La **longitud, módulo** o **norma** de un vector u, que denotaremos $\|u\|$, está dada

  por $\|u\|=\sqrt{(u\,|\,u)}$ y sus propiedades básicas son:

(i) $\|u\| \geq 0$ y $\|u\| = 0 \iff u = 0$.

(ii) $\|ku\| = |k|\|u\|$, $(k \in \mathbb{R})$

(iii) $\|u + v\| \leq \|u\| + \|v\|$

- El vector u es **unitario**, si $\|u\| = 1$.

- El **ángulo** entre los vectores no nulos u y v, es el único número real $\varphi \in [0, \pi]$ tal que

$$\cos(\varphi) = \frac{(u \mid v)}{\|u\|\|v\|}$$

- Dos vectores u y v son **ortogonales** si y sólo si $(u \mid v) = 0$. En símbolos, $u \perp v \iff (u \mid v) = 0$

- La función $d : V \times V \to \mathbb{R}$, dada por $d(u,v) = \|u - v\|$ se denomina función **distancia** y tiene las siguientes propiedades:

  i) $d(u,v) = d(v,u)$

  ii) $d(u,v) = d(u+w, v+w)$

  iii) $d(ku, kv) = |k| d(u,v)$

  iv) $d(u,v) \geq 0$ y $d(u,v) = 0 \iff u = v$

- La **proyección** del vector u sobre el vector no nulo v, que denotamos $\text{proy}_v(u)$, es el vector $\text{proy}_v(u) = \dfrac{(u \mid v)}{(v \mid v)} v$.

- La **componente** del vector u **ortogonal** al vector no nulo v, es el vector $u - \text{proy}_v u$.

Para que, en la definición de ángulo entre vectores, la expresión $\cos(\varphi) = \dfrac{(u \mid v)}{\|u\|\|v\|}$ tenga

sentido, debe cumplirse que $-1 \leq \dfrac{(u \mid v)}{\|u\|\|v\|} \leq 1$, o equivalentemente, $\dfrac{|(u \mid v)|}{\|u\|\|v\|} \leq 1$, esto es,

$$|(u \mid v)| \leq \|u\|\|v\|$$

El teorema que demostramos a continuación garantiza este resultado.

10.1.4. Teorema. (Desigualdad de Cauchy-Schwarz)

Sea V un espacio producto interno y $u, v \in V$, entonces

i) $\quad |(u \mid v)| \leq \|u\|\|v\|$

ii) $\quad |(u \mid v)| = \|u\|\|v\| \iff u = kv$ con $k \in \mathbb{R}$

i) $\quad$ Supongamos $u \neq 0$ y $v \neq 0$ (si $u = 0$ o $v = 0$, el resultado es inmediato). Entonces

$$
\begin{aligned}
0 \leq \left\| u - \operatorname{proy}_v(u) \right\|^2 &= \left(u - \operatorname{proy}_v(u) \mid u - \operatorname{proy}_v(u) \right) \\
&= \|u\|^2 - 2\left(u \mid \operatorname{proy}_v(u) \right) + \left\| \operatorname{proy}_v(u) \right\|^2 \\
&= \|u\|^2 - 2\frac{(u \mid v)}{\|v\|^2}(u \mid v) + \frac{(u \mid v)}{\|v\|^2}\frac{(u \mid v)}{\|v\|^2}(v \mid v) \\
&= \|u\|^2 - 2\frac{(u \mid v)^2}{\|v\|^2} + \frac{(u \mid v)^2}{\|v\|^2} = \|u\|^2 - \frac{(u \mid v)^2}{\|v\|^2}
\end{aligned}
$$

de donde, $(u \mid v)^2 \leq \|u\|^2 \|v\|^2$ y tomando raíz cuadrada, $|(u \mid v)| \leq \|u\|\|v\|$.

ii)   Si $u = kv$, la igualdad $\left|(u \mid v)\right| = \|u\|\|v\|$ es inmediata. Recíprocamente,

$$0 \le \left\| u - \mathrm{proy}_v(u) \right\|^2$$

$$= \|u\|^2 - \frac{(u \mid v)^2}{\|v\|^2}$$

asumamos $\left|(u \mid v)\right| = \|u\|\|v\|$, entonces $= \|u\|^2 - \frac{\|u\|^2 \|v\|^2}{\|v\|^2}$

$$= \|u\|^2 - \|u\|^2$$

$$= 0$$

de modo que $\mathrm{proy}_v(u) = 0$, esto es, $\dfrac{(u \mid v)}{\|v\|^2} v = u$. Haciendo $k = \dfrac{(u \mid v)}{\|v\|^2}$ tenemos $u = kv$.

Un resultado conocido de la geometría del plano o el espacio es que, en todo triángulo la suma de las longitudes de dos de sus lados es mayor o igual a la longitud del lado restante. Se muestra este hecho en la **Fig. 10.1** para el triángulo definido por los vectores u, v y $u + v$.

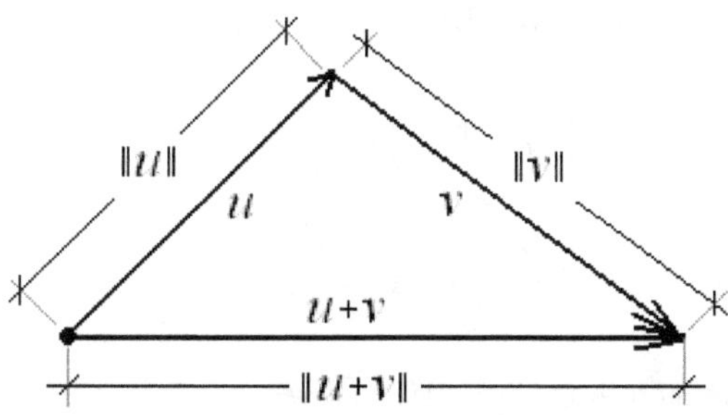

Figura 10.1

Esta afirmación es generalizada a cualquier espacio vectorial con producto interno por el siguiente teorema:

10.1.5. Teorema. (Desigualdad del triángulo)

En todo espacio producto interno si $u, v \in V$, entonces se cumple: $\left\| u + v \right\| \leq \left\| u \right\| + \left\| v \right\|$

En efecto:

$$\left\| u + v \right\|^2 = \left(u + v \mid u + v \right) = \left\| u \right\|^2 + 2\left(u \mid v \right) + \left\| v \right\|^2$$

y teniendo en cuenta que $\left(u \mid v \right) \leq \left| \left(u \mid v \right) \right| \leq \left\| u \right\| \left\| v \right\|$ resulta

$$\left\| u + v \right\|^2 \leq \left\| u \right\|^2 + 2\left\| u \right\| \left\| v \right\| + \left\| v \right\|^2 = \left(\left\| u \right\| + \left\| v \right\| \right)^2$$

De donde

$$\left\| u + v \right\| \leq \left\| u \right\| + \left\| v \right\|$$

Otra generalización de un resultado sumanente conocido es el siguiente.

10.1.6. Teorema de Pitágoras generalizado

En todo espacio con producto interno se verifica:

$$u \perp v \Leftrightarrow \left\| u + v \right\|^2 = \left\| u \right\|^2 + \left\| v \right\|^2$$

Por definición de longitud: $\left\| u + v \right\|^2 = \left(u + v \mid u + v \right)$

Por propiedades del producto interno: $\left\| u + v \right\|^2 = \left(u + v \mid u + v \right) = \left\| u \right\|^2 + 2\left(u \mid v \right) + \left\| v \right\|^2$

Por ser u y v ortogonales: $\left(u \mid v \right) = 0 \Rightarrow \left\| u + v \right\|^2 = \left\| u \right\|^2 + \left\| v \right\|^2$

10.1.7. Conjunto ortogonal de vectores – Definición

Si V es un espacio vectorial con producto interno y $S \subset V$ es un subconjunto de vectores no nulos, se dice que S es un **conjunto ortogonal** si $(u \mid v) = 0$ para todo $u, v \in S$ con $u \neq v$. Si además $\|u\| = 1$ para todo $u \in S$, entonces se dice que S es un **conjunto ortonormal.**

Siempre es posible, a partir de un conjunto ortogonal, normalización de por medio, obtener un conjunto ortonormal.

10.1.8. Propiedad

Sea V un espacio producto interno y $u, v_1, v_2, \ldots, v_r \in V$. Si $W = \mathrm{gen}\{v_1, \ldots, v_r\}$ y $u \perp v_i$ para $i = 1, 2, \ldots, r$, entonces u es ortogonal a todo vector de W.

Demostración

Sea $v \in W$, entonces existen escalares $x_1, \ldots, x_r$, tales que

$$v = x_1 v_1 + x_2 v_2 + \cdots + x_r v_r.$$

Haciendo $(u \mid v)$ tenemos

$$(u \mid v) = (u \mid x_1 v_1 + x_2 v_2 + \cdots + x_r v_r) = x_1(u \mid v_1) + x_2(u \mid v_2) + \cdots + x_r(u \mid v_r).$$

Pero por hipótesis $u \perp v_i$, de modo que $(u \mid v_i) = 0$ para $i = 1, 2, \ldots, r$, por lo tanto

$$(u \mid v) = 0$$

esto es, u es ortogonal a v.

Se dice, en este caso, que u es ortogonal a W, y lo denotamos $u \perp W$.

10.1.9. Teorema

Sea V un espacio producto interno, $S = \{v_1, v_2, \ldots, v_r\}$ un conjunto ortogonal de vectores de V y $W = \text{gen}(S)$. Entonces

1) S es un subconjunto linealmente independiente.

2)   Para todo $w \in W$ se cumple: $w = \displaystyle\sum_{i=1}^{r} \text{proy}_{v_i}(w)$.

3)   Para todo $v \in V$ se cumple: Si $w = \displaystyle\sum_{k=1}^{r} \text{proy}_{v_k}(v)$, entonces: $v - w \perp W$.

1) Consideremos la combinación lineal

$$x_1 v_1 + x_2 v_2 + \ldots + x_r v_r = 0$$

Haciendo en ambos miembros el producto interno por v_i (con $i = 1, 2, \ldots, r$) se obtiene:

$$\begin{aligned}
0 = (v_i \mid 0) &= (v_i \mid x_1 v_1 + x_2 v_2 + \ldots + x_r v_r) \\
&= x_1 (v_i \mid v_1) + \cdots + x_i (v_i \mid v_i) + \cdots + x_r (v_i \mid v_r) \\
&= x_i (v_i \mid v_i)
\end{aligned}$$

Como $(v_i \mid v_i) \neq 0$, resulta $x_i = 0$, para $i = 1, 2, \ldots, r$ y en consecuencia el subconjunto S es linealmente independiente.

2) Como $W = \text{gen}(S)$, existen escalares $x_1, \ldots, x_r$, tales que $w = x_1 v_1 + x_2 v_2 + \ldots + x_r v_r$, entonces

$$(w \mid v_i) = \left(\sum_{k=1}^{r} x_k v_k \mid v_i \right) = \sum_{k=1}^{r} x_k (v_k \mid v_i) = x_i (v_i \mid v_i)$$

puesto que $(v_k \mid v_i) = 0$ para $k \neq i$, de donde $x_i = \dfrac{(w \mid v_i)}{(v_i \mid v_i)}$, por lo tanto

$$w = \frac{(w \mid v_1)}{(v_1 \mid v_1)} v_1 + \frac{(w \mid v_2)}{(v_2 \mid v_2)} v_2 + \cdots + \frac{(w / v_r)}{(v_r / v_r)} v_r = \sum_{i=1}^{r} \mathrm{proy}_{v_i}(w)$$

3) Por la propiedad 10.1.8, es suficiente ver que $v - w$ es ortogonal a cada v_i, pero

$$
\begin{aligned}
(v - w \mid v_i) &= (v \mid v_i) - (w \mid v_i) \\
&= (v \mid v_i) - \left(\sum_{k=1}^{r} \frac{(v \mid v_k)}{(v_k \mid v_k)} v_k \mid v_i \right) \\
&= (v \mid v_i) - \sum_{k=1}^{r} \frac{(v \mid v_k)}{(v_k \mid v_k)} (v_k \mid v_i) \\
&= (v \mid v_i) - \frac{(v \mid v_i)}{(v_i \mid v_i)} (v_i \mid v_i) \\
&= (v \mid v_i) - (v \mid v_i) \\
&= 0
\end{aligned}
$$

10.1.10. Corolario

Si $\mathcal{B} = \{v_1, v_2, \ldots, v_n\}$ es una base ortogonal de un espacio producto interno V, entonces, para todo $v \in V$ tenemos $v = \sum_{i=1}^{n} \mathrm{proy}_{v_i}(v)$.

Demostración

En el teorema anterior, $\mathcal{B} = S$ y $V = W$.

La utilización de este corolario introduce una simplificación en el cálculo de las coordenadas de un vector cuando la base es ortogonal.

Debe observarse que la sencillez del cálculo es aún mayor si la base es ortonormal, pues en este caso:

$$u = (u \mid v_1) v_1 + (u \mid v_2) v_2 + \cdots + (u \mid v_n) v_n = \sum_{i=1}^{n} (u \mid v_i) v_i = \sum_{i=1}^{n} \mathrm{proy}_{v_i}(u)$$

Una consecuencia importante del teorema es que:

Si V es un espacio producto interno de dimensión finita, $S = \{v_1, v_2, ..., v_r\}$ un subconjunto ortogonal de vectores de V y $W = \text{gen}(S)$, para todo $u \in V$ se cumple: $u = u_1 + u_2$ con $u_1 \in W$ y $u_2 \perp W$.

10.1.11. Bases ortogonales y ortonormales

Definición. Sea V un espacio producto interno y $\mathcal{B} = \{v_1, v_2, ..., v_n\}$ un conjunto ortogonal de vectores de V. Si $V = \text{gen}(\mathcal{B})$, se dice que $\mathcal{B}$ es una base ortogonal de V. Si además $\|v_i\| = 1$ para $i = 1, 2, ..., n$, entonces $\mathcal{B}$ es una base ortonormal de V.

Ejemplos

1) En $\mathbb{R}^2$ con el producto punto, $\mathcal{B} = \{(1,0),(0,1)\}$ es una base ortonormal.

2) Sea $\mathbb{R}^2$ con el producto interno dado por

$$\left((x_1, x_2) \mid (y_1, y_2)\right) = x_1 y_1 - x_1 y_2 - x_2 y_1 + 5 x_2 y_2 .$$

Entonces $\mathcal{B}' = \{(3,-1),(2,1)\}$ es una base ortogonal. (Verificarlo). ¿Es $\mathcal{B}'$ una base ortonormal?

10.1.12. Teorema

Sea V un espacio producto interno y $\mathcal{B} = \{v_1, v_2, ..., v_n\}$ una base ortonormal de V. Si $u, v \in V$, entonces $(u \mid v) = (u)_{\mathcal{B}} \cdot (v)_{\mathcal{B}}$, o equivalentemente $(u \mid v) = [u]_{\mathcal{B}}^t [v]_{\mathcal{B}}$.

Expresando u y v en términos de la base $\mathcal{B} = \{v_1, v_2, ..., v_n\}$,

$$u = x_1 v_1 + x_2 v_2 + ... + x_n v_n \qquad \mapsto \qquad (u)_B = (x_1, x_2, ..., x_n)$$
$$v = y_1 v_1 + y_2 v_2 + ... + y_n v_n \qquad \mapsto \qquad (v)_B = (y_1, y_2, ..., y_n)$$

Realizando el producto interno de estos vectores y usando las propiedades del mismo:

$$(u \mid v) = \left(\sum_{i=1}^{n} x_i v_i \, \middle| \, \sum_{j=1}^{n} y_j v_j \right)$$

$$= \sum_{i,j=1}^{n} x_i y_j \left(v_i \mid v_j \right)$$

$$= \sum_{i=1}^{n} x_i y_i$$

ya que $\left(v_i \mid v_j \right) = 0$ si $i \neq j$ y $\left(v_i \mid v_j \right) = 1$ si $i = j$.

Estando a la vista las ventajas del trabajo con una base ortogonal y mejor aún si la base es ortonormal, inmediatamente surge la pregunta ¿En todo espacio con producto interno existe siempre una base ortogonal?

La respuesta nos la da el siguiente teorema.

10.1.13. Teorema – Proceso de ortogonalización de Gram-Schmidt

Sea V un espacio con producto interno. Si $\{u_1, u_2, \ldots, u_r\}$ es un conjunto linealmente independiente de vectores de V, entonces el subespacio $W = \text{gen}\{u_1, \ldots, u_r\}$ tiene una base ortogonal $\mathcal{B} = \{v_1, v_2, \ldots, v_n\}$.

Demostración

El método para probarlo, es tan importante como el teorema y se lo denomiana **proceso de ortogonalización de Gram-Schmidt**.

1)   Se toma $v_1 = u_1$.

2)   Construir: $v_2 = u_2 - \text{proy}_{v_1} u_2$

   En $\mathbb{R}^2$ y $\mathbb{R}^3$ esto podría visualizarse en la **Fig. 10.2**

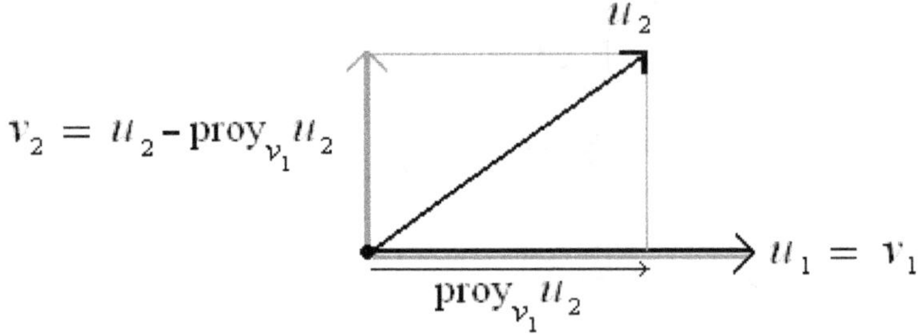

Fig. 10.2

Como v_2 es combinación lineal de u_1 y u_2, es inmediato que $\text{gen}\{v_1, v_2\} = \text{gen}\{u_1, u_2\}$

y además $\left(v_1 \mid v_2\right) = \left(v_1 \mid u_2 - proy_{v_1}\left(u_2\right)\right) = \left(v_1 \mid u_2\right) - \dfrac{\left(u_2 \mid v_1\right)}{\left(v_1 \mid v_1\right)}\left(v_1 \mid v_1\right) = 0 \;\Rightarrow\; v_1 \perp v_2$.

En general, entonces, para $m = 2, 3, \ldots, r$, sea v_m dado por

$$v_m = u_m - \sum_{k=1}^{m-1} \text{proy}_{v_k}\left(u_m\right)$$

$$= u_m - \sum_{k=1}^{m-1} \frac{\left(u_m \mid v_k\right)}{\left(v_k \mid v_k\right)} v_k$$

Sean v_i, v_j con $i \neq j$, y sin pérdida de generalidad, podemos suponer $i < j$, entonces

$$\left(v_j \mid v_i\right) = \left(u_j - \sum_{k=1}^{j-1} \text{proy}_{v_k}\left(u_j\right) \;\middle|\; v_i\right)$$

y por el teorema 10.1.9 (3), $u_j - \displaystyle\sum_{k=1}^{j-1} \text{proy}_{v_k}\left(u_j\right)$ es ortogonal al subespacio generado por

$\{v_1, \ldots, v_{j-1}\}$, por lo que, en particular, v_j es ortogonal a v_i, esto es, $\left(v_j \mid v_i\right) = 0$, lo que

demuestra que $\{v_1, \ldots, v_r\}$ es un conjunto ortogonal.

Resta demostrar que $\text{gen}\{v_1, v_2, ..., v_r\} = \text{gen}\{u_1, u_2, ..., u_r\}$. Ya vimos que esto se cumple para $r = 1$ y $r = 2$. Asumamos que $\text{gen}\{v_1, v_2, ..., v_k\} = \text{gen}\{u_1, u_2, ..., u_k\}$ y sea $v \in \text{gen}\{v_1, v_2, ..., v_{k+1}\}$, entonces

$$v = \sum_{j=1}^{k} \alpha_j v_j + \alpha_{k+1} v_{k+1}$$

$$= \sum_{j=1}^{k} \alpha_j v_j + \alpha_{k+1}\left(u_{k+1} - \sum_{j=1}^{k} \frac{(u_{k+1} \mid v_j)}{(v_j \mid v_j)} v_j \right)$$

$$= \sum_{j=1}^{k}\left(\alpha_j - \frac{(u_{k+1} \mid v_j)}{(v_j \mid v_j)} \right) v_j + \alpha_{k+1} u_{k+1}$$

y por hipótesis inductiva, la sumatoria para j de 1 a k que aparece en el último término pertenece a $\text{gen}\{u_1, u_2, ..., u_k\}$, de modo que $v \in \text{gen}\{u_1, u_2, ..., u_{k+1}\}$, esto es $\text{gen}\{v_1, v_2, ..., v_{k+1}\} \subset \text{gen}\{u_1, u_2, ..., u_{k+1}\}$, y como ambos subespacios tienen la misma dimensión $\text{gen}\{v_1, v_2, ..., v_{k+1}\} = \text{gen}\{u_1, u_2, ..., u_{k+1}\}$ completando el paso inductivo. Por lo tanto $\text{gen}\{v_1, v_2, ..., v_r\} = \text{gen}\{u_1, u_2, ..., u_r\}$.

Como consecuencia inmediata del teorema tenemos el corolario siguiente:

Corolario.

Si V es un espacio producto interno de dimensión finita, entonces tiene una base ortonormal.

En efecto, es suficiente tomar una base cualquiera de V, aplicarle el proceso de ortogonalización de Gram-Schmidt y finalmente normalizar los vectores.

Ejemplo

Construiremos una base ortonormal de $\mathbb{R}^3$ a partir de la base arbitraria $\mathcal{B} = \{(1,0,0), (1,1,0), (1,1,1)\}$.

1) $v_1 = u_1 = (1,0,0)$

2) $v_2 = u_2 - \text{proy}_{v_1}(u_2) = (1,1,0) - \dfrac{(1,1,0)\cdot(1,0,0)}{(1,0,0)\cdot(1,0,0)}(1,0,0) = (0,1,0)$

3) $v_3 = u_3 - \text{proy}_{v_1}(u_3) - \text{proy}_{v_2}(u_3) =$

$$= (1,1,1) - \frac{(1,1,1)\cdot(1,0,0)}{(1,0,0)\cdot(1,0,0)}(1,0,0) - \frac{(1,1,1)\cdot(0,1,0)}{(0,1,0)\cdot(0,1,0)}(0,1,0) =$$

$$= (1,1,1) - (1,0,0) - (0,1,0) = (0,0,1)$$

10.1.14. Diagonalización en espacios con producto interno

Según se ha visto en el capítulo anterior, si V es un espacio vectorial de dimensión finita y F un operador lineal sobre V, se dice que F es diagonalizable, si existe una base de V formada por vectores propios de F.

En el caso particular en que V sea un vectorial real donde está definido un producto interno, puede ser de interés encontrar una base de V formada por vectores propios de F pero que además dicha base sea **ortonormal**.

Este problema tiene solución para un tipo especial de operadores lineales: los *operadores lineales simétricos*, que se definen a continuación.

10.1.14.1 Definición de operador lineal simétrico.

Sea V un espacio vectorial real de dimensión finita con producto intrerno y $F \in L(V)$. Diremos que F es un operador lineal simétrico si $(F(u) \mid v) = (u \mid F(v))$ para todo $u, v \in V$.

Para los operadores simétricos se verifican ciertas propiedades importantes. Por ejemplo:

i) Todos sus valores propios (raíces de su ecuación característica) son reales.

ii) La multiplicidad algebraica de cada uno de sus valores propios coincide con la multiplicidad geométrica del mismo, esto es: si λ es un valor propio de F, su multiplicidad como raíz de la ecuación característica, es igual a la dimensión del subepacio piopio V_λ.

iii) Vectores propios asociados a valores propios distintos, son ortogonales.

iv) F es un operador simétrico de V, si y sólo si, la matriz de F en cualquier base ortonormal $\mathcal{B}$, $M_{\mathcal{B}}(F) = A$, es una matriz simétrica ($A = A^T$).

Como consecuencia de lo anterior, se demuestra que:

Todo operador lineal simétrico sobre un vectorial real con producto interno, diagonaliza sobre una base ortonormal de vectores propios del mismo.

Como consecuencia de lo dicho, para **diagonalizar sobre una base ortonormal** un operador simétrico F , se realiza el siguiente procedimiento:

1°) Calcular los valores propios de F .

2°) Determinar los subespacios propios correspondientes, normalizando las bases de los mismos.

3°) Formar una base ortonormal de V uniendo las bases ortonormales obtenidas en el paso anterior.

Ejemplo

Consideremos $\mathbb{R}^3$ con producto punto y sea $F \in L(\mathbb{R}^3)$ dado por

$$F(x,y,z) = (2x, 2y+2z, 2y-z), \text{ entonces } A = M_{\mathcal{B}_c}(F) = \begin{bmatrix} 2 & 0 & 0 \\ 0 & 2 & 2 \\ 0 & 2 & -1 \end{bmatrix}$$

1°) Valores propios de F :

$$\det(\lambda I - A) = \det \begin{bmatrix} \lambda-2 & 0 & 0 \\ 0 & \lambda-2 & -2 \\ 0 & -2 & \lambda+1 \end{bmatrix} = (\lambda-2)(\lambda-3)(\lambda+2)$$

2°) Subespacios propios de F

Para $\lambda_1 = 2$

Álgebra y Geometría

$$\begin{bmatrix} 0 & 0 & 0 \\ 0 & 0 & -2 \\ 0 & -2 & 3 \end{bmatrix}\begin{bmatrix} x \\ y \\ z \end{bmatrix} = \begin{bmatrix} 0 \\ 0 \\ 0 \end{bmatrix} \mapsto V_2 = \left\langle \begin{bmatrix} 1 \\ 0 \\ 0 \end{bmatrix} \right\rangle \mapsto B_{V_2} = \{(1,0,0)\}$$

Para $\lambda_2 = 3$

$$\begin{bmatrix} 1 & 0 & 0 \\ 0 & 1 & -2 \\ 0 & -2 & 4 \end{bmatrix}\begin{bmatrix} x \\ y \\ z \end{bmatrix} = \begin{bmatrix} 0 \\ 0 \\ 0 \end{bmatrix} \mapsto V_3 = \left\langle \begin{bmatrix} 0 \\ 2 \\ 1 \end{bmatrix} \right\rangle \mapsto B_{V_3} = \left\{ \left(0, \frac{2\sqrt{5}}{5}, \frac{\sqrt{5}}{5}\right) \right\}$$

Para $\lambda_3 = -2$

$$\begin{bmatrix} -4 & 0 & 0 \\ 0 & -4 & -2 \\ 0 & -2 & -1 \end{bmatrix}\begin{bmatrix} x \\ y \\ z \end{bmatrix} = \begin{bmatrix} 0 \\ 0 \\ 0 \end{bmatrix} \mapsto V_{-2} = \left\langle \begin{bmatrix} 0 \\ 1 \\ -2 \end{bmatrix} \right\rangle \mapsto B_{V_2} = \left\{ \left(0, \frac{\sqrt{5}}{5}, -\frac{2\sqrt{5}}{5}\right) \right\}$$

3°) Formar una base ortonormal de V : $\mathcal{B}_V = \left((1,0,0), \left(0, \frac{2\sqrt{5}}{5}, \frac{\sqrt{5}}{5}\right), \left(0, \frac{\sqrt{5}}{5}, -\frac{2\sqrt{5}}{5}\right) \right)$

Matriz de cambio de base de $\mathcal{B}_c$ a $\mathcal{B}_V$:

$$P = \begin{bmatrix} 1 & 0 & 0 \\ 0 & 2\dfrac{\sqrt{5}}{5} & \dfrac{\sqrt{5}}{5} \\ 0 & \dfrac{\sqrt{5}}{5} & -2\dfrac{\sqrt{5}}{5} \end{bmatrix}$$

Debe observarse que en la matriz P se cumple: $P^{-1} = P^T$ y una matriz que tiene esta propiedad se denomina **matriz ortogonal.**

Matriz de F respecto de la base B_V :

$$D = M_{\mathscr{B}_V}(F) = \begin{bmatrix} 2 & 0 & 0 \\ 0 & 3 & 0 \\ 0 & 0 & -2 \end{bmatrix}$$

Verificación:

$$P^{-1}AP = \begin{bmatrix} 1 & 0 & 0 \\ 0 & 2\dfrac{\sqrt{5}}{5} & \dfrac{\sqrt{5}}{5} \\ 0 & \dfrac{\sqrt{5}}{5} & -2\dfrac{\sqrt{5}}{5} \end{bmatrix} \begin{bmatrix} 2 & 0 & 0 \\ 0 & 2 & 2 \\ 0 & 2 & -1 \end{bmatrix} \begin{bmatrix} 1 & 0 & 0 \\ 0 & 2\dfrac{\sqrt{5}}{5} & \dfrac{\sqrt{5}}{5} \\ 0 & \dfrac{\sqrt{5}}{5} & -2\dfrac{\sqrt{5}}{5} \end{bmatrix} = \begin{bmatrix} 2 & 0 & 0 \\ 0 & 3 & 0 \\ 0 & 0 & -2 \end{bmatrix} = D$$

10.2. Ejercicios

Problema 1

Dados los vectores $u = (2;0;4)$ y $v = (3;4;0)$, con las siguientes reglas de asignación:

I) $(u \mid v) = u_1 v_1 + u_2 v_2 + u_3 v_3$; II) $(u \mid v) = 3u_1 v_1 + 2u_2 v_2 + u_3 v_3$, resolver:

$a)$ $(u \mid v)$; $b)$ $(v \mid u)$; $c)$ $(u \mid u)$; $d)$ $(3u \mid v)$; $e)$ $(u + v \mid v)$; $f)$ $(u - 2v \mid v)$;

Rta.: I) a) = 6 ; b) = 6 ; c) = 20 ; d) = 18 ; e) = 31 ; f) = - 44

II) a) = 18 ; b) = 18 ; c) = 28 ; d) = 54 ; e) = 47 ; f) = - 44

Problema 2

Analizar si las funciones que se definen en el espacio vectorial $\mathbb{R}^3$, constituyen un producto interior:

Álgebra y Geometría

$$a)(u\,|\,v) = u_1\,v_1 - u_2\,v_2 + u_3\,v_3$$
$$b)(u\,|\,v) = u_2\,v_2 + u_3\,v_3$$
$$c)(u\,|\,v)= u_1^{\,2}\,v_1^{\,2} - u_2^{\,2}\,v_2^{\,2} + u_3^{\,2}\,v_3^{\,2}$$

Rta.: a) si ; b) si ; c) no

Problema 3

Calcule el producto interior en los siguientes casos

I) $\mathbb{R}^2$ con producto interior canónico.

   a) $u = (2 ; -1)$; $v = (-1 ; 3)$; b) $u = (0 ; 0)$; $v = (7 ; 2)$;

   c) $u = (3 ; 1)$; $v = (-2 ; 9)$; d) $u = (4 ; 6)$; $v = (4 ; 6)$

Rta.: a) -5 ; b) 0 ; c) 3   ; d) 52

II) $V = \mathbb{R}_2[X]$, $B_V = \left(1, X, X^2\right)$ y el producto interno: $(p\,|\,q)=(p)_B \cdot (q)_B$

a) $p = -1 + 2x + x^2$; $q = 2 - 4x^2$;   b) $p = -3 + 2x + x^2$; $q = 2 + 4x - 2x^2$

Rta.: a) - 6   ;   b) 0

III) $V = \mathbb{R}^{2\times2}$, $B_V = \left(\begin{bmatrix} 1 & 0 \\ 0 & 0 \end{bmatrix}\begin{bmatrix} 0 & 1 \\ 0 & 0 \end{bmatrix}\begin{bmatrix} 0 & 0 \\ 1 & 0 \end{bmatrix}\begin{bmatrix} 0 & 0 \\ 0 & 1 \end{bmatrix}\right)$ y el producto interno definido por:

$(A\,|\,B)=(A)_B \cdot (B)_B$

a) $A = \begin{bmatrix} 1 & 2 \\ 3 & 4 \end{bmatrix}$; $B = \begin{bmatrix} -1 & 0 \\ 3 & 2 \end{bmatrix}$; b) $A = \begin{bmatrix} 2 & -1 \\ 3 & 7 \end{bmatrix}$; $B = \begin{bmatrix} 0 & 4 \\ 2 & 2 \end{bmatrix}$; c) $A = \begin{bmatrix} 1 & 2 \\ -3 & 5 \end{bmatrix}$; $B = \begin{bmatrix} 4 & 6 \\ 0 & 8 \end{bmatrix}$

Rta.: a) 16 ; b) 16 ; c) 56

IV) Con los datos del ejercicio I), calcule el producto interior definido por:

$$(u \mid v) = 3u_1 v_1 + 2u_2 v_2$$

Rta.: a) -12 ; b) 0 ; c) 0 ; d) 120

Problema 4

---

1) Dados los vectores $u=(2,0,4)$ y $v=(3,4,0)$ de $\mathbb{R}^3$, se pide hallar: $\|u+v\|$ y $\|u-2v\|$ con las siguientes reglas de asignación:

a) $(u \mid v) = u_1 v_1 + u_2 v_2 + u_3 v_3$

b) $(u \mid v) = 3u_1 v_1 + 2u_2 v_2 + u_3 v_3$

2) Sea $\mathbb{R}^2$ con el producto interior canónico

Hallar $\|w\|$ para:

a) $w=(-1,3)$; b) $w=(6,7)$; c) $w=(0,1)$; d) $w=(0,0)$

Rta.: a) $\|w\| = \sqrt{10}$; b) $\|w\| = \sqrt{85}$; c) $\|w\| = 1$; d) $\|w\| = 0$

3) Repita el ejercicio anterior utilizando el producto interior $(u \mid v) = 3u_1v_1 + 2u_2v_2$

Rta.: $a) \|w\| = \sqrt{21}$; $b) \|w\| = \sqrt{314}$; $c) \|w\| = \sqrt{2}$; $d) \|w\| = 0$

4) $V = \mathbb{R}_2[X]$, $B_V = (1, X, X^2)$ y el producto interno: $(p \mid q) = (p)_B \cdot (q)_B$; hallar $\|p\|$:

a) $p = -1 + 2X + X^2$;   b) $p = 3 - 4X^2$

Rta.: $a) \|p\| = \sqrt{6}$; $b) \|p\| = 5$

5) $V = \mathbb{R}^{2\times 2}$, $B_V = \left(\begin{bmatrix} 1 & 0 \\ 0 & 0 \end{bmatrix} \begin{bmatrix} 0 & 1 \\ 0 & 0 \end{bmatrix} \begin{bmatrix} 0 & 0 \\ 1 & 0 \end{bmatrix} \begin{bmatrix} 0 & 0 \\ 0 & 1 \end{bmatrix} \right)$ y el producto interno definido por:

$(A \mid B) = (A)_B \cdot (B)_B$; hallar $\|A\|$:

a) $A = \begin{bmatrix} -1 & 7 \\ 6 & 2 \end{bmatrix}$; $b) A = \begin{bmatrix} 0 & 0 \\ 0 & 0 \end{bmatrix}$

Rta.: $a) \|A\| = \sqrt{90}$; $b) \|A\| = 0$

Problema 5

1) Suponga que $\mathbb{R}^2, \mathbb{R}^3$ y $\mathbb{R}^4$ con el producto interior canónico. Para cada uno de los siguientes incisos, encuentre el coseno del ángulo entre u y v y de también el valor de dicho ángulo.

a) $u = (1, -3)$; $v = (2, 4)$

b) $u = (-1, 0)$; $v = (3, 8)$

c) $u = (-1, 5, 2)$; $v = (2, 4, -9)$

d) $u = (4, 1, 8)$; $v = (1, 0, -3)$

e) $u = (1, 0, 1, 0)$; $v = (-3, -3, -3, -3)$

f) $u = (2, 1, 7, -1)$; $v = (4, 0, 0, 0)$

Rta.:

a) $\cos\theta = -\dfrac{1}{\sqrt{2}}$; $\theta = 135°$;

b) $\cos\theta = -\dfrac{3}{\sqrt{73}}$; $\theta = 110°33'21''$

c) $\cos\theta = 0$; $\theta = 90°$;

d) $\cos\theta = \dfrac{20}{9\sqrt{10}}$; $\theta = 134°38'46''$

e) $\cos\theta = -\dfrac{1}{\sqrt{2}}$; $\theta = 135°$;

b) $\cos\theta = \dfrac{2}{\sqrt{55}}$; $\theta = 74°21'17''$

2) $V = \mathbb{R}_2[X]$, $B_V = (1, X, X^2)$ y el producto interno: $(p\,|\,q) = (p)_B \cdot (q)_B$; hallar el coseno del ángulo entre "p" y "q", y proporcione también el valor de dicho ángulo.

a) $p = -1 + 5x + 2x^2$; $q = 2 + 4x - 9x^2$

b) $p = x - x^2$; $q = 7 + 3x + 3x^2$

Rta.: *a)* $\cos\theta = 0$; $\theta = 90°$; *b)* $\cos\theta = 0$; $\theta = 90°$

3) $V = \mathbb{R}^{2\times2}$, $B_V = \left(\begin{bmatrix} 1 & 0 \\ 0 & 0 \end{bmatrix} \begin{bmatrix} 0 & 1 \\ 0 & 0 \end{bmatrix} \begin{bmatrix} 0 & 0 \\ 1 & 0 \end{bmatrix} \begin{bmatrix} 0 & 0 \\ 0 & 1 \end{bmatrix} \right)$ y el producto interno definido por:

$(A\,|\,B) = (A)_B \cdot (B)_B$; hallar el coseno del ángulo entre A y B, y el valor de dicho ángulo:

a) $A = \begin{bmatrix} 2 & 6 \\ 1 & -3 \end{bmatrix}$; $B = \begin{bmatrix} 3 & 2 \\ 1 & 0 \end{bmatrix}$; *b)* $A = \begin{bmatrix} 2 & 4 \\ -1 & 3 \end{bmatrix}$; $B = \begin{bmatrix} -3 & 1 \\ 4 & 2 \end{bmatrix}$

Rta.: *a)* $\cos\theta = \dfrac{19}{10\sqrt{7}}$; $\theta = 44°5'58''$; *b)* $\cos\theta = 0$; $\theta = 90°$

Problema 6

1) Sea $\mathbb{R}^2$ con el producto interior canónico; encuentre $d(x,y)$ cuando:

$$\text{a)}\ x=(-1\,,2)\ ;\ y=(2\,,5)\quad;\quad \text{b)}\ x=(3\,,9)\ ;\ y=(3\,,9)$$

Rta.: a) $d(x,y)=\sqrt{18}$; b) $d(x,y)=0$

2) Repita el ejercicio anterior con el producto interior $(u\,|\,v)=3u_1v_1+2u_2v_2$

Rta.: a) $d(x,y)=\sqrt{45}$; b) $d(x,y)=0$

3) $V=\mathbb{R}_2[X]$, $B_V=\left(1,X,X^2\right)$ y el producto interno: $(p\,|\,q)=(p)_B\cdot(q)_B$; hallar $d(p,q)$:

$$p=2-X+X^2\ ;\ q=1+5X^2$$

Rta.: $d(p,q)=\sqrt{18}$

4) $V=\mathbb{R}^{2\times2}$, $B_V=\left(\begin{bmatrix}1&0\\0&0\end{bmatrix}\begin{bmatrix}0&1\\0&0\end{bmatrix}\begin{bmatrix}0&0\\1&0\end{bmatrix}\begin{bmatrix}0&0\\0&1\end{bmatrix}\right)$ y el producto interno definido por:

$(A\,|\,B)=(A)_B\cdot(B)_B$; hallar $d(A,B)$:

$$\text{a)}\ A=\begin{bmatrix}1&5\\8&3\end{bmatrix}\ ;\ B=\begin{bmatrix}-5&0\\7&-3\end{bmatrix}\quad;\quad b)\ A=\begin{bmatrix}6&3\\2&1\end{bmatrix}\ ;\ B=\begin{bmatrix}6&3\\2&1\end{bmatrix}$$

Rta.: a) $d(A,B)=\sqrt{98}$; b) $d(A,B)=0$

Problema 7

1) Dados los vectores: $u = (\,2,\,1)\,$ y $\,v = (1,\,-3)$ y utilizando el producto interior $(u\,|\,v) = 3u_1 v_1 + 2u_2 v_2$, verificar la desigualdad de Cauchy-Schwarz.

Rta.: $1 < (5)\,.\,(10) \;\Rightarrow\; 1 < 50$

2) Dados los vectores: $u = (\,2,\,1,\,5)\,$ y $\,v = (1,\,-3\,,\,4)$ y utilizando el producto interior $(u\,|\,v) = u_1 v_1 + u_2 v_2 + \ldots + u_n v_n$; verificar la desigualdad de Cauchy-Schwarz.

Rta.: $94 < (30)\,.\,(26) \;\Rightarrow\; 94 < 780$

3) Sea $V = \mathbb{R}^{2\times 2}$, $B_V = \left(\begin{bmatrix} 1 & 0 \\ 0 & 0 \end{bmatrix} \begin{bmatrix} 0 & 1 \\ 0 & 0 \end{bmatrix} \begin{bmatrix} 0 & 0 \\ 1 & 0 \end{bmatrix} \begin{bmatrix} 0 & 0 \\ 0 & 1 \end{bmatrix} \right)$ y el producto interno definido por: $(A\,|\,B) = (A)_B \cdot (B)_B$. Dados los vectores: $U = \begin{bmatrix} -1 & 2 \\ 6 & 1 \end{bmatrix}$ y $V = \begin{bmatrix} 1 & 0 \\ 3 & 3 \end{bmatrix}$, verificar la desigualdad de Cauchy-Schwarz.

Rta.: $101 < (42)\,.\,(19) \;\Rightarrow\; 101 < 798$

4) Sea $V = \mathbb{R}_2[X]$, $B_V = (1, X, X^2)$ y el producto interno: $(p\,|\,q) = (p)_B \cdot (q)_B$. Dados los vectores: $p = 1 + 2X + X^2$ y $q = 2 - 4X^2$, verificar la desigualdad de Cauchy-Schwarz.

Rta.: $22 < (6)\,.\,(20) \;\Rightarrow\; 22 < 120$

Problema 7

Utilizando los siguientes vectores, comprobar el Teorema de Pitágoras.

1) $u=\left(\dfrac{1}{3};\dfrac{2}{3};\dfrac{2}{3}\right)$; $v=\left(\dfrac{2}{3};-\dfrac{2}{3};\dfrac{1}{3}\right)$; $w=\left(\dfrac{2}{3};\dfrac{1}{3};-\dfrac{2}{3}\right)$

2) $u=(0,1,0,1)$; $v=(0,0,1,0)$; $w=(1,0,0,0)$

3) $u=\left(\dfrac{3}{\sqrt{14}};-\dfrac{2}{\sqrt{14}};\dfrac{1}{\sqrt{14}}\right)$; $v=\left(\dfrac{1}{\sqrt{6}};\dfrac{2}{\sqrt{6}};\dfrac{1}{\sqrt{6}}\right)$; $w=\left(-\dfrac{2}{\sqrt{21}};-\dfrac{1}{\sqrt{21}};\dfrac{4}{\sqrt{21}}\right)$

4) $u=(1,1,-1,1)$; $v=(1,1,1,-1)$; $w=(0,0,1,1)$

5) $u=(1,2,2)$; $v=(2,-2,1)$; $w=(2,1,-2)$

6) $t=(1,1,-1,1)$; $u=(1,1,1,-1)$; $v=(0,0,1,1)$; $w=(1,-1,0,0)$

7) $u=(3,-2,1)$; $v=(1,2,1)$; $w=(-2,-1,4)$

Problema 8

---

1) Sea el espacio vectorial $\mathbb{R}^2$ con producto interior canónico; analizar si los siguientes pares de vectores son ortogonales:

$a)$ $u=(-3\,;\,4)$; $v=(8\,,\,6)$; $b)$ $u=(2\,;\dfrac{1}{2})$; $v=(3\,,\,6)$; $c)$ $u=(3\,;\,0)$; $v=(0\,,\,-5)$

Rta.: $a)$ $u\perp v$; $b)$ $u\not\perp v$; $c)$ $u\perp v$

Con los mismos datos comprobar si dichos vectores son ortogonales con el producto interior $(u \mid v) = u_1 v_1 + 2 u_2 v_2$

Rta.: $a)$ $u \not\perp v$; $b)$ $u \perp v$; $c)$ $u \perp v$

2) Sea $\mathbb{R}^3$ con producto interior canónico. Comprobar si los siguientes conjuntos de vectores son bases ortogonales:

$a)$ $B = \{(1\,;\,0\,;\,0)\,;\,(0\,;\,1\,;\,1)\,;\,(0\,;\,1\,;\,-1)\}$; $b)$ $B = \{(2\,;\,1\,;\,1)\,;\,(1\,;\,1\,;\,1)\,;\,(0\,;\,1\,;\,-1)\}$

Rta.: a) Es una base ortogonal. ; b) Es una base **no** ortogonal.

3) Sea que $\mathbb{R}^3$ con el producto interior canónico. ¿Para cuáles valores de "k" se tiene que u y v son ortogonales?

$a)$ $u = (2\,;\,1\,;\,3)$; $v = (1\,;\,7\,;\,k)$; $b)$ $u = (k\,;\,k\,;\,1)$; $v = (k\,;\,5\,;\,6)$

Rta.: a) $k = -3$; b) $k = -2$ y $k = -3$

4) $V = \mathbb{R}_2[X]$, $B_V = \left(1, X, X^2\right)$ y el producto interno: $(p \mid q) = (p)_B \cdot (q)_B$. Verifique si:

$p = 1 - X + 2X^2$ y $q = 2X + X^2$ son ortogonales.

Rta.: $p \perp q$

5) Sea $V=\mathbb{R}^{2\times 2}$, $B_V=\left(\begin{bmatrix}1 & 0\\0 & 0\end{bmatrix}\begin{bmatrix}0 & 1\\0 & 0\end{bmatrix}\begin{bmatrix}0 & 0\\1 & 0\end{bmatrix}\begin{bmatrix}0 & 0\\0 & 1\end{bmatrix}\right)$ y el producto interno definido

por: $(A\,|\,B)=(A)_B\cdot(B)_B$. Determine cuáles de las matrices que se dan a continuación

son ortogonales a la matriz $A=\begin{bmatrix}2 & 1\\-1 & 3\end{bmatrix}$:

$a)\ \begin{bmatrix}-3 & 0\\0 & 2\end{bmatrix}$; $b)\ \begin{bmatrix}1 & 1\\0 & -1\end{bmatrix}$; $c)\ \begin{bmatrix}0 & 0\\0 & 0\end{bmatrix}$; $d)\ \begin{bmatrix}2 & 1\\5 & 2\end{bmatrix}$

Rta.: Las matrices de los apartados a) , b) y c) son perpendiculares a la matriz "A".

Problema 9

---

1) Compruebe si el siguiente conjunto de vectores $S=\{v_1,\,v_2,\,v_3\}$ de $\mathbb{R}^3$ con producto interior canónico es una base ortonormal; siendo:

$$v_1=(0\,,1\,,0) \quad ; \quad v_2=\left(\frac{1}{\sqrt{2}}\,,0\,,\frac{1}{\sqrt{2}}\right) \quad ; \quad v_3=\left(\frac{1}{\sqrt{2}}\,,0\,,-\frac{1}{\sqrt{2}}\right)$$

Rta.: Los vectores v_1, v_2 y v_3 constituyen una base ortonormal.

2) Dados los vectores $v_1=(0\,,1\,,0)$; $v_2=\left(-\frac{4}{5}\,,0\,,\frac{3}{5}\right)$; $v_3=\left(\frac{3}{5}\,,0\,,\frac{4}{5}\right)$, comprobar que $S=\{v_1,v_2,v_3\}$ es una base ortonormal par $\mathbb{R}^3$, con el producto interior canónico.

Rta.: La base $S=\{v_1,v_2,v_3\}$ es una base ortonormal.

3) Sea $\mathbb{R}^2$ con el producto interior canónico. ¿Cuáles de los siguientes conjuntos son conjuntos ortonormales?

$$a)(1\,,0)\,;(0\,,2)\;;\;b)\left(\frac{1}{\sqrt{2}}\,,-\frac{1}{\sqrt{2}}\right);\left(\frac{1}{\sqrt{2}}\,,\frac{1}{\sqrt{2}}\right);\;c)\left(\frac{1}{\sqrt{2}}\,,\frac{1}{\sqrt{2}}\right);\left(-\frac{1}{\sqrt{2}}\,,-\frac{1}{\sqrt{2}}\right);\;d)(1\,,0)\,;(0\,,0)$$

Rta.: Los conjuntos a) , c) y d) no son conjuntos ortonormales. El conjunto b) si es un conjunto ortonormal.

4) Sea $\mathbb{R}^3$ con el producto interior canónico. ¿Cuáles de los siguientes conjuntos forman conjuntos ortonormales?

$$a)\left(\frac{1}{\sqrt{2}}\,,0\,,\frac{1}{\sqrt{2}}\right);\left(\frac{1}{\sqrt{3}}\,,\frac{1}{\sqrt{3}}\,,\frac{1}{\sqrt{3}}\right);\left(-\frac{1}{\sqrt{2}}\,,0\,,\frac{1}{\sqrt{2}}\right);\;b)\left(\frac{2}{3}\,,-\frac{2}{3}\,,\frac{1}{3}\right);\left(\frac{2}{3}\,,\frac{1}{3}\,,-\frac{2}{3}\right);\left(\frac{1}{3}\,,\frac{2}{3}\,,\frac{2}{3}\right)$$

$$c)\,(1\,,0\,,0)\,;\left(0\,,\frac{1}{\sqrt{2}}\,,\frac{1}{\sqrt{2}}\right);(0\,,0\,,1)\;\;;\;d)\left(\frac{1}{\sqrt{6}}\,,\frac{1}{\sqrt{6}}\,,-\frac{2}{\sqrt{6}}\right);\left(\frac{1}{\sqrt{2}}\,,-\frac{1}{\sqrt{2}}\,,0\right)$$

Rta.: Los conjuntos a) y c) no forman conjuntos ortonormales; los conjuntos b) y d) si los forman.

5) $V=\mathbb{R}_2[X]$, $B_V=\left(1,X,X^2\right)$ y el producto interno: $(p\,|\,q)=(p)_B\cdot(q)_B$. ¿Cuáles de los siguientes conjuntos son ortonormales?

$$a)\quad\left\{\frac{2}{3}-\frac{2}{3}X+\frac{1}{3}X^2\,;\frac{2}{3}+\frac{1}{3}X-\frac{2}{3}X^2\,;\frac{1}{3}+\frac{2}{3}X+\frac{2}{3}X^2\right\}$$

$$b)\quad\left\{1+0X+0X^2\,;\frac{1}{\sqrt{2}}X+\frac{1}{\sqrt{2}}X^2\,;0+0X+X^2\right\}$$

Rta.: El conjunto a) es un conjunto ortonormal; el conjunto b) no lo es.

6) Sea $V = \mathbb{R}^{2\times 2}$, $B_V = \left(\begin{bmatrix} 1 & 0 \\ 0 & 0 \end{bmatrix} \begin{bmatrix} 0 & 1 \\ 0 & 0 \end{bmatrix} \begin{bmatrix} 0 & 0 \\ 1 & 0 \end{bmatrix} \begin{bmatrix} 0 & 0 \\ 0 & 1 \end{bmatrix} \right)$ y el producto interno definido

por: $(A \mid B) = (A)_B \cdot (B)_B$. ¿Cuáles de los siguientes conjuntos son ortonormales?

a) $\left\{ \begin{bmatrix} 1 & 0 \\ 0 & 0 \end{bmatrix} ; \begin{bmatrix} 0 & \frac{2}{3} \\ \frac{1}{3} & -\frac{2}{3} \end{bmatrix} ; \begin{bmatrix} 0 & \frac{2}{3} \\ -\frac{2}{3} & \frac{1}{3} \end{bmatrix} ; \begin{bmatrix} 0 & \frac{1}{3} \\ \frac{2}{3} & \frac{2}{3} \end{bmatrix} \right\}$

b) $\left\{ \begin{bmatrix} 1 & 0 \\ 0 & 0 \end{bmatrix} ; \begin{bmatrix} 0 & 1 \\ 0 & 0 \end{bmatrix} ; \begin{bmatrix} 0 & 0 \\ 1 & 1 \end{bmatrix} ; \begin{bmatrix} 0 & 0 \\ 1 & -1 \end{bmatrix} \right\}$

Rta.: El conjunto a) es un conjunto ortonormal; el conjunto b) no lo es.

7) Sean $x = \left(\dfrac{1}{\sqrt{5}} ; -\dfrac{1}{\sqrt{5}} \right)$ e $y = \left(\dfrac{2}{\sqrt{30}} ; \dfrac{3}{\sqrt{30}} \right)$. Compruebe que el conjunto $\{x , y\}$ es ortonormal si $\mathbb{R}^2$ tiene el producto interno $(u \mid v) = 3u_1 v_1 + 2u_2 v_2$, pero no lo es si el producto interno es el canónico.

8) Demuestre que el conjunto:

$\{(1 , 0 , 0 , 1); (-1 , 0 , 2 , 1); (2 , 3 , 2 , -2) ; (-1 , 2 , -1 , 1)\}$ es ortogonal en $\mathbb{R}^4$ con el producto interior canónico. Normalizando cada uno de estos vectores, obtenga un conjunto ortonormal.

Problema 10

---

1) Sea $\mathbb{R}^2$ con el producto interior canónico. Aplique el proceso de Gram-Schmidt para transformar la base $\{u_1 , u_2\}$ en una base ortonormal, siendo:

a) $u_1 = (1 ; -3)$; $u_2 = (2 ; 2)$;   b) $u_1 = (1 ; 0)$; $u_2 = (3 ; -5)$

Rta.: $a) \left(\dfrac{1}{\sqrt{10}} ; -\dfrac{3}{\sqrt{10}} \right) ; \left(\dfrac{3}{\sqrt{10}} ; \dfrac{1}{\sqrt{10}} \right)$; $b) (1 ; 0) ; (0 ; -1)$

2) Sea $\mathbb{R}^3$ con el producto interior canónico. Aplique el proceso de Gram-Schmidt para transformar la base $\{u_1 , u_2 , u_3\}$ en una base ortonormal, siendo:

$a)\ u_1 = (1 ; 1 ; 1)$; $u_2 = (-1 ; 1 ; 0)$; $u_3 = (1 ; 2 ; 1)$
$b)\ u_1 = (1 ; 0 ; 0)$; $u_2 = (3 ; 7 ; -2)$; $u_3 = (0 ; 4 ; 1)$

Rta.:

$$a) \left(\dfrac{1}{\sqrt{3}} ; \dfrac{1}{\sqrt{3}} ; \dfrac{1}{\sqrt{3}} \right) ; \left(-\dfrac{1}{\sqrt{2}} ; \dfrac{1}{\sqrt{2}} ; 0 \right) ; \left(\dfrac{1}{\sqrt{6}} ; \dfrac{1}{\sqrt{6}} ; -\dfrac{2}{\sqrt{6}} \right)$$

$$b) (1 ; 0 ; 0) ; \left(0 ; \dfrac{7}{\sqrt{53}} ; -\dfrac{2}{\sqrt{53}} \right) ; \left(0 ; \dfrac{30}{\sqrt{11925}} ; \dfrac{105}{\sqrt{11925}} \right)$$

3) Sea $\mathbb{R}^4$ con el producto interior canónico. Aplique el proceso de Gram-Schmidt para transformar la base $\{u_1 , u_2 , u_3 , u_4\}$ en una base ortonormal, siendo:

$u_1 = (0 ; 2 ; 1 ; 0)$; $u_2 = (1 ; -1 ; 0 ; 0)$; $u_3 = (1 ; 2 ; 0 ; -1)$; $u_4 = (1 ; 0 ; 0 ; 1)$

Rta.: Los vectores v_1 , v_2 , v_3 y v_4 que constituyen base ortonormal son:

$$\left(0 ; \dfrac{2}{\sqrt{5}} ; \dfrac{1}{\sqrt{5}} ; 0 \right) ; \left(\dfrac{5}{\sqrt{30}} ; -\dfrac{1}{\sqrt{30}} ; \dfrac{2}{\sqrt{3}} ; 0 \right) ; \left(\dfrac{1}{\sqrt{10}} ; \dfrac{1}{\sqrt{10}} ; -\dfrac{2}{\sqrt{10}} ; -\dfrac{2}{\sqrt{10}} \right) ; \left(\dfrac{1}{\sqrt{15}} ; \dfrac{1}{\sqrt{15}} ; -\dfrac{2}{\sqrt{15}} ; \dfrac{3}{\sqrt{15}} \right)$$

4) Sea $\mathbb{R}^3$ con el producto interior canónico. Encuentre una base ortonormal para el subespacio generado por los vectores: $(\,0\,,1\,,2\,)$ y $(\,-1\,,0\,,1\,)$.

$$\text{Rta.:}\ \left(0\ ;\ \frac{1}{\sqrt{5}}\ ;\ \frac{2}{\sqrt{5}}\right);\left(-\frac{\sqrt{5}}{\sqrt{6}}\ ;\ -\frac{2}{\sqrt{30}}\ ;\ \frac{1}{\sqrt{30}}\right)$$

5) Sea $\mathbb{R}^3$ con el producto interior $(u\,|\,v) = u_1\,v_1 + 2u_2\,v_2 + 3u_3\,v_3$. Aplique el proceso de Gram-Schmidt para transfomar los vectores $u_1 = (1\,;1\,;1)$; $u_2 = (1\,;1\,;0)$ y $u_3 = (1\,;0\,;0)$ en una base ortonormal.

$$\text{Rta.:}\ \left(\frac{1}{\sqrt{6}}\ ;\ \frac{1}{\sqrt{6}}\ ;\ \frac{1}{\sqrt{6}}\right);\left(\frac{1}{\sqrt{6}}\ ;\ \frac{1}{\sqrt{6}}\ ;\ -\frac{1}{\sqrt{6}}\right);\left(\frac{2}{\sqrt{6}}\ ;\ -\frac{1}{\sqrt{6}}\ ;\ 0\right)$$

11

Formas Bilineales

11.1 Formas Bilineales. Introducción.

11.1.1 Definición.

Sea V un espacio vectorial sobre el cuerpo $\mathbb{K}$. Una forma bilineal b sobre V es una función $b: V \times V \to \mathbb{K}$ tal que:

$$\text{i)} \qquad b(cu_1 + u_2, v) = cb(u_1, v) + b(u_2, v)$$

$$\text{ii)} \qquad b(u, cv_1 + v_2) = cb(u, v_1) + b(u, v_2)$$

para todo $u, u_1, u_2, v, v_1, v_2 \in V$ y para todo $c \in \mathbb{K}$.

Si b_1 y b_2 son formas bilineales sobre V y c es un escalar de $\mathbb{K}$, entonces $cb_1 + b_2$ es una forma bilineal sobre V (ejercicio), de modo que el conjunto de todas las formas bilineales sobre V es un subespacio del espacio de todas las funciones de $V \times V$ en $\mathbb{K}$. Denotaremos por $B(V, \mathbb{K})$ al espacio de las formas bilineales sobre V.

11.1.2 Ejemplo.

Sea $V = \mathbb{R}^n$ y $b: V \times V \to \mathbb{R}$ dada por

$$b\big((x_1,x_2,\ldots,x_n),(y_1,y_2,\ldots,y_n)\big)=\sum_{k=1}^{n}x_k y_k$$

entonces, b es una forma bilineal sobre V. (El lector reconocerá que este es el producto interno canónico en $\mathbb{R}^n$).

11.1.3 Ejemplo.

Sea V un espacio vectorial sobre el cuerpo $\mathbb{K}$ y sean F_1 y F_2 funciones lineales de V en $\mathbb{K}$. Si definimos $b:V\times V\to\mathbb{K}$ por

$$b(u,v)=F_1(u)F_2(v)$$

se tiene que b es una forma bilineal sobre V. (Verificar).

Sea V un espacio vectorial de dimensión finita sobre el cuerpo $\mathbb{K}$ y sea $B=\{v_1,v_2,\ldots,v_n\}$ una base ordenada de V. Si u y v son vectores de V tenemos que

$$u=\sum_{i=1}^{n}x_i v_i \quad \text{y} \quad v=\sum_{j=1}^{n}y_j v_j$$

entonces

$$b(u,v)=b\left(\sum_{i=1}^{n}x_i v_i,\sum_{j=1}^{n}y_j v_j\right)=\sum_{i,j=1}^{n}x_i y_j b(u_i,v_j).$$

Haciendo $a_{ij}=b(u_i,v_j)$ se tiene que

$$b(u,v)=\sum_{i,j=1}^{n}x_i a_{ij}y_j = X^t A Y$$

donde A es la matriz de elementos a_{ij}, y las matrices X e Y son las matrices de coordenadas respecto de la base ordenada B de los vectores u y v respectivamente, esto es,

$$b(u,v) = [u]_B^t A[v]_B .$$

La matriz A se denomina matriz de la forma bilineal b en la base ordenada B y la denotaremos $M_B(b)$.

11.1.4 Teorema.

Sea V un espacio vectorial de dimensión n sobre el cuerpo $\mathbb{K}$. Si B es una base ordenada de V, la función $\Phi_B : B(V,\mathbb{K}) \to \mathbb{K}^{n\times n}$ dada por

$$\Phi_B(b) = M_B(b)$$

es un isomorfismo de $B(V,\mathbb{K})$ sobre $\mathbb{K}^{n\times n}$. En particular, se tiene que $\dim\big(B(V,\mathbb{K})\big) = n^2$.

Demostración.

Sean $b_1, b_2 \in B(V,\mathbb{K})$, $c \in \mathbb{K}$ y $B = \{v_1, v_2, ..., v_n\}$ una base ordenada de V, entonces

$$(cb_1 + b_2)(v_i, v_j) = cb_1(v_i, v_j) + b_2(v_i, v_j)$$

para todo i y j. Esto dice que

$$M_B(cb_1 + b_2) = cM_B(b_1) + M_B(b_2)$$

de donde

$$\Phi_B(cb_1 + b_2) = c\Phi_B(b_1) + \Phi_B(b_2)$$

esto es, Φ_B es lineal.

Φ_B es inyectiva: $\Phi_B(b) = 0 \implies M_B(b) = 0 \implies b(u,v) = [u]_B^t 0[v] = 0$ para todo $u, v \in V$, lo que muestra que b es la forma bilineal nula, esto es, $N_{\Phi_B} = \{0\}$, de donde se desprende que Φ_B es inyectiva.

Φ_B es suryectiva: sea $A \in \mathbb{K}^{n \times n}$ y sea $b \in B(V, \mathbb{K})$ definida por

$$b(u, v) = [u]_B^t \, A [v]_B$$

entonces, $M_B(b) = A$, de manera que $\Phi_B(b) = A$ mostrando que Φ_B es suryectiva.

Veamos ahora que sucede con la matriz de una forma bilineal cuando se cambia de una base ordenada a otra.

11.1.5 Teorema.

Si B y B' son dos bases ordenadas de V con matriz de cambio de base P y b es una forma bilineal sobre V, entonces

$$M_{B'}(b) = P^t M_B(b) P$$

Demostración

Sean $B = \{v_1, v_2, ..., v_n\}$ y $B' = \{v_1', v_2', ..., v_n'\}$ dos bases ordenadas de V. Si P es la matriz de cambio de base de B a B' tenemos

$$[v]_B = P[v]_{B'}$$

para todo $v \in V$, entonces

$$\begin{aligned}
b(u, v) &= [u]_B^t \, M_B(b) [v]_B \\
&= \left(P[u]_{B'} \right)^t M_B(b) \left(P[v]_{B'} \right) \\
&= [u]_{B'}^t \, P^t M_B(b) P [v]_{B'}
\end{aligned}$$

Por definición de la matriz de una forma bilineal respecto de una base ordenada y la unicidad tenemos que

$$M_{B'}(b) = P^t M_B(b) P$$

11.1.6 Ejemplo.

Sea $V = \mathbb{R}_1[X]$ y $b \in B(V, \mathbb{R})$ dada por

$$b\left(a_0 + a_1 X, b_0 + b_1 X\right) = a_0 b_0 + 2 a_0 b_1 - 3 a_1 b_0 + 4 a_1 b_1$$

entonces, es inmediato que

$$b\left(a_0 + a_1 X, b_0 + b_1 X\right) = \begin{bmatrix} a_0 & a_1 \end{bmatrix} \begin{bmatrix} 1 & 2 \\ -3 & 4 \end{bmatrix} \begin{bmatrix} b_0 \\ b_1 \end{bmatrix}$$

por lo que la matriz de b en la base ordenada $B = \{1, X\}$ es

$$M_B(b) = \begin{bmatrix} 1 & 2 \\ -3 & 4 \end{bmatrix}.$$

Sea $B' = \{1 - X, 2X\}$ otra base ordenada de $\mathbb{R}_1[X]$. La matriz P de cambio de base es

$$P = \begin{bmatrix} 1 & 0 \\ -1 & 2 \end{bmatrix}$$

por lo tanto

$$M_{B'}(b) = \begin{bmatrix} 1 & -1 \\ 0 & 2 \end{bmatrix} \begin{bmatrix} 1 & 2 \\ -3 & 4 \end{bmatrix} \begin{bmatrix} 1 & 0 \\ -1 & 2 \end{bmatrix}$$
$$= \begin{bmatrix} 6 & -4 \\ -14 & 16 \end{bmatrix}$$

Se puede demostrar que si A y B son matrices $n \times n$ sobre $\mathbb{K}$ tales que $B = P^t A P$ con P inversible, entonces $r_f(A) = r_f(B)$. [2]

11.1.7 Definición.

Si b es una forma bilineal sobre un espacio vectorial V de dimensión finita, se llama **rango** de b al rango de filas de la matriz de la forma en cualquier base ordenada.

11.1.8 Definición.

Sea V un espacio vectorial de dimensión finita sobre el cuerpo $\mathbb{K}$. Una forma bilineal b sobre V se dice **no degenerada** (o **no singular**) si el rango de b es igual a $\dim(V)$.

11.2 Formas bilineales simétricas

11.2.1 Definición.

Sea V un espacio vectorial sobre el cuerpo $\mathbb{K}$. Una forma bilineal b sobre V se dice simétrica si

$$b(u,v) = b(v,u)$$

para todo par de vectores u y v en V.

Nos interesa conocer ahora, que aspecto tiene la matriz de una forma bilineal simétrica respecto de una base ordenada. Esta inquietud queda aclarada en el teorema siguiente:

11.2.2 Teorema.

Sea V un espacio vectorial de dimensión finita sobre el cuerpo $\mathbb{K}$. Una una forma bilineal b sobre V es simétrica, si y sólo si, la matriz de b en cualquier base ordenada es simétrica.

Demostración

Sea B una base ordenada de V, entonces

$$b(u,v) = [u]_B^t\, A[v]_B$$

donde $A = M_B(b)$. Si b es simétrica

$$[u]_B^t A[v]_B = [v]_B^t A[u]_B$$

y como $[u]_B^t A[v]_B$ es una matriz 1×1, tomando traspuesta, se tiene

$$[u]_B^t A[v]_B = [v]_B^t A^t[u]_B$$

de modo que b es simétrica si y sólo si

11.2.3.

$$[v]_B^t A[u]_B = [v]_B^t A^t[u]_B$$

para todo $u, v \in V$.

En particular, tomando $u = v_i$, el $i-$ésimo vector de la base B y $v = v_j$, el $j-$ésimo vector de B, el miembro izquierdo de 10.2.3 es

11.2.4.

$$[v_i]_B^t A[v_j]_B = \sum_{k=1}^n \left([v_i]_B^t\right)_k \left(A[v_j]_B\right)_k = \sum_{k=1}^n \delta_{ik}\left(A[v_j]_B\right)_k$$
$$= \left(A[v_j]_B\right)_i = \sum_{r=1}^n A_{ir}\left([v_j]_B\right)_r = \sum_{r=1}^n A_{ir}\delta_{jr} = A_{ij}$$

y el derecho

11.2.5.

$$[v_i]_B^t A^t[v_j]_B = \sum_{k=1}^n \left([v_i]_B^t\right)_k \left(A^t[v_j]_B\right)_k = \sum_{k=1}^n \delta_{ik}\left(A^t[v_j]_B\right)_k$$
$$= \left(A^t[v_j]_B\right)_i = \sum_{r=1}^n A^t_{ir}\left([v_j]_B\right)_r = \sum_{r=1}^n A_{ri}\delta_{jr} = A_{ji}$$

De 11.2.4 y 11.2.5 se tiene $A_{ij} = A_{ji}$, y como esto es válido para todo i y para todo j se tiene $A = A^t$ completando la demostración del teorema.

11.2.6 Definición.

Si b es una forma bilineal simétrica, la **forma cuadrática asociada a** b es la función $q : V \to \mathbb{K}$ dada por

$$q(v) = b(v,v).$$

Si $\mathbb{K}$ es un subcuerpo de los complejos, entonces la forma bilineal simétrica está completamente determinada por la forma cuadrática asociada, en efecto,

11.2.7.

$$q(u+v) = b(u+v, u+v) = b(u,u) + 2b(u,v) + b(v,v)$$

y

11.2.8.

$$q(u-v) = b(u-v, u-v) = b(u,u) - 2b(u,v) + b(v,v)$$

Restando 11.2.5 de 11.2.4 obtenemos

$$q(u+v) - q(u-v) = 4b(u,v)$$

de donde

$$b(u,v) = \tfrac{1}{4} q(u+v) - \tfrac{1}{4} q(u-v).$$

11.2.9 Definición.

Sea V un espacio vectorial sobre el cuerpo $\mathbb{R}$ de los números reales. Una forma bilineal b sobre V se dice **positivamente definida** si $b(v,v) > 0$ para todo vector v no nulo de V.

11.2.10 Definición.

Sea A una matriz $n \times n$ sobre el cuerpo $\mathbb{K}$. Los **menores principales** de A son los escalares $\Delta_k(A)$ dados por

$$\Delta_k(A) = \det \begin{bmatrix} a_{11} & \cdots & a_{1k} \\ \vdots & \ddots & \vdots \\ a_{k1} & \cdots & a_{kk} \end{bmatrix}, \quad 1 \leq k \leq n$$

Se puede demostrar ([1]) que si b es una forma bilineal simétrica sobre un espacio vectorial real de dimensión finita y A es la matriz de b en una base ordenada B, entonces b es positivamente definida si y sólo si, $\Delta_k(A) > 0$ para $k = 1, 2, ..., n$.

Una aplicación de esto es usada para estudiar los máximos o mínimos de funciones reales de n variables reales. Sea $f : \mathbb{R}^n \to \mathbb{R}$ una función cuyas derivadas primeras $\partial_1 f, \partial_2 f, ..., \partial_n f$ se anulan en el punto $a = (a_1, a_2, ..., a_n)$. Por lo tanto, en el desarrollo de Taylor de f en potencias de $h_i = x_i - a_i$ para $i = 1, 2, ..., n$ no aparecerán los términos de primer grado. Este desarrollo (que suponemos convergente) es

$$f(a_1 + h_1, ..., a_n + h_n) = f(a_1, ..., a_n) + \frac{1}{2}\begin{bmatrix} h_1 & \cdots & h_n \end{bmatrix} \begin{bmatrix} a_{11} & \cdots & a_{1n} \\ \vdots & \ddots & \vdots \\ a_{n1} & \cdots & a_{nn} \end{bmatrix} \begin{bmatrix} h_1 \\ \vdots \\ h_n \end{bmatrix} + \cdots$$

donde los elementos a_{ij} están dados por

$$a_{ij} = \partial_i \partial_j f(a).$$

Esta es la matriz hessiana H_f de la función f en el punto $a = (a_1, a_2, ..., a_n)$.

Para pequeños valores de h_i, los términos importantes son los dados por el producto matricial, que es una forma cuadrática. Si la misma está positivamente definida, entonces

$$f(a_1 + h_1, ..., a_n + h_n) - f(a_1, ..., a_n) > 0$$

lo que indica que la función f tiene un mínimo en el punto $a = (a_1, a_2, ..., a_n)$.

Evidentemente, lo que llamamos matriz hessiana de f en el punto $a = (a_1, a_2, ..., a_n)$ es la matriz de la forma bilineal asociada a dicha forma cuadrática, de manera que si $\Delta_k (H_f)(a) > 0$, para $k = 1, 2, ..., n$, la forma está positivamente definida y f tiene un mínimo en $a = (a_1, a_2, ..., a_n)$.

Una forma bilineal simétrica b es negativamente definida si $-b$ es positivamente definida. Si A es la matriz de la forma bilineal simétrica respecto de alguna base ordenada, entonces $-A$ es la matriz de la forma bilineal simétrica $-b$, de modo que, b es negativamente definida si $\Delta_k(-A) > 0$ para $k = 1, 2, ..., n$, lo que equivale a decir que $(-1)^k \Delta_k(A) > 0$ para $k = 1, 2, ..., n$. Aplicado esto a nuestro problema de máximos y mínimos, la función f tiene un máximo en $a = (a_1, a_2, ..., a_n)$ si la forma cuadrática en cuestión es negativamente definida, lo que ocurre si, y sólo si, $(-1)^k \Delta_k (H_f)(a) > 0$ para $k = 1, 2, ..., n$.

En cualquier otro caso, f no tiene máximo ni mínimo (local), y a estos puntos se los conoce bajo el nombre de puntos de ensilladura.

Ejercicios

Problema 1

Dada la forma bilineal $b \in B(\mathbb{R}^2, \mathbb{R})$ por

$$b(u,v) = \begin{bmatrix} x_1 & x_2 \end{bmatrix} \begin{bmatrix} 2 & -3 \\ 5 & 6 \end{bmatrix} \begin{bmatrix} y_1 \\ y_2 \end{bmatrix}$$

donde $u = (x_1, x_2)$ y $v = (y_1, y_2)$ se pide:

a) $b((1,2),(-1,4))$

b)   Expresar b en forma polinómica.

Problema 2

Sea $b \in B(\mathbb{R}^3, \mathbb{R})$ dada por

$$b(u,v) = 2x_1 y_1 + 3x_1 y_2 - x_1 y_3 + 4x_2 y_1 - 6x_2 y_2 + x_3 y_1 + x_3 y_2 - x_3 y_3$$

donde $u = (x_1, x_2, x_3)$ y $v = (y_1, y_2, y_3)$. Se pide:

a) $b((1,4,0),(-1,0,3))$

b)   Expresar b en forma matricial.

Problema 3

En cada uno de los casos siguientes, hallar la matriz $M_B(b)$ para la forma bilineal $b \in B(V, \mathbb{K})$ y la base B dada.

a) $V = \mathbb{R}^2$, $B = \{(1,2),(3,4)\}$ y $b((x_1,x_2),(y_1,y_2)) = x_1 y_1 + x_2 y_2$

b) $V = \mathbb{R}^2$, $B = \{(1,2),(3,4)\}$ y $b((x_1,x_2),(y_1,y_2)) = \det \begin{bmatrix} x_1 & y_1 \\ x_2 & y_2 \end{bmatrix}$

c) $V = \mathbb{R}^3$, $B = \{\varepsilon_1, \varepsilon_2, \varepsilon_3\}$ la base canónica de $\mathbb{R}^3$ y b la forma bilineal
$$b(u,v) = 2x_1 y_1 + 3x_1 y_2 - x_1 y_3 + 4x_2 y_1 - 6x_2 y_2 + x_3 y_1 + x_3 y_2 - x_3 y_3,$$
donde $u = (x_1, x_2, x_3)$ y $v = (y_1, y_2, y_3)$.

> *d)* $V = \mathbb{R}_2[X]$, $B = \left\{1, X, X^2\right\}$ y $b(p,q) = \int_0^1 p(t)q(t)d$ ı

Problema 4

Sea

$$A = \begin{bmatrix} 1 & 2 & 3 \\ -1 & 1 & 1 \\ 3 & 0 & 1 \end{bmatrix}$$

la matriz de $b \in B(\mathbb{R}^3, \mathbb{R})$ relativa a la base canónica. Se pide:

a)   Indicar para que pares $(\varepsilon_i, \varepsilon_j)$ de vectores de la base se verifican cada una de las condiciones siguientes:

$$b(\varepsilon_i, \varepsilon_j) = b(\varepsilon_j, \varepsilon_i), \; b(\varepsilon_i, \varepsilon_j) = 0, \; b(\varepsilon_i, \varepsilon_j) \neq b(\varepsilon_j, \varepsilon_i).$$

b)   Dar la matriz de b relativa a la base $B = \{\varepsilon_1 + \varepsilon_2, \varepsilon_2, \varepsilon_1 + \varepsilon_2 + \varepsilon_3\}$.

c)   Expresar b en forma polinómica.

Problema 5

Determinar cuáles de las siguientes funciones $b : \mathbb{R}^2 \times \mathbb{R}^2 \to \mathbb{R}$ son bilineales:

a) $b((x_1, x_2), (y_1, y_2)) = 2x_1 y_1 + 3x_1 y_2 - x_2 y_2$

b) $b((x_1, x_2), (y_1, y_2)) = 1$

c) $b((x_1, x_2), (y_1, y_2)) = (x_1 + y_1)^2 - (x_1 - y_2)^2$

d) $b((x_1, x_2), (y_1, y_2)) = 2x_1 y_1 + 5x_2 y_2^2$

Problema 6

Dar la forma cuadrática asociada a cada una de las siguientes formas bilineales:

a) $\quad b((x_1, x_2), (y_1, y_2)) = 2x_1 y_1 + 2x_1 y_2 - 4x_2 y_1 + 5x_2 y_2$

b) $\quad b((x_1, x_2, x_3), (y_1, y_2, y_3)) = x_1 y_1 + 2x_1 y_3 - 4x_2 y_1 + x_2 y_3 + 2x_3 y_3$

Problema 7

Obtener el rango de las formas bilineales de los ejercicios 1, 2, 3, 4 y 6.

Problema 8

Obtener la forma bilineal simétrica asociada a cada una de las siguientes formas cuadráticas:

a) $\quad q(x_1, x_2) = 3x_1 x_2 + 2x_2^2$

b) $\quad q(x_1, x_2) = -x_1^2 + 2x_1 x_2 + x_2^2$

c) $\quad q(x_1, x_2, x_3) = 3x_1^2 - 4x_1 x_2 + 9x_2^2 + 6x_1 x_3 + x_3^2$

d) $\quad q(x_1, x_2) = x_1^2 + 9x_2^2$

e) $\quad q(x_1, x_2) = bx_1 x_2$

f) $\quad q(x_1, x_2) = 3x_1 x_2 - x_2^2$

¿ Cuales de ellas son positivas?

Sea $q(x_1, x_2) = ax_1^2 + bx_1 x_2 + cx_2^2$ la forma cuadrática asociada con una forma bilineal simétrica b sobre $\mathbb{R}^2$. Demostrar que b es no degenerada si, y sólo si, $b^2 - 4ac \neq 0$.

12

Pseudoinversa

12.1 Introducción

En este capítulo nos proponemos definir el concepto de pseudoinversa de una matriz y establecer un modo de calcularla.

Para poder desarrollar nuestra idea tendremos en cuenta los siguientes resultados que se pueden demostrar con referencia al rango de una matriz.

Observaciones acerca del rango de matrices

1) $r(A) = r(A^T)$

2) $r(AA^T) = r(A^T A) = r(A)$

3) $r(AB) \leq mín\{r(A), r(B)\}$

4) Si $\det(B) \neq 0$, entonces: $r(AB) = r(BA) = r(A)$

5) Si:

$$A \in \mathbb{R}^{n \times n} \ y \ m > n = r \ \overset{\text{por 2)}}{\Longrightarrow} \ \underset{n \times n}{A^T A} \ \text{es inversible.}$$

$$A \in \mathbb{R}^{n \times n} \ y \ n > m = r \ \overset{\text{por 2)}}{\Longrightarrow} \ \underset{n \times n}{AA^T} \ \text{es inversible.}$$

6) Si: $A \in \mathbb{R}^{n \times n}$ y $n \neq r$ $\overset{\text{por 2)}}{\Longrightarrow}$ $\underset{n \times n}{A A^{T}}$ y $\underset{n \times n}{A^{T} A}$ no son inversibles.

7) $A \in \mathbb{R}^{n \times n}$ es inversible $\Leftrightarrow A \overset{f}{\sim} I_{n} \Leftrightarrow r(A) = n$ (A es de rango completo)

Consideramos además las siguientes definiciones:

INVERSA, INVERSA IZQUIERDA e INVERSA DERECHA

1) Si $A \in \mathbb{R}^{n \times n}$ y $r = n$, entonces existe $A^{-1} \in \mathbb{R}^{n \times n}$ tal que $A A^{-1} = A^{-1} A = I_{n}$. Diremos en este caso que la matriz A^{-1} es la ***inversa*** de A.

2) Sea $A \in \mathbb{R}^{m \times n}$. Si existe $B \in \mathbb{R}^{n \times m}$ tal que $BA = I_{n}$, entonces B es una ***inversa a izquierda*** de A. Si en particular, en la matriz A se cumple que $m > n = r$, entonces $A^{T} A$ es inversible y $B = \left(A^{T} A\right)^{-1} A^{T}$ es una ***inversa izquierda*** de A. En efecto:

$$BA = \left(\left(A^{T} A\right)^{-1} A^{T}\right) A = \left(A^{T} A\right)^{-1} \left(A^{T} A\right) = I$$

3) Sea $A \in \mathbb{R}^{m \times n}$. Si existe $C \in \mathbb{R}^{n \times m}$ tal que $AC = I_{m}$, entonces C es una ***inversa a derecha*** de A. En particular, si la matriz A cumple que $n > m = r$, entonces $A A^{T}$ es inversible y $C = A^{T} \left(A A^{T}\right)^{-1}$ es una ***inversa a derecha*** de A puesto que:

$$AC = A \left(A^{T} \left(A A^{T}\right)^{-1}\right) = \left(A A^{T}\right) \left(A A^{T}\right)^{-1} = I_{m}$$

Observe que en los tres casos, las matrices A^{-1}, B y C verifican las siguientes condiciones:

i) $A^{-1} A A^{-1} = A^{-1}, \quad BAB = B, \quad CAC = C$

ii) $A A^{-1} A = A, \quad ABA = A, \quad ACA = A$

iii) $\left(A A^{-1}\right)^{T} = A A^{-1}, \quad (AB)^{T} = AB, \quad (AC)^{T} = AC$

iv) $\left(A^{-1}A\right)^{T} = A^{-1}A, \quad \left(BA\right)^{T} = BA, \quad \left(CA\right)^{T} = CA$

Debe notarse también que en los casos 1), 2) y 3) la matriz A es de rango completo.

Cuando esto último no se cumple, no existe una matriz cuyo producto por A a izquierda ó derecha sea igual a la matriz identidad.

Sin embargo veremos que existe una matriz – que la denotaremos A^{+} – y cumple con las condiciones i) a iv) de modo que su comportamiento respecto de A, resulta análogo al de las inversas ya analizadas.

I) definición

Sean $A \in \mathbb{R}^{m \times n}$ y $A^{+} \in \mathbb{R}^{n \times m}$ tales que:

$$1) \quad AA^{+}A = A \qquad\qquad 2) \quad A^{+}AA^{+} = A^{+}$$

$$3) \quad \left(AA^{+}\right)^{T} = AA^{+} \qquad\qquad 4) \quad \left(A^{+}A\right)^{T} = A^{+}A$$

Se dice que A^{+} es la **pseudoinversa** de A, y las condiciones i) a iv) se conocen como las **propiedades de Moore-Penrose**.

Ésta es una definición axiomática que no indica el camino para obtener la pseudoinversa de una matriz. Nos proponemos dar una definición alternativa de tipo operativo, que permitirá la obtención de una fórmula explícita, para calcularla y que no surge de manera trivial.

Para lograr este objetivo, comenzaremos por demostrar lo siguiente:

TEOREMA

Toda matriz $A \in \mathbb{R}^{m \times n}$ se puede factorizar en la forma: $\quad A = Q\Sigma P^{T}$

Donde P^{T} es una matriz ortogonal ($n \times n$), Σ una matriz diagonal ($m \times n$) y

Q una matriz ortogonal ($m \times m$).

La matriz $\left(A^{T}A\right)$ es simétrica y por lo tanto sus valores propios son reales no negativos. (Apéndice 1), 3) y 5)).

Es posible por lo tanto, denotar los valores propios de $A^T A$ como $\sigma_1^2,...,\sigma_n^2$. Si $r(A) = r$, en esta lista, cada valor propio se repite según su orden de multiplicidad como raíz de la ecuación característica, además se ordenan de modo tal que los $n-r$ últimos, son nulos.

Se demuestra que si $A \in \mathbb{R}^{m \times n}$ y $r(A) = r$, entonces AA^t y $A^t A$ tienen los mismos r valores propios no nulos y $m-r$ y $n-r$ valores propios nulos respectivamente. (Apéndice 9).

Luego los valores propios de AA^T son $\sigma_1^2,...,\sigma_m^2$, donde cada valor propio se repite, como en el caso anterior, según su orden de multiplicidad como raíz de la ecuación característica, y se ordenan de modo tal que los $m-r$ últimos son nulos. Como $A^T A$ y AA^T son simétricas y estamos trabajando en espacios vectoriales de dimensión finita n y m respectivamente, está garantizada la posibilidad de construir bases ortonormales de $\mathbb{R}^{n \times 1}$ y $\mathbb{R}^{m \times 1}$ con vectores propios unitarios de las correspondientes matrices simétricas. (Teorema Espectral, Apéndice 8)).

Sean $B_1 = (u_1,...,u_r,u_{r+1},...,u_n)$ y $B_2 = (v_1,...,v_r,v_{r+1},...,v_m)$ bases ortonormales de vectores propios de $A^T A$ en $\mathbb{R}^{n \times 1}$ y AA^T en $\mathbb{R}^{m \times 1}$ respectivamente, donde cada u_i es un vector propio unitario asociado al valor propio σ_i^2 en el conjunto de partida, mientras los v_i lo son en el conjunto de llegada.

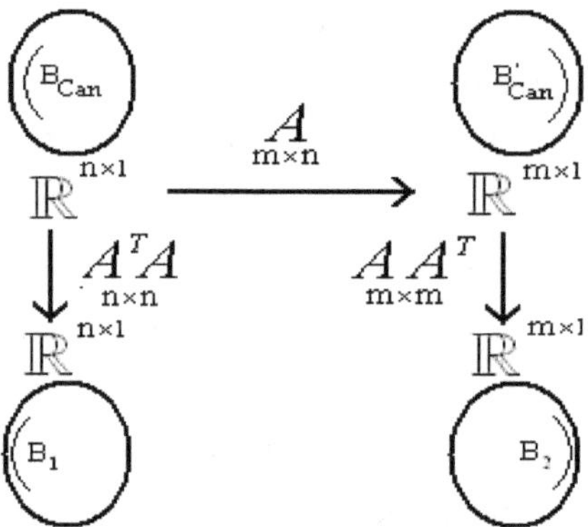

Fig. 1

Observe que en la base B_1, los vectores propios $u_{r+1},\ldots,u_n$, corresponden al valor propio nulo de $A^T A$ con multiplicidad $n-r$. Análogamente en B_2, los vectores propios $v_{r+1},\ldots,v_m$ están asociados al valor propio nulo de multiplicidad $m-r$ de AA^T.

Las matrices de cambio de base canónica por B_1 y B_2 respectivamente en los espacios vectoriales de partida y llegada, y sus transpuestas son:

$$P=\begin{bmatrix} \uparrow & \cdots & \uparrow \\ u_1 & \cdots & u_n \\ \downarrow & \cdots & \downarrow \end{bmatrix} \mapsto P^T=\begin{bmatrix} \leftarrow & u_1^T & \rightarrow \\ \vdots & \vdots & \vdots \\ \leftarrow & u_n^T & \rightarrow \end{bmatrix};\ Q=\begin{bmatrix} \uparrow & \cdots & \uparrow \\ v_1 & \cdots & v_m \\ \downarrow & \cdots & \downarrow \end{bmatrix} \mapsto Q^T=\begin{bmatrix} \leftarrow & v_1^T & \rightarrow \\ \leftarrow & \cdots & \rightarrow \\ \leftarrow & v_m^T & \rightarrow \end{bmatrix}$$

La matriz $P\in\mathbb{R}^{n\times n}$ es una matriz cuyas columnas son un conjunto ortonormal y por lo tanto P es una matriz ortogonal ya que $PP^t=P^tP=I$.

De manera similar se demuestra que $Q\in\mathbb{R}^{m\times m}$ es también matriz ortogonal. Si $\lambda\neq 0$ es un valor propio de $A^T A$, esto implica la existencia de $u\neq 0$ tal que $\left(A^T A\right)u=\lambda u$. Premultiplicando esta última expresión por A y asociando adecuadamente, se tiene $\left(AA^T\right)Au=A\left(\lambda u\right)=\lambda\left(Au\right)$. Lo cual pone en evidencia que el vector $v=Au$ es un vector propio de AA^T asociado al valor propio λ.

Recíprocamente, si $\lambda'\neq 0$ es un valor propio de AA^T, esto implica la existencia de $v\neq 0$ tal que $\left(AA^T\right)v=\lambda'v$. Premultiplicando por A^T y asociando adecuadamente, se tiene

$\left(A^{T}A\right)A^{T}v = A^{T}\left(\lambda'v\right) = \lambda'\left(A^{T}v\right)$. Por lo que el vector $u = A^{T}v$ es un vector propio de $A^{T}A$ asociado al valor propio λ'.

Remarcamos el siguiente resultado:

Las matrices AA^{T} y $A^{T}A$ tienen los mismos valores propios. Si u es un vector propio de $A^{T}A$ asociado al valor propio no nulo λ, entonces $v = Au$ es un vector propio de AA^{T} asociado al mismo valor propio, o bien, si v es un vector propio de AA^{T} asociado al valor propio no nulo λ', entonces $u = A^{T}v$ es un vector propio de $A^{T}A$ asociado ese valor propio λ'.

Todo esto nos conduce a que, si u_{j} es un vector propio asociado a σ_{j}^{2} como valor propio de $A^{T}A$, entonces Au_{j} es un vector propio asociado a σ_{j}^{2} como valor propio de AA^{T}.

$$\left\|Au_{j}\right\|^{2} = u_{j}^{T}A^{T}Au_{j} = u_{j}^{T}\sigma_{j}^{2}u_{j} = \sigma_{j}^{2}\left\|u_{j}\right\|^{2} \quad \text{y} \quad \left\|u_{j}\right\| = 1 \Rightarrow \left\|Au_{j}\right\| = \sigma_{j} \Rightarrow \frac{1}{\sigma_{j}}Au_{j} = v_{j}$$

para $j = 1, 2, \ldots, r$.

De donde resulta: $\boxed{v_{i}^{T} = \dfrac{1}{\sigma_{i}}u_{i}^{T}A^{T}}$

Veremos ahora qué forma presenta la matriz $\Sigma = Q^{T}AP$:

$$
\begin{array}{c}
\begin{bmatrix}
\uparrow & \cdots & \uparrow & \cdots & \uparrow \\
u_{1} & \cdots & u_{j} & \cdots & u_{n} \\
\downarrow & \cdots & \downarrow & \cdots & \downarrow
\end{bmatrix} = P \\[2em]
\hline
Q^{T}A = \begin{bmatrix} v_{1}^{T}A \\ \vdots \\ v_{i}^{T}A \\ \vdots \\ v_{m}^{T}A \end{bmatrix}
\begin{bmatrix}
\cdot\ \cdot & & \cdot & & \cdot\ \cdot \\
\cdot\ \cdot & & \cdot & & \cdot\ \cdot \\
\cdot\ \cdot & \Sigma_{ij} = v_{i}^{T}Au_{j} & & & \cdot\ \cdot \\
\cdot\ \cdot & & \cdot & & \cdot\ \cdot \\
\cdot\ \cdot & & \cdot & & \cdot\ \cdot
\end{bmatrix} = Q^{T}AP
\end{array}
$$

El elemento genérico de la matriz Σ es:

$$\Sigma_{ij} = v_i^T A u_j = \frac{1}{\sigma_i} u_i^T A^T A u_j = \frac{\sigma_j^2}{\sigma_i} u_i^T u_j \Rightarrow \Sigma_{ij} = \begin{cases} \sigma_i & \text{para} \quad i = j \leq r \\ 0 & \text{para los demás casos} \end{cases} \qquad (1)$$

Quedando a la vista que Σ es una matriz diagonal.

Pero: $\Sigma = Q^T A P \Leftrightarrow A = Q \Sigma P^T$ lo que concluye la demostración.

De acuerdo con el teorema: $\boxed{A = Q \Sigma P^T}$ \qquad (2)

Donde Σ es una matriz ($m \times n$), que tiene $\sigma_1, \sigma_2, ..., \sigma_r$ como elementos en la diagonal principal y ceros en todos los lugares restantes.

Los números σ_i, que son las raíces cuadradas no negativas de los valores propios de $A^T A$, se denominan **VALORES SINGULARES** de A, y la factorización (2), es llamada una **DESCOMPOSICION EN VALORES SINGULARES** de A. Como el orden elegido para considerar los σ_i fue, evidentemente arbitrario, como así también el de los vectores propios asociados al valor propio nulo, es inmediato que la *descomposición en valores singulares* de una matriz no es única.

La factorización que se acaba de analizar, conduce a una forma explícita de definir y calcular la *pseudoinversa.*

DEFINICIÓN 1-(operativa)

Se define la ***pseudoinversa*** de una matriz del tipo: $\Sigma \in \mathbb{R}^{m \times n}$ tal que:

$$\begin{cases} \Sigma_{ij} = \sigma_i \ \text{para } i = j \leq r \\ \Sigma_{ij} = 0 \ \text{ los demás casos.} \end{cases}$$

Como la matriz: $\Sigma^+ \in \mathbb{R}^{n \times m}$ tal que:

$$\begin{cases} \Sigma_{ij}^+ = \sigma_i^{-1} \ \text{para } i = j \leq r \\ \Sigma_{ij}^+ = 0 \ \text{ los demás casos.} \end{cases}$$

Esto es:

$$\Sigma = \begin{bmatrix} \sigma_1 & 0 & \ldots & \ldots & \ldots & \ldots & 0 \\ 0 & \sigma_2 & \ldots & \ldots & \ldots & \ldots & 0 \\ \vdots & \vdots & \ddots & \vdots & \vdots & \vdots & \vdots \\ 0 & 0 & \ldots & \sigma_r & \ldots & \ldots & 0 \\ 0 & 0 & \ldots & 0 & \ldots & \ldots & 0 \\ \vdots & \vdots & \vdots & \vdots & \vdots & \vdots & \vdots \\ 0 & 0 & \ldots & 0 & \ldots & \ldots & 0 \end{bmatrix} \mapsto \Sigma^+ = \begin{bmatrix} \sigma_1^{-1} & 0 & \ldots & 0 & \ldots & 0 \\ 0 & \sigma_2^{-1} & \ldots & 0 & \ldots & 0 \\ \vdots & \vdots & \ddots & \vdots & \vdots & \vdots \\ 0 & 0 & \ldots & \sigma_r^{-1} & \ldots & 0 \\ \vdots & \vdots & \vdots & \vdots & \vdots & \vdots \\ \vdots & \vdots & \vdots & \vdots & \vdots & \vdots \\ 0 & 0 & \ldots & 0 & \ldots & 0 \end{bmatrix}$$

DEFINICIÓN 2-(operativa)

Se define la ***pseudoinversa*** de una matriz $A \in \mathbb{R}^{m \times n}$ que tiene una descomposición en valores singulares $A = Q\Sigma P^T$, como la matriz $A^+ \in \mathbb{R}^{n \times m}$, que se construye mediante el producto:

$$\boxed{A^+ = P\Sigma^+ Q^T}$$

Demostraremos ahora que las matrices obtenidas por estas dos últimas definiciones, cumplen con las cuatro condiciones de Moore-Penrose.

$$CASO\ 1: \quad A = \Sigma \in \mathbb{R}^{m \times n} \text{ con } \begin{cases} \Sigma_{ij} = \sigma_i \text{ para } i = j \leq r \\ \Sigma_{ij} = 0 \text{ los demás casos.} \end{cases}$$

i) $\Sigma\Sigma^+\Sigma = \Sigma$

Está claro que las matrices Σ y $\Sigma\Sigma^+\Sigma$ tienen el mismo tamaño; por lo que, para demostrar la igualdad, sólo es necesario poner en evidencia que tienen todos sus elementos homólogos iguales.

$$\left[\Sigma\Sigma^+\Sigma\right]_{ij} = \sum_{h=1}^{n} \Sigma_{ih} \left[\Sigma^+\Sigma\right]_{hj} = \sum_{h=1}^{n} \Sigma_{ih} \sum_{k=1}^{m} \Sigma_{hk}^+ \Sigma_{kj} \quad (*)$$

Como

$$\begin{cases} \Sigma_{ij} = \sigma_i \ \text{ para } i = j \le r \\ \Sigma_{ij} = 0 \ \text{ los dem''as casos.} \end{cases} \quad \text{y} \quad \begin{cases} \Sigma_{ij}^+ = \sigma_i^{-1} \ \text{ para } i = j \le r \\ \Sigma_{ij}^+ = 0 \ \text{ los demás casos.} \end{cases}$$

En la expresión (*) desparecen todos los términos que contienen como factor a Σ_{ih}, con excepción del caso $h = i \le r$.

Luego:

$$\left[\Sigma \Sigma^+ \Sigma \right]_{ij} = \sigma_i \sum_{k=1}^{m} \Sigma_{ik}^+ \Sigma_{kj}$$

Análogamente en esta última expresión, los términos de la sumatoria que tienen Σ_{ik}^+ como factor, se anulan, salvo cuando: $k = i \le r$.

Por lo tanto:

$$\left[\Sigma \Sigma^+ \Sigma \right]_{ij} = \sigma_i \sigma_i^{-1} \Sigma_{ij} = \Sigma_{ij}$$

ii) Queda como ejercicio para el lector.

iii) $\left(\Sigma \Sigma^+ \right)^T = \Sigma \Sigma^+$

$$\Sigma \Sigma^+, \left(\Sigma \Sigma^+ \right)^T \in \mathbb{R}^{m \times m} \ \text{ y además: } \ \left[\left(\Sigma \Sigma^+ \right)^T \right]_{ij} = \left[\Sigma \Sigma^+ \right]_{ji} = \left[\Sigma \Sigma^+ \right]_{ij}$$

Expresión cierta ya que:

$$\left[\Sigma \Sigma^+ \right]_{ij} = \sum_{h=1}^{n} \Sigma_{ih} \Sigma_{hj}^+ = \begin{cases} \sigma_i \sigma_i^{-1} = 1 \ \text{ para } h = j = i \le r \\ 0 \qquad\qquad \text{ los casos restamtes} \end{cases}$$

y:

$$\left[\Sigma\Sigma^+\right]_{ji} = \sum_{k=1}^{n} \Sigma_{jk}\Sigma_{ki}^+ = \begin{cases} \sigma_i\sigma_i^{-1} = 1 & \text{para } k = j = i \le r \\ 0 & \text{los casos restamtes} \end{cases}$$

iv) Queda como ejercicio para el lector.

CASO 2: $A = Q\Sigma P^T$ con $A^+ = P\Sigma^+ Q^T$

i) $AA^+A = A$

En efecto: $AA^+A = \left(Q\Sigma P^T\right)\left(P\Sigma^+Q^T\right)\left(Q\Sigma P^T\right) = Q\left(\Sigma\Sigma^+\Sigma\right)P^T = Q\Sigma P^T = A$

ii) Queda como ejercicio para el lector.

iii) $\left(AA^+\right)^T = AA^+$

Esto se cumple ya que: $\left(AA^+\right)^T = \left(Q\Sigma\left(P^TP\right)\Sigma^+Q^T\right)^T = \left(Q^T\right)^T\left(\Sigma\Sigma^+\right)^T Q^T$

Luego: $\left(AA^+\right)^T = Q\Sigma\Sigma^+Q^T = Q\Sigma\left(P^TP\right)\Sigma^+Q^T = \left(Q\Sigma P^T\right)\left(P\Sigma^+Q^T\right) = AA^+$

iv)   Queda como ejercicio para el lector.

Si bien se ha hecho notar que la *descomposición en valores singulares* de una matriz no es única, sin embargo la pseudoinversa si lo es, como lo prueba el siguiente:

TEOREMA

La *pseudoinversa* de una matriz es única.

En efecto, supongamos que, además de A^+, existe otra pseudoinversa de A, que la denotaremos B^+.

Por lo tanto, se cumple

1) $AB^+A = A$ 2) $B^+AB^+ = B^+$ 3) $\left(AB^+\right)^T = AB^+$ 4) $\left(B^+A\right)^T = B^+A$

En consecuencia

$$A^+ = A^+AA^+ = A^+\left(AB^+A\right)A^+ = A^+\left(AB^+A\right)B^+\left(AB^+A\right)A^+$$

$$= \left(A^+A\right)\left(B^+A\right)B^+\left(AB^+\right)\left(AA^+\right)$$

$$= \left(A^+A\right)^t\left(B^+A\right)^t B^+\left(AB^+\right)^t\left(AA^+\right)^t$$

$$= \left(A^t\left(A^+\right)^t A^t\right)B^+\left(\left(B^+\right)^t A^t\right) = \left(B^+A\right)^t B^+\left(AB^+\right)^t$$

$$= \left(B^+A\right)B^+\left(AB^+\right) = B^+\left(AB^+A\right)B^+ = B^+AB^+ = B^+$$

Como observación importante, hacemos notar desde ya, que en general:

$$\boxed{\left(AB\right)^+ \neq B^+A^+} \quad (3)$$

Ejemplo de cálculo de pseudoinversa

Como la exhibición de un ejemplo es suficiente para confirmar la afirmación (3), realizaremos un cálculo práctico de pseudoinversa que ponga en evidencia lo afirmado.

Razonaremos con la *Fig 1* de pg. 3:

Dada una matriz $A \in \mathbb{R}^{m\times n}$ cuya pseudoinversa se pretende calcular, procedemos de la manera siguiente:

1) Para obtener la ecuación característica de menor grado, hallar los valores propios de A^TA si $m > n$ ó de AA^T si $m < n$.

   Si $rango\left(A\right) = r$ se obtendrán: $\lambda_i = \sigma_i^2 \neq 0$ para $i = 1, 2, \ldots, r$.

   El valor propio nulo se presentará con un orden de multiplicidad $n - r$ para A^TA y $m - r$ para AA^T.

2) Caracterizar los subespacios propios: resolviendo los sistemas: $\left(\lambda I - A^TA\right)X = O$ ó $\left(\lambda I - AA^T\right)X = O$

3) Construir las bases (ortonormales) de vectores propios: $B_1 = \left\{u_i\right\}$ de $\mathbb{R}^{n\times 1}$ (Vectorial de partida) y $B_2 = \left\{v_j\right\}$ de $\mathbb{R}^{m\times 1}$ (Vectorial de llegada)

4) Construir las matrices:

$$\begin{cases} \Sigma \in \mathbb{R}^{m \times n} & \text{con} \quad \sigma_i = \sqrt{\lambda_i} \quad \text{en la diagonal principal y "0" los restantes.} \\ \Sigma^+ \in \mathbb{R}^{n \times m} & \text{con} \quad \sigma_i^{-1} = \dfrac{1}{\sqrt{\lambda_i}} \quad \text{en la diagonal principal y "0" los restantes.} \end{cases}$$

5) Calcular las matrices de cambio de base canónica por la de vectores propios: P en $\mathbb{R}^{n \times 1}$ y Q en $\mathbb{R}^{m \times 1}$

6) Calcular la pseudoinversa de A: $A^+ = P\Sigma^+ Q^T$.

Consideraremos las matrices : $A = \begin{bmatrix} 1 & 1 & 1 \\ 1 & 1 & 1 \end{bmatrix}$; $C = \begin{bmatrix} 1 & 2 \\ 1 & 2 \\ 0 & 0 \end{bmatrix}$ y $AC = M = \begin{bmatrix} 2 & 4 \\ 2 & 4 \end{bmatrix}$.

Calcularemos sus pseudoinversas para poner en evidencia que, en general: $\left(AC \right)^+ \neq C^+ A^+$.

Para la matriz A:

$$A = \begin{bmatrix} 1 & 1 & 1 \\ 1 & 1 & 1 \end{bmatrix} \mapsto A^T = \begin{bmatrix} 1 & 1 \\ 1 & 1 \\ 1 & 1 \end{bmatrix} \mapsto AA^T = \begin{bmatrix} 3 & 3 \\ 3 & 3 \end{bmatrix} \text{ y } A^T A = \begin{bmatrix} 2 & 2 & 2 \\ 2 & 2 & 2 \\ 2 & 2 & 2 \end{bmatrix}$$

1)   2) y 3)

$$\begin{vmatrix} \lambda - 3 & -3 \\ -3 & \lambda - 3 \end{vmatrix} = \lambda^2 - 6\lambda = 0 \Rightarrow \begin{cases} \lambda_1 = \sigma_1^2 = 6 \mapsto V_6 = \left\langle \begin{bmatrix} 1 \\ 1 \end{bmatrix} \right\rangle \mapsto \left\langle v_1 = \begin{bmatrix} \frac{\sqrt{2}}{2} \\ \frac{\sqrt{2}}{2} \end{bmatrix} \right\rangle \\ \\ \lambda_2 = \sigma_2^2 = 0 \mapsto V_0 = \left\langle \begin{bmatrix} -1 \\ 1 \end{bmatrix} \right\rangle \mapsto \left\langle v_2 = \begin{bmatrix} -\frac{\sqrt{2}}{2} \\ \frac{\sqrt{2}}{2} \end{bmatrix} \right\rangle \end{cases}$$

$$u_1 = \frac{1}{\sigma_1} A^T v_1 = \frac{1}{\sqrt{6}} \begin{bmatrix} 1 & 1 \\ 1 & 1 \\ 1 & 1 \end{bmatrix} \begin{bmatrix} \frac{\sqrt{2}}{2} \\ \frac{\sqrt{2}}{2} \end{bmatrix} = \begin{bmatrix} \frac{\sqrt{3}}{3} \\ \frac{\sqrt{3}}{3} \\ \frac{\sqrt{3}}{3} \end{bmatrix}$$

Observar que el vector propio v_2 no puede utilizarse para calcular el correspondiente u_2 puesto que: $A^T v_2 = \overline{0}$. Para completar la base B_2 se debe caracterizar el subespacio propio correspondiente al valor propio "0" en $\mathbb{R}^{3 \times 1}$ resolviendo el sistema:

$$\left(0I - A^T A\right) X = \begin{bmatrix} 0 \\ 0 \\ 0 \end{bmatrix} = \begin{bmatrix} -2 & -2 & -2 \\ -2 & -2 & -2 \\ -2 & -2 & -2 \end{bmatrix} \begin{bmatrix} x_1 \\ x_2 \\ x_3 \end{bmatrix} = \begin{bmatrix} 0 \\ 0 \\ 0 \end{bmatrix} \Rightarrow \text{Sol. Gral.:} \left\{ \begin{bmatrix} -x_2 - x_3 \\ x_2 \\ x_3 \end{bmatrix} \right\}$$

$$V_0 = \left\langle \begin{bmatrix} -1 \\ 1 \\ 0 \end{bmatrix} \begin{bmatrix} -1 \\ 0 \\ 1 \end{bmatrix} \right\rangle \mapsto V_0 = \left\langle u_2 = \begin{bmatrix} -\frac{\sqrt{2}}{2} \\ \frac{\sqrt{2}}{2} \\ 0 \end{bmatrix} ; \; u_3 = \begin{bmatrix} -\frac{\sqrt{2}}{2} \\ 0 \\ \frac{\sqrt{2}}{2} \end{bmatrix} \right\rangle$$

$$B_1 = \left(\begin{bmatrix} \frac{\sqrt{3}}{3} \\ \frac{\sqrt{3}}{3} \\ \frac{\sqrt{3}}{3} \end{bmatrix} \begin{bmatrix} -\frac{\sqrt{2}}{2} \\ \frac{\sqrt{2}}{2} \\ 0 \end{bmatrix} \begin{bmatrix} -\frac{\sqrt{2}}{2} \\ 0 \\ \frac{\sqrt{2}}{2} \end{bmatrix} \right) ; \; B_2 = \left(\begin{bmatrix} \frac{\sqrt{2}}{2} \\ \frac{\sqrt{2}}{2} \end{bmatrix} \begin{bmatrix} -\frac{\sqrt{2}}{2} \\ \frac{\sqrt{2}}{2} \end{bmatrix} \right)$$

4)

$$\Sigma = \begin{bmatrix} \sqrt{6} & 0 & 0 \\ 0 & 0 & 0 \end{bmatrix} \mapsto \Sigma^+ = \begin{bmatrix} \frac{1}{\sqrt{6}} & 0 \\ 0 & 0 \\ 0 & 0 \end{bmatrix}$$

5)

$$P = \begin{bmatrix} \frac{\sqrt{3}}{3} & -\frac{\sqrt{2}}{2} & -\frac{\sqrt{2}}{2} \\ \frac{\sqrt{3}}{3} & \frac{\sqrt{2}}{2} & 0 \\ \frac{\sqrt{3}}{3} & 0 & \frac{\sqrt{2}}{2} \end{bmatrix} \;;\; Q = \begin{bmatrix} \frac{\sqrt{2}}{2} & -\frac{\sqrt{2}}{2} \\ \frac{\sqrt{2}}{2} & \frac{\sqrt{2}}{2} \end{bmatrix} \mapsto Q^T = \begin{bmatrix} \frac{\sqrt{2}}{2} & \frac{\sqrt{2}}{2} \\ -\frac{\sqrt{2}}{2} & \frac{\sqrt{2}}{2} \end{bmatrix}$$

6)

$$A^+ = P\Sigma^+ Q^T = \begin{bmatrix} \frac{\sqrt{3}}{3} & -\frac{\sqrt{2}}{2} & -\frac{\sqrt{2}}{2} \\ \frac{\sqrt{3}}{3} & \frac{\sqrt{2}}{2} & 0 \\ \frac{\sqrt{3}}{3} & 0 & \frac{\sqrt{2}}{2} \end{bmatrix} \begin{bmatrix} \frac{1}{\sqrt{6}} & 0 \\ 0 & 0 \\ 0 & 0 \end{bmatrix} \begin{bmatrix} \frac{\sqrt{2}}{2} & \frac{\sqrt{2}}{2} \\ -\frac{\sqrt{2}}{2} & \frac{\sqrt{2}}{2} \end{bmatrix} = \begin{bmatrix} \frac{1}{6} & \frac{1}{6} \\ \frac{1}{6} & \frac{1}{6} \\ \frac{1}{6} & \frac{1}{6} \end{bmatrix} \quad \textbf{(1)}$$

Para la matriz C:

$$C = \begin{bmatrix} 1 & 2 \\ 1 & 2 \\ 0 & 0 \end{bmatrix} \mapsto C^T = \begin{bmatrix} 1 & 1 & 0 \\ 2 & 2 & 0 \end{bmatrix} \mapsto C^T C = \begin{bmatrix} 2 & 4 \\ 4 & 8 \end{bmatrix} \;\text{y}\; CC^T = \begin{bmatrix} 5 & 5 & 0 \\ 5 & 5 & 0 \\ 0 & 0 & 0 \end{bmatrix}$$

1) 2) y 3)

$$\begin{vmatrix} \lambda-2 & -4 \\ -4 & \lambda-8 \end{vmatrix} = \lambda^2 - 10\lambda = 0 \Rightarrow \begin{cases} \lambda_1 = \sigma_1^2 = 10 \mapsto V_{10} = \left\langle \begin{bmatrix} 1 \\ 2 \end{bmatrix} \right\rangle \mapsto \left\langle u_1 = \begin{bmatrix} \frac{\sqrt{5}}{5} \\ \frac{2\sqrt{5}}{5} \end{bmatrix} \right\rangle \\[2em] \lambda_2 = \sigma_2^2 = 0 \mapsto V_0 = \left\langle \begin{bmatrix} -2 \\ 1 \end{bmatrix} \right\rangle \mapsto \left\langle u_2 = \begin{bmatrix} -\frac{2\sqrt{5}}{5} \\ \frac{\sqrt{5}}{5} \end{bmatrix} \right\rangle \end{cases}$$

$$v_1 = \frac{1}{\sigma_1} C u_1 = \frac{1}{\sqrt{10}} \begin{bmatrix} 1 & 2 \\ 1 & 2 \\ 0 & 0 \end{bmatrix} \begin{bmatrix} \frac{\sqrt{5}}{5} \\ \frac{2\sqrt{5}}{5} \end{bmatrix} = \begin{bmatrix} \frac{\sqrt{2}}{2} \\ \frac{\sqrt{2}}{2} \\ 0 \end{bmatrix}$$

Observar que el vector propio u_2 no puede utilizarse para calcular el correspondiente v_2 puesto que: $C u_2 = \overline{0}$.

Para completar la base B_2 se debe caracterizar el subespacio propio correspondiente al valor propio "0" en $\mathbb{R}^{3\times 1}$ resolviendo el sistema:

$$\left(0I - CC^T\right)X = \begin{bmatrix} 0 \\ 0 \\ 0 \end{bmatrix} = \begin{bmatrix} -5 & -5 & 0 \\ -5 & -5 & 0 \\ 0 & 0 & 0 \end{bmatrix} \begin{bmatrix} x_1 \\ x_2 \\ x_3 \end{bmatrix} = \begin{bmatrix} 0 \\ 0 \\ 0 \end{bmatrix} \Rightarrow \text{Sol. Gral.:} \left\{ \begin{bmatrix} -x_2 \\ x_2 \\ x_3 \end{bmatrix} \right\} = \left\{ x_2 \begin{bmatrix} -1 \\ 1 \\ 0 \end{bmatrix} + x_3 \begin{bmatrix} 0 \\ 0 \\ 1 \end{bmatrix} \right\}$$

$$V_0 = \left\langle \begin{bmatrix} -1 \\ 1 \\ 0 \end{bmatrix} \begin{bmatrix} 0 \\ 0 \\ 1 \end{bmatrix} \right\rangle \mapsto V_0 = \left\langle v_2 = \begin{bmatrix} -\frac{\sqrt{2}}{2} \\ \frac{\sqrt{2}}{2} \\ 0 \end{bmatrix} ; \ v_3 = \begin{bmatrix} 0 \\ 0 \\ 1 \end{bmatrix} \right\rangle$$

$$B_1 = \left(\begin{bmatrix} \frac{\sqrt{5}}{5} \\ \frac{2\sqrt{5}}{5} \end{bmatrix} \begin{bmatrix} \frac{-2\sqrt{5}}{5} \\ \frac{\sqrt{5}}{5} \end{bmatrix} \right) ; \ B_2 = \left(\begin{bmatrix} \frac{\sqrt{2}}{2} \\ \frac{\sqrt{2}}{2} \\ 0 \end{bmatrix} \begin{bmatrix} -\frac{\sqrt{2}}{2} \\ \frac{\sqrt{2}}{2} \\ 0 \end{bmatrix} \begin{bmatrix} 0 \\ 0 \\ 1 \end{bmatrix} \right)$$

4)

$$\Sigma = \begin{bmatrix} \sqrt{10} & 0 \\ 0 & 0 \\ 0 & 0 \end{bmatrix} \mapsto \Sigma^+ = \begin{bmatrix} \frac{1}{\sqrt{10}} & 0 & 0 \\ 0 & 0 & 0 \end{bmatrix}$$

5)

$$P = \begin{bmatrix} \frac{\sqrt{5}}{5} & \frac{-2\sqrt{5}}{5} \\ \frac{2\sqrt{5}}{5} & \frac{\sqrt{5}}{5} \end{bmatrix} \quad ; \quad Q = \begin{bmatrix} \frac{\sqrt{2}}{2} & -\frac{\sqrt{2}}{2} & 0 \\ \frac{\sqrt{2}}{2} & \frac{\sqrt{2}}{2} & 0 \\ 0 & 0 & 1 \end{bmatrix} \mapsto Q^T = \begin{bmatrix} \frac{\sqrt{2}}{2} & \frac{\sqrt{2}}{2} & 0 \\ -\frac{\sqrt{2}}{2} & \frac{\sqrt{2}}{2} & 0 \\ 0 & 0 & 1 \end{bmatrix}$$

6)

$$C^+ = P\Sigma^+ Q^T = \begin{bmatrix} \frac{\sqrt{5}}{5} & \frac{-2\sqrt{5}}{5} \\ \frac{2\sqrt{5}}{5} & \frac{\sqrt{5}}{5} \end{bmatrix} \begin{bmatrix} \frac{1}{\sqrt{10}} & 0 & 0 \\ 0 & 0 & 0 \end{bmatrix} \begin{bmatrix} \frac{\sqrt{2}}{2} & \frac{\sqrt{2}}{2} & 0 \\ -\frac{\sqrt{2}}{2} & \frac{\sqrt{2}}{2} & 0 \\ 0 & 0 & 1 \end{bmatrix} = \begin{bmatrix} \frac{1}{10} & \frac{1}{10} & 0 \\ \frac{1}{5} & \frac{1}{5} & 0 \end{bmatrix} \quad \textbf{(2)}$$

Para la matriz $A.C = M$:

$$M^T M = \begin{bmatrix} 8 & 16 \\ 16 & 32 \end{bmatrix} \mapsto \begin{bmatrix} \lambda-8 & -16 \\ -16 & \lambda-32 \end{bmatrix} \mapsto \lambda^2 - 40\lambda = 0 \Rightarrow \begin{cases} \lambda_1 = \sigma_1^2 = 40 \\ \lambda_2 = \sigma_2^2 = 0 \end{cases}$$

$$M M^T = \begin{bmatrix} 20 & 20 \\ 20 & 20 \end{bmatrix} \mapsto \begin{bmatrix} \lambda-20 & -20 \\ -20 & \lambda-20 \end{bmatrix} \mapsto \lambda^2 - 40\lambda = 0 \Rightarrow \begin{cases} \lambda_1 = \sigma_1^2 = 40 \\ \lambda_2 = \sigma_2^2 = 0 \end{cases}$$

Vectores propios de $M^T M$ en el espacio vectorial vectorial de partida :

$$\begin{bmatrix} \lambda-8 & -16 \\ -16 & \lambda-32 \end{bmatrix}\begin{bmatrix} x_1 \\ x_2 \end{bmatrix} = \begin{bmatrix} 0 \\ 0 \end{bmatrix} \mapsto \begin{cases} V_{40} = \left\langle \begin{bmatrix} 1 \\ 2 \end{bmatrix} \right\rangle \\ V_0 = \left\langle \begin{bmatrix} -2 \\ 1 \end{bmatrix} \right\rangle \end{cases} \Rightarrow B_{\mathbb{R}^{n\times 1}} = \left(\overbrace{\begin{bmatrix} \frac{1}{\sqrt{5}} \\ \frac{2}{\sqrt{5}} \end{bmatrix}}^{u_1} \overbrace{\begin{bmatrix} -\frac{2}{\sqrt{5}} \\ \frac{1}{\sqrt{5}} \end{bmatrix}}^{u_2} \right)$$

Vectores propios de $M\,M^T$ en el espacio vectorial de llegada :

$$\begin{bmatrix} \lambda-20 & -20 \\ -20 & \lambda-20 \end{bmatrix}\begin{bmatrix} x_1 \\ x_2 \end{bmatrix}=\begin{bmatrix} 0 \\ 0 \end{bmatrix} \mapsto \begin{cases} V_{40}=\left\langle \begin{bmatrix} 1 \\ 1 \end{bmatrix} \right\rangle \\[4mm] V_0=\left\langle \begin{bmatrix} -1 \\ 1 \end{bmatrix} \right\rangle \end{cases} \Rightarrow B_{\mathbb{R}^{m\times 1}}=\left(\overbrace{\begin{bmatrix} \frac{1}{\sqrt{2}} \\ \frac{1}{\sqrt{2}} \end{bmatrix}}^{v_1} \overbrace{\begin{bmatrix} -\frac{1}{\sqrt{2}} \\ \frac{1}{\sqrt{2}} \end{bmatrix}}^{v_2} \right)$$

Obsérvese que "v_1" también pudo calcularse mediante:

$$v_1=\frac{1}{\sigma_1}(AC)u_1=\frac{1}{\sqrt{40}}\begin{bmatrix} 2 & 4 \\ 2 & 4 \end{bmatrix}\begin{bmatrix} \frac{1}{\sqrt{5}} \\ \frac{2}{\sqrt{5}} \end{bmatrix}=\begin{bmatrix} \frac{10}{\sqrt{200}} \\ \frac{10}{\sqrt{200}} \end{bmatrix}=\begin{bmatrix} \frac{1}{\sqrt{2}} \\ \frac{1}{\sqrt{2}} \end{bmatrix}$$

$$P=\begin{bmatrix} \frac{1}{\sqrt{5}} & -\frac{2}{\sqrt{5}} \\ \frac{2}{\sqrt{5}} & \frac{1}{\sqrt{5}} \end{bmatrix} \;;\; Q=\begin{bmatrix} \frac{1}{\sqrt{2}} & -\frac{1}{\sqrt{2}} \\ \frac{1}{\sqrt{2}} & \frac{1}{\sqrt{2}} \end{bmatrix} \;;\; \Sigma=\begin{bmatrix} \sqrt{40} & 0 \\ 0 & 0 \end{bmatrix} \;;\; \Sigma^+=\begin{bmatrix} \frac{1}{\sqrt{40}} & 0 \\ 0 & 0 \end{bmatrix}$$

$$(AC)^+=P\Sigma^+Q^T=\begin{bmatrix} \frac{1}{\sqrt{5}} & -\frac{2}{\sqrt{5}} \\ \frac{2}{\sqrt{5}} & \frac{1}{\sqrt{5}} \end{bmatrix}\begin{bmatrix} \frac{1}{\sqrt{40}} & 0 \\ 0 & 0 \end{bmatrix}\begin{bmatrix} \frac{1}{\sqrt{2}} & \frac{1}{\sqrt{2}} \\ -\frac{1}{\sqrt{2}} & \frac{1}{\sqrt{2}} \end{bmatrix}=\begin{bmatrix} \frac{1}{20} & \frac{1}{20} \\ \frac{1}{10} & \frac{1}{10} \end{bmatrix} \qquad (3)$$

Con los resultados obtenidos en **(1)**, **(2)** y **(3)**, comprobamos:

$$\left.\begin{aligned} (AC)^+ &=\left(\begin{bmatrix} 2 & 4 \\ 2 & 4 \end{bmatrix}\right)^+=\begin{bmatrix} \frac{1}{20} & \frac{1}{20} \\ \frac{1}{10} & \frac{1}{10} \end{bmatrix} \\[4mm] C^+A^+ &=\begin{bmatrix} \frac{1}{10} & \frac{1}{10} & 0 \\ \frac{1}{5} & \frac{1}{5} & 0 \end{bmatrix}\begin{bmatrix} \frac{1}{6} & \frac{1}{6} \\ \frac{1}{6} & \frac{1}{6} \\ \frac{1}{6} & \frac{1}{6} \end{bmatrix}=\begin{bmatrix} \frac{1}{30} & \frac{1}{30} \\ \frac{1}{15} & \frac{1}{15} \end{bmatrix} \end{aligned}\right\} \Rightarrow (AC)^+\neq C^+A^+$$

EJERCICIO

Calcular en cada uno de los siguientesd casos, la matriz pseudoinversa de A:

a) $A = \begin{bmatrix} 2 & -3 & 5 \end{bmatrix}$

b) $A = \begin{bmatrix} 1 \\ -1 \\ 2 \end{bmatrix}$

c) $A = \begin{bmatrix} 1 & 1 \\ 0 & 1 \\ 1 & 1 \end{bmatrix}$

d) $A = \begin{bmatrix} 1 & 3 & 3 \\ 1 & 4 & 3 \end{bmatrix}$

e) $A = \begin{bmatrix} 1 & 1 & 1 \\ 1 & 1 & 1 \\ 1 & 2 & 3 \end{bmatrix}$

Aplicaciones

12.1. Aplicación de ecuaciones lineales a la resolución de una red

Nos basaremos en la Ley de Ohm y las dos leyes de Kirchhoff que se recuerdan a continuación.

Ley de Kirchhoff sobre las corrientes :

La suma de todas las corrientes eléctricas que fluyen a un punto de unión, es cero.

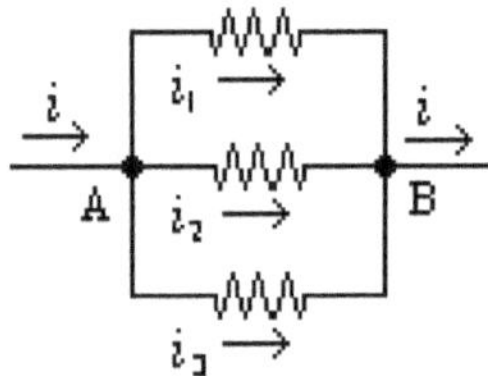

- *Nodo* es un punto de una red, donde dos elementos se unen.

- *Unión* es un nodo en el que se unen tres o más elementos.

- *Rama* es una porción de circuito entre dos uniones; puede tener uno o varios elementos en serie.

- *Malla* es una trayectoria cerrada única para la corriente.

En general, si "n" es el número de **uniones** de una red, se pueden escribir $\underline{n-1}$ ecuaciones de unión linealmente independientes.

Tanto en el nodo "A", como en el "B" de la figura anterior, se cumple que

Álgebra y Geometría

$$i = i_1 + i_2 + i_3 \;.$$

Ley de Kirchhoff sobre los voltajes

La suma de todos los voltajes alrededor de un circuito cerrado, es cero.

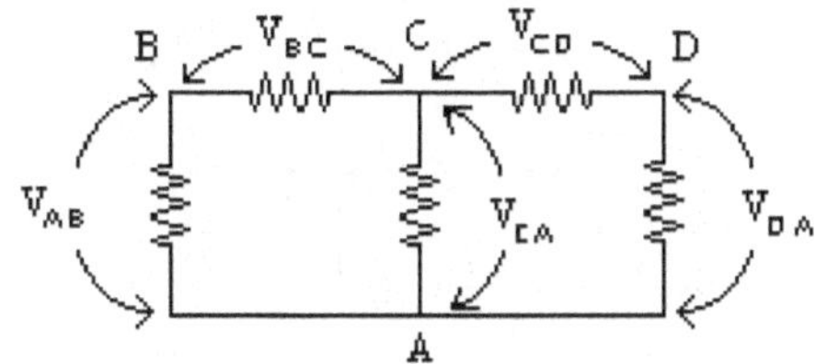

En la malla ABC: $\qquad V_{AB} + V_{BC} + V_{CA} = 0$

En la malla ABCDA: $\qquad V_{AB} + V_{BC} + V_{CD} + V_{DA} = 0$

Ley de Ohm

La intensidad de la corriente (I) que circula por un conductor, es directamente proporcional a la diferencia de potencial entre sus extremos.

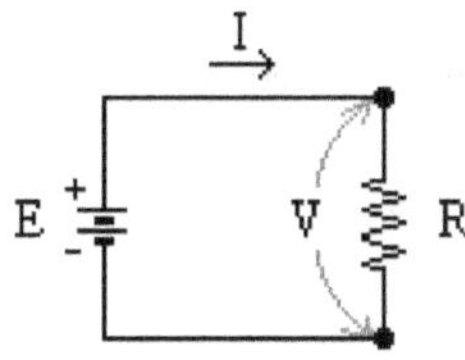

En términos matemáticos: $\qquad V = R.I$

Desde el punto de vista de las unidades: $\qquad 1V = 1A \, . \, 1\Omega$

Es decir: 1V (un voltio), es la caída de tensión que se produce en una resistencia de 1Ω (un Ohmio), cuando la atraviesa una corriente de 1A (un Ampere).

Aplicaremos lo anterior a redes para obtener lo que se conoce como ***ecuaciones de rama.***

Si bien el método es general, lo utilizaremos para resolver un circuito especialmente simple, donde los elementos serán sólo resistencias eléctricas y baterías.

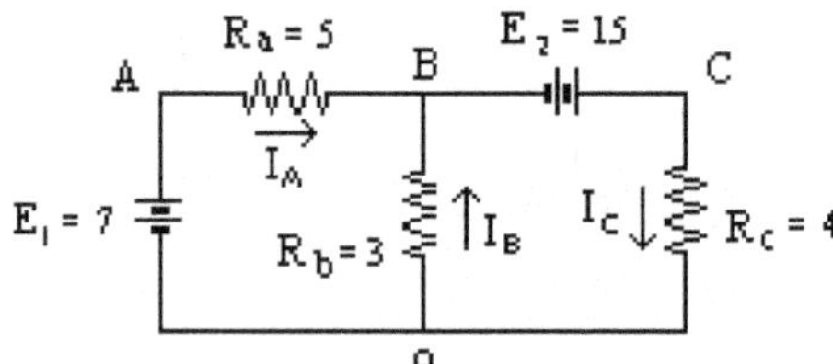

Las resistencias eléctricas se dan en ohmios $[\Omega]$ y las fuerzas electromotrices en voltios [v].

Para resolver el circuito, hay que calcular las corrientes en amperes [A] y las tensiones en voltios [v] en cada resistencia.

Si el número de ramas es $\underline{n}$, el número de incógnitas es $N = 2n$

En nuestro caso: $\qquad n = 3 \;\Rightarrow\; N = 6$

Se tienen por lo tanto, seis incógnitas. Necesitamos plantear seis ecuaciones linealmente independientes.

Escribiendo la Ley de Ohm para cada rama se obtienen $N_r = 3$ ecuaciones de rama.

$$\text{Ecuaciones de rama}: \begin{cases} R_a\, I_A = V_{AB} \\ R_b\, I_B = V_{oB} \\ R_c\, I_C = V_{oC} \end{cases} \Rightarrow \begin{cases} R_a\, I_A - V_{AB} = 0 \\ R_b\, I_B - V_{oB} = 0 \\ R_c\, I_C - V_{oC} = 0 \end{cases} \qquad (1)$$

En general, como la corriente no puede escapar de una red, la que fluye hacia fuera de una unión, debe ingresar en otra, lo que se traduce en que el número de ecuaciones de unión es una menos que el número de uniones.

En el ejemplo, el número de uniones es $p = 2$, por lo que podemos escribir $N_u = 1$ ecuaciones de unión.

Elegimos la unión "B" y consideramos positivas las corrientes entrantes y negativas las salientes

$$\{ \ I_A + I_B - I_C = 0 \tag{2}$$

Para completar el número de ecuaciones, usamos la Ley de Kirchhoff para los voltajes, lo que nos permite escribir ecuaciones de malla. No todas las posibles son linealmente independientes, pero el número total de ecuaciones de rama más las ecuaciones de unión las ecuaciones de malla, es siempre igual al número de incógnitas. En nuestro caso, escribimos $N_m = 2$ ecuaciones de malla.

$$\text{Ecuaciones de malla}: \begin{cases} R_a\, I_A + R_b\, I_B - E_1 = 0 \\ R_a\, I_A + R_c\, I_C - E_1 - E_2 = 0 \end{cases} \Rightarrow \begin{cases} R_a\, I_A + R_b\, I_B = E_1 \\ R_a\, I_A + R_c\, I_C = E_1 + E_2 \end{cases} \tag{3}$$

Siempre se cumple: $N = N_r + N_u + N_m$ (en particular, en nuestro ejemplo: $6 = 3 + 1 + 2$)

Armamos con (1), (2), y (3) un único sistema de seis acueciones con seis incógnitas

$$\begin{cases} I_A + I_B - I_C = 0 \\ R_a\, I_A - V_{AB} = 0 \\ R_b\, I_B - V_{oB} = 0 \\ R_c\, I_C - V_{oC} = 0 \\ R_a\, I_A + R_b\, I_B = E_1 \\ R_a\, I_A + R_c\, I_C = E_1 + E_2 \end{cases}$$

Utilizando los valores datos :

$$\begin{cases} I_A + I_B - I_C = 0 \\ 5I_A - V_{AB} = 0 \\ 3I_B - V_{oB} = 0 \\ 4I_C - V_{oC} = 0 \\ 5I_A + 3I_B = 7 \\ 5I_A + 4I_C = 22 \end{cases}$$

Escribimos la matriz ampliada del sistema y reducimos por filas la matriz de coeficientes

$$\left[\begin{array}{cccccc|c}
1 & 1 & -1 & 0 & 0 & 0 & 0 \\
5 & 0 & 0 & -1 & 0 & 0 & 0 \\
0 & 3 & 0 & 0 & -1 & 0 & 0 \\
0 & 0 & 4 & 0 & 0 & -1 & 0 \\
5 & -3 & 0 & 0 & 0 & 0 & 7 \\
5 & 0 & 4 & 0 & 0 & 0 & 22 \\
\hline
1 & 0 & 0 & 0 & 0 & 0 & 2 \\
0 & 1 & 0 & 0 & 0 & 0 & 1 \\
0 & 0 & 1 & 0 & 0 & 0 & 3 \\
0 & 0 & 0 & 1 & 0 & 0 & 10 \\
0 & 0 & 0 & 0 & 1 & 0 & 3 \\
0 & 0 & 0 & 0 & 0 & 1 & 12
\end{array}\right]$$

Sistema resolvente

$$\begin{cases} I_A & = 2 \\ I_B & = 1 \\ I_C & = 3 \\ V_{AB} & = 10 \\ V_{oB} & = 3 \\ V_{oC} & = 12 \end{cases}$$

A modo de verificación, podemos comprobar que, efectivamente

$$V_{AB} = 10\ [v] = R_a \cdot I_A = 5\ [\Omega].\ 2\ [A]$$

$$V_{oC} = 12\ [v] = R_c \cdot I_C = 4[\Omega].\ 3\ [a]$$

12.2. Aplicación de la elipse a un cálculo orbital

El cometa Halley recorre en el espacio una elipse, en uno de cuyos focos, se encuentra el sol.

Sabiendo que la distancia mínima del cometa al sol es $85,5 \times 10^6$ Km y la máxima distancia entre ambos astros es $5339914,5 \times 10^6$ Km, escribir la ecuación canónica de dicha elipse.

$$\left(\frac{x^2}{a^2} + \frac{y^2}{b^2} = 1 \right)$$

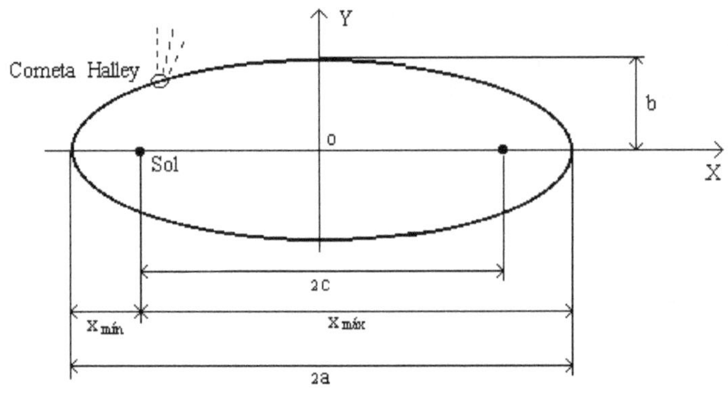

$$a = \frac{x_{máx} + x_{mín}}{2} = 2.670.000 \times 10^6 \ \text{Km}$$

$$c = \frac{x_{máx} - x_{mín}}{2} = 2.669.914,5 \times 10^6 \ \text{Km}$$

$$b = \sqrt{a^2 - c^2} = \sqrt{4,5656269 \times 10^{20}} = 2,136732763 \times 10^{10} \ \text{Km}$$

$$\frac{x^2}{71289 \times 10^{20}} + \frac{y^2}{4,57 \times 10^{20}} = 1 \qquad \begin{cases} a = \sqrt{71289} \cdot 10^{10} \\ b = \sqrt{4,57} \cdot 10^{10} \end{cases}$$

Ecuación canónica de la elipse

$$\frac{x^2}{\left(\sqrt{71289} \times 10^{10}\right)^2} + \frac{y^2}{\left(\sqrt{4,57} \times 10^{10}\right)^2} = 1$$

12.3. Aplicación de la parábola a la caída libre de un cuerpo

Un avión que se desplaza a 1000 m de altura y a una velocidad constante de 600 Km/h. Deja caer un cuerpo.

Álgebra y Geometría

Despreciando el rozamiento del aire, dar la ecuación de la trayectoria del cuerpo y graficarla.

Para obtener la ecuación de la trayectoria [y = f (x)], partimos de que en el sentido horizontal el movimiento es uniforme con expresión

$$x = v_o\, t \tag{1}$$

En sentido vertical el movimiento es uniformemente acelerado con ecuación :

$$y = y_o - \tfrac{1}{2} g\, t^2 \tag{2}$$

Eliminando "t" entre las ecuaciones anteriores, resulta

De (1) $t = \dfrac{x}{v_o}$ reemplazando en (2)

$$y = y_o - \frac{1}{2}\, g \left(\frac{x}{v_o} \right)^2$$

Luego la ecuación cartesiana de la trayectoria es

$$y = y_o - \frac{g}{2\,v_o^2}\, x^2$$

Tiempo de caída

$$0 = y_o - \frac{1}{2} g\, t_c^2 \;\Rightarrow\; t_c = \sqrt{\frac{2 y_o}{g}} = \sqrt{\frac{2 \times 1000}{9,8}} \approx 14,3 \text{ seg}$$

Alcance horizontal

$$x_a = v_o\, t_c = \frac{600 \times 1000}{3600} \sqrt{\frac{2000}{9,8}} = 2381 \text{ m}$$

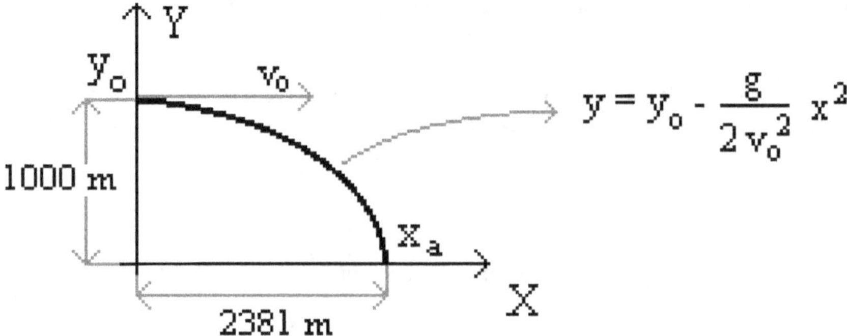

12.4. Aplicación del producto escalar al cálculo del trabajo efectuado por una fuerza

Aplicación 1

Un empleado mueve una lustradora, tirando de ella con una fuerza de 70 N.

La fuerza firma con la horizontal, un ángulo de 30 °. Cuando la lustradora ha sido desplazada 4m en forma rectilínea ¿Cuál es el trabajo realizado?

Por definición, el *trabajo* W realizado por una fuerza F constante, es el producto de la *componente* de la fuerzaen la dirección del desplazamiento, por la magnitud de dicho desplazamiento.

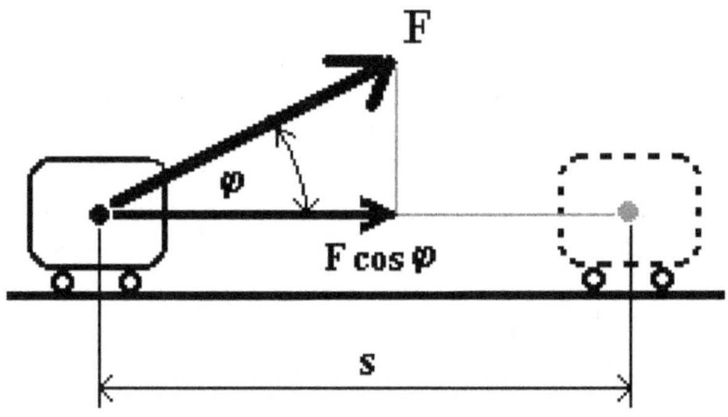

$$W = F \cdot s \cos\varphi = \vec{F} \cdot \vec{s} = \frac{\sqrt{3}}{2} \times 70 \times 4 = 242{,}5 \text{ N.m} = 242{,}5 \text{ J}$$

Aplicación 2 :

Una partícula se desplaza en forma rectilínea, sobre el plano X-Y, desde el origen O = (0, 0), hasta el punto de coordenadas P = (8, 6) [m]. A lo largo de este recorrido, actúa sobre ella una fuerza constante F = (2, 3) [N].

Calcular

- Magnitud del desplazamiento y de la fuerza.

- Trabajo realizado por la fuerza.

- Angulo entre la fuerza y la dirección del desplazamiento.

a)

$$\|s\| = \sqrt{s.s} = \sqrt{(8,6).(8,6)} = \sqrt{100} = 10\,\text{m}$$

$$\|F\| = \sqrt{F.F} = \sqrt{(3,4).(3,4)} = \sqrt{25} = 5\,\text{N}$$

b)

$$W = F \cdot s = (3,4) \cdot (8,6) = 24 + 24 = 48\,\text{N.m} = 49\,\text{J}$$

c)

$$\cos\varphi = \frac{\vec{F} \cdot \vec{s}}{\|F\|\,\|s\|} = \frac{(3,4).(8,6)}{5 \times 10} = \frac{48}{50} \quad \Rightarrow \quad \varphi = 16^\circ\,15'$$

12.5. Aplicación del producto vectorial al cálculo del momento de una fuerza

Considere el triángulo de vértices

$$A = (2, 0, 0), \quad B = (0, 2, 0) \quad y \quad C = (-\sqrt{2}, -\sqrt{2}, 0)$$

Sobre los vértices "A" y "B" actúan respectivamente las fuerzas

$$F_A = (0, 4, 0) \quad y \quad F_B = (-3, 0, 0)$$

Se pide calcular

I)   Los momentos de torsión con respecto al origen del sistema de las fuerzas F_A y F_B.

II)   Si sobre el vértice "C", actúa una fuerza $F_C = (-k, k, 0)$, determinar el valor de "k", para que el momento de torsión neto alrededor del origen del sistema sea nulo.

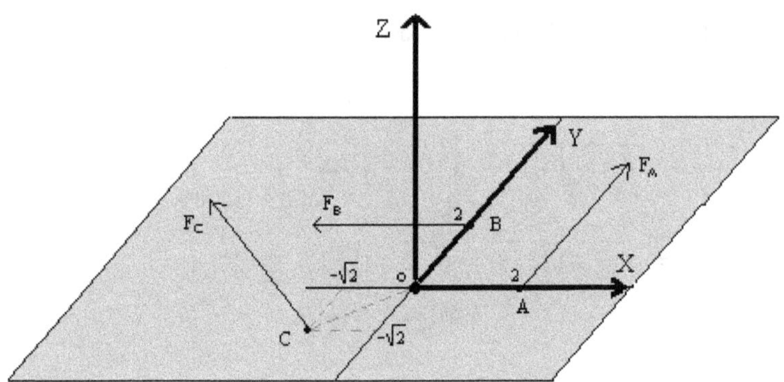

$$\tau_A = r_A \times F_A \quad con \quad r_I = \overline{oA} = (2, 0, 0)$$

$$\begin{bmatrix} 2 & 0 & 0 \\ 0 & 4 & 0 \\ \bullet & \bullet & \bullet \end{bmatrix} \mapsto \tau_A = r_A \times F_A = (0, 0, .2)$$

Aná log amente

$$\begin{bmatrix} 2 & 0 & 0 \\ 0 & 4 & 0 \\ \bullet & \bullet & \bullet \end{bmatrix} \mapsto \tau_B = r_B \times F_B = (0, 0, 6)$$

$$\tau_A + \tau_B = (0,0,14)$$

Para que el momento de torsión debido a la fuerza F_C equilibre a $\tau_A + \tau_B$ debe cumplirse :

$$r_c \times F_C = (0,0,-14)$$

Luego

$$\begin{bmatrix} -\sqrt{2} & -\sqrt{2} & 0 \\ -k & k & 0 \\ \bullet & \bullet & \bullet \end{bmatrix} \mapsto \quad \tau_C = (0,0,2\sqrt{2}\,k) = (0,0,-14) \quad \Rightarrow \quad k = -\frac{7\sqrt{2}}{2}$$

Por lo tanto

$$F_C = \left(-\frac{7\sqrt{2}}{2}, \frac{7\sqrt{2}}{2}, 0 \right)$$

12.6. Aplicación de la función determinante al cálculo del área de un paralelogramo en R2

Sean "u" y "v" dos vectores de R^2 no paralelos.

El paralelogramo definido por estos dos vectores, es el conjunto de los puntos "P" tales que

$$P = \alpha.u + \beta.v \quad \text{con} \quad \begin{cases} 0 \le \alpha \le 1 \\ 0 \le \beta \le 1 \end{cases}$$

La base del paralelogramo es $\|u\|$, la altura: $\|v\|\,|\mathrm{sen}\,\varphi|$, según se aprecia en la figura inferior.

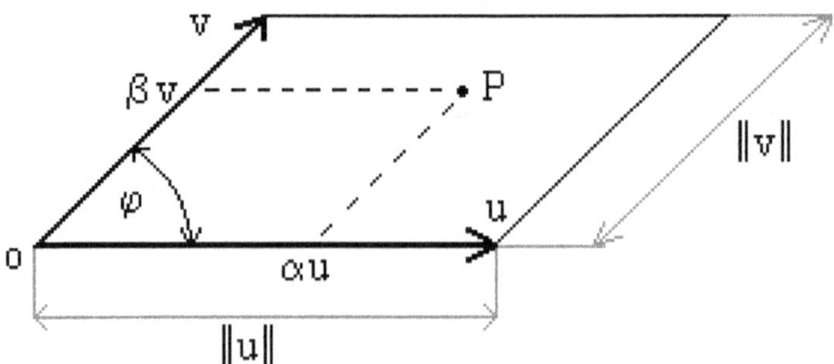

El área del paralelogramo, estará dada por

$$A = \left\| u \right\| . \left\| v \right\| \left| \operatorname{sen} \varphi \right|$$

Puesto que

$$\operatorname{sen} \varphi = \sqrt{1 - \cos^2 \varphi} \quad y \quad \cos \varphi = \frac{u \cdot v}{\left\| u \right\| \left\| v \right\|}$$

Se tiene

$$A^2 = \left\| u \right\|^2 \left\| v \right\|^2 \left(1 - \frac{(u \cdot v)^2}{\left\| u \right\|^2 \left\| v \right\|^2} \right) = \left\| u \right\|^2 \left\| v \right\|^2 - (u \cdot v)^2$$

De donde

$$A = \sqrt{\left\| u \right\|^2 \left\| v \right\|^2 - (u \cdot v)^2} \tag{1}$$

Ahora bien, si $u = (u_1 , u_2)$ y $v = (v_1, v_2)$

$$\left\| u \right\|^2 = u_1^2 + u_2^2 \quad ; \quad \left\| v \right\|^2 = v_1^2 + v_2^2 \quad ; \quad u \cdot v = u_1 v_1 + u_2 v_2$$

Reemplazando en (1) y operando

$$A^2 = \left(u_1^2 + u_2^2\right).\left(v_1^2 + v_2^2\right) - (u_1\,v_1 + u_2\,v_2)^2 = (u_1\,v_2 - u_2\,v_1)^2$$

Finalmente

$$A = \sqrt{(u_1\,v_2 - u_2\,v_1)^2} = \left|\,u_1\,v_2 - u_2\,v_1\,\right| = \left|\det\begin{bmatrix} u_1 & u_2 \\ v_1 & v_2 \end{bmatrix}\right|$$

Ejemplo

Calcular el área del paralelogramo definido por los vectores u = (1, 3) y v = (2, −4).

$$A = \left|\det\begin{bmatrix} 1 & 3 \\ 2 & -4 \end{bmatrix}\right| = \left|-4-6\right| = \left|-10\right| = 10$$

12.7. Aplicación del Algebra Matricial, Espacios Vectoriales, y las Funciones Lineales a algunos aspectos de la Codificación en TELECOMUNICACIONES

Los mensajes de señales, una vez debidamente digitalizados, podemos imaginarlos como un "chorro" de pulsos que, en definitiva, son una sucesión de niveles de diferencia de potencial, por ejemplo 4,5 voltios, o la ausencia de ella: 0 voltios; que los asimilaremos a "1s" ó "0s" respectivamente.

La unidad fundamental de información para todo sistema binario, es el bit (de binary digit). Cada bit puede ser un "1" ó un "0".

Por ejemplo, la palabra "THINK", usando un código standard de seis bits, presenta el aspecto:

$$\underbrace{001010}_{T}\underbrace{000100}_{H}\underbrace{100010}_{I}\underbrace{001110}_{N}\underbrace{0110100}_{K}$$

Durante la transmisión de la señal (palabra – mensaje), existe una probabilidad de que, debido a ruido, distorsión y otros fenómenos indeseados, uno o más bits resulten perturbados, produciéndose una alteración del mensaje.

Para hacer posible la detección del probable error y aún en ciertos casos, su corrección, se han ideado procedimientos que consisten en agregar a los bits originales, otros en determinado número, produciendo lo que se denomina una "redundancia de bits", que sirven luego para "chequear" la presencia o ausencia de error.

Estos procedimientos reciben el nombre genérico de codificación.

Un codificador transforma una palabra-mensaje, también llamada "vector-mensaje" de k-dígitos, en una palabra-código, o "vector-código", que es un bloque más grande, por ejemplo de n-dígitos.

Esto se hace a partir de un cierto alfabeto de elementos.

Cuando el alfabeto consiste de dos elementos (0 y 1), se trata de un código binario, constituído por dígitos binarios (bits).

En lo que sigue nos referiremos a este tipo de códigos, es decir: códigos binarios.

Los mensajes de k-bits, forman secuencias de 2^k mensajes distintos, que los llamaremos k-uplas (secuencias de k-dígitos).

Los bloques de n-bits, pueden producir 2^n secuencias distintas, llamadas n-uplas.

El proceso de codificación, asigna a cada uno de las 2^k k-uplas de palabras-mensaje, una de las 2^n n-uplas palabras-código.

Un código-bloque, representa una asignación biunívoca, donde las 2^k k-uplas de vectores-mensaje, son enviadas a un nuevo conjunto de 2^k n-uplas de vectores-código.

Espacios Vectoriales

Al conjunto de todas las n-uplas, lo denotaremos V_n; se demuestra fácilmente que es un Espacio vectorial sobre el cuerpo $\{0, 1\}$, con las dos operaciones de suma y multiplicación definidas por las tablas siguientes :

$\oplus$	0	1
0	0	1
1	1	0

$\cdot$	0	1
0	0	0
1	0	1

Subespacios Vectoriales

Consideremos $S \subset V_n$. Se dice que S es un subespacio si cumple las dos condiciones siguientes

$$0_{V_n} \in S$$

$$\forall \; s_1 \,,\, s_2 \, \in \, S \,, \; \text{se tiene} : s_1 + s_2 \, \in \, S$$

Debe observarse que no se habla aquí de la operación de multiplicación por escalar, lo cual se debe a que los únicos escalares posibles son: "0" y "1". Cualquier k-upla o n-upla multiplicada por el escalar "0" (usando la tabla correspondiente), da como resultado la k-upla o n-upla nula; mientras que si el escalar utilizado es el "1", se obtiene la misma k-upla o n-upla.

Ejemplo

$$0.(1011) = 0000$$

$$1.(1011) = 1011$$

Estas propiedades son fundamentales para la caracterización algebraica de los códigobloques lineales.

La codificación puede realizarse, mediante una tabla.

Ejemplo

Vector mensaje	Vector código
000	000 000
100	110 100
010	011 010
110	101 110
001	101 001
101	011 101
011	110 011
111	000 111

Puede pensarse a la codificación como una función (que podríamos denotarla "cod")

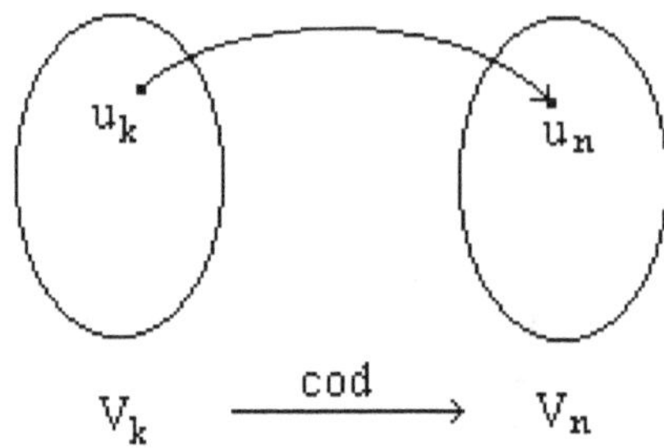

$$\text{cod} : V_k \rightarrow V_n \; ; \; \forall u_k \in V_k \text{ se tiene} : \text{cod}(u_k) = u_n \qquad \text{con } u_n \in V_n$$

Suele referirse a esta función como un " (n, k) – código de bloques binario".

El código se dice que es lineal si y sólo si, $\forall \; u_k, v_k \in V_k$ se cumple

$$\text{cod}(u_k + v_k) = \text{cod}(u_k) + \text{cod}(v_k) = u_n + v_n.$$

$$\text{cod}(a.u_k) = a.\text{cod}(u_k) = a.u_n$$

Esto último significa que, si $a = 0$, $\text{cod}(0_{V_k}) = 0_{V_n}$ y para $a = 1$, $\text{cod}(u_k) = u_n$

Insistimos, que debido a esto último, en lo que sigue no mencionaremos ya la operación de multiplicación por escalar. Sólo es necesario averiguar si, en el conjunto imagen está el "cero" y la operación de "suma" es cerrada.

La imagen de la función "cod", consta de 2^k n-uplas de V_n.

En particular, llamando "imagen (cod)" = S, resulta que, si "cod" es función lineal, entonces S es un subespacio de V_n.

En general, un subconjunto de 2^k n-uplas es denominado "código bloque lineal", si y sólo si, es un subespacio de V_n.

Un código lineal es entonces uno donde los vectores-código, situados fuera del subespacio, no pueden obtenerse mediante la suma de elementos del subespacio.

Ejemplo 1

La codificación definida por la tabla anterior es lineal, puesto que cumple las condiciones indicadas.

El "cero" pertenece pues $\text{cod}(000) = 000000$

La suma es cerrada. Lo verificaremos para un par de elementos

$$\text{cod}\,(100 + 010) = \text{cod}\,(110) = 010110 = \text{cod}\,(100) + \text{cod}\,(010) = 110100 + 011010$$

$$\text{cod}\,(110 + 101) = \text{cod}\,(011) = 110011 = \text{cod}\,(110) + \text{cod}\,(101) = 101110 + 011101$$

Ejemplo 2

Consideremos V_4, constituído por $2^4 = 16$ cuaternas

$$0000\,,\,0001\,,\,\ldots\,,\,1111.$$

$S = \{0000\,,\,0101\,,\,1010\,,\,1111\}$ es un subespacio de V_4, pues se verifica fácilmente, que el "cero" pertenece a S y la suma de dos elementos del subconjunto, da como resultado otro elemento del mismo.

$$0101 + 1111 = 1010\;;\;0101 + 1010 = 1111\;;\;1010 + 1111 = 0101\;;\;\text{etc.}$$

En la siguiente figura se ilustra con una simple analogía geométrica, la estructura detrás de un código bloque lineal.

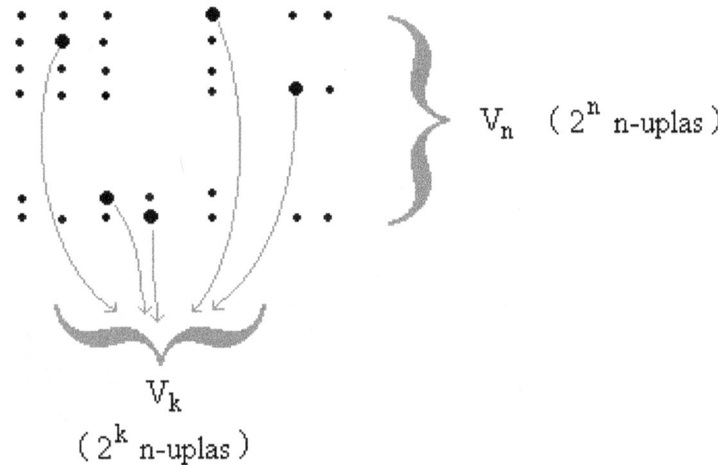

Podemos imaginar el espacio vectorial V_n de 2^n n-uplas, como en la figura. Dentro de él existe un subconjunto de 2^k n-uplas que definen un subespacio.

Estos 2^k vectores o puntos, que se muestran "salpicados" entre los más numerosos 2^n de V_n, representan las asignaciones de palabras-código permitidas. Una palabra-mensaje, se codifica en una de las 2^n palabras-código y luego se transmite.

Debido al ruido en el canal de transmisión, puede ser recibida una versión perturbada de la palabra-código. Esta versión mutilada, es una de las otras 2^n n-uplas de V_n.

Si el vector deformado no es demasiado diferente del vector-código válido, el receptor podría decodificar el mensaje correctamente.

Con esta idea, se busca un código, donde los vectores-código sean diferentes uno de otro, tanto como sea posible, de manera tal que, aún si los vectores experimentan alguna corrupción durante la transmisión, todavía pueden ser correctamente decodificados con una alta probabilidad.

Por otra parte, al codificar se agrega una cierta cantidad de bits, que constituyen una redundancia; y para que la codificación y decodificación sea eficiente, la redundancia debe ser pequeña.

Un ejemplo de las bondades que presenta la redundancia, se tiene en el lenguaje que hablamos usualmente, en el cual dicha redundancia es muy grande, pero gracias a ella, en una conversación es posible "perder" una palabra o aún una frase, sin que el sentido del concepto sufra un daño apreciable.

Ejemplo

Sea un código bloque lineal (6,3), y examinemos la asignación siguiente

Vector mensaje	Vector código
000	000 000
100	110 100
010	011 010
110	101 110
001	101 001
101	011 101
011	110 011
111	000 111

Hay $2^k = 2^3 = 8$ vectores-mensaje en V_3

Hay $2^n = 2^6 = 64$ vectores en V_6.

Álgebra y Geometría

Se prueba fácilmente que los 8 vectores-código de la tabla, forman un subespacio de V_6. Luego, estos vectores-código, representan un código bloque lineal.

Si k es grande, implementar una tabla como la anterior para el codificador se vuelve prácticamente imposible. Por ejemplo, para un código (127, 92), hay $2^{92} \approx 5.10^{27}$ palabras-código.

Si el procedimiento de codificación consiste en una simple tabla, imagine el tamaño de la memoria necesaria para contener semejante número de palabras-código.

Afortunadamente es posible reducir la complejidad, generando los vectores-código requeridos, en lugar de tenerlos almacenados.

Observación

Si se considera V_3, una base de este Espacio Vectorial es: 100, 010, 001. Es evidente que estos tres vectores son linealmente independientes y además generan los 5 restantes elementos de V_3

$$100 + 010 = 110$$

$$100 + 001 = 101$$

$$010 + 001 = 011$$

$$100 + 010 + 001 = 111$$

$$001 + 001 = 000$$

La dimensión de V_3 es tres.

De manera similar, se obtiene que

$$\dim (V_n) = n$$

$$\dim (V_k) = k$$

Ya que un conjunto de code-vectors que forman un (n,k)-código bloque lineal, es un subespacio k-dimensional del espacio vectorial binario n-dimensional V_n (k < n), siempre es posible encontrar un conjunto de n-uplas (menos que 2^k), que puedan generar todos los 2^k vectores miembros del subespacio.

Este conjunto de vectores se llama un generador del subespacio.

El menor conjunto linealmente independiente que genera al subespacio, es llamado una base del subespacio, y el número de vectores de una tal base, es la dimensión del subespacio.

En un (n,k) código bloque lineal, cualquier base de k n-uplas: $v_1, v_2, \ldots , v_k$ puede ser usada para generar los 2^k vectores-código posibles, ya que cada $u \in V_k$ se escribirá

$$u = m_1\, v_1 + m_2\, v_2 + \ldots + m_k\, v_k$$

donde los $m_i = 0$ ó 1, son los dígitos-mensaje para $i = 1, 2, \ldots , k$

Es posible definir una matriz generadora por

$$G = \begin{bmatrix} v_1 \\ v_2 \\ . \\ . \\ v_k \end{bmatrix} = \begin{bmatrix} v_{11} & v_{12} & . & . & . & v_{1n} \\ v_{21} & v_{22} & . & . & . & v_{2n} \\ . & . & . & . & . & . \\ . & . & . & . & . & . \\ v_{k1} & v_{k2} & . & . & . & v_{kn} \end{bmatrix}$$

Por convención, usualmente los vectores-código se colocan como vectores-fila.

Por lo tanto el mensaje m, que es una secuencia de k bits, es un vector-fila

$$m = \begin{bmatrix} m_1 & m_2 & . & . & m_k \end{bmatrix}$$

Llamando "u" al vector-código asociado al mensaje "m", en notación matricial será

$$u = m.G = \begin{bmatrix} m_1 & m_2 & . & . & m_k \end{bmatrix} \begin{bmatrix} v_1 \\ v_2 \\ . \\ . \\ v_k \end{bmatrix} = m_1 v_1 + m_2 v_2 + \ldots + m_k v_k$$

Ejemplo

Para el último ejemplo vamos a generar el vector- código correspondiente al vector-mensaje "110"

Elegimos la base: $v_1 = 110100$, $v_2 = 011010$ y $v_3 = 101001$

$$u = \begin{bmatrix} 1 & 1 & 0 \end{bmatrix} \begin{bmatrix} v_1 \\ v_2 \\ v_3 \end{bmatrix} = \begin{bmatrix} 1 & 1 & 0 \end{bmatrix} \begin{bmatrix} 1 & 1 & 0 & 1 & 0 & 0 \\ 0 & 1 & 1 & 0 & 1 & 0 \\ 1 & 0 & 1 & 0 & 0 & 1 \end{bmatrix} = [101110]$$

A la palabra-mensaje "110" corresponde la palabra código "101110".

Por propiedades del propducto matricial, vemos que, un vector-código (correspondiente a un vector-mensaje), es una combinación lineal de las filas de la matriz "G".

Como el código está totalmente definido por esa matriz (G), el codificador sólo necesita almacenar las k filas de G, en lugar del total de 2^k vectores del código.

En el ejemplo analizado, notar que la matriz generador $G_{(3 \times 6)}$, reemplaza a la tabla original, que es un cuadro de números (una matriz) (8 x 6); lo que representa una reducción en la complejidad del sistema.

Se define como un "(n,k)-código de bloques lineal sistemático", a una función de V_k en V_n, tal que parte de la secuencia generada, coincide con los k dígitos-mensaje. Los restantes (n–k), son dígitos de paridad.

La matriz generador de un código de bloques lineal sistemático será de la forma

$$G = [P \mid I_k] = \begin{bmatrix} p_{11} & p_{12} & \cdot & \cdot & p_{1,(n-k)} & 1 & 0 & \cdot & \cdot & 0 \\ p_{21} & p_{22} & \cdot & \cdot & p_{2,(n-k)} & 0 & 1 & \cdot & \cdot & 0 \\ \cdot & \cdot & \cdot & \cdot & \cdot & \cdot & \cdot & \cdot & \cdot & \cdot \\ \cdot & \cdot & \cdot & \cdot & \cdot & \cdot & \cdot & \cdot & \cdot & \cdot \\ \cdot & \cdot & \cdot & \cdot & \cdot & \cdot & \cdot & \cdot & \cdot & \cdot \\ p_{k1} & p_{k2} & \cdot & \cdot & p_{k,(n-k)} & 0 & 0 & \cdot & \cdot & 1 \end{bmatrix}$$

Donde P, es la submatriz de paridad de la matriz generadora, con los $p_{ij} = 0$ ó 1 mientras que I_k es la matriz identidad de orden k.

Debe observarse que con este generador sitemático, la complejidad del codificador se reduce más aún, ya que no es necesario almacenar la matriz identidad.

Cada vector-código se expresa en la forma

$$[u_1 \ u_2 \ \ldots \ u_n] = [m_1 \ m_2 \ \ldots \ m_k]\begin{bmatrix} p_{11} & p_{12} & \cdot & \cdot & p_{1,(n-k)} & 1 & 0 & \cdot & \cdot & 0 \\ p_{21} & p_{22} & \cdot & \cdot & p_{2,(n-k)} & 0 & 1 & \cdot & \cdot & 0 \\ \cdot & \cdot & \cdot & \cdot & \cdot & \cdot & \cdot & \cdot & \cdot & \cdot \\ \cdot & \cdot & \cdot & \cdot & \cdot & \cdot & \cdot & \cdot & \cdot & \cdot \\ \cdot & \cdot & \cdot & \cdot & \cdot & \cdot & \cdot & \cdot & \cdot & \cdot \\ p_{k1} & p_{k2} & \cdot & \cdot & p_{k,(n-k)} & 0 & 0 & \cdot & \cdot & 1 \end{bmatrix}$$

de modo tal que

$$u_i = m_1 p_{1i} + m_2 p_{1i} + \ldots + m_k p_{ki} \qquad \text{para} \quad i = 1, 2, \ldots, (n-k)$$
$$= m_{i-n+k} \qquad\qquad\qquad\qquad\quad \text{para} \quad i = (n-k+1), \ldots n$$

Para una k-upla de mensaje: $\qquad m = m_1, m_2, \ldots, m_k$

Y una n-upla vector-código: $\qquad u = u_1, u_2, \ldots, u_n$

La palabra-código sistemática puede ser expresada como

$$u = p_1, p_2, \ldots, p_{n-k}, m_1, m_2, \ldots, m_k$$

con

$$p_1 = m_1 p_{11} + m_2 p_{21} + \ldots + m_k p_{k1}$$
$$p_2 = m_2 p_{12} + m_2 p_{22} + \ldots + m_k p_{k2}$$
$$\cdots\cdots\cdots\cdots\cdots\cdots\cdots\cdots\cdots\cdots\cdots\cdots\cdots$$
$$p_{n-k} = m_1 p_{1,(n-k)} + m_2 p_{2,(n-k)} + \ldots + m_k p_{k,(n-k)}$$

Ejemplo

En el código (6,3) que venimos analizando, los vectores-código se describen

$$u = \begin{bmatrix} m_1 & m_2 & m_3 \end{bmatrix} \underbrace{\begin{bmatrix} 1 & 1 & 0 \\ 0 & 1 & 1 \\ 1 & 0 & 1 \end{bmatrix}}_{P} \underbrace{\begin{bmatrix} 1 & 0 & 0 \\ 0 & 1 & 0 \\ 0 & 0 & 1 \end{bmatrix}}_{I_3}$$

$$u = \underbrace{m_1 + m_3}_{u_1}, \underbrace{m_1 + m_2}_{u_2}, \underbrace{m_2 + m_3}_{u_3}, \underbrace{m_1}_{u_4}, \underbrace{m_2}_{u_5}, \underbrace{m_3}_{u_6}$$

Vemos que los bits de redundancia pueden producirse de variadas maneras. El primer bit de paridad es la suma del primer y tercer bit de mensaje; el segundo y tercer bit de paridad se construyen de forma similar.

Esta estructura, provee de una importante herramienta para detectar y corregir errores.

Para cada matriz generadora $G_{(k \times n)}$, es posible construir una matriz $H_{(n-k) \times n}$ tal que: $G.H^t = O$ donde H^t es la transpuesta de H y $O_{k \times (n-k)}$ matriz nula.

Para ello definimos la "matriz H de comprobación de paridad" en la forma :

$$H = \left[I_{n-k} \vdots P^t \right] \quad \Rightarrow \quad H^t = \left[\frac{I_{n-k}}{P} \right]$$

Con I_{n-k} igual a la matriz identidad del orden indicado como subíndice y P es la submatriz de paridad de la matriz generadora G.

En estas condiciones se tiene

$$G.H^t = \left[P \vdots I_k \right] \left[\frac{I_{n-k}}{P} \right] = P.I_{n-k} + I_k.P = P+P = [p_{ij} + p_{ij}]$$

como $\forall$ i y $\forall$ j se tiene

$$p_{ij} = 0 \text{ ó } 1 \quad \Rightarrow \quad p_{ij} + p_{ij} = 0 \quad \Rightarrow \quad G.H^t = O_{kx\,(n-k)}$$

En consecuencia :

$$u.H^t = m \cdot G \cdot H^t = m \cdot O = 0_{1x\,(n-k)}$$

Esta última expresión es la que permite "chequear" si un vector-código recibido es, o no, un miembro válido del conjunto de palabras-código.

"u es un vector-código generado por la matriz G si, y sólo si: $\quad u \cdot H^t = 0$.

Ejemplo

$$G = \begin{bmatrix} 1 & 1 & 0 & 1 & 0 & 0 \\ 0 & 1 & 1 & 0 & 1 & 0 \\ 1 & 0 & 1 & 0 & 0 & 1 \end{bmatrix} \mapsto H = \begin{bmatrix} 1 & 0 & 0 & 1 & 0 & 1 \\ 0 & 1 & 0 & 1 & 1 & 0 \\ 0 & 0 & 1 & 0 & 1 & 1 \end{bmatrix} \mapsto H^t = \begin{bmatrix} 1 & 0 & 0 \\ 0 & 1 & 0 \\ 0 & 0 & 1 \\ \hline 1 & 1 & 0 \\ 0 & 1 & 1 \\ 1 & 0 & 1 \end{bmatrix}$$

$$G.H^t = \begin{bmatrix} 1 & 1 & 0 & 1 & 0 & 0 \\ 0 & 1 & 1 & 0 & 1 & 0 \\ 1 & 0 & 1 & 0 & 0 & 1 \end{bmatrix} \begin{bmatrix} 1 & 0 & 0 \\ 0 & 1 & 0 \\ 0 & 0 & 1 \\ \hline 1 & 1 & 0 \\ 0 & 1 & 1 \\ 1 & 0 & 1 \end{bmatrix} = \begin{bmatrix} 0 & 0 & 0 \\ 0 & 0 & 0 \\ 0 & 0 & 0 \end{bmatrix}$$

Según ya vimos, al mensaje "110" corresponde la palabra-código "101110".

Si llega esta palabra

$$u.H^t = [101110] \begin{bmatrix} 1 & 0 & 0 \\ 0 & 1 & 0 \\ 0 & 0 & 1 \\ \hline 1 & 1 & 0 \\ 0 & 1 & 1 \\ 1 & 0 & 1 \end{bmatrix} = 000$$

Si en la palabra-código recibida se produce "un error", verifique el alumno que el producto

$$u.H^t \neq 000.$$

Bibliografía de este tema:

Álgebra y Geometría

- **Bernard Sklar**. *Digital Comunications. Fundamentals and Applications*. PTR. Prentice Hall.

- **Víctor H. Sauchelli**. *Teoría de la Información y Codificación*. Ed. Universitas. Córdoba. 2001.

13

Apéndice.
Ampliación del Tema Cambio de Coordenadas

13.1. Bases y matrices de coordenadas

Una base de $\mathbb{R}^n$ se definió anteriormente como un conjunto independiente de vectores que generan a $\mathbb{R}^n$. Esto nos permite demostrar el teorema siguiente:

13.1.1 Teorema.

Si $\mathscr{B} = (\mathbf{v}_1, \mathbf{v}_2, ..., \mathbf{v}_n)$ es una base ordenada de $\mathbb{R}^n$, entonces todo vector $\mathbf{v} \in \mathbb{R}^n$ tiene una expresión única

$$\mathbf{v} = x_1 \mathbf{v}_1 + x_2 \mathbf{v}_2 + \cdots + x_n \mathbf{v}_n \qquad [13.1]$$

como combinación lineal de los $\mathbf{v}_i$.

Demostración

Como los $\mathbf{v}_i$ forman una base, generan a $\mathbb{R}^n$, por lo tanto, existen escalares $x_1, x_2, ..., x_n$ tales que $\mathbf{v} = x_1 \mathbf{v}_1 + x_2 \mathbf{v}_2 + \cdots + x_n \mathbf{v}_n$. Supongamos que $\mathbf{v}$ tiene una segunda expresión de la forma [13.1], esto es, $\mathbf{v} = y_1 \mathbf{v}_1 + y_2 \mathbf{v}_2 + \cdots + y_n \mathbf{v}_n$, entonces, restando de [13.1] y ordenando los términos, tenemos

$$\mathbf{0} = \mathbf{v} - \mathbf{v} = (x_1 - y_1)\mathbf{v}_1 + (x_2 - y_2)\mathbf{v}_2 + \cdots + (x_n - y_n)\mathbf{v}_n$$

Como los $\mathbf{v}_i$ forman una base, son linealmente independientes, por lo tanto la ecuación precedente implica que $x_1 - y_1 = x_2 - y_2 = \cdots = x_n - y_n = 0$, de modo que $x_i = y_i$ para $i = 1, 2, \ldots, n$, lo que equivale a decir que la expresión (12.1) es única.

A los escalares x_i de (13.1) les llamaremos ***coordenadas*** del vector $\mathbf{v}$ relativas a la base $\mathcal{B} = (\mathbf{v}_1, \mathbf{v}_2, \ldots, \mathbf{v}_n)$. Se ve entonces que cada base ordenada de $\mathbb{R}^n$ determina una correspondencia biunívoca

$$\mathbf{v} \rightarrow \begin{bmatrix} x_1 \\ x_2 \\ \vdots \\ x_n \end{bmatrix}$$

entre el conjunto de todos los vectores de $\mathbb{R}^n$ y el conjunto de matrices $\mathbb{R}^{n \times 1}$. Esta matriz se denomina ***matriz de coordenadas de*** $\mathbf{v}$ ***relativa a la base ordenada*** $\mathcal{B}$, que denotamos $[\mathbf{v}]_{\mathcal{B}}$, para resaltar la dependencia de la misma respecto de la base ordenada, o sea

$$[\mathbf{v}]_{\mathcal{B}} = \begin{bmatrix} x_1 \\ x_2 \\ \vdots \\ x_n \end{bmatrix}$$

Esta correspondencia tiene la propiedad que establece el lema siguiente:

13.1.2 Lema

Sean $\mathbf{v}_1, \mathbf{v}_2 \in \mathbb{R}^n$ y $c \in \mathbb{R}$, entonces se cumple

$$[\mathbf{v}_1 + \mathbf{v}_2]_{\mathcal{B}} = [\mathbf{v}_1]_{\mathcal{B}} + [\mathbf{v}_2]_{\mathcal{B}} \quad \text{y} \quad [c\mathbf{v}]_{\mathcal{B}} = c[\mathbf{v}]_{\mathcal{B}}$$

Demostración

Ejercicio.

13.1.3 Teorema

Si $\mathcal{B} = (\mathbf{v}_1, \mathbf{v}_2, ..., \mathbf{v}_n)$ y $\mathcal{B}' = (\mathbf{w}_1, \mathbf{w}_2, ..., \mathbf{w}_m)$ son bases de $\mathbb{R}^n$, entonces $n = m$. Esto es, dos bases cualesquiera de $\mathbb{R}^n$, (ordenadas o no), tienen el mismo número de elementos.

Demostración

Supongamos que $n > m$. Como $\mathcal{B}'$ es base de $\mathbb{R}^n$, existen escalares a_{ij} en $\mathbb{R}$ tales que

$$\mathbf{v}_j = \sum_{i=1}^{m} a_{ij} \mathbf{w}_i \qquad\qquad j = 1, 2, ..., n.$$

Si $\mathbf{0} = \displaystyle\sum_{j=1}^{n} x_j \mathbf{v}_j$, entonces

$$\begin{aligned}
\mathbf{0} &= \sum_{j=1}^{n} x_j \mathbf{v}_j \\
&= \sum_{j=1}^{n} x_j \sum_{i=1}^{m} a_{ij} \mathbf{w}_i \\
&= \sum_{i=1}^{m} \left(\sum_{j=1}^{n} a_{ij} x_j \right) \mathbf{w}_i
\end{aligned}$$

Como $\mathcal{B}'$ es base de $\mathbb{R}^n$ los vectores $\mathbf{w}_1, \mathbf{w}_2, ..., \mathbf{w}_m$ son linealmente independientes, por lo tanto

$$\sum_{j=1}^{n} a_{ij} x_j = 0$$

para $i = 1, 2, ..., m$. Pero, este es un sistema de ecuaciones lineales homogéneas con mas incógnitas que ecuaciones, y, por consiguiente, admite solución distinta de la trivial, es decir, existen escalares $x_1, x_2, ..., x_n$ no todos nulos tales que

$$\mathbf{0} = \sum_{j=1}^{n} x_j \mathbf{v}_j$$

lo que contradice el hecho de que $\mathscr{B}$ es una base de $\mathbb{R}^n$. Por lo tanto, la suposición $n > m$ no puede verificarse, de modo que $n \leq m$. Análogamente se demuestra que $m \leq n$. Concluimos entonces que $n = m$, completando la demostración del teorema.

Este teorema permite definir la **dimensión** (algebraica) del espacio vectorial $\mathbb{R}^n$ como el número de elementos de una base cualquiera de $\mathbb{R}^n$. De ahora en mas, cuando hagamos referencia a la dimensión de $\mathbb{R}^n$, damos por sobreentendido que se trata de la dimensión algebraica que acabamos de definir. (Obviamente, la dimensión de $\mathbb{R}^n$ es n, puesto que $(\mathbf{e}_1, \mathbf{e}_2, ..., \mathbf{e}_n)$ es una base del mismo).

Como las coordenadas de un vector $\mathbf{v} \in \mathbb{R}^n$ dependen de la elección de la base, es obvio que cualquier cambio en la base elegida ocasiona un cambio en las coordenadas de $\mathbf{v}$. Por ejemplo, en $\mathbb{R}^2$, el vector $\mathbf{v} = 4\mathbf{e}_1 + 2\mathbf{e}_2$ tiene, por definición, la matriz de coordenadas

$$\begin{bmatrix} 4 \\ 2 \end{bmatrix}$$

relativa a la base canónica $(\mathbf{e}_1, \mathbf{e}_2)$. Los vectores $\mathbf{v}_1$ y $\mathbf{v}_2$ dados por

$$\begin{aligned} \mathbf{v}_1 &= 2\mathbf{e}_1 \\ \mathbf{v}_2 &= \mathbf{e}_1 + \mathbf{e}_2 \end{aligned} \qquad [13.2]$$

forman también una base. Con referencia a esta base, $\mathbf{v}$ se expresa como

$$\mathbf{v} = \mathbf{v}_1 + 2\mathbf{v}_2$$

La matriz

$$\begin{bmatrix} 1 \\ 2 \end{bmatrix}$$

es entonces la matriz de coordenadas de $\mathbf{v}$, respecto de la nueva base. (Figura 13.1)

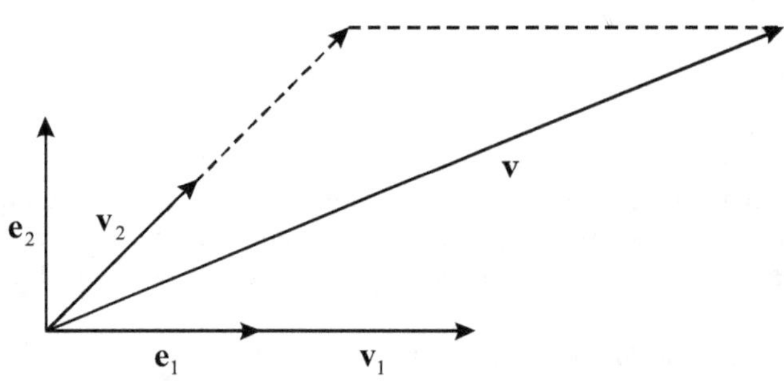

Figura 13.1

En general, las coordenadas x_1', x_2' de cualquier vector $\mathbf{v}$ relativas a la "nueva" base $(\mathbf{v}_1, \mathbf{v}_2)$, definida en [13.2], pueden obtenerse a partir de las "antiguas" coordenadas x_1, x_2 de $\mathbf{v}$ de la manera siguiente: por definición, estas coordenadas son los coeficientes que permiten escribir $\mathbf{v}$ como combinación lineal de los vectores de las bases dadas, esto es,

$$\mathbf{v} = x_1 \mathbf{e}_1 + x_2 \mathbf{e}_2$$

$$\mathbf{v} = x_1' \mathbf{v}_1 + x_2' \mathbf{v}_2$$

Resolviendo las ecuaciones vectoriales [13.2] para $\mathbf{e}_1$ y $\mathbf{e}_2$ encontramos que

$$\mathbf{e}_1 = \frac{1}{2}\mathbf{v}_1$$
$$\mathbf{e}_2 = -\frac{1}{2}\mathbf{v}_1 + \mathbf{v}_2$$

Sustituyendo en la primera expresión de $\mathbf{v}$ los valores de $\mathbf{e}_1$ y $\mathbf{e}_2$ tenemos

$$\mathbf{v} = x_1\left(\frac{1}{2}\mathbf{v}_1\right) + x_2\left(-\frac{1}{2}\mathbf{v}_1 + \mathbf{v}_2\right) = \frac{1}{2}(x_1 - x_2)\mathbf{v}_1 + x_2\mathbf{v}_2$$

De aquí que las nuevas coordenadas de $\mathbf{v}$ vienen dadas por las expresiones lineales

$$x_1' = \frac{1}{2}x_1 - \frac{1}{2}x_2$$
$$x_2' = x_2$$

Recíprocamente, las antiguas coordenadas pueden expresarse con relación a las nuevas, como

$$x_1 = 2x_1' + x_2'$$
$$x_2 = x_2'$$

Veamos lo que ocurre en el caso general. Sean $\mathcal{B} = (\mathbf{v}_1, \mathbf{v}_2, ..., \mathbf{v}_n)$ y $\mathcal{B}' = (\mathbf{v}_1', \mathbf{v}_2', ..., \mathbf{v}_n')$ dos bases ordenadas de $\mathbb{R}^n$. Existen entonces escalares únicos a_{ij} tales que

$$\mathbf{v}_j' = \sum_{i=1}^{n} a_{ij}\mathbf{v}_i \quad j = 1, 2, ..., n \qquad [13.3]$$

Si $x_1', x_2', ..., x_n'$ son las coordenadas relativas a la base $\mathcal{B}'$ de un vector dado $\mathbf{v}$, entonces

$$\mathbf{v} = \sum_{j=1}^{n} x_j'\mathbf{v}_j' = \sum_{j=1}^{n} x_j' \sum_{i=1}^{n} a_{ij}\mathbf{v}_i$$
$$= \sum_{j=1}^{n} \sum_{i=1}^{n} (a_{ij}x_j')\mathbf{v}_i = \sum_{i=1}^{n} \left(\sum_{j=1}^{n} a_{ij}x_j' \right)\mathbf{v}_i$$

de donde tenemos para $\mathbf{v}$ la expresión

$$\mathbf{v} = \sum_{i=1}^{n} \left(\sum_{j=1}^{n} a_{ij}x_j' \right)\mathbf{v}_i \qquad [13.4]$$

Como las coordenadas $x_1, x_2, ..., x_n$ de $\mathbf{v}$ relativas a la base ordenada $\mathcal{B}$ están determinadas en forma única, se sigue de (4) que

$$x_i = \sum_{j=1}^{n} a_{ij}x_j' \quad i = 1, 2, ..., n \qquad [13.5]$$

Si denotamos por A a la matriz $n \times n$ formada por los escalares a_{ij}, la expresión [13.5] puede escribirse en forma matricial como

$$[\mathbf{v}]_{\mathscr{B}} = A[\mathbf{v}]_{\mathscr{B}'}.$$

Puesto que $\mathscr{B}$ y $\mathscr{B}'$ son conjuntos linealmente independientes, $[\mathbf{v}]_{\mathscr{B}} = O$ si y sólo si $[\mathbf{v}]_{\mathscr{B}'} = O$, lo que es equivalente a decir que A es una matriz inversible. La expresión (13.3), finalmente, nos permite calcular la matriz A. Dicha matriz recibe el nombre de matriz de cambio de base entre las bases $\mathscr{B}$ y $\mathscr{B}'$.

13.2. Sistemas de coordenadas

Nuestro objetivo es utilizar lo visto hasta el momento para obtener algunos resultados geométricos. Las formulaciones en términos de bases ordenadas son insuficientes para este propósito. Lo que necesitamos es el concepto de sistema de coordenadas, que definimos a continuación.

13.2.1 Definición

> Sea P un punto de $\mathbb{R}^n$ y $\mathscr{B}$ una base ordenada de $\mathbb{R}^n$. El sistema de coordenadas de $\mathbb{R}^n$ con origen P y base ordenada $\mathscr{B}$, que denotamos $\mathscr{S} = [P; \mathscr{B}]$ consta de los vectores de la base ordenada $\mathscr{B}$ considerados con origen en el punto P.

Queremos estudiar lo que ocurre, no ya cuando cambiamos de base, sino cuando estamos ante un cambio de sistemas de coordenadas. Para esto, consideramos dos sistemas de coordenadas $\mathscr{S} = [P; \mathscr{B}]$ y $\mathscr{S}' = [P'; \mathscr{B}']$ en $\mathbb{R}^n$, donde $\mathscr{B} = (\mathbf{v}_1, ..., \mathbf{v}_n)$ y $\mathscr{B}' = (\mathbf{v}'_1, ..., \mathbf{v}'_n)$. Sea $\mathbf{v}$ un vector cualquiera de $\mathbb{R}^n$. Referido al sistema $\mathscr{S}$, este vector puede escribirse

$$\mathbf{v} = \sum_{i=1}^{n} x_i \mathbf{v}_i$$

Los puntos P y P' determinan un vector $\mathbf{v}_0$, que con respecto al sistema $\mathscr{S}$ tiene la expresión

$$\mathbf{v}_0 = \sum_{i=1}^{n} c_i \mathbf{v}_i$$

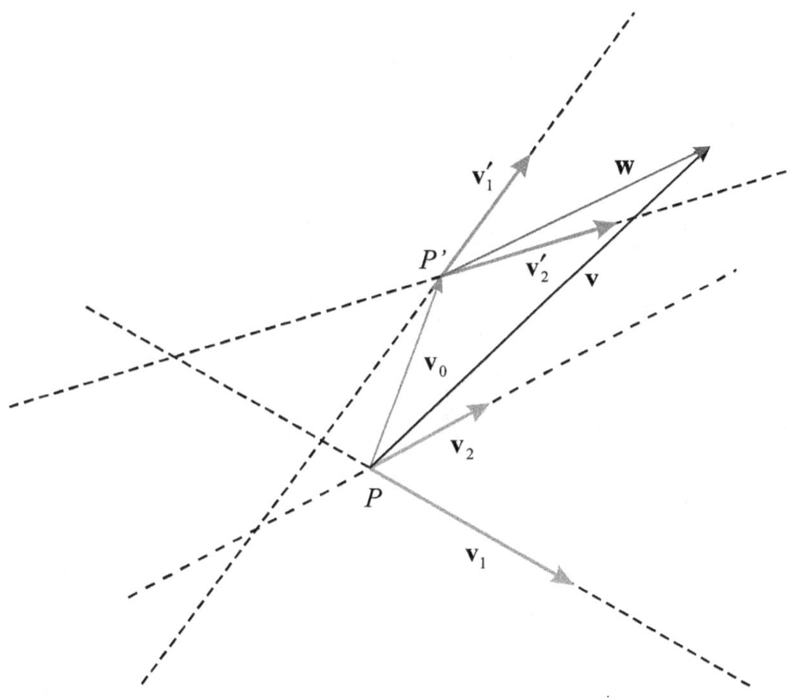

Figura 13.2

El vector $\mathbf{v}$ puede escribirse como

$$\mathbf{v} = \mathbf{v}_0 + \mathbf{w} \qquad\qquad [13.6]$$

donde $\mathbf{w}$ tiene origen en P', (figura 13.2), entonces

$$\mathbf{w} = \sum_{j=1}^{n} x'_j \mathbf{v}'_j .$$

Si $A = (a_{ij})$ es la matriz de cambio de base entre las bases $\mathcal{B}$ y $\mathcal{B}'$ tenemos que

$$\mathbf{v}'_j = \sum_{i=1}^{n} a_{ij}\mathbf{v}_i$$

entonces

$$\mathbf{w} = \sum_{j=1}^{n} x'_j \sum_{i=1}^{n} a_{ij}\mathbf{v}_i$$

$$= \sum_{i=1}^{n}\left(\sum_{j=1}^{n} a_{ij}x'_j\right)\mathbf{v}_i.$$

Reemplazando las expresiones de $\mathbf{v}$, $\mathbf{v}_0$ y $\mathbf{w}$ en [13.6] tenemos

$$\sum_{i=1}^{n} x_i\mathbf{v}_i = \sum_{i=1}^{n} c_i\mathbf{v}_i + \sum_{i=1}^{n}\left(\sum_{j=1}^{n} a_{ij}x'_j\right)\mathbf{v}_i$$

$$= \sum_{i=1}^{n}\left(c_i + \sum_{j=1}^{n} a_{ij}x'_j\right)\mathbf{v}_i$$

de donde,

$$x_i = c_i + \sum_{j=1}^{n} a_{ij}x'_j, \qquad\qquad i = 1, 2, ..., n$$

que en notación matricial podemos escribir

$$[\mathbf{v}]_{\mathcal{B}} = [\mathbf{v}_0]_{\mathcal{B}} + A[\mathbf{v} - \mathbf{v}_0]_{\mathcal{B}'}$$

esto es,

$$X = K + AX'$$

donde X y X' son las matrices de coordenadas respecto de las bases $\mathcal{B}$ y $\mathcal{B}'$ respectivamente y K es la matriz de coordenadas del vector determinado por el origen del sistema $\mathcal{S}'$.

13.2.2. Ejemplo.

Sean los sistemas $\mathscr{S} = [(0,0);(\mathbf{e}_1,\mathbf{e}_2)]$ y $\mathscr{S}' = [P;(\mathbf{v}_1,\mathbf{v}_2)]$, donde $P = (1,2)$, $\mathbf{v}_1 = (1,1)$

y $\mathbf{v}_2 = (2,1)$, entonces $\mathbf{v}_0 = P - O = (1,2) - (0,0) = (1,2)$ y

$$A = \begin{bmatrix} 1 & 2 \\ 1 & 1 \end{bmatrix}$$

por lo tanto

$$\begin{bmatrix} x_1 \\ x_2 \end{bmatrix} = \begin{bmatrix} 1 \\ 2 \end{bmatrix} + \begin{bmatrix} 1 & 2 \\ 1 & 1 \end{bmatrix} \begin{bmatrix} x_1' \\ x_2' \end{bmatrix}$$

de donde

$$x_1 = 1 + x_1' + 2x_2'$$
$$x_2 = 2 + x_1' + x_2'$$

Usando esto, vemos que la recta de ecuación $x_1 + x_2 - 1 = 0$ en el sistema $\mathscr{S}$, adopta la forma $2x_1' + 3x_2' + 2 = 0$ en el sistema $\mathscr{S}'$ (Verificar).

Si denotamos con $\mathscr{A}$ al conjunto de todos los sistemas de coordenadas en $\mathbb{R}^n$, podemos pensar que los cambios de coordenadas son transformaciones del conjunto $\mathscr{A}$ en si mismo. Llamaremos transformación afín a las transformaciones de este tipo. Identificando $\mathbb{R}^n$ (o $\mathbb{R}^{n\times 1}$) con $\mathbb{R}^n \times \{1\} \subset \mathbb{R}^{n+1}$ por medio de

$$X = \begin{bmatrix} x_1 \\ \vdots \\ x_n \end{bmatrix} \rightarrow \begin{bmatrix} x_1 \\ \vdots \\ x_n \\ 1 \end{bmatrix}$$

y haciendo

$$A = \begin{bmatrix} \begin{pmatrix} a_{11} & \cdots & a_{1n} \\ \vdots & \ddots & \vdots \\ a_{m1} & \cdots & a_{mn} \end{pmatrix} \end{bmatrix}$$

y

$$K = \begin{bmatrix} c_1 \\ c_2 \\ \vdots \\ c_n \end{bmatrix}$$

se verifica que

$$\left[\begin{array}{c|c} A & K \\ \hline O & 1 \end{array}\right] X = \begin{bmatrix} y_1 \\ \vdots \\ y_n \\ 1 \end{bmatrix} = \begin{bmatrix} Y \\ 1 \end{bmatrix}$$

de donde obtenemos que

$$Y = K + AX .$$

Esto es, mirando estas transformaciones desde el punto de vista de las matrices de coordenadas, estas son transformaciones de $\mathbb{R}^{n\times 1}$ en $\mathbb{R}^{n\times 1}$ determinadas por las matrices K y A y dadas por

$$X \to K + AX \tag{13.7}$$

Estas transformaciones con la operación de composición, (es decir, un cambio de coordenadas seguido por otro), constituyen un grupo que se denomina grupo afín. Además, vemos que cada transformación afín $X \to K + AX$, puede ponerse en correspondencia biunívoca con una matriz de la forma

$$\left[\begin{array}{c|c} A & K \\ \hline O & 1 \end{array}\right]$$

esto es,

$$(X \to K + AX) \;\leftrightarrow\; \left[\begin{array}{c|c} A & K \\ \hline O & 1 \end{array}\right]$$

donde

$$O = [0, 0, ..., 0]$$

Esto es particularmente útil para demostrar que lo que hemos denominado grupo afín tiene realmente estructura de grupo, puesto que la composición de transformaciones se traduce en un producto de matrices. En efecto, sean

$$\left[\begin{array}{c|c} A & K \\ \hline O & 1 \end{array}\right]$$

y

$$\left[\begin{array}{c|c} B & L \\ \hline O & 1 \end{array}\right]$$

las matrices asociadas a los cambios de coordenadas afines $X \to K + AX$ y $X \to L + BX$ respectivamente, entonces

$$\left[\begin{array}{c|c} A & K \\ \hline O & 1 \end{array}\right]\left[\begin{array}{c|c} B & L \\ \hline O & 1 \end{array}\right] = \left[\begin{array}{c|c} AB & AL + K \\ \hline O & 1 \end{array}\right]$$

de modo que la composición es la transformación afín

$$X \to (AL + K) + ABX$$

Veamos la existencia del elemento neutro. Sea

$$\left[\begin{array}{c|c} B & L \\ \hline O & 1 \end{array}\right]$$

tal que

$$\left[\begin{array}{c|c} A & K \\ \hline O & 1 \end{array}\right]\left[\begin{array}{c|c} B & L \\ \hline O & 1 \end{array}\right] = \left[\begin{array}{c|c} A & K \\ \hline O & 1 \end{array}\right]$$

para toda matriz

$$\left[\begin{array}{c|c} A & K \\ \hline O & 1 \end{array}\right]$$

entonces,

$$\left[\begin{array}{c|c} AB & AL+K \\ \hline O & 1 \end{array}\right] = \left[\begin{array}{c|c} A & K \\ \hline O & 1 \end{array}\right]$$

de donde,

$$AB = A \ \text{y} \ AL + K = K$$

Estas expresiones dicen que $B = I$ y $L = O$, por lo que el elemento neutro es

$$\left[\begin{array}{c|c} I & O \\ \hline O & 1 \end{array}\right]$$

que obviamente corresponde al cambio de coordenadas

$$X \to O + IX = X$$

Veamos, finalmente, que cada transformación $X \to K + AX$ tiene una transformación inversa. Si

$$\left[\begin{array}{c|c} A & K \\ \hline O & 1 \end{array}\right]\left[\begin{array}{c|c} B & L \\ \hline O & 1 \end{array}\right] = \left[\begin{array}{c|c} I & O \\ \hline O & 1 \end{array}\right]$$

tenemos que

$$\left[\begin{array}{c|c} AB & AL+K \\ \hline O & 1 \end{array}\right] = \left[\begin{array}{c|c} I & O \\ \hline O & 1 \end{array}\right]$$

Álgebra y Geometría

de donde $AB = I$ y $AL + K = O$, y de aquí obtenemos

$$B = A^{-1}$$
$$L = -A^{-1}K$$

esto es, el cambio de coordenadas inverso de $X \to K + AX$ es

$$X \to -A^{-1}K + A^{-1}X$$

13.2.3. Ejemplo

Describir el cambio de coordenadas del ejemplo 13.2.2 con la matriz asociada y hallar el cambio de coordenadas inverso.

La matriz asociada es

$$\left[\begin{array}{cc|c} 1 & 2 & 1 \\ 1 & 1 & 2 \\ \hline 0 & 0 & 1 \end{array}\right]$$

cuya inversa está dada por

$$\left[\begin{array}{cc|c} -1 & 2 & -3 \\ 1 & -1 & 1 \\ \hline 0 & 0 & 1 \end{array}\right]$$

que corresponde a la transformación

$$X \to \begin{bmatrix} -3 \\ 1 \end{bmatrix} + \begin{bmatrix} -1 & 2 \\ 1 & -1 \end{bmatrix} X$$

Observación

En el caso particular que $A = I$ se dice que el cambio de coordenadas es una traslación.

Ejercicios

Problema 1

Representar cada una de las siguientes transformaciones afines por una matriz.

a) $\quad x' = 3x + 6y + 2, \quad y' = 3y - 4$

b) $\quad x' = x + y + 3, \quad y' = x - y + 5$

Problema 2

Sea $(\mathbf{e}_1, \mathbf{e}_2)$ la base canónica de $\mathbb{R}^2$. Se pide:

a) Demostrar que $(\mathbf{v}_1, \mathbf{v}_2)$, con $\mathbf{v}_1 = (1, 2)$ y $\mathbf{v}_2 = (-2, 3)$ es una base de $\mathbb{R}^2$.

b) Dado el vector $(-5, 4) = -5\mathbf{e}_1 + 4\mathbf{e}_2$, calcule sus coordenadas relativas a la base $(\mathbf{v}_1, \mathbf{v}_2)$.

c) Dado $\mathbf{v} = x_1\mathbf{e}_1 + x_2\mathbf{e}_2$, calcule sus coordenadas relativas a la base $(\mathbf{v}_1, \mathbf{v}_2)$.

d) Representar la transformación afín en forma matricial.

e) Dibuje un diagrama ilustrativo.

Problema 3.

Sean $\mathbf{v}_1 = a\mathbf{e}_1 + b\mathbf{e}_2$ y $\mathbf{v}_2 = c\mathbf{e}_1 + d\mathbf{e}_2$. Se pide:

a) Demostrar que $(\mathbf{v}_1, \mathbf{v}_2)$ es una base de $\mathbb{R}^2$ si y sólo si la matriz

$$A = \begin{bmatrix} a & c \\ b & d \end{bmatrix}$$

es inversible.

b) Suponiendo A inversible, considere los sistemas de coordenadas $\mathscr{S} = [(0,0);(\mathbf{e}_1,\mathbf{e}_2)]$ y $\mathscr{S}' = [(k_1,k_2);(\mathbf{v}_1,\mathbf{v}_2)]$ y determine las fórmulas de transformación que relacionan las coordenadas de un vector $\mathbf{v}$ relativas al sistema $\mathscr{S}$ con las coordenadas de $\mathbf{v}$ relativas al sistema $\mathscr{S}'$.

c) Calcule la transformación inversa y dibuje un diagrama.

d) Las matrices de coordenadas que se dan a continuación son relativas al sistema $\mathscr{S}$, calcular las correspondientes al sistema $\mathscr{S}'$.

i) $\begin{bmatrix} 0 \\ 7 \end{bmatrix}$

ii) $\begin{bmatrix} -1 \\ 4 \end{bmatrix}$

iii) $\begin{bmatrix} 3 \\ 5 \end{bmatrix}$

iv) $\begin{bmatrix} -2 \\ -6 \end{bmatrix}$

Problema 4.

Considere nuevamente el cambio de coordenadas definido en el problema 2 y calcule las ecuaciones en el sistema $\mathscr{S}'$ de las rectas y circunferencias dadas por las ecuaciones siguientes:

a) $2x - 3y = 5$

b) $x = 0$

c) $y = 7$

d) $x = y$

e) $x^2 + y^2 = 16$

f) $(x-2)^2 + (y+3)^2 = 25$

13.4. Movimientos Euclídeos

En la geometría de Euclides, la longitud desempeña un papel esencial. Vamos, por lo tanto, a fijarnos en aquellas transformaciones de $\mathbb{R}^n$, (cambios de coordenadas), que conservan las longitudes de todos los vectores.

A causa de la correspondencia biunívoca que existe entre vectores y sus matrices de coordenadas respecto de alguna base ordenada, es que podemos estudiar todo el proceso desde el punto de vista de las matrices de coordenadas, esto es, en $\mathbb{R}^{n\times 1}$. Como la noción de distancia está intimamente relacionada con la de producto interno entre vectores, en particular para nosotros, con el producto interno canónico, es que extendemos el producto interno canónico a $\mathbb{R}^{n\times 1}$ de la manera obvia, esto es, si

$$X = \begin{bmatrix} x_1 \\ x_2 \\ \vdots \\ x_n \end{bmatrix}$$

e

$$Y = \begin{bmatrix} y_1 \\ y_2 \\ \vdots \\ y_n \end{bmatrix}$$

son las matrices de coordenadas correspondientes a dos vectores cualesquiera, su producto interno, que denotamos $\langle X, Y \rangle$, está dado por

$$\langle X, Y \rangle = \sum_{i=1}^{n} x_i y_i$$

que puede mirarse como el producto matricial $X^t Y$, en efecto,

$$X'Y = [x_1 \quad x_2 \quad \cdots \quad x_n] \begin{bmatrix} y_1 \\ y_2 \\ \vdots \\ y_n \end{bmatrix} = \sum_{i=1}^{n} x_i y_i = \langle X, Y \rangle.$$

Es claro que el cambio de coordenadas $X \to K + AX$ entre dos sistemas de coordenadas $\mathscr{S}$ y $\mathscr{S}'$, queda determinado por las matrices K y A.

El cambio de coordenadas, entonces, conserva las distancias si

$$\left\| (K + AX_1) - (K + AX_2) \right\| = \left\| X_1 - X_2 \right\|$$

para todo par $X_1, X_2 \in \mathbb{R}^{n \times 1}$, esto es, si

$$\left\| A(X_1 - X_2) \right\| = \left\| X_1 - X_2 \right\| \tag{13.8}$$

Investiguemos, pues, como debe ser la matriz A, para que se verifique (13.8). (Evidentemente, no hay condiciones sobre la matriz K, lo que resulta lógico, ya que intuitivamente, las traslaciones no modifican las longitudes).

La expresión (13.8) es equivalente a

$$\left\| AX \right\| = \left\| X \right\| \tag{13.9}$$

para toda matriz $X \in \mathbb{R}^{n \times 1}$.

Recordando que $\left\| X \right\|^2 = \langle X, X \rangle$, (13.9) equivale a decir que la multiplicación por A preserva el producto interno, esto es,

$$\langle AX_1, AX_2 \rangle = \langle X_1, X_2 \rangle \tag{13.10}$$

para todo $X_1, X_2 \in \mathbb{R}^{n \times 1}$. (Ejercicio).

Usando entonces la notación matricial para el producto interno, la igualdad (13.10) adopta la forma

$$(AX_1)^t(AX_2) = X_1^t X_2 \quad \Box \quad X_1^t A^t A X_2 = X_1^t X_2 .$$

Como esto es válido para toda matriz $X_1, X_2 \in \mathbb{R}^{n \times 1}$, tenemos que

$$A^t A = I .$$

13.4.1 Definición

> Una matriz cuadrada A tal que $A^t A = I$ se llama matriz ortogonal.

Lo que acabamos de demostrar entonces, es que un cambio de coordenadas afín preserva las distancias (o longitudes) si y sólo si la matriz A de cambio de bases es una matriz ortogonal.

Se denomina **movimiento rígido**, o **movimiento euclídeo**, a un cambio de coordenadas afín que conserve las distancias. En conclusión, **una transformación afín** $X \to K + AX$ **es un movimiento rígido si, y sólo si,** A **es una matriz ortogonal**.

Determinemos ahora todos los movimientos rígidos del plano euclídeo. Sea

$$A = \begin{bmatrix} a & c \\ b & d \end{bmatrix}$$

Esta matriz es ortogonal si

$$\begin{bmatrix} a & b \\ c & d \end{bmatrix}\begin{bmatrix} a & c \\ b & d \end{bmatrix} = \begin{bmatrix} 1 & 0 \\ 0 & 1 \end{bmatrix}$$

esto es,

$$\begin{bmatrix} a^2+b^2 & ab+cd \\ ab+cd & c^2+d^2 \end{bmatrix} = \begin{bmatrix} 1 & 0 \\ 0 & 1 \end{bmatrix}$$

de donde

$$a^2 + b^2 = 1$$
$$ab + cd = 0$$
$$c^2 + d^2 = 1$$

En virtud de estas ecuaciones, hay un ángulo θ tal que $\cos(\theta) = a$, $\operatorname{sen}(\theta) = b$, y $d = \pm\cos(\theta)$ y $c = \mp\operatorname{sen}(\theta)$. Las dos posibilidades de signo dan exactamente las dos matrices

$$\begin{bmatrix} \cos(\theta) & \operatorname{sen}(\theta) \\ -\operatorname{sen}(\theta) & \cos(\theta) \end{bmatrix}$$

y

$$\begin{bmatrix} \cos(\theta) & \operatorname{sen}(\theta) \\ \operatorname{sen}(\theta) & -\cos(\theta) \end{bmatrix}$$

Estas matrices representan, respectivamente, una rotación de amplitud θ y una reflexión sobre una recta que forma un ángulo $\theta/2$ con el eje$-x$. Por lo tanto, **_toda transformación ortogonal del plano es una rotación o una reflexión_**.